# 操作系统原理与应用

王育勤　程海英　彭　焱　徐　鹏　编著

清华大学出版社
北　京

## 内 容 简 介

《操作系统原理与应用》一书重点讲述了操作系统的一般性原理和应用技术。在理论上，力求系统、完整，尽量体现当代的先进研究成果；在讲授方法上，注意理论与实践的结合，特别是以当代最流行的UNIX操作系统为例，介绍了操作系统中主要服务功能的应用技术和技巧；在内容安排上，注意由浅入深，由一般到具体，先介绍操作系统的概念和服务功能，然后一一讲述这些功能的实现算法，并在最后以Linux操作系统为基础，讨论了Linux系统的安装、常用命令及其网络与通信，以其加强实践环节。

本书可作为高等学校计算机科学和工程类的专业教材，也可作为非计算机专业的研究生教材，还可作为从事计算机专业的广大科技工作者学习操作系统的参考用书。



图书在版编目（CIP）数据

操作系统原理与应用/王育勤等编著．—北京：清华大学出版社，2013.8（2019.7重印）

ISBN 978-7-302-32889-6

I. ①操…　II. ①王…　III. ①操作系统　IV. ①TP316

中国版本图书馆CIP数据核字（2013）第136594号

责任编辑：赵洛育
封面设计：刘洪利
版式设计：文森时代
责任校对：赵丽杰
责任印制：刘祎淼
出版发行：清华大学出版社
网　　址：http://www.tup.com.cn，http://www.wqbook.com
地　　址：北京清华大学学研大厦A座　　邮　　编：100084
社 总 机：010-62770175　　邮　　购：010-62786544
投稿与读者服务：010-62776969，c-service@tup.tsinghua.edu.cn
质量反馈：010-62772015，zhiliang@tup.tsinghua.edu.cn

印 装 者：北京富博印刷有限公司
经　　销：全国新华书店
开　　本：185mm×260mm　　印　　张：19.75　　字　　数：462千字
版　　次：2013年8月第1版　　印　　次：2019年7月第6次印刷
印　　数：5401～5900
定　　价：49.80元

产品编号：054254-02

# 前　言

操作系统是计算机系统的基本组成部分，在整个计算机系统软件中占据核心地位。对操作系统的概念、理论和方法的研究以及对操作系统的使用、分析、开发和设计，历来是计算机领域最主要的课题和任务之一。因而，操作系统是计算机科学教育的基本课程之一，它涉及对各种资源（包括硬件和软件资源）的有效管理，又为用户及高层软件的运行提供良好的工作环境，起到承上启下的作用。

本书是作者在多年操作系统教学实践积累的基础上，吸收国内外操作系统的新理论和技术，依据操作系统教学大纲的要求编写而成的。

本书重点讲述了操作系统的一般原理和应用技术与方法。在讲授方法上，注重理论与实践的结合，特别是以当代最流行的 UNIX 操作系统为例，介绍了操作系统中主要管理方法和服务功能的应用技术和技巧；在内容安排上，由一般到具体，先介绍操作系统的概念和服务功能，然后以 UNIX 系统为例讲述这些功能的具体实现算法，最后以 Linux 操作系统为基础，讨论了 Linux 系统的安装、应用及其网络与通信，以其加强实践环节。

全书共分 13 章，具体内容如下：

第 1 章概述了操作系统的发展历史、分类、功能、体系结构及 UNIX 系统的特点等。

第 2 章介绍了进程的基本概念、有关进程的操作、进程间的相互作用和通信及中断处理。

第 3 章介绍了处理机管理。

第 4～6 章分别介绍了存储管理、设备管理和文件系统的概念、功能及其主要实现技术。

第 7 章介绍了死锁的概念和解决死锁问题的基本方法。

第 8～13 章是 16 学时的上机实践内容，分别介绍了 Linux 系统的安装和初步使用、使用 Shell 和 Linux 的常用命令、Linux 系统管理、文件服务器与打印服务器、Internet 接入与代理服务器的配置、Linux 服务器配置。

在具体讲述过程中，每章均先交代所要讨论的问题、环境和意义，然后逐层展开论述，在讲授理论的基础上，辅以 UNIX 系统的实例，从而加深对概念的理解和形象化思维。其中第 1～7 章后面附有习题，这些有代表性的习题对巩固正文中的知识是有益的。该书在介绍 UNIX 系统各功能模块的实现方法时，突出重点、难点，结合以往教学的实践体会，对其难以理解的部分给出了较为详细的说明，并给出了生活中的实例，便于学生自学和复习有关内容；还为学生在 Linux 系统环境下的上机实习、应用开发提供了指南。

需要说明的是：使用本书的教师、学生和其他计算机爱好者，可以通过登录清华大学出版社网站 http://www.tup.com.cn 下载相关的教学资源来辅助教学和自学，这些资源包括教学大纲、电子教案、PPT 课件和习题答案等。

本书在编写过程中得到了华中科技大学武昌分校信息科学与工程学院欧阳星明院长的

大力支持，在此表示衷心的感谢！

由于编者水平有限，加之时间仓促，书中难免会有疏漏甚至错误之处，恳请广大读者给予指正。

编　者

于华中科技大学武昌分校

# 目　　录

# 第 1 章 操作系统概述

## 1.1 操作系统的发展过程

操作系统这一学科的出现与其他任何新观点、新概念一样，并不是突然产生的，但也不是一有计算机就有了操作系统这一学科，它也有一个发展演变的过程。为了加深对这门课程的了解，下面先来回顾一下操作系统的各个发展阶段（操作系统这门学科是怎样产生的）。

### 1.1.1 手工操作阶段

早期计算机是十分庞杂的由控制台“指挥”的机器，它使用的是一种很初级的人机交互方式，即先在输入设备（如纸带机、卡片机等）上由人工把程序装入内存，然后启动执行。通过控制台上的显示灯来监视程序的执行情况（如有错，则报错灯亮），并且直接由控制台对程序进行一些调试。其相互之间的控制关系如图 1-1 所示。

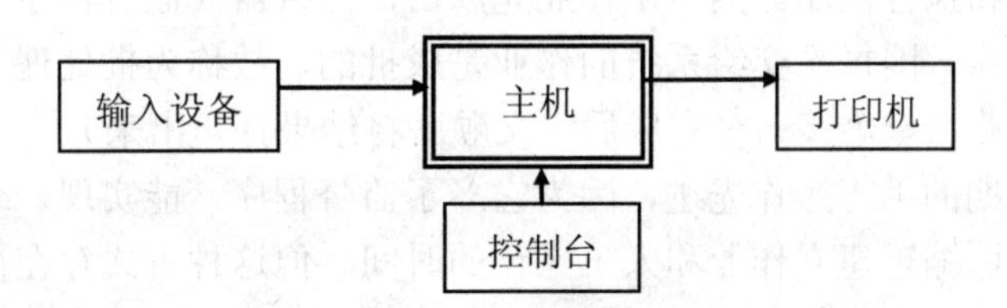


图 1-1　第一代计算机的控制关系

其中主机包括中央处理器（CPU）和主存储器两部分。这种使用方法最明显的特点是：

（1）资源独占。即计算机的全部硬件资源都由一个程序独自占用。

（2）串行工作。人的操作与计算机的运行以及计算机各个部件之间都是按时间先后顺序工作的。

（3）人工干预。计算机是在人的直接联机干预下进行工作的。

因为具有这些特点，导致它有两个非常严重的缺点：资源浪费和使用不便。因为资源独占和串行工作，一个程序在某一时刻不可能使用计算机的全部资源，它必须在程序全部装入内存后，才能在主机上运行。所以当输入设备工作时，主机和输出设备都是空闲的，反之亦然；这就导致资源浪费。另一方面，若是人工干预多，由于人工干预的操作速度远远低于主机的运算速度，而在人工干预的操作过程中，主机必须是停止运算状态，这不仅大大降低了计算机的使用效率，也使用户感到使用不便。随着计算机运算速度的大幅度提高，各种部件和设备日益增多，以及计算机应用的普及，上述缺点就越来越突出。

【例 1.1】 设有一个程序在两个具有不同运算速度的计算机甲和乙上的运行情况如表 1-1 所示。

表 1-1 程序运行情况

| 计 算 机 | 运 算 速 度 | 运 行 时 间 | 人工操作时间 | 比 例 |
|---|---|---|---|---|
| 甲 | 1000 次/秒 | 1 小时 | 5 分钟 | 12:1 |
| 乙 | 60000 次/秒 | 1 分钟 | 5 分钟 | 1:5 |

在计算机甲上运行该程序时，机时的浪费还可容忍，但在计算机乙上运行该程序时，机时的浪费就不可容忍了。为此就迫使计算机的工程研究人员去花费精力以尽量克服这两个缺点。他们首先想到能否缩短建立作业和人工操作的时间，因而提出了从一个作业到下一个作业的自动转换方式，从而出现了早期批处理方式。

## 1.1.2 早期批处理阶段

早期批处理分为联机批处理和脱机批处理两种类型，一般将完成作业间自动转换工作的程序称为监督程序。

1. 早期联机批处理

在这种方式下，操作员（或用户）只需在输入设备上装入作业信息（或程序+数据+作业说明书），过一段时间后在打印机上取执行结果，其他操作都是由机器自动进行的，如机器自动输入、编译和执行程序。当一个作业完成后，由机器（监督程序）自动调入该批的第二个作业进行操作。因每次交给系统的作业是成批的，故称为批处理（就像流水线生产一样，进去一批作业，一个接一个完成后，又顺序将结果打印出来）。

这种方式比早期的手工操作先进，因为它多了监督程序，能实现一个作业到另一个作业的自动转换，从而缩短建立作业和人工操作的时间。但这种方式存在很严重的缺点：将程序调入内存→计算结果→打印输出，都是由中央处理器（CPU）直接控制完成的。我们知道，CPU 的速度较输入（I）/输出（O）设备要快得多，那么由 CPU 去直接控制 I/O 设备，势必出现许多空等时间，就相当于将 CPU 的速度降为 I/O 设备的速度。这种慢速外设与高速主机间串行工作的矛盾随着计算机速度的提高越来越突出。为了克服这一缺点，人们在批处理中引入了脱机技术（因为这一缺点从表面上看是由联机造成的，自然人们就想到了脱机），从而形成了早期脱机批处理。

2. 早期脱机批处理

这种方式所用的方法是在主机之外另设一台小型机（称之为卫星机），由卫星机与外部设备打交道，而使主机腾出较多的时间来完成一些快速的任务，如图 1-2 所示。

其工作过程为：读卡机上的作业通过卫星机逐个传送到输入带上，而主机只负责把作业从输入带调入内存并运行作业，作业完成后，主机把计算结果和其他信息记录在输出带上，由卫星机负责把输出带上的信息读出来，交由打印机打印。这样，就使主机与慢速设备间由串行工作变成了并行工作，而且主机是与较快速的磁带机进行信息交换，从而提高了主机效率。由于卫星机仅处理简单的输入/输出工作，因而只需采用较小型的机器即可。

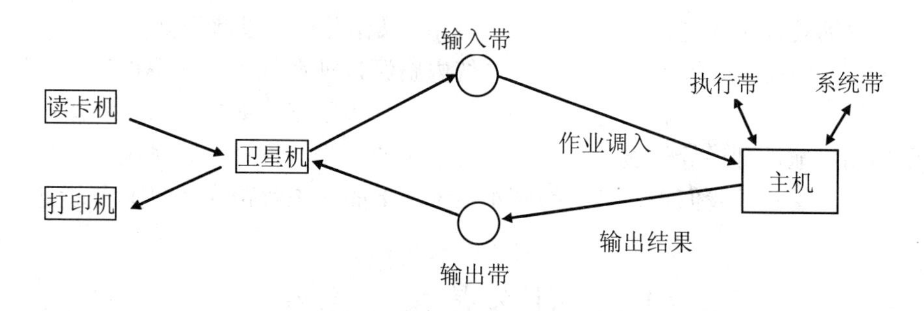


图 1-2　早期脱机批处理系统模型

虽然批处理系统有很明显的优点，如减少人工干预、提高主机效率等，但它又带来一些新的问题，如保护问题。因为在这种系统中，用户程序与监督程序等一些程序之间可以相互调用，无主次之分，这就无法防止用户程序可能破坏监督程序和系统处理程序，所以必须想办法保护监督程序和系统处理程序，这就过渡到了后来的执行系统。

### 1.1.3　执行系统

其实，执行系统是伴随着通道和中断技术的出现而出现的，有了通道和中断之后，就迫使人们不得不编写中断处理程序和 I/O 控制程序来处理中断和控制通道工作。因为这些程序对其他很多程序都起控制和指挥作用，需常驻内存。一般将具有这种执行程序（控制程序）的系统称为执行系统。

执行程序与监督程序的显著区别是：执行程序对其他程序拥有指挥控制权，它和用户程序之间的关系不是平等的调用关系，而是控制与被控制的关系，其他程序是在其指挥和控制下工作的。这样，系统就可以对不合法的要求进行检查，因而提高了系统的安全性。另一方面，由于执行系统发挥了通道和主机的并发性，亦提高了系统的效率（通道和中断在《计算机原理》课上已接触过，且在以后各章中我们还要介绍，故在此不再介绍）。

不管是批处理系统还是执行系统，由于是单道作业运行，无论如何想办法以提高主机的效率，主机时间的浪费仍然很严重。所以，要想提高主机的利用率，就必须在单道上下工夫，这就促使系统发展到多道程序系统阶段。

### 1.1.4　多道程序系统阶段

所谓多道程序系统，就是能够控制多道程序并行的系统。多道程序设计的基本思想是在内存里同时存放若干道程序，它们可以并行运行，也可以交替运行。多道程序设计的特点是多道程序并行。从宏观上看，多道程序都处在运行状态，它们之间是并行的；但从微观上看，每道程序又是交替地在 CPU 上运行，它们分时占有 CPU。

**【例 1.2】** 当 CPU 对第一道程序进行处理后，需要输出时，CPU 在处理完它的 I/O 请求后就转去执行第二道程序的处理工作，这就使第一道程序的 I/O 操作与第二道程序的处理工作并行，第二道程序需要输出时，CPU 处理完它的 I/O 请求后又转向第三道程序，使第三道程序的处理工作与第一、二道程序的 I/O 操作并行，以此类推。

在多道程序系统中，并发程序要共享系统内资源，使系统管理变得很复杂，从而对软硬件管理都提出了许多新课题，也促进了它们的进一步发展，如要解决系统保护、存储分配和简单的动态地址翻译等问题。那么如何有条不紊地来管理计算机系统就作为一门新的学科脱颖而出，这就是我们正在学习的操作系统。下面就来解释什么叫操作系统。

## 1.2 什么是操作系统

### 1.2.1 概念（定义）

操作系统是由英文 Operating System 翻译而来的，常简称为 OS，它不是讲解操作方法的，不要因其名字而误解。一个计算机系统是由硬件和软件两大部分组成的。硬件通常指 CPU、存储器、外设等这样一类用以完成计算机功能的各种部件。硬件部分是计算机系统必须具备的部分，它是计算机赖以工作的基本部件，不存在无硬件部分的计算机。通常将只有硬件的计算机称为裸机。用户直接使用裸机是非常困难而且很不方便的。有人说“没有软件的计算机是一堆废金属”，这话固然不很正确，但也反映了一些事实，即裸机没有什么适用范围，必须给裸机穿上“衣服”——编制不同的软件，才能让它以更好的姿态面向用户。

计算机软件指为计算机编制的程序，以及执行程序时所需要的数据和说明使用该程序的文档资料。因为程序是软件的核心部分，所以人们往往在介绍软件时只讲程序，即程序和软件是同义语。

计算机软件包括应用软件和系统软件两大部分。所谓应用软件是指针对某些特定应用领域所配置的软件。这些软件的应用范围往往要受到特定应用领域的限制（如用于计算机辅助设计的 CAD、用于企业管理的软件等）。而系统软件则不然，它是指计算机系统所必须配备的软件，通常是在各种应用领域都可通用的软件（如编译程序、连接程序、操作系统等），而操作系统又是这些软件中最基本的部分。

对操作系统至今尚未有严格定义，现给出以下解释：

操作系统（OS）是管理计算机系统资源（硬件和软件）的系统软件，它为用户使用计算机提供方便、有效和安全可靠的工作环境。

这样一个解释，既说明了操作系统是什么，也说明了操作系统的作用和功能。但它并不十分全面，下面再作简单说明。

（1）从此定义上讲，操作系统是软件而不是硬件，但实际上它是一个软、硬件结合的有机体。操作系统这一软件的重要任务之一是管理计算机本身的机器硬件，因此，在操作系统运行和实现其功能的过程中，需要硬件强有力的支持，而且操作系统的一部分功能就是由硬件直接完成的（如中断系统中，有一部分功能就是由中断机构直接完成的）。从这个意义上讲，操作系统不完全是软件，它是一个软、硬件结合的有机体——在软、硬件的相互配合下，共同完成操作系统所要完成的任务。由于由硬件直接完成的功能只占很少一部分，故一般说操作系统是软件。

（2）操作系统是系统软件而不是应用软件，但它与其他系统软件不同。操作系统不仅与应用软件不同，也与其他系统软件不同。我们知道，一个完善的计算机系统通常都配有众多的系统软件，如编辑程序、编译程序等，所有这些程序，虽然与操作系统一样都属于系统软件，但它们都受 OS 的管理和控制，并得到 OS 的支持和服务。“万事皆有头”，OS 可以说是这些系统软件的领导者（控制者）。

### 1.2.2　设置操作系统的目的

具有一定规模的现代计算机系统一般都配备有一个或几个 OS，而且 OS 的性能在很大程度上决定了计算机系统工作的优劣。那么在计算机系统中，设置 OS 的目的是什么呢？其主要有如下两个目的。

（1）方便用户（即为用户创造良好的工作环境）

因为用户直接使用裸机非常困难且不方便，设想一下，如果你所用的机器上没有装入 OS，那么你就无法使用命令，不能使用应用程序，连设备、内存等都需要自己亲自去管理，这显然给用户带来一些非常繁琐的程序设计工作，而这对于多数用户而言往往是无法胜任的，因为必须掌握非常全面的计算机知识并具备很强的编程能力才行。但若在裸机的基础上设置了 OS，用户就可以用相当简便的方式，在 OS 的帮助下进行 I/O 操作，摆脱了繁琐的程序设计工作。所以从用户角度看，OS 是用户和裸机之间的一个界面。用户通过这一界面能方便地使用本来很难使用的计算机，也就是说，OS 向用户提供了一个方便且强有力的使用环境。

（2）充分发挥计算机中各种资源的效率

这是从另一个观点（即资源管理观点）来看待 OS。因为 OS 是管理计算机系统中各种资源的软件，如果把一个计算机系统比作一个国家，则 OS 可以说是这个国家的政府机构。因现代计算机系统通常都是多道程序系统，所以 OS 就必须在多道程序之间合理地分配和回收各种资源，使资源得到合理有效的使用。

### 1.2.3　操作系统的主要功能

1. 操作系统的设计目标

操作系统既要管理资源，又要为用户服务，所以，系统资源管理和提供用户界面是操作系统的功能要点。在资源管理中，操作系统的任务是使各种系统资源（硬件和软件资源）得到充分、合理的使用，解决用户作业因争夺资源而产生的矛盾。操作系统资源管理程序的设计目标如下。

（1）监视资源

操作系统作为用户作业的宏观调控者，必须时刻保持系统资源分配的全局信息，了解系统资源的总数、已分配和未分配的资源情况、资源的增减和变动情况、每类资源所具有的特点和适应性。这些资源信息通过操作系统中各类数据结构和表格记录下来，并且在系统运行过程中不断更新。

（2）分配资源

操作系统必须对来自用户和应用程序的对资源的使用请求作出快速的响应，适当地处理这些请求，并且调解请求中的冲突，确定资源分配策略。当多个进程或多个用户竞争某个资源时，操作系统必须进行裁决，根据资源分配的条件、原则和环境，确定是立即分配还是暂缓分配。对可以分配的资源，记录相应的分配情况，更新相应的分配记录。

（3）回收资源

当用户使用资源结束，提出释放请求时，操作系统按照与分配过程相反的操作回收用过的资源，同时更新相应的分配记录。

2. 操作系统的功能简介

现代计算机系统中的重要资源包括硬件资源、软件资源与用户资源。在这些资源中，最重要的是与程序运行、数据处理、用户操作密切相关的资源，通常包括中央处理器（CPU）、主存储器、输入/输出设备、数据与信息、交互环境以及互连通信等。所以，常规操作系统的主要任务也针对这 5 个部分，对应地有如下 5 类功能模块。

（1）处理器（处理机、CPU）管理

计算机系统的“心脏”是处理器，所有软硬件操作都必须由处理器分解执行。在单处理器的计算机系统中，存在着用户作业争用处理器的情况。如何对使用处理器的请求作出适当的分配，这就是操作系统处理机管理功能模块要解决的问题。在实际工作中，操作系统将以进程和作业的方式进行管理，完成作业和进程的派遣和调度，分配处理机时间，控制作业和进程的执行。

（2）存储器管理

在计算机系统中，存储器（一般称为主存或内存）是程序运行、中间数据和系统数据存放的地方，由于硬件的限制，它们的存储容量是有限的。此外，如果有多个用户共享存储器，它们彼此之间不能相互冲突和干扰。操作系统的存储器管理模块就是对用户作业进行分配并回收存储空间，进行存储空间的优化管理。

（3）设备管理

设备管理是指计算机系统中除了 CPU 和主存以外的所有输入、输出设备的管理。除了进行实际 I/O 操作的设备外，还包括诸如设备控制器、DMA 控制器、通道等支持设备。外围设备的种类繁多，功能差异很大。这样，设备管理的首要任务是为这些设备提供驱动程序或控制程序，以使用户不必详细了解设备及接口的技术细节，就可方便地对这些设备进行操作。另一任务就是利用中断技术、DMA 技术和通道技术，使外围设备尽可能与 CPU 并行工作，以提高设备的使用效率并加快整个系统的运行速度。

（4）文件管理

程序和数据是以文件形式存放在外存储器（如磁盘、磁带、光盘）的，需要时再把它们装入内存。文件包括的范围很广，如用户作业、源程序、目标程序、初始数据、结果数据等，而且各种系统软件甚至操作系统本身也是文件。因此，文件是计算机系统中除 CPU、内存、外设以外的另一类资源，即软件资源。有效地组织、存储、保护文件，以使用户方便、安全地访问它们，是操作系统文件管理的任务。

上述 4 种资源的管理，其彼此之间并不是完全独立的，它们之间存在着相互依赖的关系。操作系统常借助于一些表、队列等数据结构来实施管理功能。

（5）工作管理（系统交互与界面的有效利用）

操作系统必须为用户提供一个良好的人机交互界面，用户通过命令和程序操作与计算机交互，而交互的环境界面将对用户产生极大的影响，包括心理上和思维上的影响，工作管理模块则极力解决用户操作问题，使计算机系统的使用更方便、适用。

### 1.2.4　操作系统的服务功能和方式

1. 服务功能

操作系统的目的就是为了方便用户，给用户提供一些服务。当然，各个具体的操作系统给用户提供的服务并不是一模一样的，但既然都是操作系统，大部分功能还是相同的。下面给出一般操作系统所应有的服务功能。

（1）程序执行：启动执行用户程序，并有能力终止程序的执行。

（2）I/O 操作：包括文件读写和 I/O 驱动。专用设备需要专门的程序（如倒带驱动、CRT 的清屏等）。

（3）文件系统管理：用户的程序和数据需要建立文件才能保存在系统中，以后还可以按照名字删除等。

（4）出错检测：操作系统需要经常了解可能出现的错误。错误来源是多方面的，操作系统要检测到每类错误，并采取相应的措施，保证计算的一致性。

（5）资源分配：多个用户或者多道作业同时运行时，每一个都必须分得相应的资源。系统中各类资源都由操作系统统一管理，如 CPU 调度、内存分配、文件存储等都有专门的分配程序，而其他的资源（如 I/O 设备）有更为通用的申请和释放程序。

（6）统计：通常希望了解各个用户对系统资源的使用情况，如用什么类型的资源，用了多少等，以便用户付款或简单地进行使用情况统计，作为进一步提高服务性能，对系统进行组合的有价值的工具。

（7）保护：在多用户计算机系统中，用户主要对所创建的文件进行控制使用，并规定其他用户对它的存取权限。此外，当多个不相关作业同时执行时，一个作业不干扰另一个作业。在多道程序运行环境中，对各种资源的需求经常发生冲突，操作系统必须作调节和合理的调度。

2. 服务方式

操作系统的服务可以通过不同的方式提供，其中两种基本的服务方式是系统调用和系统程序，下面分别进行介绍。

（1）系统调用

所谓系统调用，就是用户在程序中调用 OS 所提供的一些子功能。

系统调用有时也称为广义指令或管理程序调用，它是在用户态下运行的程序和 OS 的界面。用户态程序使用系统调用，可以获得 OS 提供的各种服务。若在运行程序中碰到系统调用命令，则中断现行程序而转去执行相应的系统子程序，以完成特定的系统功能。完成后，控制又返回发出系统调用命令之后的一条指令，被中断程序将继续执行下去。

对于每一个具体的 OS，它们所提供的系统调用条数、具体格式以及所执行的功能都可能不同。即使是同一 OS 的不同版本所提供的系统调用也可能有所增减，UNIX 系统在 C 语言和汇编语言级上都提供了系统调用，而大部分 OS 只在汇编级上提供，如 UNIX 系统第 6 版中提供了 42 种系统调用，UNIX S-5 中提供了 64 种系统调用。但不管怎么样，所提供的系统调用的大致范畴有以下 3 种。

① 与进程和作业控制有关的系统调用

如进程的创建、终止，进程间的同步，进程的睡眠等待，设置并获得系统或进程时间等。

② 与文件系统管理和设备管理有关的系统调用

如文件的创建、删除，文件的打开、关闭、读、写、重新置位等，对设备的申请和释放等。

事实上，I/O 设备和文件在很大程度上是相似的，所以很多 OS 都把二者并入一类结构，如 UNIX 系统中，I/O 设备就作为特别文件来对待，对用户来说，除了 I/O 设备有专用的名称外，其他操作与普通文件相同。

③ 与信息维护有关的系统调用

如返回当前时间和日期、OS 的版本号、空闲内存或盘空间数量的系统调用等。

（2）系统程序

用户还可以利用键盘命令来求得系统的服务。现代计算机系统都有系统程序包，其中含有系统提供的大量程序，它们解决带共性的问题，并为程序的开发和执行提供更方便的环境。如很多操作系统都提供了绘画软件包、命令解释程序（UNIX 中是 Shell）等应用程序。命令解释程序是最重要的系统程序，键盘上的控制命令都是由它来进行识别的。

此外，随着计算机软硬件技术的发展和应用领域的需求，现代操作系统还对网络与通信资源、安全机构与设施资源、多媒体资源等的管理进行了新的功能扩充。

## 1.3 操作系统的结构

操作系统的结构包括其环境和体系结构，下面进行介绍。

### 1.3.1 环境（外结构）

OS 的外部环境主要是指硬件、其他软件和用户（人）。OS 与外部环境的关系如图 1-3 所示。

由图 1-3 可知，OS 是核心的系统软件，它与硬件的关系最为密切，且有些功能就是由硬件和软件共同配合完成的，如中断系统。OS 是整个计算机系统的控制管理中心，其中包括对其他各种软件的控制和管理，如编译程序、装配程序等。OS 对它们既有支配权力，又为其运行建造环境。用户是指程序员、操作员和管理员。程序员主要关心的是使用系统的方便性与合理性，系统提供的方便性越多，程序员编制应用程序就越容易。OS 提供的自动化程度越高，操作员的工作就越简单。管理员则是负责系统的维护、改进等工作，系统的可维护性好，则维护起来就方便。

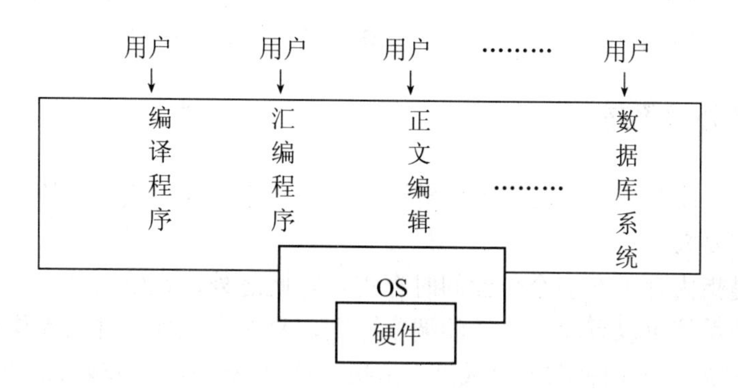


图 1-3　OS 与外部环境的关系

OS 与环境既有联系，又相互制约，系统性能的提高受到多方面因素的影响，因此 OS 的设计者必须通盘考虑，选择最佳方案。

## 1.3.2　体系结构（内结构）

OS 的内部结构可以用图 1-4 来表示。在 OS 的底层是对硬件的控制程序（即对资源的一些管理程序），最上层是系统调用的接口程序。在 OS 内部还要有进程、设备、存储、文件系统管理模块。

本课程主要是介绍 OS 的一般性原理，就是通过对 OS 内部模块的解释来达到了解 OS 的目的。所以从第 2 章开始将对这些模块进行详细介绍，研究和讨论有哪些方法和手段可以用于管理。

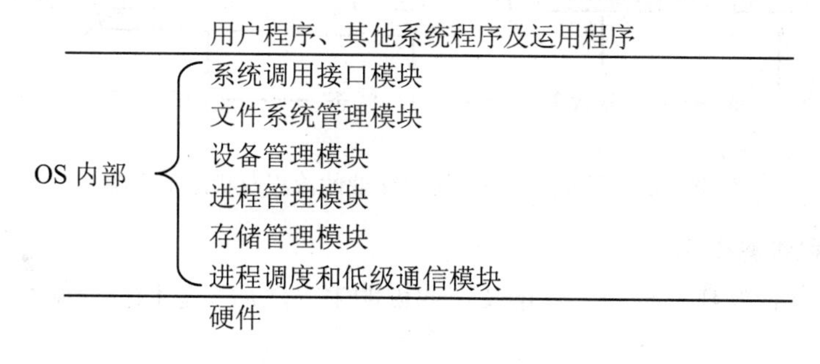


图 1-4　OS 的内部结构

# 1.4 操作系统的分类

OS 发展到今天，已经取得了辉煌的成绩。各种功能完善、使用方便的系统正在大、中、小及微型机上运行，如 UNIX、VMS、DOS、Windows 等都是为人们所熟悉的 OS。从功能上，OS 大致可分为以下几类：多道批处理系统、分时系统、实时系统和网络操作系统。

## 1.4.1 多道批处理系统

多道批处理系统是现代批处理系统普遍使用的工作方式，其主要特点是多道、成批、处理过程中不需要人工干预。

“多道”是指内存中有多个作业同时存在。除此之外，在输入井中还可能有大量后备作业。因此这种系统可以有相当灵活的调度原则，易于合理地选择搭配作业，从而能够比较充分地利用系统中的各种资源。“成批”是指作业可以一批批地输入系统。但作业一旦进入系统，用户就完全脱离开它的作业，不能再与其发生交互作用，直到作业运行完毕后，用户才能根据输出结果分析作业运行情况，确定是否需要适当修改后再次上机。这种特点有利于实现整个计算机工作流程的自动化，但是对用户而言，却带来了某种不便。

在多道批处理系统中作业的处理过程如图 1-5 所示。

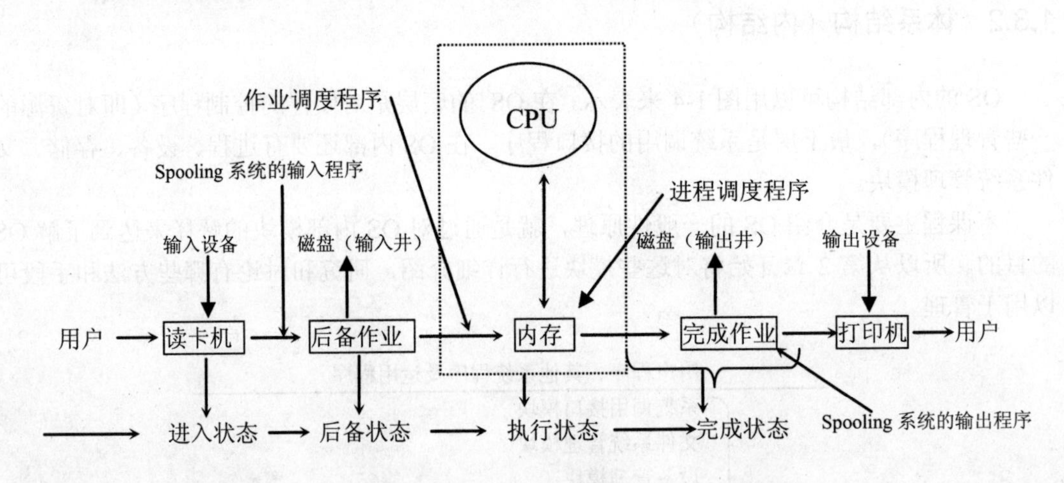


图 1-5　多道批处理系统中作业的流程及状态示意图

具体流程和状态介绍如下。

（1）用户准备好作业程序、数据及作业说明书，然后将它们提交给系统，此时作业处于进入状态。

（2）（系统采用 Spooling 技术）将用户提交的作业存放到输入井中，此时作业处于后备状态。

（3）作业调度程序从后备作业中挑选一个或若干个作业送入主存，使之处于执行状态。处于执行状态的作业可能正占用 CPU 运行，也可能尚未占用 CPU 运行。因为在多道程序系统中，内存中有几道作业，从宏观上看它们都已开始运行，但从微观上看它们是在分时地占用 CPU，那么具体由谁占用 CPU 要由进程调度来决定。因此一个作业要真正地在 CPU 上运行，需要经过两级调度。一般称进程调度为低级调度，作业调度为高级调度。但有时中间也加一级中级调度。

（4）作业运行结束后，系统收回它的资源并使其退出系统，此时作业处于完成状态。

### 1.4.2　分时系统

分时系统也称为多路存取系统，是多用户共享系统。一个分时系统往往带有几个、几十个甚至几百个终端。每个用户通过自己的终端与系统打交道，控制自己作业的运行。

所谓分时，就是对时间共享。为了提高资源利用率，现代计算机系统都采用了并行操作的技术，如：

- CPU 与通道的并行操作：对内存访问的分时。
- 通道与通道的并行操作：对内存访问的分时。
- 通道与 I/O 设备的并行操作：同一通道中的 I/O 设备对内存和通道的分时。

与这些并行操作相应的就是对内存访问的分时。

在多道程序环境中，多道程序要分时共享软件和硬件资源。而在分时操作系统中，分时主要是指若干并发程序对 CPU 时间的共享，即分时占用 CPU。这是通过 OS 软件实现的。分时系统按“分时”的原则轮流为每个用户服务，一般是将 CPU 时间分成一些时间片，轮流为每个用户作业使用。设计良好、系统结构配置得比较恰当的分时系统一般能在用户比较满意的时间范围内对用户的活动作出响应。

分时系统 OS 的主要目的是完成对联机用户的服务和响应，其主要特点是同时性、交互性、独立性、及时性。同时性（多路性）是指若干终端用户可同时使用一台计算机；交互性是指用户能进行人机对话，联机调试程序，以交互方式工作；独立性是指用户彼此独立，相互之间感觉不到他人的存在，就好像他自己独占这台计算机系统一样；及时性是指用户能在很短时间内得到系统的响应。

分时系统的主要优点有：为用户提供友好的接口、促进计算机的普遍应用、便于资源共享和交换信息等。

UNIX 操作系统就是一个典型的分时系统。

### 1.4.3　实时系统

实时系统（Real Time System）是另一类特殊的多道程序系统，主要应用于需要对外部事件进行及时响应并处理的领域。

实时含有立即、及时之意。所以，对时间的响应是实时系统最关键的因素。实时系统是指系统对输入的及时响应，对输出的按需提供，无延迟的处理。也就是计算机能及时响应外部事件的请求，在规定的时间内完成事件的处理，并能控制所有实时设备和实时任务协调运行。

实时系统可以分为实时控制系统和实时信息系统，两者的主要区别：一是服务对象，二是对响应时间的要求。

实时控制系统通常指以计算机为中心的过程控制系统，也称为计算机控制系统。它既用于生产过程中的自动控制，包括自动数据采集、生产过程监测、执行机构的自动控制等，也可以用于监测制导性控制，如武器装备的制导、交通控制、自动驾驶与跟踪，以及导弹、火箭与航空航天器的发射、制导等。这样的控制系统根据控制对象的不同，还可以分为开环控制和闭环控制。

实时信息系统通常指实时信息处理系统，它可以是主机型多终端的联机系统，也可以是远程在线式的信息服务系统，还可以是网络互联式的信息系统。用作信息处理的计算机接收终端用户或者远程终端用户发来的服务请求，系统分门别类地进行数据与信息的检索、查找和处理，并及时反馈给用户。实时信息系统的开发都是与具体的应用领域分不开的，如航空订票系统、情报检索系统、信息查询系统等。

实时系统具有如下特征。

（1）及时性

实时系统的及时性是非常关键的，主要反映在对用户的响应时间要求上。对于实时信息系统，其对响应时间的要求类似于分时系统，是由操作者所能接受的等待时间来确定的，通常为秒级。对于实时控制系统，其对时间的响应要求是以控制对象所能接受的延迟来确定的，可以是秒级，也可能短至毫秒、微秒级。当然，响应时间的决定既依赖于操作系统本身，也依赖于操作系统的宿主机的处理速度。

（2）交互性

实时系统的交互性根据应用对象的不同和应用要求的不同，对交互操作的方便性和交互操作的权限性有特殊的要求。由于实时系统绝大多数都是专用系统，所以对用户能进行的干预赋予了不同的权限。例如，实时控制系统在某些情况下不允许用户干预，而实时信息系统只允许用户在其授权范围内访问有关的计算机资源。

（3）安全可靠性

这是实时系统最重要的设计目标之一。对于实时控制系统，尤其是重大控制项目，如航空航天、核反应、药品与化学反应、武器控制等，任何疏忽都可能导致灾难性后果，必须考虑系统的容错机制；对于实时信息系统，则要求数据与信息的完整性，要求经过计算机处理、查询，并提供给用户的信息是及时的、有效的、完整的和可用的。

（4）多路性

实时系统也具有多路性。实时控制系统常具有现场多路采集、处理和控制执行机构的功能；实时信息系统则允许多个终端用户（或者远程终端用户）向系统提出服务要求，每一个用户都会得到独立的服务和响应。

早期著名的实时操作系统有 PTOS、iRMX 等，而目前随着计算机硬件处理能力的进一步加强，许多现代操作系统中已经具备了实时处理能力，具有实时时钟管理和实时处理功能模块。

现代操作系统的发展已经远远超出了上面所讨论的单一的基本类型的操作系统。目前，一个操作系统既含有批处理，也具有分时处理和（或者）实时处理功能，这就是我们平常所称的通用操作系统。在通用操作系统中，往往把作业的调度分为前台（foreground）和后台（background）。这里，前台与后台的含义是一个作业调度的优先级问题。位于前台的作业比位于后台的作业优先响应并处理，只有前台作业不需要使用处理机时，后台作业才能够得到处理机的控制权，一旦前台作业需要处理，后台作业要立即交出处理机控制权。可见，位于后台的作业是利用前台作业的空闲时间片来运行和处理的。位于前台的作业多是需要及时响应的、重要而关键的用户作业，如大量交互式请求作业；位于后台的作业多是无需或者很少用户直接干预的作业，如批量处理作业等。

### 1.4.4　网络操作系统

随着社会的信息化，以及计算机技术、通信技术和信息处理技术的蓬勃发展，产生了计算机信息网络的概念，而信息网络的物理基础则是计算机网络。

计算机网络的定义是地域位置不同，具有独立功能的多台计算机系统，通过通信线路与设备彼此互联，在网络系统软件的支持下，实现更广泛的硬件资源、软件资源以及信息资源的共享。

网络系统软件中的主要部分是网络操作系统，也有人将它称为网络管理系统。它与传统的单机操作系统有所不同，它是建立在单机操作系统之上的一个开放式软件系统，面对的是各种不同的计算机系统的互联操作。面对各种不同的单机操作系统之间的资源共享，用户操作协调和与单机操作系统的交互，从而解决多个网络用户（甚至是全球远程的网络用户）之间争用共享资源的分配与管理。

### 1.4.5　区别

（1）分时系统与实时系统的区别

分时系统的目标是提供一种随时可供多个用户使用的通用性很强的系统，用户与系统之间具有较强的交互作用或会话能力；分时系统对响应时间的要求一般是以人能接受的程度为依据的，其响应的数量级通常为秒。

实时系统大多是具有特殊用途的专用系统，它仅允许终端操作员访问有限数量的专用程序，而不能书写或修改程序，如机票预订系统中，用户只能通过终端命令来询问此次航班是否还有座位，或预订几天后的一张机票等；实时系统的响应时间是以发出请求的对象的容忍程度为依据的，对象不同，对响应时间的要求也不同，且差别较大。

（2）分时系统与批处理系统的区别

批处理系统以提高系统资源利用率为目标，且一般对大型作业有效；分时系统以满足用户要求为目标，且满足短作业请求。

## 1.5　操作系统的特征

如果学习了操作系统，而不知道它的特征，显然是一大遗憾。下面就来了解一下一般操作系统的特征。

1. 并发

并发的意思是存在许多同时的或平行的活动，如 I/O 操作和计算重叠进行，在内存中同时存在几道用户程序等。由并发而产生的一些问题是要从一个活动切换到另一个活动、保护一个活动使其免受另外一些活动的影响，以及在相互依赖的活动之间实施同步。这些都需要操作系统内部来逐步解决。

2. 共享

系统中存在的各种并发活动必然要共享系统中的软、硬件资源。从经济上考虑，因为计算机系统资源价格昂贵，资源共享是提高经济效益的一种比较合理的解决方法；从用户角度考虑，许多用户往往要同时使用某一软件资源，特别是系统软件，为了节省存储空间，提高工作效率，可以使这些用户共享一个程序的同一副本（如编译程序），而不是向每个用户提供一个独享的程序副本。

共享与并发的关系：只有有了并发，才提出共享；而且只有资源能够共享，才能使并发更好地发挥。

3. 长期信息存储

需要共享程序和数据意味着需要长期存储信息。长期存储也便于用户将其程序和数据存放在计算机中，而非某种外部介质（如卡片）上。由此引起的问题为要提供简单的存取方法、要阻止有意或无意地对信息进行未经许可的操作、在系统失效时要提供保护以免存储的信息遭到破坏。同样，这些都要操作系统内部来解决。

4. 不确定性

操作系统的不确定性，不是说操作系统本身的功能不确定，也不是说在操作系统控制下运行的用户程序结果不确定，而是说在操作系统控制下多个作业的执行次序和每个作业的执行时间是不确定的。具体地说，同一批作业，两次或多次运行的执行序列可能是不同的，如作业 P1、P2、P3，第一次执行序列可能是 P1、P2、P3，第二次可能是 P2、P1、P3。

系统外部表现出的这种不确定性是有其内部原因的，由于系统内部各种活动是错综复杂的，与这些活动有关的事件，如从外部设备来的中断、I/O 请求、程序运行时发生的故障等都是不可预测的，这是造成操作系统不确定性的基本原因。这种不确定性对系统是个潜在的危险，它与资源共享一起将可能导致各种与时间有关的错误。

## 1.6 操作系统的性能

操作系统的性能即如何评价一个操作系统。我们可以从以下几个方面来评价一个操作系统的性能。

1. 效率

对效率的需要是不言而喻的，但遗憾的是，很难使用一个准则去判断操作系统效率的高低。各种可能使用的准则列举如下。

- 没有利用的 CPU 时间：越少越好。
- 批处理作业的周转时间：越短越好。
- 分时系统中的响应时间：越短越好。
- 资源利用率：越高越好。

此外，还有一些其他准则，不再一一举例。

2. 可靠性

一个理想的操作系统应当是完全不会发生错误，能够处理任何偶然事故的。实际上却不可能做到这一点。其主要原因是系统中包含了大量软、硬件资源，至今还没有一种设计和应用技术能够保证它们永远不会发生故障。另外，系统的使用环境复杂多变，系统操作员和一般用户的各种误动作也可能造成系统工作不正常。尽管如此，在设计操作系统时，还是要千方百计地提高其可靠性。这样才会受到用户的欢迎。如果在以下几方面努力，则可能产生一个可靠性较好的操作系统。

- 在设计和实施中，尽量避免软、硬件故障。
- 系统运行时，能及时检测出错误，以减少对系统造成的损害。
- 检测出错误后，要能指出错误原因，并采取措施将其排除。
- 对错误造成的损害进行修复，使系统恢复正常运行。

3. 可维护性

系统投入工作后，维护人员要对其进行经常性的维护。要想让少数几个维护人员就能维护好一个操作系统，意味着系统在结构上应是模块化的，模块之间的界面要清晰，系统也应有良好的说明文件，这样才有利于维护人员的维护。

## 1.7　当前比较流行的几种微机操作系统

世界上每一种计算机上都配置有操作系统。巨型机、大型机上操作系统的功能是极其强大的。不过对多数用户来说，通常接触的还是配置在小型机和微型机上的操作系统，对这些操作系统的理解，也可为将来理解新的操作系统打下基础。所以，下面仅对微机主流操作系统作一个介绍。

### 1.7.1　当前微机上的主流操作系统

全世界运行着的计算机上配置着各种各样的操作系统，而目前使用最多的操作系统代表了应用领域中的主流操作系统，也是我们在当前计算机上经常接触和使用的操作系统。由于个人计算机已成为应用的主流，其硬件功能的迅速发展使得许多原来只能配置在大型机上的操作系统功能迅速下移到个人计算机（主要是微机）上。因此，我们有必要了解一下它们的简单情况，然后再集中精力讨论其中重要的一种。

目前，个人计算机上的几种主流操作系统包括 DOS、Windows、Windows NT、OS/2 和 UNIX 操作系统。

1. DOS 操作系统

DOS 操作系统是最著名的个人计算机操作系统，DOS 是磁盘操作系统 Disk Operating System 的缩写。DOS 操作系统主要是基于以 Intel 80×86 处理器系列及其兼容系列为 CPU 的宿主机，自 1981 年第 1 版问世以来，已经发展到如今的第 6 版，而期间所发行的各种改进版、更新版、增强版和不同地区及方言版本多得不计其数。同时，在应用领域中形成了两个兼容的 DOS 版本，即 MS-DOS 和 PC-DOS 版本，前者是微软（Microsoft）公司的产品，后者是 IBM 公司的产品。

DOS 操作系统的特点如下：

- 是一个最简洁、易用和微型的单机操作系统。
- 是一个基于单用户、单任务的操作系统。
- 具有众多的、灵活的系统调用和中断功能，用户接口十分方便。
- 具有大量的实用程序、工具软件和应用平台。
- 有大量的用户应用系统建立在以 DOS 为基础的操作系统之上。
- 缺乏系统的自我保护和安全机制。

DOS 操作系统随着硬件的发展，已经从简单的单用户、单任务操作系统，发展到今天的能支持高级文件操作、局域网操作、简单的多任务切换和具有一定的彩色图形用户界面的高级单机操作系统，它是目前个人计算机上配置最多的操作系统。

2. Windows 操作系统

熟悉 DOS 的用户都知道，DOS 操作系统的操作界面是一种以字符为基础的命令行式的界面，如果不熟悉 DOS 系统的命令，就不能够很好地使用计算机。能否把计算机的用户操作界面变得更直观，使操作更方便、直接和灵活呢？遵照用户的要求，Microsoft 公司推出了一种采用图形用户界面（Graphics User Interface，GUI）的新颖的操作系统，称为视窗（Windows）操作系统，自 1985 年 Windows 1.0 版本推出以来，功能得到了极大的改进，尤其是 1990 年推出的 Windows 3.0 版奠定了视窗操作系统的基础，1995 年推出的视窗 95（Windows 95）更是确立了视窗操作系统在个人计算机上的主导地位。

Windows 操作系统具有如下特点：

- 具有丰富多彩的图形用户界面，以全新的图标、菜单和对话的方式支持用户操作，使计算机的操作更加方便、容易。
- 支持多任务运行，多任务之间可方便地切换和交换信息。
- 充分利用了硬件的潜在功能，提供了虚拟存储功能等内存管理能力。
- 提供了方便可靠的用户操作管理，如程序管理器、文件管理器、打印管理器、控制面板等，可完成文件、任务和设备的并行管理。
- 在操作系统本身，提供了功能强大的、方便实用的工具软件和实用软件，如文字处理软件、绘图软件、通信软件、办公实用化软件等。
- 提供了 7 个新的标准功能。即：
  - ➢ 资源管理接口（RMI），可执行声音、录像、调制解调器等应用程序，并可直接存取 DSP。

- ➢ 消息应用编程接口（MAPI），方便电子邮件的使用存取。
- ➢ 电话应用编程接口（TAPI），使机器具有留守电话机功能。
- ➢ 视窗游戏接口（WING），使除键盘以外的输入装置可直接受 CPU 的控制。
- ➢ 显示控制接口（DCI），使 MPU 与画面驱动器直接连接，提高图形速度与性能。
- ➢ 即插即用（PNP），系统自动支持周边卡配置。
- ➢ 对象连接与嵌入技术（OLE），由应用程序接口对文件、应用程序进行操作。

3. Windows NT 操作系统

初学者很容易将 Windows 操作系统与 Windows NT 操作系统混为一谈。其实，这是两个不同的操作系统，虽然它们具有非常类似的用户操作界面。

Windows NT 是 Microsoft 推出的可在个人机和其他各种 CISC、RISC 芯片上运行的真正 32 位、多进程、多道作业的操作系统，并配置了廉价的网络和组网软件，应用程序阵容强大。NT 即 New Technology，Win NT 主要是为客户机/服务器而设计的操作系统。它采用了抢占式多任务调度机制（Preemptive Multitasking），每一应用系统能够访问 2GB 的虚拟存储器空间，它建立在通用计算机代码 Unicode（UCS 的子集）的基础上。

4. OS/2 操作系统

OS/2 操作系统是 IBM 公司为个人计算机用户开发的一种强功能的单用户多任务操作系统。自 1987 年第 1 版问世，经过 V2.0、V3.0，到目前的 OS/2 Warp，迅速成为一种新型的个人计算机操作系统。它具有如下特点：

- 是一种新型的单用户多任务操作系统。
- 具有强大的虚拟存储功能，可访问大于 1GB 的虚拟地址空间，并采用新型的动态连接技术，力求程序代码部分公用。
- 基于 Mach 型微内核技术，采用完善的、先进的多任务功能，有利于程序隔离和对 CPU、存储器等资源的全面管理。
- 具有清晰的用户界面，提供强功能的应用程序接口（Application Program Interface，API），让用户通过 API 使用系统资源，增强了系统安全性和完整性。
- 具有类似于 Windows 的用户视图操作界面，利用窗口可观察多个用户作业运行。
- 具有强大的设备驱动与支持能力，强大的图形程序接口（GPI）支持，成为面向图形处理的操作系统。
- 是一种内置（built - in）式操作系统，不需要以其他操作系统为铺垫，但可以提供 DOS 操作系统兼容环境。
- 目前还缺乏大量的以 OS/2 为操作平台的实用工具、应用软件和应用系统。

5. UNIX 操作系统

UNIX 操作系统是全球闻名的强功能的分时多用户多任务操作系统。最早由美国电话与电报公司（AT&T）贝尔实验室研制。自 1969 年以来，广泛地配置于大、中、小型计算机上。随着微型机系统功能的增强，逐渐下移配置到个人计算机和微机工作站上。它的早期微机版本被称为 XENIX 系统。目前，已将 UNIX 系统的 5.0 版本在微机上实现运行。UNIX 系统是一种开放式的操作系统，具有广泛的特点。本书将重点介绍 UNIX 操作系统的原理和组成结构、应用操作与系统管理，使读者对这一重要的操作系统有一个较全面的认识。

### 1.7.2 如何选用操作系统

众所周知，无论用户所在的应用领域如何，他都面对一个计算机系统，要与计算机系统打交道，要建立用户自己的应用系统，要开发用户自己的应用软件，都需要有一个确定的操作系统平台。用户程序的运行也依赖于操作系统，要在一定的和与其兼容的操作系统环境下才能运行。此外，在一个确定的计算机系统上，可以安装和配置 DOS 操作系统，也可以配置 UNIX、Windows 或者 Windows NT 操作系统，还可以配置 OS/2 操作系统，有的计算机系统还可以同时配置两种或两种以上的操作系统，用户自己的应用软件和应用系统都将在所选的某个操作系统下建立并运行。所以，在计算机硬件系统环境确定的情况下，选择什么样的操作系统，如何正确选择操作系统，对于建立用户自己的应用系统、开发应用软件来说具有重要的实际意义。

对操作系统的选择有不同的侧重点，但没有一个统一的模式。一般来说，总的考虑原则是操作系统的功能特性、适应性与兼容性、易用性与扩展性，以及可维护性等。

首先，要考虑操作系统的适应性。也就是说，所选择的操作系统能否满足用户自己任务的要求。这个操作系统需要什么样的硬件支持环境，能否适应用户工作的发展需要，能否支持应用系统的建立等。例如，个人计算机用户可以选择单用户单任务的操作系统；而多用户多任务的要求就可以选择具有分时、多任务功能的通用操作系统；如果要求实时处理，就应当选择实时操作系统或者支持实时功能的系统，以便满足实时过程控制和实时信息处理的应用；而网络用户则除了要选择本机操作系统外，还需要选择适当的网络操作系统和网管系统。这样，就可以适应用户日后的工作要求。

其次，要考虑操作系统的兼容性。由于操作系统本身也是一种系统软件，它随着计算机技术的发展也在迅速地更新发展，不断地适应新的机型，发挥新的计算机系统硬件的潜力。因此，也就形成了不同的操作系统版本。操作系统版本的兼容性对用户应用环境和应用程序具有较大的影响。例如，在一种操作系统版本上建立的应用系统和开发的应用软件，不一定能够在另一种版本的操作系统下正常运行，除非两者完全（或一定程度上）兼容。这种兼容性的选择有两个方面：硬件兼容和软件兼容。硬件兼容是指所选操作系统要能够与自己的计算机系统机型和系统配置相匹配。否则，操作系统不能够正常地安装到计算机系统上，或者安装上但不能正常地执行。软件兼容是指用户在操作系统上建立的应用系统和开发应用软件，当操作系统的版本变化（如版本更新或更换）时，应用系统和软件应当能够在变化后的操作系统版本上继续正常运行。否则，应当考虑是否需要经过简单的修改后继续运行。这样，才能保护用户自己的投资和利益，不会因为系统硬件和操作系统版本的变化而使用户所建立的应用系统前功尽弃。

第三，要考虑操作系统的易用性。易用性是指操作系统对用户提供的操作界面是友好的，便于用户使用。这里，既包含了操作系统本身向用户提供的各种系统支持服务，如系统命令、系统调用、编程语言等；也包含了对用户提供的交互环境支持，如菜单服务、求助服务、视窗服务等；还包含了操作系统对用户提供的各种功能强大的、丰富的实用程序和工具程序。这样，既反映了操作系统容易使用的程度，也反映了操作系统的功能特性。

此外，操作系统的扩展能力、安全能力和系统维护能力等也都是选择操作系统的考虑要点。上述三者是选择的重要依据，在实际应用中，应当从具体情况和环境出发，结合用户的当前需要和长远发展综合考虑，作出客观的选择。

除了上述因素外，还必须考虑市面上支持和配合操作系统运行的软件资源，如果没有大量的应用软件、实用软件、工具软件，以及各种教育、娱乐、办公等软件系统的支持，操作系统的推广与流行将会受到极大的影响。众所周知的 Apple 公司的 MAC OS 从鼎盛到消退的过程就说明了这个道理。此外，计算机操作系统的版本换代很频繁，在用户应用中，要经常了解操作系统版本的更换，新功能的增加和更新，并确认新的系统版本能否与老版本兼容，用户的应用程序及系统能否不加改变地在新的操作系统版本下运行。

为使操作系统正常运行，需要认真考虑计算机系统的硬件环境配置。因为操作系统的正常运行需要许多硬件部件的支持。例如，对 CPU 速度、存储器容量、辅助存储器容量、显示环境等都要有一定的要求。如果系统配置不满足这些要求，操作系统就不能运行，或者不能正常运行。例如，Windows 95 操作系统要求存储器容量在 8MB 以上，实际上，如果它要真正良好地运行，则需要存储器在 16MB 以上，因为系统在运行过程中，除了操作系统本身外，还需要其他较多的系统开发软件和运行软件的支持。

在操作系统的基础上，用户要能够设计和开发自己的应用软件和应用系统。也就是说，可以充分地利用操作系统提供的命令、系统调用、系统服务，来构造自己的应用环境，如建立自己的数据库系统、信息查询系统、办公自动化系统以及各种管理系统，也可以建立实时控制系统、过程监测和检测系统等。如果能够通过编写程序，使用操作系统的系统调用和系统服务去利用系统资源来解决自己领域中的问题，而不仅仅是通过系统命令使用计算机，用户就达到了一个较高的应用层次。

## 1.8　UNIX 系统的特点和结构

UNIX 操作系统是当今计算机世界中非常流行的一种操作系统，产生于 1971 年，在短短的几十年时间内能受到计算机工作人员的如此厚爱，是有其外部原因和内部原因的。

### 1. 外部原因

（1）生逢其时

UNIX 问世时，正是人们开始普遍使用分时系统，并在寻找一种功能齐备、使用方便、大小适中的系统。UNIX 的产生，正好迎合了人们的需求。

（2）物质基础

UNIX 安装在 PDP-11 机上，当时这种机器在全世界应用相当广泛。

### 2. 内部原因

UNIX 系统具有以下优点。

（1）良好的用户界面

UNIX 向用户提供了两种界面：用户界面和系统调用。UNIX 用户界面采用功能强大又使用方便的 Shell 程序设计语言，它不但具有一般命令功能，而且具有编程能力，是用户根据现有软件组成新软件的强有力的工具。

系统调用是用户在编写程序时可以使用的界面。用户可以在编写 C 语言程序时直接加以应用。系统通过该界面为用户程序提供低级、高效率的服务。UNIX 系统在 C 语言和汇编语言级上都提供了系统调用，而大部分操作系统只在汇编语言级上提供。如 UNIX 系统第 6 版就提供了 42 种系统调用，而在 UNIX S-5 中提供了 64 种系统调用。

（2）树形结构的文件系统

UNIX 文件系统由基本文件系统和若干可拆卸的子文件系统组成，既有利于共享，又有利于保密。整个文件系统组成树形分级结构。

（3）字符流式文件

在 UNIX 中，文件是无结构的字符流序列，用户可以按需要任意组织其文件格式，对文件既可顺序存取，又可随机存取。另外，在 UNIX 中，把数据、目录和外部设备都统一作为文件处理。它们在用户面前有相同的语法语义，使用相同的保护机制。这样既简化了系统设计，又便于用户使用。

（4）丰富的核外程序

UNIX 系统支持十几种高级语言，有 200 多个实用程序，而且用户可以随时扩充，供自己和其他用户使用。

（5）对现有技术的精选和发展

在总体设计思想上，UNIX 突破以往设计中贪大求全的惯例，而着眼于向用户提供一个良好的程序设计环境，也就是说，UNIX 核心的设计简洁而功能很强。它本身程序不大，但为用户提供了一个很实用的软件运行和开发环境。以往的操作系统常常由于庞杂而带来许多问题，有所失必有所得，UNIX 的成功就在于它恰当地作了选择。

（6）系统采用高级语言书写，可移植性好

UNIX 系统中的绝大部分程序都用 C 语言编写。虽然 C 语言是一种不太高级的语言，但使用方便，非常有效，且程序的代码紧凑，这就方便了对系统的阅读和修改。又因为 C 语言不依赖于具体机器，从而使得 UNIX 系统易于移植到各种机器上。

3. UNIX 的结构

UNIX 系统大致可分为 3 层：最里层是 UNIX 核心，即 UNIX 操作系统，它直接附着在硬件上；中间层是 Shell 命令解释程序，这是用户与系统核心的接口；最外层是应用层，包括众多的应用软件、实用程序和除 UNIX 操作系统之外的其他系统软件，如图 1-6 所示。

目前 UNIX 的变种很多，有 XENIX、UNIX S-3、UNIX S-5 等，而 UNIX S-5 是当今比较新、功能较全的 UNIX 版本，其核心结构如图 1-7 所示。

由图 1-7 看到，UNIX S-5 系统核心包括 3 个层次：用户、核心和硬件。系统调用程序接口体现了用户程序与核心间的边界，此框图给出了核心中各种模块及它们之间的关系，特别是显示出两个核心的成分：文件系统和进程控制系统。首先它将系统调用的集合分成了与文件系统交互作用的部分及与进程控制系统交互作用的部分。文件系统是管理文件的，包括分配文件空间、控制对文件的存取等。进程通过一个特定的系统调用集合，如通过系统调用 Open（打开一个文件）等与文件系统交互。文件系统使用一个缓冲机制存取文件数据，缓冲机制调节在核心与（二级存储）块设备之间的数据流。设备可分为两类：块设备与字符设备。一般块设备是指用于存储的设备，如磁盘、磁带等。设备驱动程序是用来控制外围设备操作的核心模块。

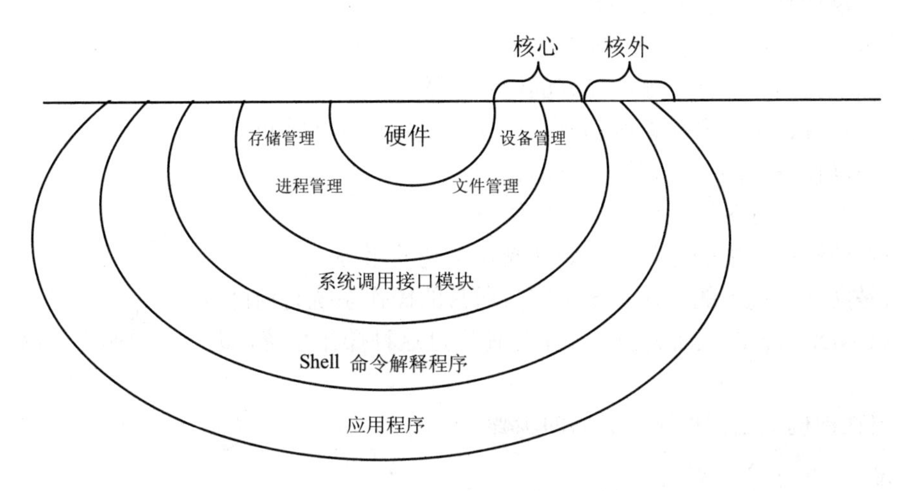


图 1-6　UNIX 系统的结构

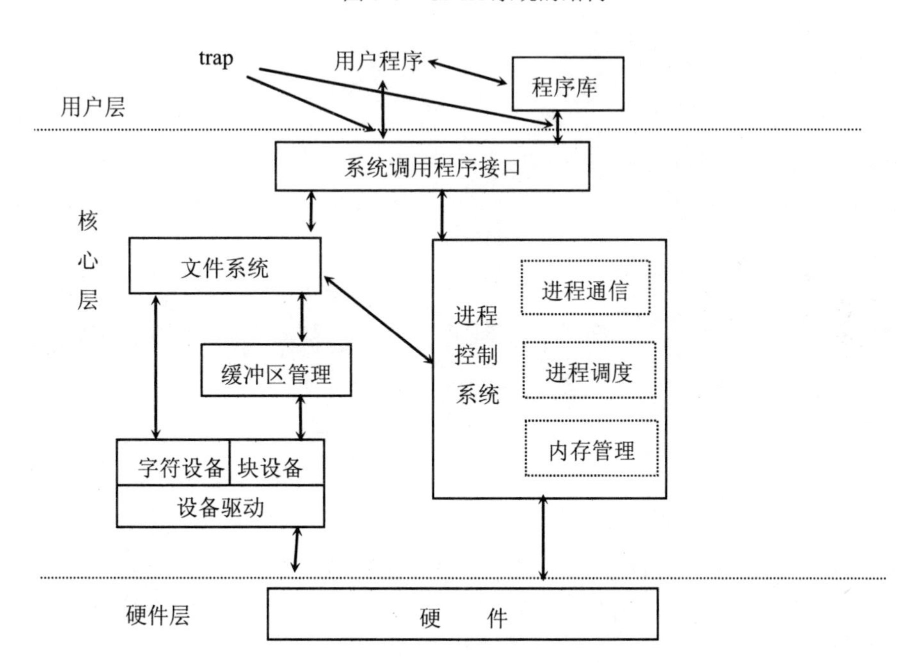


图 1-7　UNIX S-5 系统核心结构

进程控制系统负责进程同步、进程间通信、存储管理及进程调度。当要执行一个文件而把该文件装入存储器中时，文件系统就与进程控制系统发生交互。进程控制系统在执行可执行文件前，要把它读入主存中。内存管理模块负责内存的管理。进程调度模块负责将 CPU 分配给进程。进程通信负责进程之间的相互作用和通信。

# 习　题

1．什么是操作系统？它有哪些基本功能？

2．计算机系统包括哪些部分？操作系统管理哪些资源？

3．操作系统为用户提供了哪些良好的运行环境？

4．批处理系统、实时操作系统和分时操作系统各有什么特点？

5．什么是操作系统的不确定性？举例说明。

6．给出一个你与分时系统简单会话的例子。

7．列举在使用计算机的过程中得到的操作系统的服务。

8．什么是网络环境下的操作系统？它与通常的操作系统有何区别？

9．列举 UNIX 系统的几个特点。如果你使用过这种操作系统，进一步说明你对这些特点的体会。

10．列出在裸机上运行程序所必需的步骤。

# 第 2 章 进程管理

进程是操作系统中最重要的概念之一，它对我们来说是一个新名词。与程序不同，在操作系统中，进程不仅是最基本的并发执行的单位，而且也是分配资源、交换信息的基本单位。为此，我们在学习进程的一些管理之前，首先来介绍进程的概念及其产生过程。

## 2.1 进程管理的概念

### 2.1.1 程序的顺序执行

在早期的单道程序工作环境中，机器执行程序的过程是严格按顺序方式进行的。每次仅执行一次操作，只有在前一操作执行完之后，才能进行后继操作。例如，在进行计算时，总是先输入用户的程序和数据，然后进行计算，最后才将所得的结果打印出来。我们用 AI 代表 A 作业的输入操作，AC 代表 A 作业的计算操作，AO 代表 A 作业的打印输出操作。则 A、B、C 三个作业的程序段顺序执行情况如图 2-1 所示。

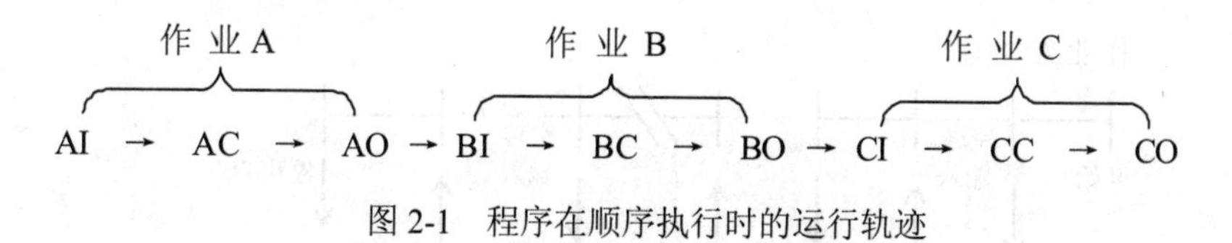


图 2-1 程序在顺序执行时的运行轨迹

在单道程序环境中，程序的顺序执行有以下三个特点。

（1）顺序性：程序运行是严格地按照程序所规定的动作执行。

（2）可再现性：程序重复执行时，必将获得相同的结果。即对于程序 A 来说，第一次运行得到一结果，第二次运行时若中间有停顿，但最后的结果必将与第一次一样。

（3）封闭性：程序一旦开始运行，其计算结果和系统内资源的状态不受外界因素的影响。也可以说，一旦程序开始运行，就好像进入了一个铁盒子，其计算结果或资源的状态都与外界无关。如 I/O 设备虽空闲，程序正在计算时，若有另一程序想进行 I/O 操作，也不能去干预，除非把正在运行的程序赶出计算机。

### 2.1.2 程序的并发执行和资源共享

为了提高计算机系统内各种资源的利用率，现代计算机系统都普遍采用多道程序设计。

多道程序设计技术：在内存中同时装有多个程序，它们都已开始运行但尚未运行结束。

多道程序设计的优点是增加了 CPU 的利用率和作业的总吞吐量。所谓吞吐量就是在给定时间间隔内所完成的作业数量（如每小时 30 个作业）。举一个极端化的例子，假定有两个作业 A 和 B，都在执行，每个作业都是执行一秒钟，然后等待一秒钟，进行数据输入，随后再执行，再等待……一直重复 60 次。如果按单道方式，先执行作业 A，A 作业完成后再执行作业 B，那么两个作业都运行完共需 4 分钟，如图 2-2 所示，每个作业用去两分钟，这两个作业总的计算时间也是两分钟，所以 CPU 的利用率是百分之五十。

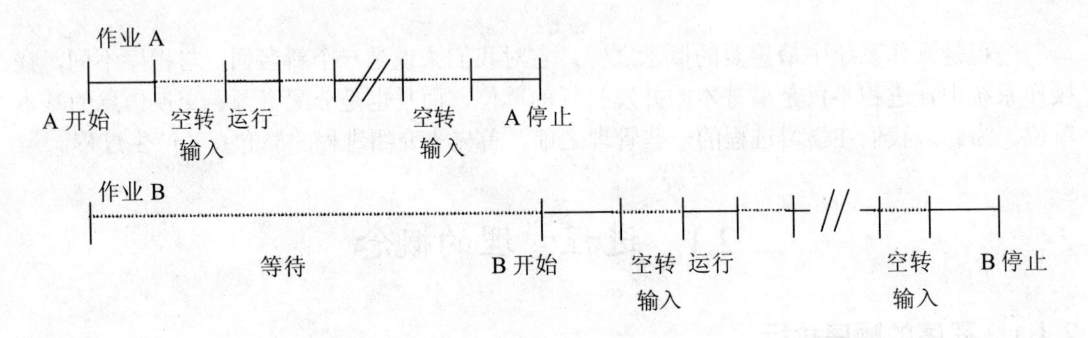


图 2-2　非多道技术下作业执行过程

如果我们采用多道程序技术来执行同样的作业 A 和 B，就能大大改进系统性能，如图 2-3 所示。作业 A 先运行，它运行一秒后等待输入。此时让 B 运行，B 运行一秒后等待输入，此时恰好 A 输入完毕，可以运行了……就这样在 CPU 上交替地运行 A 和 B。在这种理想的情况下，CPU 不空转，其使用率升至百分之百，并且吞吐量也随之增加了。

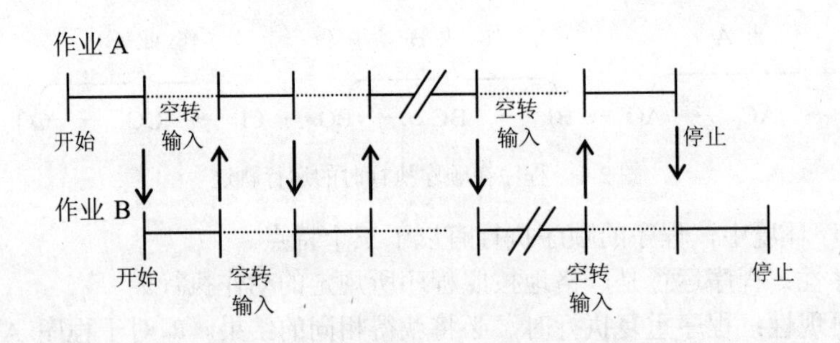


图 2-3　多道技术下作业执行过程

与单道程序相比，多道程序的工作环境发生了很大变化。主要表现在以下两方面。

（1）资源共享：资源共享指的是系统中的软、硬件资源不再为单个用户独占，而是由几道程序所共享。于是，这些资源的状态就不再取决于一道程序，而是由多道程序的活动所决定。这就从根本上打破了一道程序封闭于一个系统中运行的局面（即打破了封闭性）。

（2）程序的并发运行：并发执行是指某些程序段的执行在时间上是重叠的，即使这种重叠只有很少一部分，我们也称这些程序段是并发执行。例如，当输入程序在完成第一个作业 A 的输入工作后，就可以紧接着输入第二个作业 B，接着又输入第三个作业 C。这样，当第一个作业转入计算时，第二个作业正在进行输入工作，这就使得两个作业在同一时间里并行，如图 2-4 所示。

很显然，在多道程序工作环境中，程序并发运行的结果就产生了一些和程序顺序执行时不同的特性。

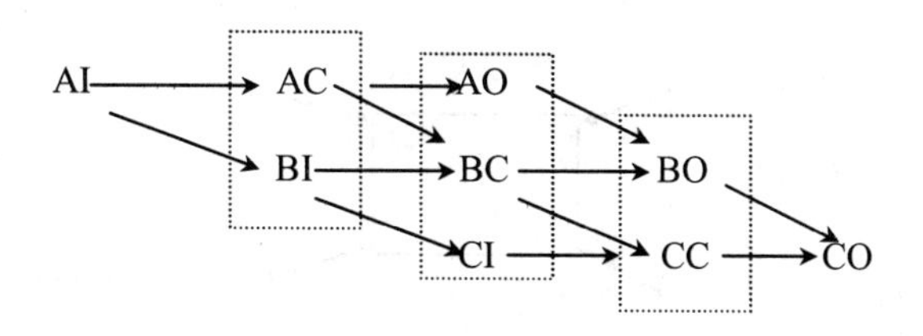


图 2-4　程序在并发环境中的运行轨迹

## 2.1.3　程序并发执行的特性

1. 失去了程序的封闭性

例如有两个程序 A 和 B，共享变量 N，程序 A 每执行一次都要先将 N 清零，然后将 N 加 1。程序 B 每执行一次就打印 N 值，如图 2-5 所示。

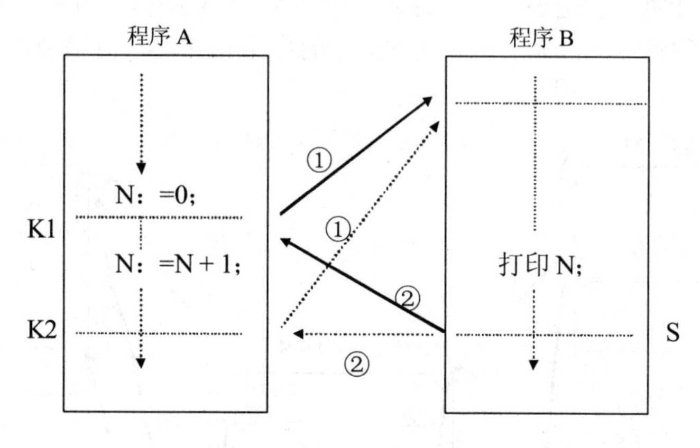


图 2-5　并发执行的程序

程序 A 和 B 彼此独立工作，没有逻辑关系，但存在间接联系即共享变量 N。由于它们的相对执行速度是不确定的，即 A 可能快于 B，B 也可能快于 A，何时发生控制转换完全是随机的。我们设想，当程序 A 执行到 K1 时，控制转到程序 B，B 执行过程中打印 N 值为 0。当 B 运行到 S 时，控制又转回到程序 A，则 A 在 K1 点之后继续执行。然而，若程序 A 运行得快一些，当它执行到 K2 处，控制才能转到程序 B，那么执行打印出的 N 值为 1，而不是 0。可见，程序 B 的计算结果不是仅仅完全由自身决定，还与它们的相对速度有关，即它已丧失顺序程序的封闭性。

2. 程序与执行程序的活动不再一一对应

例如，如图 2-6 所示，程序 A 和 B 在执行过程中都调用程序 C，这样，程序 C 既属于

A 的执行过程，又属于 B 的执行过程。因此，程序 C 与其执行过程没有一一对应的关系。

又例如，在分时系统中，一个编译程序副本同时为几个用户作业编译时，该编译程序便对应了多个活动。

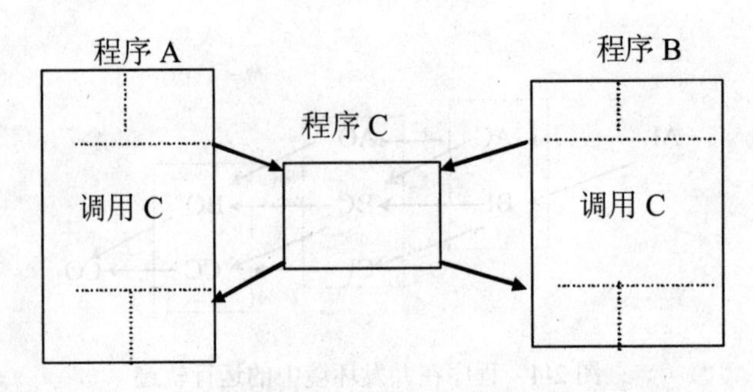


图 2-6　并发程序的关系

3. 程序之间具有相互依赖与制约关系

由于程序是并发执行的，它们之间必须共享计算机系统中的某些资源，因此程序之间的关系就要复杂得多。它们之间将发生相互依赖和制约的关系。

如图 2-7 所示，程序 S 是共享资源，但它具有这种特性：从 C1 到 C3 这段代码规定只能一次执行一个计算。就是说，不允许并发程序 M 和 N 的执行过程同时处于 C1 和 C3 这个区间中。在这种条件下，本来彼此独立运行的程序 M 和 N，在分别执行 S 时发生相互作

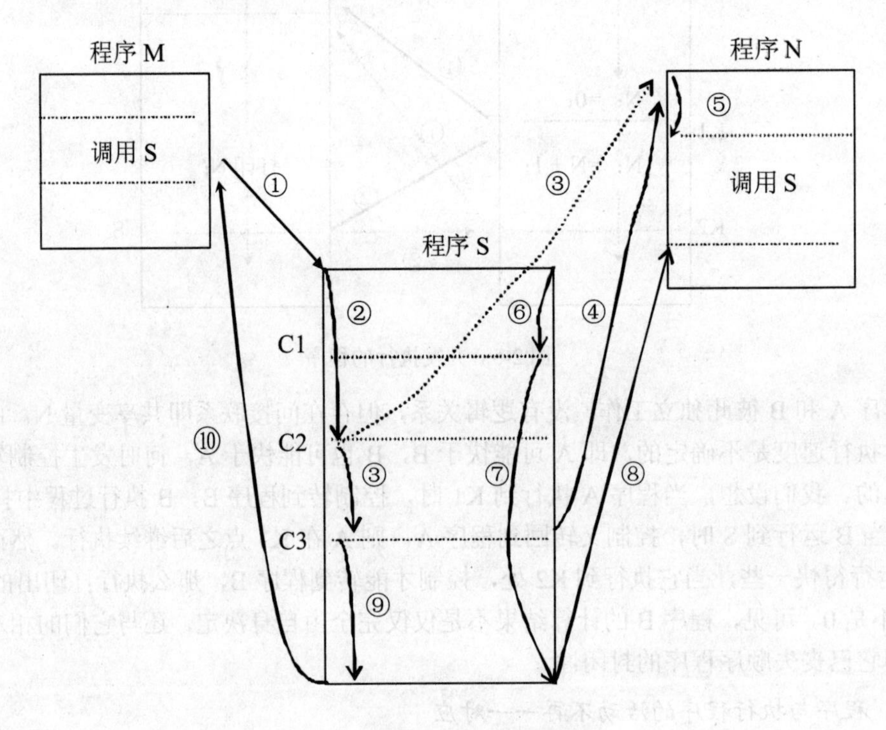


图 2-7　有制约关系的并发程序

用。如，设 M 先调用 S ，在 C1 处检查能否通行。由于当前没有其他计算在这段代码中运行，因此 M 对应的计算过程进入该段执行。当它退出 C3 后，控制转到程序 N，N 对应的过程可以顺利经过 C1-C3 段，完成对 S 的调用；若以后再转到 M 执行，M 也可完成对 S 的调用。如果系统是在 C2 处将控制转给 N，则程序 N 到达 C1 处时，因 M 过程尚未退出 C1-C3 段，所以不准许 N 过程进入该段。这样，N 过程必须等待，直到 M 过程退出该段后，N 过程才能进入执行。可见，并发程序在有共享资源的情况下，执行过程中存在制约关系。

同样，在前面举过的 A、B、C 三个作业的例子中，在并发环境下，B 作业的计算就受到 A 作业计算动作的限制。即若 A 作业未计算完成，则当 B 作业输入完成后，必须等待，不能马上进行计算，只有等 A 作业计算完成后才能计算。

所以，程序并发执行而产生的相互制约关系，使得并行执行程序具有“执行—暂停—执行”的活动规律。

程序的并发执行与资源共享之间是互为存在条件：一方面，资源共享是以程序并发执行为条件的，因为若系统中不允许程序并发执行也就不存在资源共享的要求；另一方面，若系统中资源不能共享，也就不存在程序的并发执行。

### 2.1.4　进程

1. 定义

上面的叙述清楚地表明，在程序并发执行时已不再具有封闭性，而且产生了许多新的特性和新的活动规律。程序这一静态概念已不足以描述程序的并发执行的特性。为了适应这一新情况，引入了一个能反映程序并行执行特点的新概念——进程（process）。有的系统也称为任务（task）。

进程是操作系统的最基本、最重要的概念之一。引进这个概念对于理解、描述和设计操作系统都具有极其重要的意义。

进程这个概念是 20 世纪 60 年代中期，首先在美国麻省理工学院的 MULTICS 系统和 IBM 公司的 CTSS/360 系统中引入的，其后许多学者从不同角度对进程下过各式各样的定义，例如：

- 进程是可以和别的计算并发执行的计算。
- 进程是程序的一次执行，是在给定的内存区域中的一组指令序列的执行过程。
- 进程，简单说来就是一个程序在给定活动空间和初始条件下，在一个 CPU 上的执行过程。
- 进程可定义为一个数据结构和能在其上进行操作的一个程序。
- 进程是程序在并发环境中的执行过程。

这些都是从不同角度来论述进程的属性的，都有一定的道理，但我们认为下面的定义是更全面和更准确的：

进程是程序在一个数据集合上运行的过程，它是系统进行资源分配和调度的一个独立单位。

此定义有以下一些含义：

- 进程是一个动态的概念，而程序是一个静态的概念。

- 进程包含了一个数据集合和运行其上的程序。
- 同一程序同时运行于若干不同的数据集合上时，它将属于若干个不同的进程，或者说，两个不同的进程可包含相同的程序。
- 系统分配资源是以进程为单位的，所以只有进程才可能在不同的时刻处于几种不同的状态。
- 既然进程是资源分配的单位，处理机也是按进程分配的。因此，从微观上看，进程是轮换地占有处理机而运行的；从宏观上看，进程是并发地运行的。从局部看，每个进程是（按其程序）串行执行的；从整体看，多个进程是并发地运行的。

大家初次接触“进程”这一概念，可能会觉得它很枯燥，难以理解。我们说，在操作系统中许多概念、思想、实现方式都是来源于生活，“进程”也是这样。我们可以把“进程”理解为电影的一次放映过程，那么电影胶带就可以理解为是进程中的程序部分。则同一电影在同一电影院的两次放映过程，应称为两个不同的进程。为了加深大家对进程概念的理解，下面我们来讨论进程的特征。

2. 特征

（1）动态性：因为进程的实质是程序的执行过程。因此，动态特性是进程最基本的特征。另外，动态性还表现在：进程是有一定的生命期的，是动态地产生和消亡的。

（2）并发性：正是为了描述程序在并发系统内执行的动态特性，才引入了进程，没有并发就没有进程，所以并发性是进程的第二特征。

（3）独立性：每个进程的程序都是相对独立的顺序程序，可以按照自己的方向独立地前进。另外，进程是一个独立的运行单位，也是系统进行资源分配和调度的一个独立单位。

（4）制约性：进程之间的相互制约，主要表现在互斥地使用资源及相关进程之间必要的同步和通信上。

（5）结构性：为了描述进程的运动变化过程并使之能独立地运行，系统为每个进程配置一个进程控制块 PCB。这样，从结构上看，每个进程都是由一个程序段和相应的数据段，以及一个 PCB 3 部分组成。

即进程=PCB+程序段+数据段。

3. 进程与程序的区别和联系

进程：是程序的一次执行，是动态概念；一个进程可以同时包括多个程序；进程是暂时的，是动态地产生和消亡的。

程序：是一组有序的静态指令，是静态概念；一个程序可以是多个进程的一部分；程序可以作为资料长期保存。

## 2.1.5 用进程概念说明操作系统的并发性和不确定性

引入了进程后，人们可以重新来解释操作系统的两个特性：并发性和不确定性。

（1）对并发性的再说明

并发可以被看成是同时有几个进程在活动着。如果进程数=处理机数，那么就不会造成逻辑上的任何困难。但更一般情况是处理机数小于进程数，于是处理机就应在进程之间进行切换，以获得外表上的并发。

我们用总办公室中一个秘书的活动来进行比拟。秘书应该做的每一件工作，如打印文件、将发票归档等，可以比拟为操作系统中的一个进程，CPU 则是秘书本身。执行每件工作时应遵循的步骤序列类似于程序。如果在该办公室中，工作忙得不可开交，那么秘书不得不常常把正在做的工作搁一搁而去处理另一件工作。在这种场合下，她很可能抱怨“同时要做许多工作”。但实际上，在任一时刻，她只做一件工作，但是频繁地从一件工作转向另一件造成一种总的并发的印象。继续作更进一步的类比，我们设想在那一办公室中增加了一些秘书，于是在执行不同任务的各个秘书之间，有了一种真正的并发。与此同时，每个秘书又可能要从一个任务转向另一个，所以表面上并发仍旧存在。只有当秘书的个数=事件数时，才能以真正的并发方式执行各个事件。

因此，并发处理的意思是：如果我们把系统作为一个整体，对其拍张快照，那么在这张照片上可以找到许多进程，各自的状态都位于它们的起点与终点之间。

（2）对不确定性的再说明

不确定性是可以用进程概念容易地加以说明的第二个操作系统的特征。如果我们把进程看成是动作序列，而且这些动作在步与步之间是可以中断的，那么由于中断可以以不可预测的次序发生，因而这些序列也以不可预测的次序前进。这就反映为不确定性。再回到前面使用的秘书例子上来，我们可以将发生在一个操作系统中的多个不可预测的事件比拟为打进办公室中来的电话。事先并不知道什么时候某部电话会打进来，它会打多长时间，对办公室中现行的各项工作会产生什么影响。

我们可以观察到，当秘书转向另一活动之前即回答电话前，要记住当时她正在做什么，以便以后能够继续这件工作。相类似地，中断一个进程或作进程切换时，也要记录一些信息，使进程随后能恢复运行。

### 2.1.6　进程的状态及其变迁

进程是一个程序的执行过程，有着走走停停的活动规律。进程的动态性质是由其状态变化决定的。如果一个事物始终处于一种状态，那么它就不再是活动的，就没有生命力了。在操作系统中，通常进程有 3 种基本状态，这些状态与系统能否调度进程占用 CPU 密切相关。因此又称为进程的调度状态（控制状态）。这 3 种状态是运行状态、就绪状态和封锁状态。

（1）运行状态：进程正占用 CPU，其程序正在 CPU 上执行。处于这种状态的进程的个数不能大于 CPU 的数目。在单 CPU 机制中，任何时刻处于运行状态的进程至多是一个。

（2）就绪状态：进程已具备除 CPU 以外的一切运行条件，只要一分得 CPU 马上就可以运行（万事俱备，只欠东风）。在操作系统中，处于就绪状态的进程数目可以是多个。为了便于管理，系统要将这多个处于就绪状态的进程组成队列，此队列称为就绪队列。

（3）封锁状态：进程因等待某一事件的到来而暂时不能运行的状态。此时，即使将 CPU 分配给它，也不能运行，故也称为不可运行状态或挂起状态。系统中处于这种状态的进程可以是多个。同样，为了便于管理，系统要将它们组成队列，称为封锁队列。封锁队列可以是一个，也可以按封锁原因形成多个封锁队列。

从这三种基本状态的含义中，我们可以看出，进程调度程序与进程的基本状态很有关系。进程调度程序只能对处于就绪状态的进程进行运作，否则进程调度程序就没有任何意义了。

进程并非固定处于某个状态，它将随着自身的推进和外界条件的变化而发生变化。因此上述三个状态之间会因一定条件而相互转化。

进程基本状态间的转化图，如图 2-8 所示。

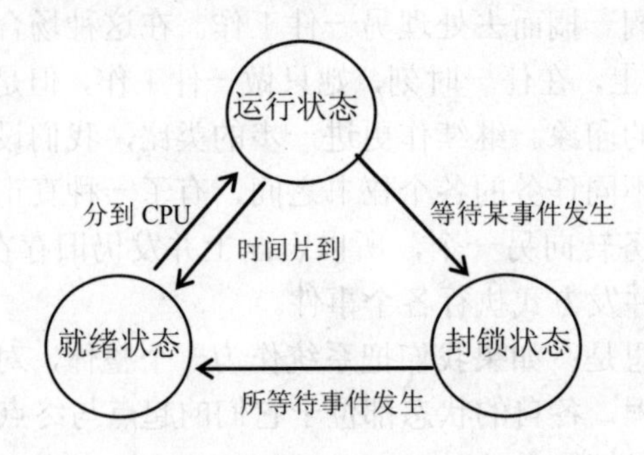


图 2-8　进程状态及其变化图

其说明如下：

（1）运行状态与封锁状态之间的转换不是互逆的。

（2）当一个进程从运行状态转变为其他状态时，必导致另一进程从就绪状态转变到运行状态（除非就绪队列为空）。

（3）除一两个特殊进程外，进程不会无休止地在上述三种状态之间转换，还应有两个短暂状态，即创建状态和终止状态。当进程正在创建，还没创建完成时，我们称进程是处于“创建状态”。当进程运行完毕，系统正在收回其所占资源，进行善后处理时，我们称进程是处于“终止状态”。所以应该说，当进程处于这两种状态时，不能算作是一个完整的进程。因此，我们不把这两种状态列为进程的基本状态之中。

（4）在一个具体的系统中，为了调度的方便、合理，可以设立多个进程状态，而不只是这三个状态。如 UNIX OS 第 6 版中，进程状态分为 6 种，而在 UNIX 系统 V 中，进程状态则分为 10 种。但上述三种状态是最基本的。

（5）运行状态的进程因某一事件的出现而变为封锁状态，当该事件消除后，被封锁的进程并不是恢复到运行状态，而是先转为就绪状态，然后重新由进程调度程序来调度。这是因为，当该进程被封锁时，调度程序立即将 CPU 分配给另一处于就绪状态的进程了。这种处理方式与生活中的一些现象也很相似。例如，到火车站去买票，我们可以将买票者比拟为进程，售票员比拟为 CPU，则在售票窗口下排成的队列称为就绪队列。当一位买票者排到队首准备买票，售票员对他的请求进行处理时，他的状态就由就绪状态转化为运行状态，此时若他发现钱不够，不能继续买票时，其状态就从运行状态转化为封锁状态，并且离开就绪状态，去准备足够的钱，当他将钱准备充分，再回来时，他不能直接去请求售票员的服务，而应重新回到就绪队列去排队等候。

## 2.1.7　进程的组成

进程通常由三部分组成：程序、数据和进程控制块（PCB），其物理结构如图 2-9 所示。

（1）程序部分描述了进程所要完成的功能，它通常可以由若干个进程共享。

（2）数据部分包括程序运行时所需要的数据和工作区，它通常是各个进程专有的。

以上两部分统称为进程的实体。

（3）进程控制块（PCB）是一个进程存在的唯一标志，它是一种描述和控制进程状态的数据结构，是进程动态特性的集中反映。其作用是描述和控制进程状态以区别于其他进程。

它所包含的信息类型和数量随操作系统而异。在比较简单的操作系统中可以只占几十个单元，在复杂大型的操作系统中，可能占有数百个单元。为了描述程序在并发系统执行时的动态特性，PCB 通常包括以下一些内容，如图 2-10 所示。

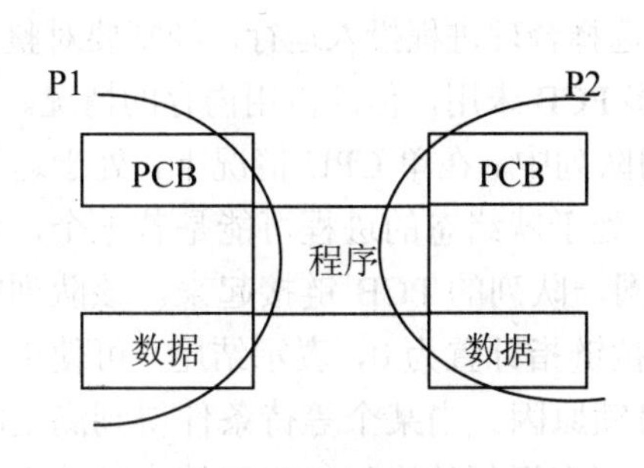


图 2-9　进程的组成结构

| 进程标识号 |
| --- |
| 进程特征信息 |
| 进程状态信息 |
| 进程优先权 |
| 通信信息 |
| 现场保护区 |
| 资源信息 |
| 进程映像信息 |
| 族系关系 |
| 其他信息 |

图 2-10　PCB 的内容

- 进程标识号：是系统内部用于标识进程的整数，各进程的标识号都是不相同的，它是区分不同进程的唯一标志。
- 进程状态信息：指的是就绪、运行、阻塞等状态。
- 进程特征信息：包括是系统进程还是用户进程；或进程是在用户态还是在系统态；程序实体是在内存还是在外存等。
- 进程优先权：在进程低级调度中使用，它用一个整数表示。
- 现场保护区：用于在进程交替时保存其程序运行的 CPU 现场，以便在将来的某一时刻恢复并继续原来的执行。PCB 中的现场保护区一般用来存放这些现场信息，而有时进程现场信息被保护在工作区的位置。
- 通信信息：用于存放进程之间的一些同步互斥信号量，及一些通信指针，这些指针指向相应的通信队列或通信信箱等。
- 资源信息：给出本进程当前已分得了哪些资源，例如，打开了哪些文件等。
- 族系关系：包含指向父进程和子进程的指针。
- 进程映像信息：指出该进程的程序和数据的存储信息，在内存或外存的地址、大小等。
- 其他信息：将随不同的系统而异，如文件信息、工作单元等。

为了提高进程调度效率和便于对进程进行控制，PCB 必须存放在内存的系统区中，但不能乱放，所有 PCB 按照一定的方式组织起来，统称为 PCB 表，它是系统中最关键、最常用的数据。因此，PCB 表的物理组织方式直接影响到系统的效率。

常用的 PCB 组织方式有两种：即线性表和链接表。线性表是将所有 PCB 都放在一个线性表中，这种方式简单，最容易实现，如图 2-11 所示。

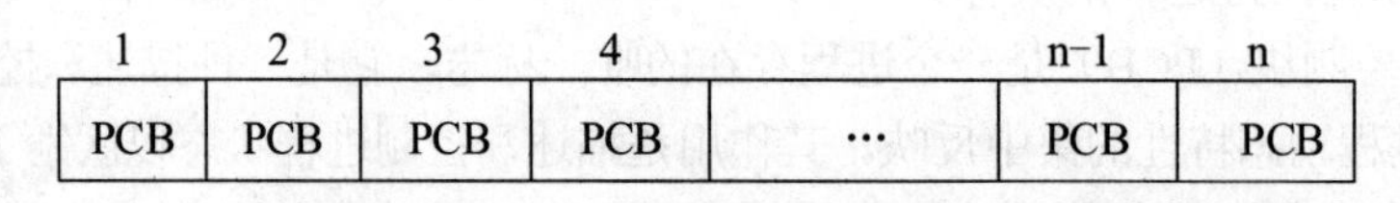


图 2-11　PCB 的线性表方式

在这种方式下，操作系统预先确定整个系统中同时存在的进程最大数目，如 n。静态分配空间，把所有 PCB 都放在这个表中。以后创建或消灭进程时，都不必进行复杂的申请/释放其所占内存的工作，也不需要内部有附加的拉链指针。不足之处是限定了系统中同时存在的进程最大数目；降低了调度效率，浪费了内存空间。当很多用户同时上机时，会造成无法为用户创建新进程的情况；在执行 CPU 调度时，为选择合理进程投入运行，经常要对整个表扫描，降低了调度效率。在用户较少时，会出现很多 PCB 未用，但却占用内存的情况。

链接表是按进程的不同状态分别放在不同的队列中。在单 CPU 情况下，处于运行态的进程只有一个，可以用一个指针指向它的 PCB。处于就绪态的进程可能是若干个，它们排成一个队列，通过 PCB 结构内部的拉链指针把同一队列的 PCB 链接起来。该队列的第一个 PCB 由就绪队列指针指向，最后一个 PCB 的拉链指针置为 0，表示结尾。可使用先进先出策略。封锁队列可以有多个，各对应不同的封锁原因。当某个等待条件得到满足时，则可以把对应封锁队列上的 PCB 送到就绪队列中。正在运行的进程如出现缺少某些资源而未能满足的情况，就变为封锁态，加入相应封锁队列，如图 2-12 所示。

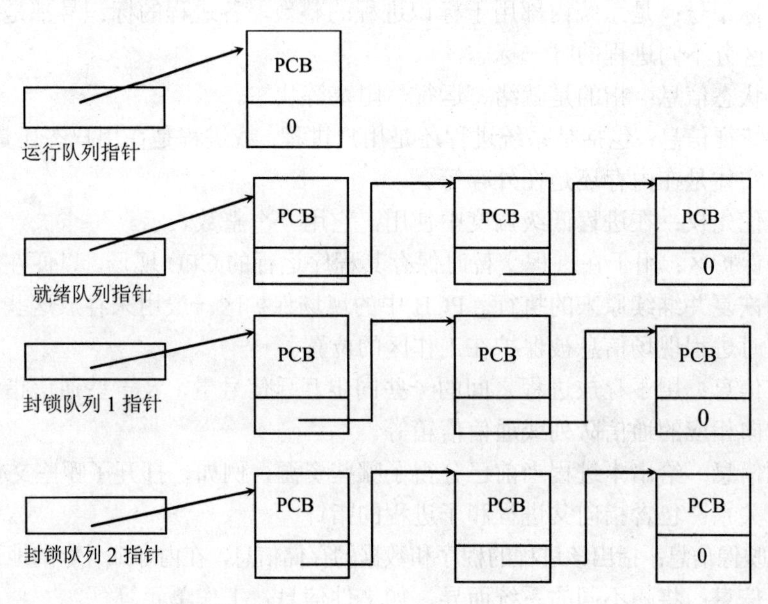


图 2-12　PCB 的链接表形式

链接表方式没有限制进程的数目，也就是说，PCB 的数目可以随时改变，根据需要而动态申请 PCB 的内存空间。它的好处是使用灵活、管理方便、内存使用效率可以提高。不足之处是动态分配内存的算法比较复杂，用户进程过多时出现内存超量等。

### 2.1.8 UNIX 系统的进程映像

（1）进程映像：是程序以及与动态地执行该程序有关的各种信息的集合。

UNIX 进程映像的组成部分有进程控制块 PCB、进程执行的程序、程序执行时所用的数据和进程运行时使用的工作区，如图 2-13 所示。

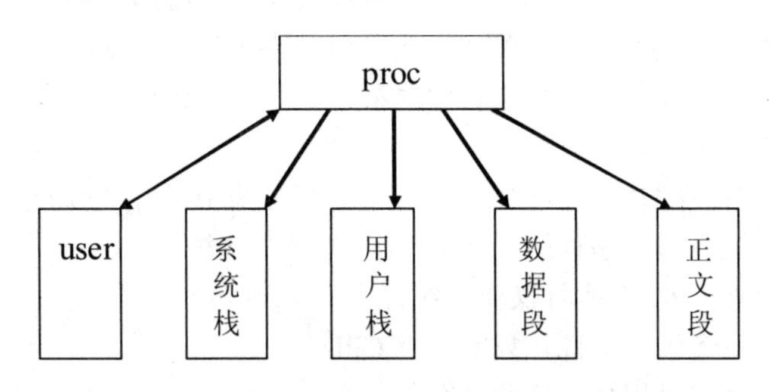


图 2-13　UNIX 进程映像

PCB 由两部分组成：proc 结构和 user 结构。proc 结构是基本进程控制块，它记录了不管进程是否在 CPU 上运行，系统都需要查询和修改的信息。user 结构是扩充进程控制块，它记录了仅当进程在 CPU 上运行时，才可能对这些信息进行查询与处理的信息。因此非运行态的 user 结构就可能对换到外存上，以后进程被调度运行之前再换入内存即可。

proc 结构包含以下一些信息：

- 进程状态。
- 进程和它的 user 结构在内、外存上的位置。
- 用户标识号。
- 进程标识号。
- 进程睡眠原因。
- 进程调度参数。
- 发送给进程的信号（待处理）。
- 进程执行时间和核心资源的利用情况。

user 结构主要包含下列信息：

- 指向本进程 proc 结构的指针。
- 实际的和有效的用户标识号。
- 与时间有关的项。
- 进程对各种信号的处理方式表。
- 控制终端信息项。
- 错误信息项。
- I/O 参数。
- 当前目录和当前根。

- 用户打开文件表。
- 对本进程所创建文件设置的存取权限的屏蔽项。
- 进程大小和可写文件大小的限制信息项。

对 proc 结构和 user 结构的内容我们只作了解即可。

共享正文段是进程映像中可由多个进程所共享的区域，它包括可共享的程序和常量等。

数据段是程序执行时要用到的数据，包括进程执行时的非共享程序部分和数据。

工作区（栈区）包括系统栈和用户栈。系统栈是在核心态下使用，用户栈是在用户态下运行使用。在 UNIX 系统中，进程可以在两种状态下运行，即在用户态下运行和在核心态下运行。当进程执行操作系统核心程序时称在核心态下运行，当进程执行非操作系统核心程序时称在用户态下运行。

（2）进程状态：在 UNIX S-5 中，进程状态可分为 10 种，它们是：

用户态运行：执行用户态程序（在 CPU 上）
核心态运行：在 CPU 上执行操作系统程序

在内存就绪：具备运行条件，只等取得 CPU
在外存就绪：就绪进程被对换到外存上

在内存睡眠：在内存中等待某一事件发生
在外存睡眠：睡眠进程被对换到外存上

在内存暂停：因调用 stop 程序而进入跟踪暂停状态，等待其父进程发送命令
在外存暂停：处于跟踪暂停状态的进程被对换到外存上

创建态：新进程被创建，但尚未完毕的中间状态
终止态：进程终止自己

在 UNIX 系统中，一个进程可在两种不同方式下运行：用户态和核心态。如果当前运行的是用户态程序，那么对应进程就处于用户态运行；如果出现系统调用或者发生中断事件，就要运行操作系统（核心）程序，进程就变成核心态运行。这也是 UNIX 系统比较有特色的一点。一般的操作系统中都将进程分成系统进程和用户进程两类，系统进程执行操作系统程序，用户进程执行除操作系统以外的其他程序（用户态程序）。系统中可以同时有很多进程处于就绪状态，但是它们并非都在内存。根据内存使用情况，对换进程（$0^{\#}$进程）可把某些就绪进程换出到外存上，被换出的进程就处于在外存就绪。当以后对换进程把它们重新换入内存后，就又处于在内存就绪状态。处于睡眠和暂停状态的进程也有在内存和外存两种情况，但其变迁是单向的。即对换进程只能将这些进程从内存换出到外存。这十种状态的转换图如图 2-14 所示。

其说明如下。

（1）任何一个进程只有在核心态下运行时，才能转入其他状态。因为从运行态转为其他状态的那些程序都是操作系统程序。因此在用户态运行时，若想按自己的意愿转为其他状态时，必须通过系统调用先进入核心态运行再转入其他状态。若是由外部事件强迫它转入其他状态时，则先通过中断进入核心态运行再转入其他状态。

（2）一个就绪进程刚被调度占用 CPU 时，它一定处于核心运行态。

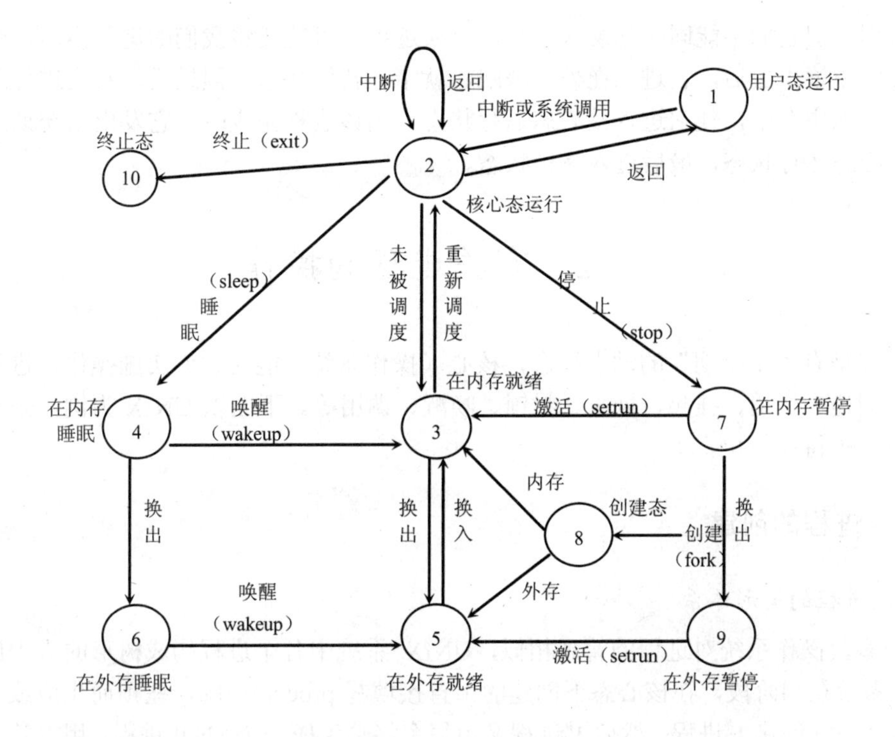


图 2-14　UNIX S-5 进程状态变迁图

（3）当中断或系统调用结束后，系统的中断或陷入处理程序在当前进程即将返回用户态时，要检查是否有重新调度标志。如果该标志已设定，则要进行进程的切换调度，当调度到另一进程时，当前进程将处在内存就绪状态。

（4）从内存换出到外存的进程可能处于睡眠、暂停、就绪这三种状态，但换入只能对就绪进程进行。

（5）进程可以在用户级对某些状态的转换加以控制。如：① 一个进程可以创建另一个进程。② 一个进程可以发生系统调用，实现从用户态运行状态到核心态运行状态的转换。③ 一个进程能按自己的意愿退出（exit）。

下面让我们看一个典型的进程经历这个状态转换模型的过程。这里所描述的事件是人为设置的，是为了说明各种可能的转换，而进程并不总是要经历这些事件的。首先当父进程执行系统调用 fork 时，其子进程进入创建状态，并最终会移到就绪状态（在内存或外存）。假定它进入在内存中就绪状态，进程调度程序最终将选取这个进程去执行。这时，它便进入核心态运行状态。在这个状态下，它完成它的 fork 最后部分。之后它可能进入用户态运行状态，此时它在用户态下运行。一段时间后，系统可能中断 CPU，进程再次进入核心态运行状态。当中断处理程序结束了中断服务后，核心可能决定调度另一进程运行。这样，头一个进程将进入在内存就绪状态。当一个进程执行系统调用时，它便离开用户态运行状态而进入核心态运行状态。假定这个系统调用是请求磁盘输入/输出操作，则该进程需等待 I/O 的完成，而进入在内存中睡眠状态，一直睡到被告知 I/O 已完成。当 I/O 完成时，硬件便中断 CPU，中断处理程序唤醒该进程，使它进入在内存中就绪状态。假定核心正在执行多个进程，但它们不能同时都装入主存。对换进程，可能要将我们的进程换出，当进程被从主存中驱逐出去后，它进入在外存睡眠、就绪、暂停状态。但最后，对换进程总会将此进程再换入主存中，使它进入核心态运行状态。当该进程完成时，它发出系统调用 exit，进入核心态运行状态，最后进入终止状态。

# 2.2 有关进程的操作

进程是有“生命期”的动态概念，核心（操作系统）能对它们实施操作，进程的操作主要有创建、撤销、挂起、恢复、封锁、唤醒、调用等。下面以 UNIX 为例，来介绍进程的创建、等待和终止。

## 2.2.1 进程的创建

1. 进程的树形体系

与多数操作系统对进程的管理相似，UNIX 系统中各个进程构成树形的进程族系。在 UNIX 系统初启阶段，在核心态下创建的由直接填写 proc 表中的一些项而生成或手工生成 $0^{\#}$进程。由它创建 $1^{\#}$进程，然后 $1^{\#}$进程又为每个终端生成一个 Shell 进程，用以管理用户登记和执行 Shell 命令解释程序。用户和系统交互作用过程中，由 Shell 进程为打入的命令创建若干子进程，每个子进程执行一条 Shell 命令。执行 Shell 命令的子进程也可以按需要再创建子进程，以此类推，UNIX 系统中的进程就构成了树形结构的进程族（如图 2-15 所示）。这棵进程树除了同时存在的进程数受到限制外，树形结构的层次可以不断延伸。

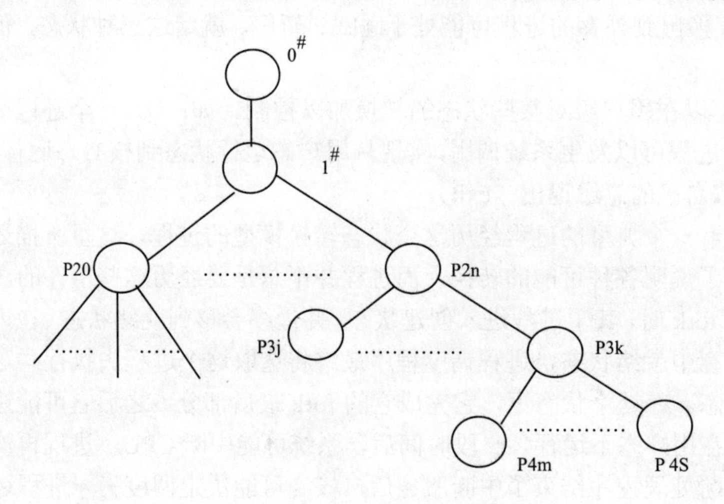


图 2-15　进程创建的层次关系

2. 创建进程的基本任务和方式

因为进程存在的实体是它的映像，因此创建一个进程首先必须为它建立进程映像。

UNIX 系统的进程映像包括 proc 结构、user 结构、共享正文段、数据段和栈（系统栈和用户栈）。另外，新进程建立后，就成为系统的一个独立调度单位，可由调度程序 swtch 调度占用 CPU。所以还必须为它准备第一次被调度执行的环境（现场信息）。

基本任务：为新进程构造一个映像，并为它准备第一次被调度执行的现场信息。

基本方式：除了与进程的状态、标识及与时间有关的少数几项外，子进程复制或共享父进程的图像。

这样便于实施父、子进程之间的通信、任务交接以及资源共享。

3. 创建进程的 fork 算法

在 UNIX 系统中，除了 0#、1#进程及同层其他进程外，其余进程都是用系统调用 fork 创建的，称调用 fork 的进程为父进程，生成的进程为子进程。

fork 算法：

```
输入：无
输出：父进程返回子进程的 PID（标识数）
      子进程返回 0
{检查各可用的核心资源；
取一个空闲的 proc 表项，指定唯一的 PID 号码；
标记子进程状态为“创建态”；
从父进程的 proc 结构中复制数据到新建子进程的 proc 中；
增加当前目录 I 节点和“更改过的文件根”上的记数值；
增加系统打开文件表中的记数值；
在内存或外存建一个父进程映像的副本（user 结构、栈、正文段、数据段）；
把各寄存器内容构成的系统环境记入子进程的运行环境中；（以后子进程被调度，就从此开始执行。）
if（是父进程在执行）
    return（子进程标识数）；
else{对子进程 user 结构的时间区初始化；
    return（0）；
    }
}
```

4. 创建新进程的主要步骤

（1）创建子进程的 proc 结构

子进程的 proc 结构必须由父进程重新申请得到，并填入申请的子进程标识号(唯一的)。之后从父进程的 proc 结构中复制数据到新建子进程的 proc 结构中。

（2）为子进程建立其他进程映像（user 结构、栈段、数据段和共享正文段）

这又分为两种情况来处理：

① 与父进程共享正文段

因共享正文段是可以共享的，所以创建子进程时一般就不再建立共享正文段副本，而是与父进程共用一个共享正文段副本。只需在 proc 结构中指向共享正文段的那一项复制成父进程中的同一项即可。这样就使子进程共享父进程的共享正文段了。

② 为子进程申请新的存储空间

因为user结构、栈段、数据段是不能共享同一副本的，故UNIX系统的做法是：为子进程申请存储空间，将父进程的这些映像再复制一份给子进程使用。这样可以使子进程继承其父进程过去运行时造成的一切中间结果，并能开始第一次运行过程，同时也可以使每个进程只修改自己的副本。如果内存无足够的空间就在外存为子进程分配存储空间。但UNIX S-5中的做法有所不同，它在fork算法中并未真正为子进程申请存储空间，而是将user结构、栈段、数据段的页表项中置上"复制写位"。当父、子进程中的任一个进程要对这些页进行写操作时，再为它们申请存储空间，并进行复制，否则父、子进程就是共享相应页面内容。

因为子进程创建之后，就可以共享父进程的所有打开文件，为此还要修改系统打开文件表和节点表中的有关项，即共享此打开文件的进程数要增加1等。所以要修改这两个表中有关的计数项。这些我们留到文件系统那一章去介绍，这里只要知道怎么回事就行。

（3）为子进程建立运行环境

因为父进程保留现场的环境指针和栈指针是存放于user结构的，所以子进程复制了父进程user结构的同时也就复制了父进程的栈指针和环境指针，由这两个指针就可以在栈中取得各寄存器值。这就为子进程的第一次运行建立了环境。

5. 举例

```
Main()
{ int  i;
   while((i=fork())==-1);
   if (i){printf("it is parent process.\n");}
   else{printf("it is child process.\n");}
   printf("it is parent or child process.\n");
}
```

注：若fork创建子进程未成功，则返回-1。

在执行该程序时，父进程先生成子进程，然后父、子进程皆受swtch调度。调度到父进程时，执行两个格式打印语句，在标准输出上打印：

```
it is parent process.
it is parent or child process.
```

调度到子进程时，也执行两个打印语句，在标准输出上打印：

```
it is child process.
it is parent or child process.
```

### 2.2.2 进程终止和父/子进程的同步

在用户态程序中，如果一个用系统调用fork创建的子进程希望终止自己，那就应该使用系统调用exit。UNIX执行系统调用exit程序的主体部分是程序exit。它使调用它的进程进入“终止”状态，并等待父进程作善后处理。

在用户态程序中，父进程可以用系统调用 wait 等待其子进程终止。UNIX 系统中实施系统调用 wait 的程序同样也称为 wait。它负责对处于“终止”状态的子进程进行善后处理。

1. 进程自我终止

系统调用 exit 可以有参数（status），称为终止码。它是终止进程向父进程传送的参数，父进程在执行系统调用 wait 时可取得该参数，也可无此参数。

exit 算法：

```
输入：返回给父进程的终止码
输出：无
{ 忽略所有信号；
  if（本进程是与控制终端相关的进程组中的“组长”）
     { 向该进程组的所有成员发送“挂起”信号；
       把所有成员的进程组号置为 0；
     }
  关闭全部打开文件；
  释放当前目录；
  如果存在当前改过的文件根，就释放它；
  释放与该进程有关的各分区及其内存；
  做统计记录；
  置进程状态为“终止态”；
  指定它所有子进程的父进程为 1#进程；则如果有任何子进程终止了，则向 1#进程发出子进程已终
  止的信号；
  向它的父进程发送子进程终止的信号；
  执行进程调度；
}
```

我们来解释这个算法。

首先是关闭进程的信号处理函数，因为信号处理此时已再无任何意义。

如果终止的进程是与某一控制终端相关联的进程“组长”，此时系统就认为用户不再做任何有用的工作，向所有同组的进程发“挂起”信号。一般对此“挂起”信号的处理是将其进程退出。然后，系统还要将同组进程的进程组号置为 0。因为以后另一个进程可能得到刚刚退出的那个进程的进程标识号，并且也为进程组的“组长”。属于老进程组的进程将不属于后来的这个进程组。一般进程组号都是大于 0 的，置为 0 意味着不属于任何进程组。

要修改系统打开文件表和 I 节点表中的有关计数项。

进程自我终止时，除了暂保留 proc 和 user 结构外，放弃它占用的一切资源（包括内存区）。而 proc 和 user 结构的副本是由父进程来放弃的。这是因为终止进程的一些时间项（如 CPU 使用时间）要加到父进程中，而这些时间项是放在 user 结构中的。既然还要用到子进程的映像，那进程存在的唯一标志 proc 结构当然不能先放弃，它总是最后放弃。

若终止进程有子进程，则应将它所有子进程的父进程指定为 1#进程。

最后向父进程发送子进程终止信号，等待父进程做善后处理工作，然后进行进程调度。

因此系统调用 exit 的处理程序所做的主要工作有：① 暂时保留 proc 和 user 结构，而放弃进程占用的一切资源。② 对其子进程作处理。③ 向其父进程发信号。

2. 父进程等待子进程终止

父进程用系统调用 wait（status-addr）等待它的一个子进程终止。系统调用 wait 和 exit 是 UNIX 向用户态程序提供的进程之间实施同步的主要手段。

wait 算法：

```
输入：存放终止进程的状态变量的地址
输出：子进程标识数，子进程终止码
{ if（等待者没有子进程）  return（错误信息）；
  for（；；）
  {  if（等待进程有终止子进程）
        {挑选任一终止子进程；
         把子进程的 CPU 使用时间等加到本进程上；
         释放子进程占用的 proc 表项和 user 结构；
         return（子进程标识数，子进程终止码）；
         }
在可中断的优先级上睡眠（事件：子进程终止）；
   }
}
```

除等待子进程终止外，系统调用 wait 还可用于等待子进程进入暂停状态。

若有终止子进程，则对其作善后处理后返回。若没有子进程则返回出错信息。若有子进程但无终止的子进程则进行睡眠等待。

善后处理的主要工作包括两部分：其一，将子进程的一些时间分别加到父进程的相应时间项上去；其二，释放子进程占用的 proc 和 user 结构，使其成为自由项。

返回值，一般将子进程标识数返回到调用 wait 位置；而将子进程终止码返回到由参数 status-addr 指定的位置中。

下面用一例来说明系统调用 exit 和 wait 的应用。

```
Main()
{ int  i;
if(fork()) {i=wait();
              printf("It is parent process.\n");
              printf("The Child process  ID number %d, is
                 finished .\n",i); }
 else {printf("It is Child process.\n");
     exit();
    }
}
```

执行该程序的结果是在标准输出上得到：

```
It is Child process.
It is parent process.
The Child process,ID number ××× is finished.
```

# 2.3　进程间的相互作用和通信

在多道程序环境下，计算机系统中存在着多个进程，这些进程间并非相互隔绝。一方面，它们相互协作以达到运行用户作业所预期的目的；另一方面，它们又相互竞争使用有限的资源，如 CPU、内存、变量等。既协作又竞争，这两个要素都意味着进程之间需要某种形式的通信。这主要表现在同步与互斥两个方面。进程间的同步与互斥是并发系统中的关键问题，它关系到操作系统的成败，需要认真地研究，妥善地解决。下面我们就来讨论这两个问题。

## 2.3.1　同步

同步指的是有协作关系的进程之间要不断地调整它们的相对速度。

有些进程为了成功地协同工作，它们在某些确定的点上应当同步他们的活动。一个进程到达了这些点后，除非另一进程已经完成了某个活动，否则不得不停下来，以等待该活动结束。现实生活中，同步的例子是俯拾皆是的。例如，在一辆公共汽车上，司机的职责是驾驶车辆；售票员的工作是售票、开关车门，各有各的职责范围。但两者的工作又需要相互配合、协调。当汽车到站，驾驶员将车辆停稳后，售票员才能将车门打开让乘客上、下车，然后关车门；只有在得到车门已经关好的信号后，驾驶员才能开动汽车继续前进。所以，在驾驶员停止、启动汽车和售票员开、关门之间有两个同步过程，如图 2-16 所示。

再例如，在计算机系统中，若有两个进程 A、B，它们共同使用一个缓冲区，进程 A 往缓冲区中写入信息，进程 B 从缓冲区读取信息。只有当缓冲区的内容取空时，进程 A 才能向其中写入信息；只有当缓冲区的内容写满时，进程 B 才能从中取出内容，作进一步加工和转送工作，如图 2-17 所示。

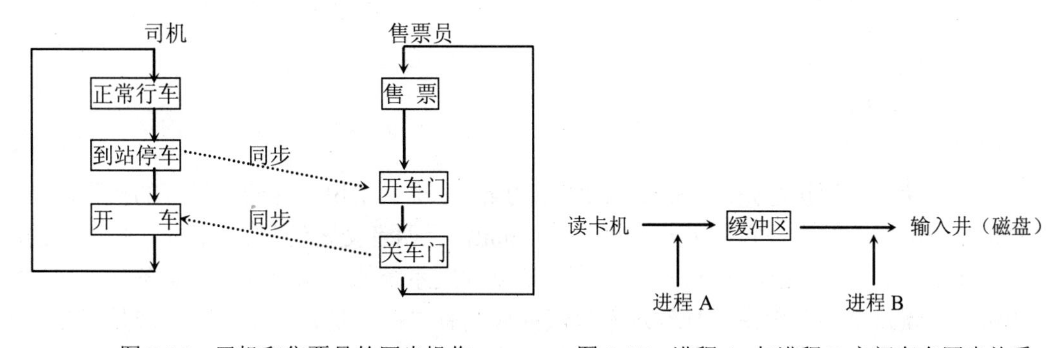


图 2-16　司机和售票员的同步操作

图 2-17　进程 A 与进程 B 之间存在同步关系

### 2.3.2 互斥

互斥指多个进程之间要互斥共享某一资源。也就是说，如果一进程已开始使用某个资源且尚未使用完毕，则别的进程不得使用，若另一进程想使用则必须等待。等待前者使用完毕并释放之后，后者方可使用。这种资源就是必须互斥共享的资源。计算机系统中有许多必须互斥使用的资源，如打印机、磁带机及一些公用变量、表格、队列等。

例如，某游艺场设置了一个自动计数系统，用一个计数器 count 指示在场的人数。当有一人进入时，进程 PIN 实现计数加 1，当退出一人时，进程 POUT 实现计数减 1。由于入场与退场是随机的，因此，进程 PIN 和 POUT 是并发的。这两个进程的程序如下：

```
PIN                       POUT
R1:=count;                R2:=count;
R1:=R1+1;                 R2:=R2+1;
count:=R1;                count:=R2;
```

假定某时刻的计数值 count=n，这时有一个人要进入，正好另一个人要退出，于是进程 PIN 和 POUT 都要执行。如果进程 PIN 和 POUT 的执行都没有被打断过，那么各自完成了 count+1 和 count-1 的工作，使计数值保持为 n，这是正确的。如果两个进程执行中，由于某种原因进程 PIN 被打断，且进程调度使它们的执行呈下面的次序。

```
PIN:  R1:=count;
      R1:=R1+1;
POUT: R2:=count;
      R2:=R2-1;
count:=R2;
PIN:  count:=R1;
```

按这样的次序执行后，count 的最终值不能保持为 n，而变成 n+1。如果进程被打断的情况如下：

```
PIN:  R1:=count;
      R1:=R1+1;
POUT: R2:=count;
      R2:=R2-1;
PIN:  count:=R1;
POUT: count:=R2;
```

于是，两个进程执行完后，count 的终值为 n-1。也就是说，这两个进程的执行次序对结果是有影响的，关键是它们涉及共享变量 count，且两者交替访问了 count，在不同的时间里访问 count，就可能使 count 的值不同。这是并发系统的不确定性在一定条件下产生的一种错误。就这个例子来说，导致这个错误的原因有二：一是共享了变量；二是同时使用了这个变量。所谓同时，是说在一进程开始了使用且尚未结束使用的期间，另一进程也开始了使用。这种错误通常也叫做与时间有关的错误。

为了避免上述错误，理论上有两种办法：一是取消变量、表格等的共享；二是允许共享，但要互斥使用。前者当前还不可行，而后者则是一个较好的解决办法。那么在程序实践上，如何做到互斥使用这些资源呢？这就引入了临界资源和临界区的概念。

### 2.3.3　进程的临界区和临界资源

临界资源指的是一次只允许一个进程使用的资源，并不是计算机系统中所有资源都是互斥使用的，为了显示要互斥使用资源的特别性，将它们归为一类，称临界资源。

临界区就是每个进程中访问临界资源的那一段程序，而针对同一临界资源进行操作的程序段称为同类临界区。

注意：临界区是一个程序段。

为了使临界资源得到合理使用，就必须禁止两个或两个以上的进程同时进入临界区内，就是说欲进入临界区的若干个进程要满足一些调度原则。

系统对同类临界区的调度原则，可归纳为如下 3 点。

（1）如果有若干进程要求进入临界区，一次仅允许一个进程进入同类临界区。

（2）任何时候，处于临界区的进程不可多于一个。

（3）进入临界区的进程要在有限时间内退出，以便其他进程能及时进入自己的临界区。

由此可见，对系统中任何一个进程而言，其工作正确与否不仅取决于它自身的正确性，而且与它在执行过程中能否与其他相关进程实施正确的同步或互斥有关。下面我们来介绍解决进程间互斥与同步的方法。

### 2.3.4　实施临界区互斥的锁操作法

为了解决进程同类临界区互斥问题，可为每类临界区设置一把锁。锁有两种状态：打开和关闭。进程执行临界区程序的操作按下列三步进行。

（1）关锁操作：本操作先检查锁的状态，如若为关闭状态则等待其打开；如若为打开状态则将其关闭，并继续第（2）步操作。

（2）执行临界区程序。

（3）开锁操作：本操作将锁打开，退出临界区。

锁以及开、关锁操作的具体实施方法是多种多样的，下面介绍几种比较常用的方法。

（1）用开、关中断实施锁操作

在单处理机系统中，可以借用中央处理机中的硬件中断开关作为临界区的锁。关锁操作就是执行关中断指令；开锁操作则对应于开中断指令。于是整个临界区的执行过程就变成：① 关中断；② 执行临界区程序；③ 开中断。关中断之后，任何外部事件都不能干扰处理机连续执行临界区程序。如果临界区程序本身并不包含使执行它的进程转变为封锁状态的因素，那么这种方法就能保证临界区作为一个整体执行。这种方法的优点是简单、可靠，但是它也有一定的局限性和若干不足之处。

① 它不能用于多处理机系统。其原因是：由于该系统中的多个处理机都有其各自的中

断开关，因此一个处理机关中断并不能阻止在其他处理机上运行的进程进入同类临界区。

② 在临界区中如果包含使执行它的进程可能进入封锁状态的因素，则也不能使用这种方法。因为在该进程进入封锁状态后，系统将调度另一进程使用处理机，如果需要，该进程也可执行临界区程序，不会受到任何阻挡。所以在这种情况下，开、关中断不能实施临界区互斥。

（2）锁的一般形式及开、关锁操作完整性的实施方法

一般情况下，锁用布尔变量表示，例如，Lock-name 表示（C 语言中没有布尔型变量，可用字符型或整型变量代替）。如若锁变量的值为 0，表示锁处于打开状态；若其值为 1，则表示锁处于关闭状态。关锁操作 Lock（Lock-name）可被描述为：

```
While(Lock-name)==1;
     Lock-name=1;
```

开锁操作 unlock（Lock-name）可被描述为：

```
Lock-name=0;
```

可见，开锁操作非常简单，任何计算机都可以用一条指令实施。关锁操作则比较麻烦，它包含了锁状态检查和关闭两个部分，而且这两个部分应作为一个整体实施，否则可能出现一把锁被数次关闭，几个进程同时进入临界区的情况。我们将开、关锁操作各作为一个整体实施称为开、关锁操作的完整性。实施关锁操作的常用方法有以下 3 种。

① test & set 指令

有些计算机采用 test & set 指令实施关锁操作。该指令的工作过程如图 2-18 所示。

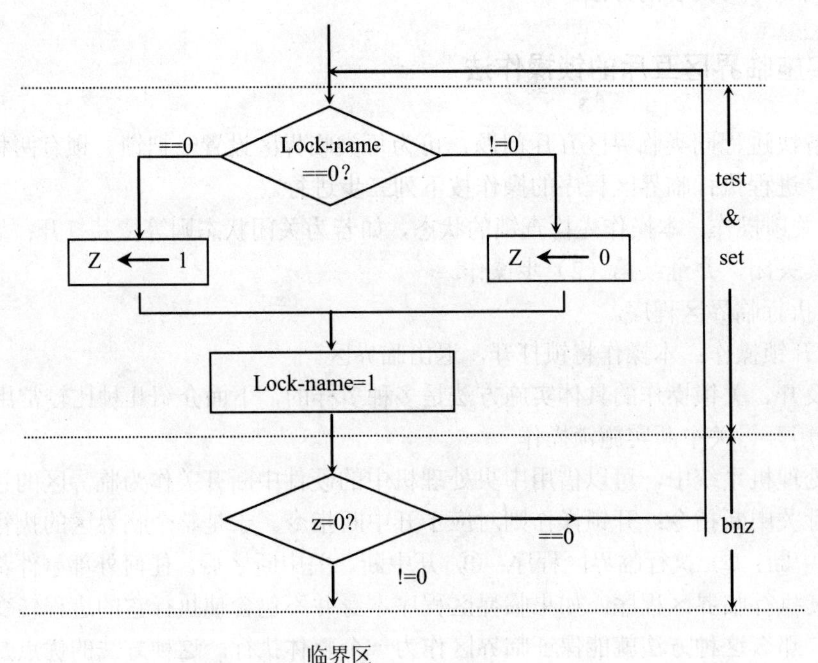


图 2-18　用 test & set 指令实施关锁操作

它首先测试锁变量 Lock-name 的值是否为 0，并将测试结果送硬件标志位 Z，同时将 Lock-name 设置为 1。这条指令是在一个内存周期内执行完毕的。接着执行 bnz 指令。它测试硬件标志位 Z 是否为 0。若为 0，则再跳回执行 test & set 指令；反之，则执行后续临界区程序。

② exchange 指令

也有些计算机采用 exchange 指令实施关锁操作，如图 2-19 所示。

其工作过程是：先将一个测试工作单元，例如 test 的值设置为 1，然后用 exchange 指令将锁变量 Lock-name 单元和 test 单元的值交换；最后对 test 单元进行测试。若其值为 1，说明锁原先已处于关闭状态，再次执行 exchange 指令；若为 0，则说明锁原先处于打开状态。因为现在已被关闭，所以立即执行后随的临界区程序。

③ 用开、关中断保证关锁操作的完整性

有些计算机没有设置 test & set 和 exchange 类指令，则在单处理机情况下可以用关中断和开中断保证关锁操作的完整性，其工作过程如图 2-20 所示。

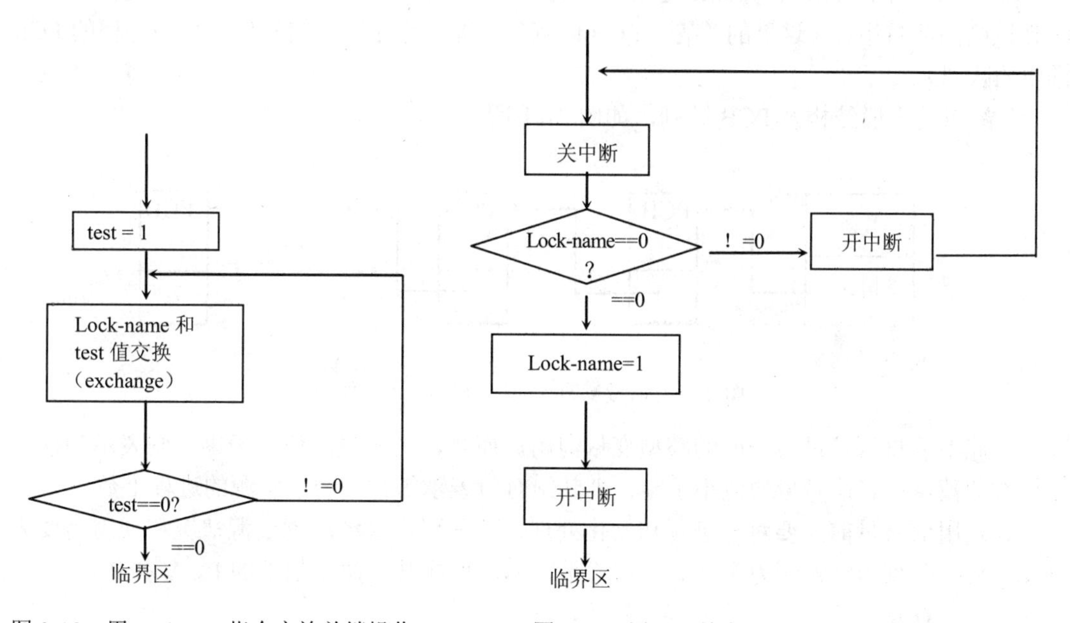


图 2-19　用 exchange 指令实施关锁操作　　图 2-20　用开、关中断实施关锁操作的完整性

先关中断以保证关锁操作不被中断，然后用一般指令测试 Lock-name 的值是否为 0。若非 0，则表示其原先状态为关闭，立即开中断，以便插入其他处理，然后返回循环检测进程；若为 0，则将其置为 1（将锁关闭），然后开中断并立即执行临界区程序。注意，开、关中断在这里只是用来保证关锁操作的完整性，并不是实施开、关锁操作本身。

在上述三种方法中，如果发现锁原先已处于关闭状态则都进入检测循环，而究竟要循环多少次是不可预测的，这就浪费了宝贵的处理机时间。为了避免这种弊病，可对关锁操作略作改进。其主要思想是，如果某一进程进行锁测试操作时，发现它已关闭，则进入封锁状态并记录封锁原因；将锁关闭的进程在执行完临界区程序后先将锁打开，然后还要检查有无进程等待进入同类临界区，若有这样的进程，则将它们转为就绪状态。

## 2.3.5 信号量与 P、V 操作

下面我们介绍一种解决进程间互斥与同步的更通用的方法：P、V 操作。

P、V 操作比锁操作又更前进了一步，它已成为现代操作系统在进程之间实现互斥与同步的基本工具。

1. 信号量

信号量，有时也叫信号灯，是一个记录型数据结构。其定义为：

```
Struct  Semaphore
{ int  Value; (值)
  int  Ptr-of-Semque; (指向队列的指针)
} S;
```

信号量有两个数据项，Value 是信号量的值，是整型变量。*Ptr-of-Semque 是指向某一 PCB 队列的队首指针（这里的“某一 PCB 队列”是指等待使用该信号量的那些进程的 PCB 排成的队列）。

信号量的一般结构及 PCB 队列，如图 2-21 所示。

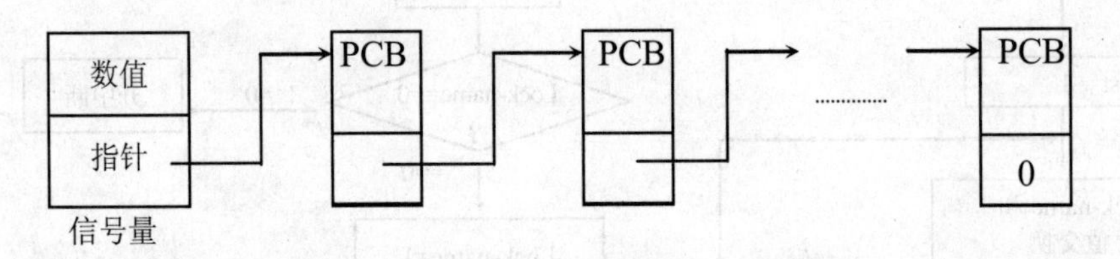


图 2-21　信号量的一般结构及 PCB 队列

因此不能将信号量与一般的整型变量混用。而且，信号量的值大于零，则表示当前可用资源的数量；若信号量的值小于零，则其绝对值表示等待使用该资源的进程个数。

在使用信号量前，要对它进行初始化处理，初值可由系统根据资源情况和使用需要来确定。要将队列指针设置为空。有了信号量之后，可在其上建立如下的 P、V 操作。

2. P、V 操作

设信号量为 S，则在信号量 S 上建立的 P、V 操作如下。

P（S）：① 将信号量 S 的值减 1；

② 若信号量 S≥0，则该进程继续执行；

③ 若信号量 S< 0，则该进程状态为封锁态，把相应 PCB 连入信号量队列的末尾，放弃 CPU，进行等待。

V（S）：① 将信号量 S 的值加 1；

② 若信号量 S>0，则该进程继续执行；

③ 若信号量 S≤0，则释放 S 信号量队列上的第一个 PCB 所对应的进程，即将其状态转为就绪状态。执行 V 操作的进程继续执行。

应当注意，P、V 操作应作为一个整体实施，不允许分割或穿插执行，故用原语实现。

3. 用 P、V 操作实现互斥和同步问题的模型

同步模型：① 考虑两个进程 P1、P2；P1 带有语句 S1，P2 带有语句 S2，要求 S2 在 S1 完成之后才能执行，为此设置一个同步信号量 pro，初值设为 0，则进程 P1、P2 取如下形式：

```
P1:              P2:
…                …
S1;              P (pro) ;
V (pro) ;        S2;
…                …
```

这样便实现了上述要求。

下面再看一个供者和用者使用缓冲区的例子。

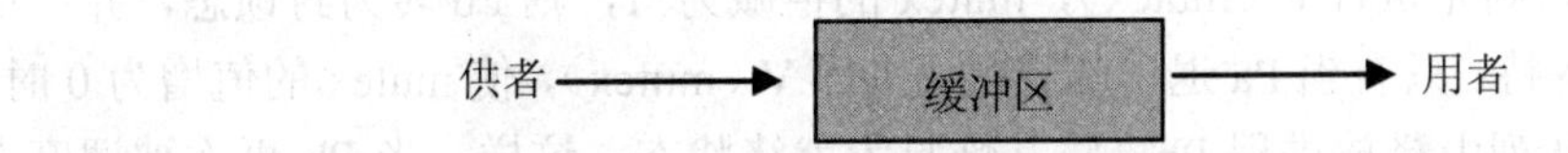


供者与用者有一种同步关系：当缓冲区空时供者才能将东西放入，当缓冲区满时用者才能从中取东西。我们可以看出，供者和用者之间要交换两个消息：缓冲区空和缓冲区满的状态。为此我们设置两个信号量：

S1——表示缓冲区是否空（0 — 不空；1 — 空）

S2——表示缓冲区是否满（0 — 不满；1 — 满）

且设 S1、S2 的初值均为 0，则对缓冲区的供者进程和用者进程的同步关系可用 P、V 操作实现如下：

```
    供者进程                      用者进程
L1:                          L2:
    …                            …
    输入                          P(S2);
收到输入结束中断                  从缓冲区取出信息
    V(S2);                       V(S1);
    P(S1);                       加工并存盘
    GOTO  L1;                    GOTO  L2;
```

设供者进程先得到 CPU，它就启动读卡机，将信息送入缓冲区（因为初始情况下，缓冲区中没有信息）。填满缓冲区后，执行 V（S2），表示缓冲区中有可供用者加工的信息了，S2 变为 1。然后执行 P（S1），申请空缓冲区，由于 S1 变为-1，表示无可用缓冲区，供者在 S1 上等待。以后调度到用者进程，它执行 P（S2），条件满足（S2 变为 0）然后从缓冲区取出信息，并释放一个空缓冲区资源，由于 S1 变为 0，表示有一个进程等待空缓冲区资源，于是把该进程（即供者）从 S1 队列中摘下，置为就绪态。用者继续对信息进行加工和存盘处理。当这批数据处理完之后，它又返回到 L2，然后执行 P（S2）。但这时 S2 变为-1。所以用者在 S2 队列上等待，并释放 CPU。如调度到供者进程，它就转到 L1，继续执行把

输入机上的信息送入缓冲区的工作。这样，保证整个工作过程有条不紊地进行。

如果用者进程先得到CPU，会怎样呢？其实当它执行P（S2）时就封锁住了（S2变为-1），因而不会取出空信息或已加工过的信息。

互斥模型：为使多个进程互斥地进入各自的同类临界区，可设置一个互斥信号量mutex，初值为1，并在每一个临界区的前后插入P、V操作即可。这样每一个进程结构如下：

```
Pa 进程                         Pb 进程
  …                               …
P(mutex)                        P(mutex)
   临界区                          临界区
V(mutex)                        V(mutex)
  …                               …
```

如果Pa先执行P（mutex）则它将mutex的值减为0，然后进入临界区执行。此时若Pb也想进入临界区，则先执行P（mutex），mutex的值减为-1，则Pb转为封锁态，并在信号量mutex队列上等待。只有当Pa退出临界区，执行V（mutex），使mutex的值增为0时，才从信号量mutex队列中释放进程Pb，将其恢复为就绪状态，这样，当Pb再次被调度占用CPU时，就立即执行临界区程序。当它退出临界区，执行V（mutex），使mutex的值恢复为1。

一般地说，用P、V操作实现互斥时，信号量初值往往是1。用P、V操作实现简单同步时，信号量初值可为0。用P、V操作实现计数同步时，信号量初值通常是大于0的整数。

4. 举例说明利用P、V操作解决互斥同步问题

【例2.1】　生产者—消费者问题。

生产者—消费者问题是计算机中各种实际的同步、互斥问题的一个模型。

问题是这样叙述的：有若干生产者进程P1，P2，…，Pn和若干消费者进程C1，C2，…，Cm，它们通过一个有界缓冲池（即由K个缓冲区组成）联系起来，如图2-22所示。

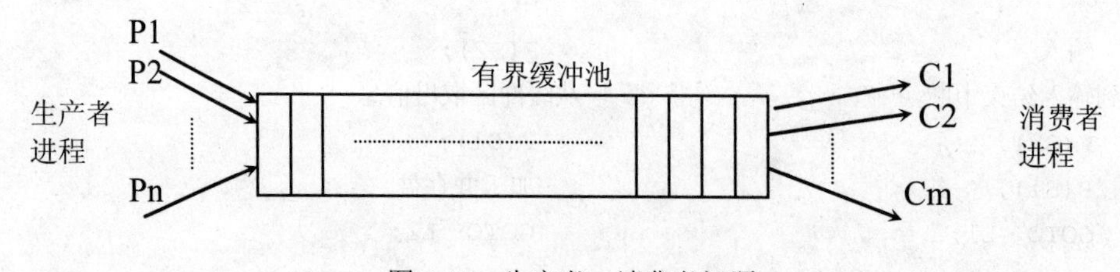


图2-22　生产者—消费者问题

设每个缓冲区存放一个产品，生产者进程不断地生产产品并放入缓冲池内，消费者进程不断地从缓冲区中取走产品进行消费。如果送入缓冲区的产品数为d，取用数为a，则需保证 $0 \leqslant d-a \leqslant K$。

同步问题：如果缓冲池已满，则生产者不能再将产品送入。如果缓冲池已空，则消费者就不能再从中取得产品。

互斥问题：存在于所有进程之间，它们共享一个缓冲池，而且必须排他地使用（即应互斥地使用缓冲池这一临界资源）。

为了解决这一问题，需设置若干信号量 full、empty、mutex 来解决。具体解决此问题的算法如下。

设置信号量：mutex 用于实现进程间互斥，初值为 1。

full 用以实现计数同步，值表示可用产品数目，初值为 0。

empty 用以实现计数同步，值表示可用缓冲区数目，初值为 K。

设置两个变量 A、B，它们分别是生产者进程和消费者进程使用的指针，指向下面可用的缓冲区，初值都是 0。

| 生产者进程 | 消费者进程 |
| --- | --- |
| L1:  P(empty); | L2:  P(full); |
| P(mutex); | P(mutex); |
| 产品送往 buffer(A); | 从 buffer(B)中取出产品; |
| A=(A+1)mod K; | B=(B+1)mod K; |
| V(mutex); | V(mutex); |
| V(full); | V(empty); |
| goto  L1; | goto  L2; |

假定缓冲区有限，最多为 K 个。那么当缓存中已经存放了 K 个产品后，即 empty 的值减为 0 时，生产者进程就不能再将产品送入缓存（在 P（empty）处封锁）。不得不暂时停止。只有消费者进程取用了产品（执行 V（empty）后），使缓冲池有了空位后，生产者进程才能恢复生产。另一方面，如果缓冲池已无产品可用，即 full 为 0，则消费者进程也必须暂停产品消耗过程（在 P（full）处封锁）。等待生产者进程将产品送入缓存（执行 V（rull）后），才可消耗。即 full、empty 是用于解决生产者进程与消费者进程之间同步的信号量。另外，对缓冲池的存放和取用产品操作，要涉及管理缓冲池的同一数据结构，所以它们必须互斥地执行。信号量 mutex 即用于此。

这里两个 P 操作的次序是特别重要的，对生产者来说，只当缓冲池中还没有放满物品（调用 P（empty）来判别）时才去查看是否有进程在访问缓冲池（调用 P（mutex）来判别）。只有这样才能在缓冲池可以存放物品且无进程在使用缓冲池时把物品存入缓冲池，如果先调用 P（mutex），再调用 P（empty），则可能出现占有了使用缓冲池的权利，但由于缓冲池已存满了物品（此时 empty=0），所以在调用 P（empty）后必然是等待。于是占用了使用缓冲区权利的生产者实际上无法使用缓冲池，而消费者想取物品时却得不到使用缓冲池的权利，只好等待。出现了任何一个进程都不能往缓冲池中存物品或从缓冲池中取物品，这显然是不正确的。同样，对消费者来说，也必须先调用 P（full），再调用 P（mutex），以保证只有当缓冲池中有物品时才去申请使用缓冲池的权利，避免任何进程都不能使用缓冲池的错误发生。但 V 操作的次序无关紧要。

综上所述，当我们遇到一个具体问题时，对诸多的并发进程，首先应分析它们中间哪些有互斥关系，哪些有同步关系，就设置哪些为公共信号量和哪些为私用信号量，初值取多少，然后再用 P、V 操作去实现进程的同步与互斥。用于进程互斥的公用信号量，一般取初值为 1，将它看成通行证有助于理解 P、V 操作。用于进程同步的私用信号量，一般取初值为 0，或某个正整数 N，将它看成可用资源的数量，也有助于理解其 P、V 操作。

【例 2.2】 读者—写者问题。

一个数据对象（例如一个文件或记录）可以被多个并发进程共享，这些进程中的某些可能只想读共享对象的内容，而其他一些可能想“当前化”（updata）（写和读）共享对象。我们把那些只想读的进程称为读者，而把其余的叫做写者。显然，两个读者同时读一个共享对象是没有问题的。然而，如果一个写者和某一个别的进程同时存取共享对象，则有可能产生混乱。为了说明这一点，令共享对象是一个银行记录 B，它的当前值为$500。假设两个写进程（P1 和 P2）分别想加入$100 和$200 到此记录中，则考虑下面的执行序列。

T0：P1 读 B 的当前值到 X1：X1=500

T1：P2 读 B 的当前值到 X2：X2=500

T2：P2 作 X2：=X2+200=700

T3：P2 把 X2 的值复制到 B：B=700

T4：P1 作 X1：=X1+100=600

T5：P1 复制 X1 的值到 B：B=600

新的结算是$600 而不是$800，这显然是错误的。

为了确保不发生此类事件，我们要求写者必须互斥地存取共享对象。这类同步问题叫做读者—写者问题，即除非一个写者被准许存取共享对象，否则将没有一个读者需要等待。换句话说，没有一个读者要等待另一个读者的完成。第二个叫第二类读者—写者问题，即一旦一个写者就绪，它可以尽快地执行存取共享对象的操作。换句话说，如果一个写者正在等待，则不会有新的读者开始读操作。

值得注意的是，上述两类读者—写者问题，都有可能导致“饥饿”现象。在第一种情况下，写者可能挨饿，在第二种情况下，读者可能挨饿。下面我们给出一个第一类读者—写者问题的解法。

设 Reader 进程和 Writer 进程共享下面的数据结构：

```
Var mutex, wrt: Semaphore;
readcount: integer;
```

信号量 mutex 和 wrt 的初值为 1，而 readcount 的初值为 0；信号量 wrt 是 Reader 和 Writer 共用的；信号量 mutex 被用来互斥修改 readcount，readcount 记录着当前正在读此对象的进程的个数；信号量 wrt 是用于写者互斥的，它也由第一个进程的读者和最后一个离去的读者使用，但它不被中间的那些读者使用。

读、写进程的一般结构如下：

读者进程：

```
P(mutex);
readcount=readcount+1;
If readcount==1 then P(wrt);
V(mutex);
...
Reading is performed
...
```

```
P(mutex);
readcount=readcount-1;
if  readcount==0 then V(wrt);
V(mutex);
```

写者进程：

```
P(wrt);
Writing is performed
…
V(wrt);
```

注意：如果一个写者已进入临界区且有几个读者正在等待，则只有一个读者在 wrt 上排队，而其余 n-1 个都在 mutex 上排队；还有，当一个写者执行 V（wrt），我们既可以开始一个正在等待的写者的执行，也可以连续开始若干个正在等待的读者的执行。采取何种策略由进程调度算法决定。

### 2.3.6　高级通信机构

上面讨论的信号量及 P、V 操作解决了进程间的同步、互斥问题。一个进程通过对某信号量的操作使另外一些进程获得了一些信息，这些信息决定了它们能否进入同类临界区或继续执行下去。但是信号量所能传递的消息量是非常有限的，如果用它实施进程间的一般信息传送就会增加程序的复杂性，使用起来很不方便，而且使用不当也会造成死锁。为此人们研究和设计了比较高级的通信机构，使进程之间能够方便、有效而且安全地进行信息传送。

1. 消息缓冲通信

消息缓冲通信的基本思想是：由系统管理一组缓冲存储区，其中每个缓冲区可以存放一个消息。所谓消息就是一组信息。当一个进程要发送消息时，先要向系统申请一缓冲区，然后把信息写进去，接着再把该缓冲区送到接收进程的一个消息队列中。接收进程则在适当时机从消息队列中取用消息，并释放有关缓冲区。

消息缓冲区一般包含下列几种信息。

- name：发送消息的进程名或标识数。
- size：消息长度。
- text：消息正文。
- next-ptr：下一个消息缓冲区指针。

在采用消息缓冲通信机构的系统中，进程 PCB 中一般设置有如下信息项。

- hd-ptr：是一个指针，指向进程接收到的消息队列的队首。
- mutex：消息队列操作互斥信号量。消息队列属于临界资源，不允许两进程同时对它进行操作。
- ssm：同步信号量，用于接收消息进程与发送消息进程实施同步。其值表示了接收进程消息队列中的消息数。

两个进程进行消息传送的过程如图 2-23 所示。

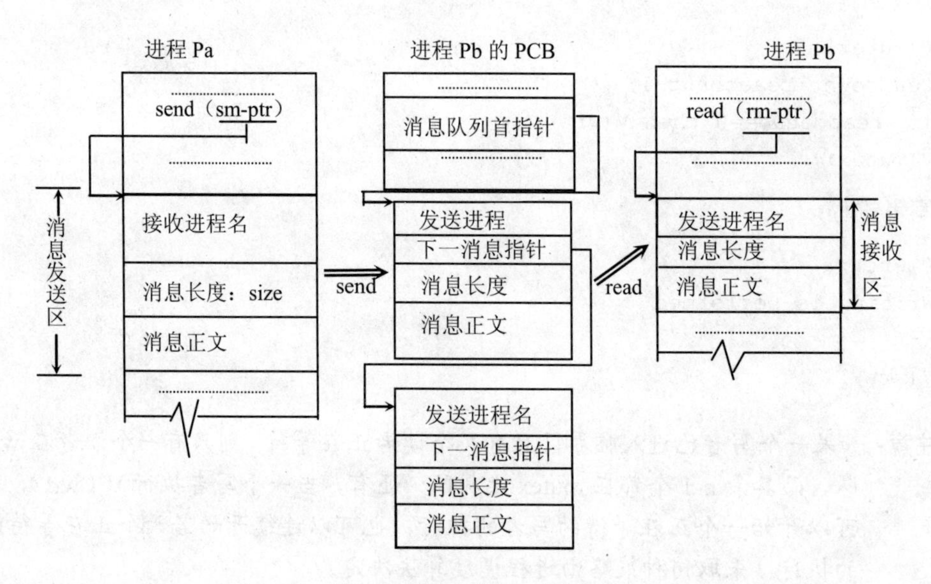


图 2-23 消息发送和读取

发送进程 Pa 在发送消息之前，先在本进程占用的内存空间中开辟一个发送区，把欲发送的消息正文以及接收消息的进程名（或标识数）和消息长度填入其中。完成了所有这些准备工作后调用发送消息操作程序 send(sm-ptr)。其中参数 sm-ptr 是指向消息发送区首址。send(sm-ptr)程序的流程如图 2-24 所示。

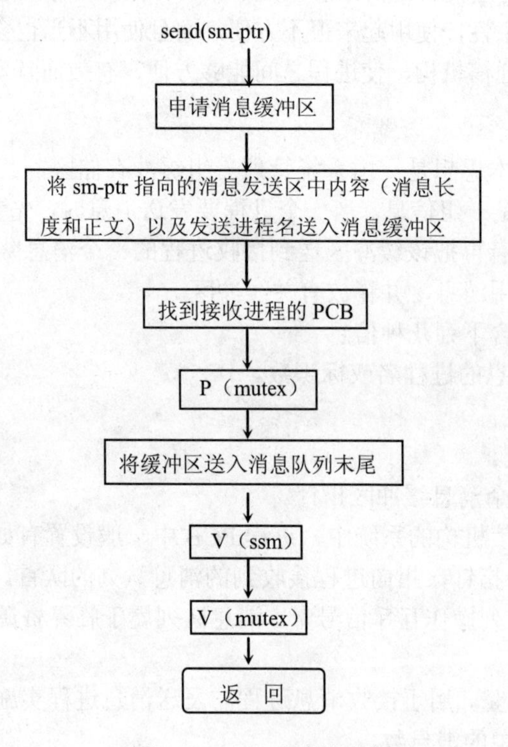


图 2-24 send 程序流程图

mutex 为接收进程 PCB 中互斥信号量；ssm 为接收进程 PCB 中同步信号量。

接收消息进程 Pb 在取用消息之前，先在它自己占用的内存空间中指定一个接收区，然后调用消息操作程序 read(rm-ptr)，其中，参数 rm-ptr 指向接收区首址。read(rm-ptr)程序的流程图如图 2-25 所示。

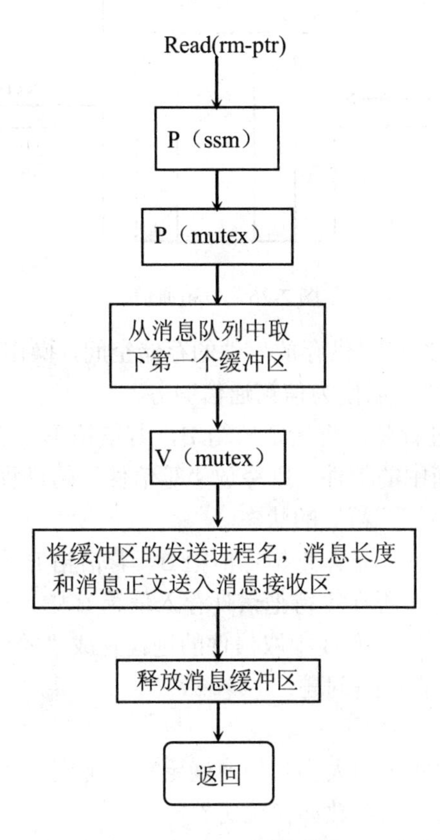


图 2-25　read 程序流程图

在实际通信时，发送进程经常要求接收进程在收到消息后立即回答，或按消息的规定，在执行了某些操作后进行回答，此时接收进程在收到发送进程发来的消息后，便对消息进行分析。若是请求完成某项任务的命令，接收进程便去完成指定任务，并把结果转换成回答消息。同样，通过 send 程序将回答消息回送给发送进程，发送进程再用 read 程序读取回答消息。至此，两个进程才结束因一次服务请求而引起的通信全过程。这种通信方式的好处是扩大了信息传送能力，但系统也花费了一定的代价。

2. 信箱通信

信箱通信是消息缓冲通信的改进。信箱是用以存放信件的，而信件是一个进程发给另一进程的一组消息。

实际中的信箱是一种数据结构，逻辑上可分成两部分，即信箱头和若干格子组成的箱体。信箱头包含箱体的结构信息，例如，所有的格子是构成结构数组还是构成链，以及多进程共享箱体时的同步、互斥信息。由多个格子组成的箱体实际上就是一个有界缓冲区，其互斥、同步的方式与生产者—消费者中的方式是类似的。

信箱通信一般是两进程之间的双向通信。其过程如图 2-26 所示。

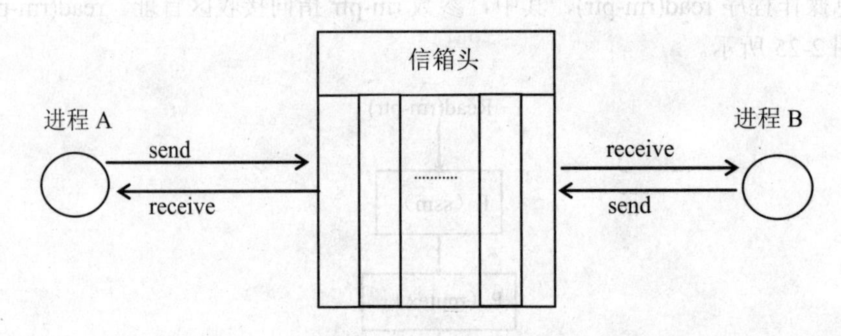


图 2-26　信箱通信

为了支持信箱通信，系统应提供存放信件的存储空间，操作系统应提供发送（send()）、接受（receive()）等程序模块，以便为信箱通信服务。

send(B,M)原语的实现过程是：查指定信箱 B，若信箱 B 未满，把信件 M 送入信箱 B 中，如果有进程在等 B 信箱中的信件，则释放“等信件”的进程；若信箱 B 已满，把向信箱 B 发送信件的进程置成“等信箱”的状态。

receive(B,X)原语的实现过程是：查指定信箱 B，若信箱 B 中有信件，取出一封信件放在指定的地址 X 中，如果有进程在等待把信件存入信箱 B 中，则释放“等信箱”的进程；若信箱 B 中无信件，把要求从信箱 B 中取信件的进程置成“等信件”状态。

信箱通信在实践上也存在一些问题：

- 信件的格式如何？
- 信件的大小（因而格子的大小）如何确定？是可变的还是固定的？
- 箱体的大小，即格子的个数如何确定？
- 如何保证两个进程既能向信箱发信，又能从信箱收信，而不发生混乱。
- 多个进程可共享一个信箱吗？

以上问题都要由系统设计人员研究决定。

## 2.4 中 断 处 理

### 2.4.1 中断及其一般处理过程

并发性是现代计算机系统的重要特性，它允许多个进程同时在系统中活动，而实施并发的基础是由硬件和软件相结合而成的中断机构。

中断：中止正在执行的程序，转而处理一些更紧急的事件（即执行另一段程序）的现象。

所谓中断是指 CPU 对系统发生的某个事件作出的一种反应：CPU 暂停正在执行的程

序，保留现场后自动地转去执行相应的处理程序。处理完该事件后再返回断点继续执行被打断的程序，如图 2-27 所示。

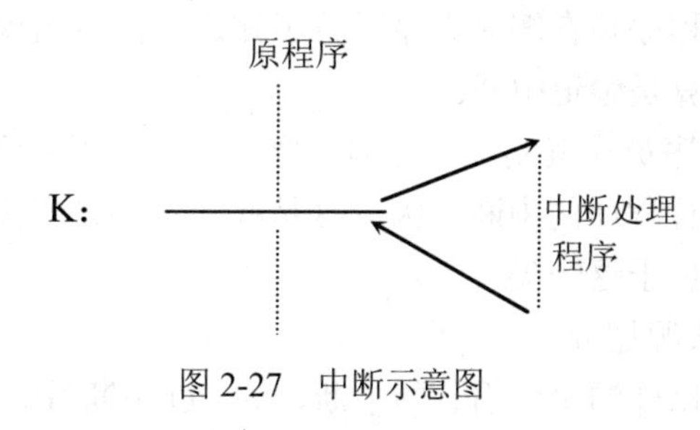


图 2-27　中断示意图

中断，开始是作为外设向 CPU 的“汇报”手段提出来的。在机器硬件中引入中断部件之后，当需要 I/O 活动时，CPU 只需一条启动外设指令，具体的 I/O 操作则由外设独立完成，并在完成之后向 CPU 发一中断信号，报告操作完成或出错。此时，CPU 中止正在执行的程序，转去执行预先编制好的中断处理程序，对本次 I/O 操作做善后处理工作，并决定是否要启动新的 I/O 操作。CPU 和外设的这种通信方式，使 CPU 摆脱了对 I/O 操作的频繁干预，实现了 CPU 和外设的并行工作。

一般地说：

- 中断源——引起中断的事件。
- 中断请求——中断源向 CPU 提出进行处理的请求。
- 断点——发生中断时，被打断程序的暂停点。
- 中断响应——CPU 暂停执行原来的程序，而转去处理中断的过程。
- 中断处理程序——对已经得到响应的中断请求进行处理的程序。

中断的概念后来得到进一步的扩展，在现代计算机系统中，不仅外设可以向 CPU 发送中断信号，其他部件也可以造成中断。如浮点溢出、奇偶错、电源故障、系统调用指令等，都可以造成中断，成为中断源。

现代计算机都根据实际需要配备有不同类型的中断机构，下面介绍几种常见的中断分类方法。

（1）按功能划分

① 机器故障中断：是机器发生错误时产生的中断，用以反映硬件的故障，如电源故障等。

② I/O 中断：是来自外设的中断，用以反映外设工作情况，如磁盘传输完成等。

③ 外部中断：是来自系统的外界装置的中断，用以反映外界对本系统的要求，如操作员操纵控制台按钮等。

④ 程序性中断：是因错误地使用指令或数据而引起的中断，用于反映程序执行过程中发现的例外情况，如无效地址等。

⑤ 访管中断：由于执行访管指令而产生的中断，用来使 CPU 从目态转入管态，由操作系统根据不同的编号引进不同的处理。这样，操作系统就为用户态程序提供对系统资源使用请求的服务。

（2）按产生中断的方式划分

① 强迫中断：在程序运行过程中，发生了某些随机性事件，如程序运行出错等，需要及时进行处理的中断。程序员在编制程序时并不知道它何时出现，往往也不期望它出现。上述的前四种中断都可算是强迫中断。

② 自愿中断：由程序员在编制程序时因需要系统提供服务而有意使用访管指令或系统调用指令，从而导致执行程序的中断。因为这是程序员事先安排好的，所以其出现时机是可知的。上述第⑤种就属于这一类。

（3）按中断事件来源划分

① 中断：由 CPU 以外的事件引起的中断，如 I/O 中断等。

② 陷入：来自 CPU 的内部事件或程序执行中的事件引起的中断，如 CPU 本身故障、程序故障等。

中断处理过程一般由硬件和软件结合起来而形成的一套中断机构来实施，如图 2-28 所示。

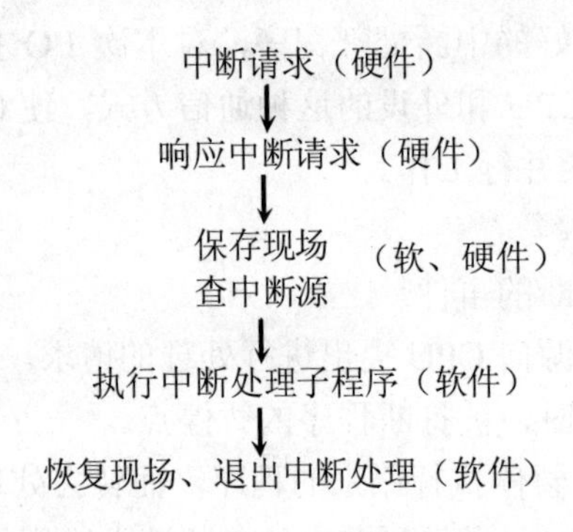


图 2-28　中断的一般处理过程

（1）保存现场

通常中断响应时硬件已经保存了 PC 和 PS 的内容，但是还有一些状态环境信息需要保存起来，如被中断程序使用的各通用寄存器值等。因通用寄存器是公用的，中断处理程序也使用它们，如不作保存处理，那么即使以后能按断点地址返回到被中断程序，但由于环境被破坏，原程序也无法正确执行。因中断响应时硬件处理时间很短，所以保存现场工作可由软件来协助硬件完成，并且在进入中断处理程序时就立即去做。

保存现场方式最常用的有两种：① 集中式保存，在内存的系统区中设置一个中断现场保存栈，所有中断的现场信息都统一保存在这个栈中。② 分散式保存，在每个进程的 PCB 中设置一个核心栈，其中断现场信息就保存在自己的核心栈中。

（2）分析和进行中断处理

分析就是分析中断原因，即查找和识别中断源。查找中断源的方法有顺序查询中断状态标志和用专用指令直接获得中断源。

有些系统却是直接由硬件根据不同的中断请求，转入不同的中断处理程序入口，而不需再去查找中断源。找到中断源后就可以转入相应处理程序去执行。

（3）恢复现场和退出中断

退出中断：即选取可以立即执行的进程并恢复其现场。

如果原来被中断的进程是在核心态下工作，则退出中断后一般应恢复到原来被中断程序的断点。因在核心态下运行程序具有最高优先级。如果原来被中断的进程是用户态，并且此时系统中存在比它的优先级更高的进程，则退出中断时要进行进程调度。因此，中断处理完后，前面被中断程序不一定能立即执行，要视具体情况而定。但可以肯定，经过若干次调度，总有机会选中那个被中断的进程。让它从断点开始向下执行。

恢复现场：恢复可以立即执行的进程的工作现场，一般是先恢复环境信息（各通用寄存器值），再恢复控制信息（PS、PC）。

## 2.4.2　中断优先级和多重中断

在任何一个时刻，可能有若干个中断源同时向 CPU 提出中断请求。

中断优先级：系统按中断的重要性和处理的紧迫程度将中断源分成若干级。

在同时存在若干个中断请求的情况下，系统按它们的优先级从高到低进行处理；对属于同一优先级的几个中断请求则按规定次序处理。如果正在处理优先级较低的中断请求时发生了优先级较高的中断请求，则可以暂停优先级较低中断的处理过程而插入处理优先级较高的中断请求，这称为多重中断嵌套处理，其过程如图 2-29 所示。

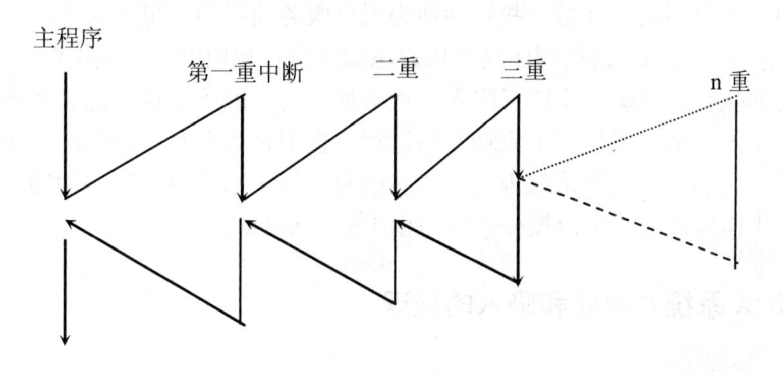


图 2-29　多重中断嵌套处理

## 2.4.3　中断屏蔽

中断屏蔽是指在提出中断请求后，CPU 不予响应的状态。

中断禁止是指在可引起中断的事件发生时系统不接受其中断信号，因而就不可能提出中断请求而导致中断。

从概念上讲，中断屏蔽和中断禁止是不同的。前者表明硬件已接受中断，但暂时不能响应，要延迟一段时间去等待中断开放（撤销屏蔽），随后就能被响应并得到处理。而后者，硬件不准许事件提出中断请求，从而使中断被禁止。

引入中断屏蔽和中断禁止的原因主要有以下三个方面：

- 延迟或禁止对某些中断的响应。
- 协调中断响应与中断处理的关系。
- 防止同类中断的相互干扰。

### 2.4.4 中断在操作系统中的地位

在现代计算机系统中，中断是非常重要的，中断是中央处理机和外部设备并行工作的基础之一，是多道程序并发执行的推动力，是整个操作系统的推动力（或操作系统是由中断推动的）。

关于中断是 CPU 与外设并行工作的基础已显而易见。

为什么说中断是多道程序并发执行的推动力呢？我们知道，在单 CPU 系统中，要使得多道程序得以并发执行，关键在于 CPU 能在这些程序间不断地转换，使得每道程序都有机会在 CPU 上运行。那么导致这种转换的动力是什么呢？当系统按时间片原则调度时主要靠的是（时钟）中断。在不按时间片调度的系统中，其调度原则的依据也随中断而改变，因此中断是多道程序并发执行的推动力。

为什么说操作系统是由中断驱动的呢？因为操作系统是一个众多程序模块的集合，这些程序模块大致可分为三类：第一类是在系统初启之后便与用户态程序一起主动地参与并发运行的，如 I/O 程序。上面已经说明，所有并发程序都是由中断驱动执行的。第二类，直接面向用户态程序的。这是一些被动地为用户服务的程序，每一条系统调用都对应一个这类程序。系统初启后，这类程序仅当用户态程序执行相应的系统调用时，才被调用执行。而系统调用的执行是借助于中断（陷入）机构处理的。因此从这个意义上讲，这类程序也是由中断驱动的。第三类是既不主动参与运行，也不直接面对用户程序，而是由这两类程序所调用的。它隐藏于操作系统内部，既然前两种程序都是由中断驱动的，则这一类程序当然也是由中断驱动的。所以操作系统是由中断驱动的。

### 2.4.5 UNIX 系统对中断和陷入的处理

1. 中断分类

在 UNIX 系统中所有中断可分为两类：一类称为中断，是指一切外设的 I/O 中断；另一类称为陷入，是指使用指令的陷入（自陷），和由于软、硬件故障或错误造成的陷入（例外或捕俘）。

在 UNIX 系统中，对中断和陷入的入口处理采用的方法并不完全相同。对于中断，响应之后，就可在中断向量中取得各设备处理子程序的地址。而对所有陷入，在陷入向量表中，取得的陷入处理子程序的地址都相同。进行现场保护和参数传递后，再根据陷入类型（新 PS 字的最后 5 位）和 CPU 先前状态进行散转处理。若先前态为用户态，且陷入类型是 6，表示是系统调用，则转入系统调用处理。

2. 处理机状态字 PS

PS: 15　　4　　0

| CPU 现行运行态 | CPU 先前运行态 | …… | CPU 优先级 | 条件码 |
| --- | --- | --- | --- | --- |

PS 包含了处理机的各种状态信息，如处理机优先级，现在以及先前的处理机运行状态，说明上一条指令执行结果的条件码等。

在 UNIX 系统中，处理机的运行状态可分为核心态和用户态，进程在核心态下运行与在用户态下运行其权力范围是不同的，一般在核心态下运行的进程有一些特权功能。

在 UNIX 系统中，进程在 CPU 上运行时有一处理机的优先级（或处理机的执行级）。在核心态下运行的程序可以用地址去存访处理机状态字 PS，直接设置其处理机优先级。UNIX 系统规定，若处理机优先级高于或等于中断优先级，则屏蔽此中断；若 CPU 的优先级低于中断的优先级，则中止当前程序的执行，接收该中断，并提升处理机的执行优先级（一般与中断优先级同）。这样做的用处：① 若处理机优先级为 0 级（最低），则响应所有的中断请求，相当于开中断。若处理机优先级为最高级，则不响应中断请求，相当于关中断。② 设置了处理机优先级后，在有些中断的处理过程中可以适当地改变 CPU 优先级。如时钟中断处理过程中，处理机优先级就不断降低，直降至 1 级，以便允许其他中断请求插入。

3. 中断向量

当 CPU 对某个设备的中断请求作出响应后，首先要获得下列两种信息：相应中断处理程序的入口地址和中断处理时处理机的状态字。在 PDP-11 机中将这两种信息的组合称为中断向量。所以中断向量也是因机器而异的。

一般把所有中断的中断向量组成一中断向量表。当系统接到中断后，可以从产生中断的设备中得到一个中断号——即在中断向量表中的位移。由此可得到中断向量（即入口地址和 CPU 状态字）。

4. 中断处理过程

```
输入：无
输出：无
{      保存当前断点现场；
       确定中断源；
       调用中断处理程序；
       恢复现场和退出中断；
}
```

保存现场：主要是保存一些公用寄存器的内容，采用分散式保存。

确定中断源：从设备中得到中断号，然后去查中断向量表得到中断向量，再从中断向量中可知中断处理子程序的入口地址。

调用中断处理子程序：先要将参数送入栈，然后执行具体程序。

恢复现场和退出中断：如果中断前是核心态，则处理完中断后直接返回原先断点处，继续执行原程序。如果中断前是用户态，则在执行完中断处理子程序后，要检查重新调度标志runrun。若此标志已设置，则要重新进行进程调度。调度到哪个进程就恢复哪个进程的现场。若runrun标志未设置，则恢复本进程的现场，继续在用户态下执行被中断过的程序。

5. 系统调用处理

在UNIX中系统调用与一般函数调用的区别就在于能引起进程从用户态到核心态的变化。在UNIX中，所有系统调用的命令名都放在一个函数库中。此库是由C语言编译程序预定义的。所有系统调用都有唯一的类型号。在UNIX第6版中，它用陷入指令trap的最后6位表示。用此类型号查找系统调用入口表，然后转入执行相应系统调用程序。

① 系统调用入口表

系统调用处理程序入口表是个结构数组，其形式为：

```
Struct {  int   count;   /*使用相应系统调用时，需提供的参数个数*/
          int  (*call)(); /*是函数指针，指向相应系统调用程序，即它是该程序的入口地址*/
        }sysent[64];
```

**【例2.3】** 将入口表初始化为：

```
int  sysent[]
{ 0, &nullsys,                  /* 0 = indir */
  0,  &rexit,                   /* 1 = exit  */
  0,  &fork,                    /* 2 = fork  */
  2,  &read,                    /* 3 = read  */
  2,  &write,                   /* 4 = write */
  …                             …
  …                             …
  0, &nosys,                   /* 63 =x  */
}
```

各系统调用在表中占用的位置就是它们的系统调用类型号，如创建新进程系统调用fork的类型号是2。因此，可根据系统调用类型号在入口表中找到其自带参数个数和程序入口地址。如系统调用类型号是3，则其自带参数个数应为2，程序入口地址是&read。

② 算法

```
输入：系统调用号
输出：系统调用的结果
  {   查入口表；
      传递参数；
      保存当前映像，以便失败时返回；
      调用程序进行具体处理；
      if（在执行期间出错）{ 在寄存器中置出错码； }
      else { 在寄存器中置返回值； }
      if （检测到信号）
      对信号作相应处理；
  }
```

6. UNIX 系统中中断、陷入处理基本流程，如图 2-30 所示

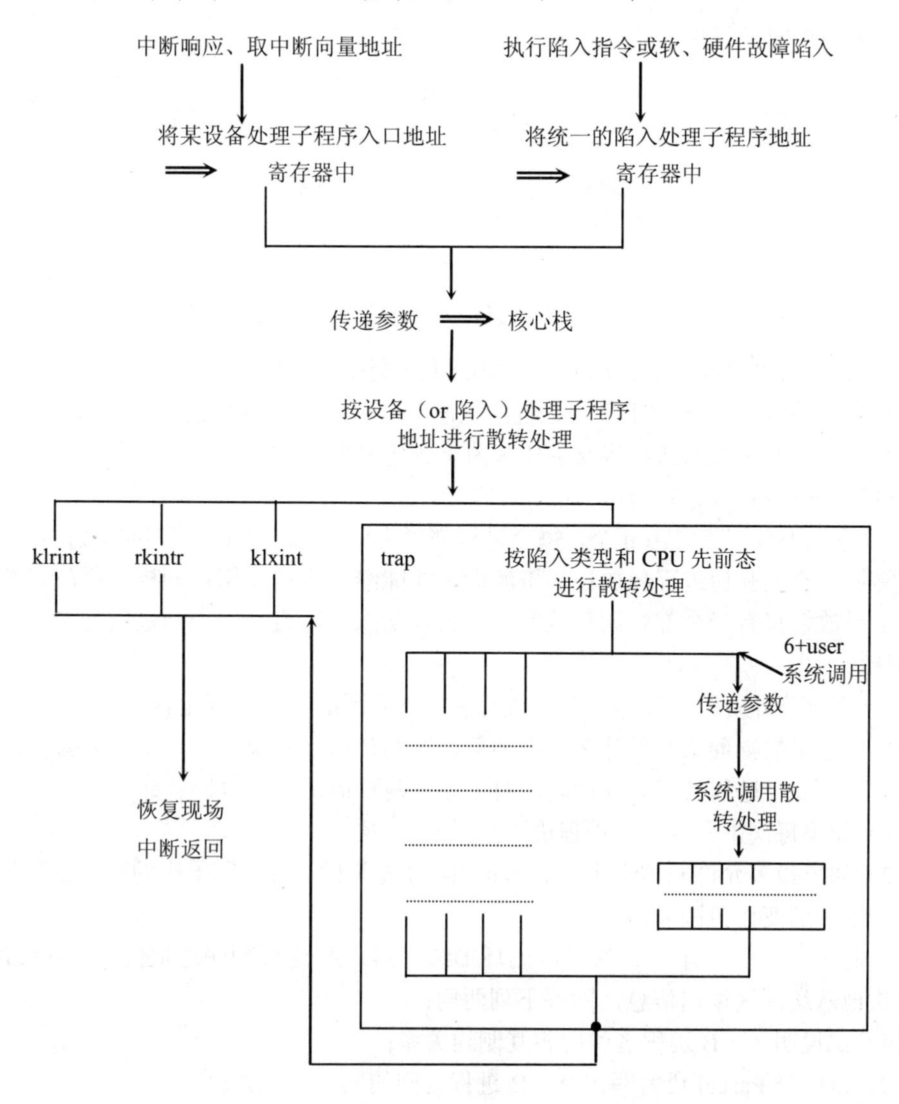


图 2-30　UNIX 中中断、陷入处理基本流程

# 习　　题

1．什么是进程？为什么要引入进程的概念？
2．进程和程序有什么区别？试举例说明。
3．进程能够看到吗？在操作系统中以什么来表示进程的存在？
4．什么是程序的封闭性和可再现性？
5．进程的三种基本状态是什么？它们各自具有什么特点？
6．进程的实体包含哪些内容？

7．进程的三个基本状态转换如图 2-31 所示。图中 1、2、3、4 表示一种类型的状态变迁，请分别回答如下问题：

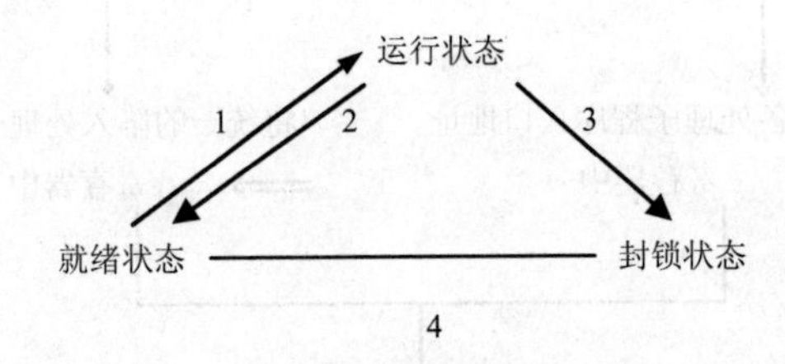


图 2-31　进程三个状态的转换图

（1）是什么“事件”引起每一种类型的状态变迁？

（2）在系统中，常常由于某一进程的状态变迁引起另一进程也产生状态变迁，试说明在下列情况下，如果有的话，将发生什么因果变迁关系？

2→1、3→2、3→1、3→4。

8．设系统中有同类资源 n 个，每个进程都可申请使用，若 n 个资源都被占用，再要申请就得等待，直到其他进程释放该类资源后，才能继续申请使用，同样，释放资源也必须一个一个释放，只有当全部资源释放完，才恢复初态。请设计一个计数信号量来实现进程之间的计数同步。

9．什么是临界资源和临界区？系统对进入临界区的调度原则是什么？

10．信号量的物理意义是什么？应如何设置其初值？并说明信号量的数据结构。

11．设有 n 个进程共享一互斥段，对于如下两种情况：

（1）如果每次中允许一个进程进入互斥段；

（2）如果最多允许 m 个进程（m < n）同时进入互斥段，所采用的互斥信号量是否相同？信号量值的变化范围如何？

12．假如有一个具有 n 个缓冲区的环形缓冲器，A 进程顺序地把信息写入缓冲区，B 进程依次地从缓冲区读出信息，回答下列两问：

（1）试说明 A、B 进程之间的相互制约关系；

（2）试用类 Pascal 语言写出 A、B 进程之间的同步算法。

13．设有 6 个程序 prog1、prog2、prog3、prog4、prog5、prog6，它们在并发系统内执行时有如图 2-32 的相互关系：

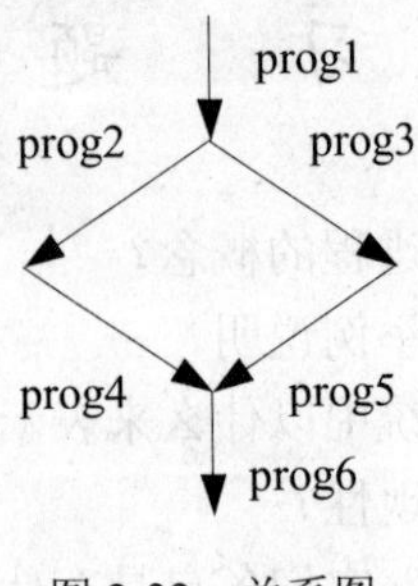


图 2-32　关系图

试用P、V操作实现这些程序间的同步。

14．试说明在使用P、V操作实现进程互斥的情况下，若P、V操作是可中断的会有什么问题？

15．在UNIX S-5中，进程状态分为10种。试说明各状态的含义和相互转换的条件。

16．在UNIX系统中为什么采用动态创建进程的方式？创建新进程的主要工作是什么？

17．为什么要引进高级通信机构？它有什么优点？说明消息缓冲通信机构的基本工作过程。

18．解释下列概念：中断、中断源、中断请求、断点、现场、中断向量。

19．中断响应主要做哪些工作？中断处理的主要步骤是什么？

20．中断的屏蔽和禁止的差别是什么？为什么要对中断屏蔽或禁止？

# 第3章 处理机管理

处理机管理其实就是CPU的分配，即某时某刻调度哪一个进程占用CPU。因在操作系统中，进程是一个独立的调度单位，而CPU的调度主要的和最根本的就是进程调度。所以许多书上将CPU管理与进程管理合在一起。有了进程概念，势必就要介绍进程的操作及进程之间的关系等。我们则将关于进程的一些事件都归为进程管理，而处理机调度只涉及进程的调度，故处理机的管理只介绍调度的问题，如图3-1所示。

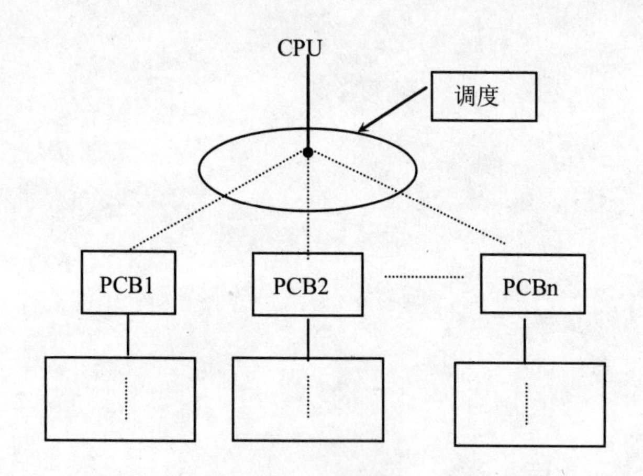


图3-1　CPU调度的功能

CPU调度使得多个进程能有条不紊地共享一个CPU。而且，由于调度的速度很快，使每个用户产生一个错觉，就好像他们每人都有一个专用CPU。这就把物理上的一个变成了逻辑上的多个——为每个用户提供了一个虚拟处理机。

## 3.1　概　　述

为了更好地了解后面将要介绍的CPU调度算法及其实现方法，有必要先说明几个与全局有关的问题。

### 3.1.1　CPU调度的三级实现

这个问题涉及CPU调度的来龙去脉。如上所述，CPU调度就是在多个进程之间分配

CPU，但此事有一个发展过程。只有了解这个过程，才能了解 CPU 调度的全局。这个过程，就是所谓 CPU 调度的三级实现，即高级调度、中级调度和低级调度，也叫长程、中程和短程调度。通过这三级调度，最终实现 CPU 的分配。

（1）高级调度

高级调度也叫作业调度，是将已进入系统并处于后备状态的作业按某种算法选择一个或一批，为其建立进程，让其进入主机。

作业的概念主要用于批处理系统。批处理系统要收容大量的后备作业，以便从中选出最佳搭配的作业组合，而在分时系统或实时系统中可以没有这一级调度。

（2）中级调度

中级调度负责进程在内存和辅存对换区之间的对换。这些进程都是已经开始执行了的，由于某种原因，一些进程处于阻塞状态而暂时不能运行。为了缓和内存使用紧张的矛盾，中级调度将这些进程的程序暂时移到辅存对换区。有些在对换区的进程，若其等待的事件已经发生，则它们要由阻塞（睡眠）状态变为就绪状态。为了继续这些进程的运行，则由中级调度再度把它们调入内存，一个进程在其运行期间有可能多次调进调出。

中级调度往往用于采用虚存技术的系统或分时系统中。

（3）低级调度

低级调度也叫进程调度，我们所说的 CPU 调度，主要就是指的这一级调度。

① 任务：按一定算法在多个已在内存并处于就绪状态的进程间分配 CPU。

② 功能：保留原运行进程的现场信息；分配 CPU；为新选中的进程恢复现场。

③ 引起进程调度的原因：

- 进程自动放弃 CPU
  - 进程运行结束。
  - 执行 P、V 操作等原语将自己封锁。
  - 进程提出 I/O 请求而等待完成。
- CPU 被抢占
  - 时间片用完。
  - 有更高优先级进程进入就绪状态。

综上所述，我们知道进程调度的核心问题是采用什么算法把 CPU 分配给进程。

④ 进程调度的过程

进程调度的过程如图 3-2 所示。

⑤ 选择进程调度算法时要考虑的因素

a．在分时系统中加快系统和用户之间的交互速度。

在分时系统中，用户有时需要和系统或正在系统中运行的程序频繁地进行交互作用。与用户的期望相适应，系统对这类作业应该有较高的响应速度。因此要优先调度等待终端的进程。与此相反，有一些作业与用户交互作用的频度较低，对它们的调度可以缓慢一些。但也应维持在合理的水平上。

b．在批处理系统中，要考虑提高作业的吞吐量，也要使各用户作业有比较合理的周转时间。周转时间即从作业提交到完成的时间间隔。

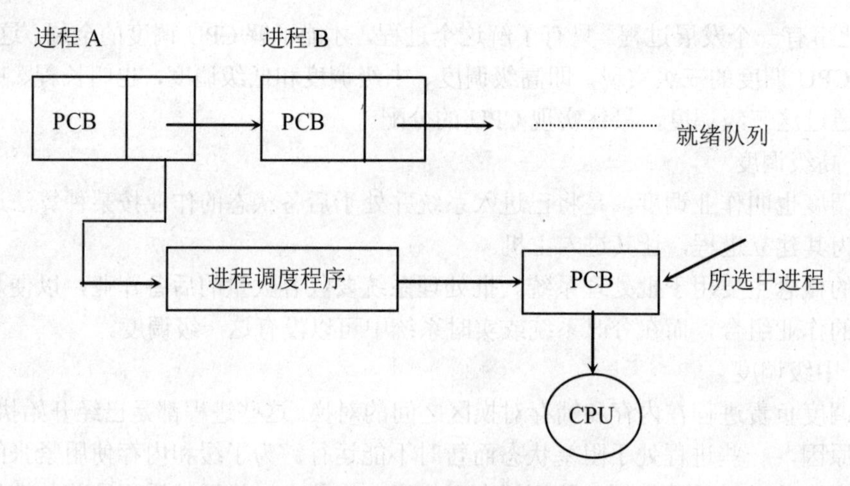


图 3-2　进程调度的过程

c．提高资源利用率。

d．能反映用户的不同类型及它们对有关作业运行优先程度的要求。

e．合理的系统开销，如调度不能太频繁、算法不可太复杂。

总之，调度算法的设计和选择应综合考虑各种因素，以获得良好的调度性能。

实现进程调度的程序模块也是操作系统中非常关键的程序模块，它直接负责 CPU 的分配。系统中所有进程又都是在 CPU 上运行的。进程调度程序就是它们的切换开关，故有的书上也叫它为切换程序。

值得注意的是，低级调度是每一个操作系统都有的，但高、中级调度并不是每个系统都有的。通常，批处理系统都有上述意义下的高级调度，即作业调度，但不一定有中级调度。分时系统通常有上述意义下的中级调度，即进程对换，而没有明显的高级调度。但若在分时系统中存在后台作业（相应地，终端用户的作业称做前台作业），则可按高级调度的原则实施调度。

三级调度的示意图如图 3-3 所示。

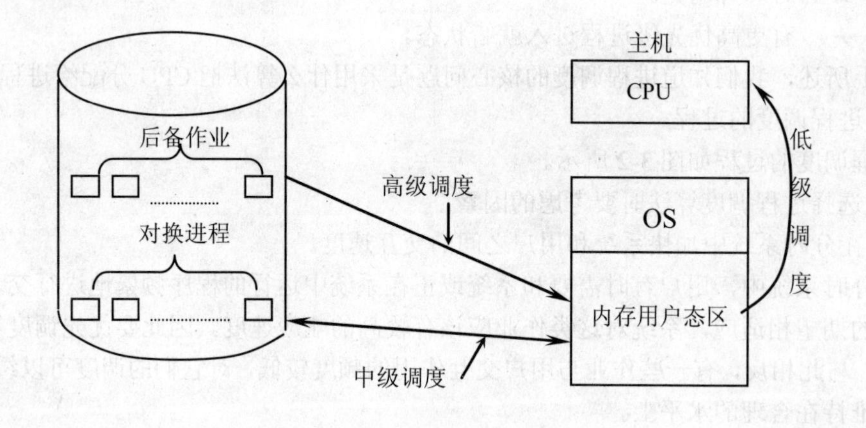


图 3-3　CPU 调度的三级实现

高、中、低三级调度的含义，不同的系统是不尽相同的。在有的系统中，高级调度是指按某种算法调度一个或一批作业，为其建立进程，分配除 CPU 和内存以外的资源；中级调度为高级调度时确立的某些进程分配内存让其进入主机；低级调度则分配 CPU。

总之，高、中、低三级调度是 CPU 调度问题的一个基本轮廓。

### 3.1.2　进程的执行方式

在多道程序环境下，计算机主机内同时存在多个活跃着的进程，每个进程均以走走停停的方式执行各自的程序，直到终止——正常终止或非正常终止。如果系统不强行剥夺运行进程的 CPU，而是直到运行进程需要等待某一事件（因而暂时不能在 CPU 上执行）时才进行 CPU 交替的话，则我们发现，每一个进程的执行往往是 CPU 周期和 I/O 周期的交替循环。这是因为，运行进程所等待的事件虽然不全部是 I/O（例如还有等待某进程的同步信号，等待合作进程发来的消息，等待获得某一资源等），但绝大多数是 I/O。I/O 主要指的是输入数据和文件、输出中间结果和最后结果等。所谓 I/O 周期，指的是在这段时间内进程提出了 I/O 请求，并等待 I/O 的完成。而 CPU 周期，指的是在这段时间内进程正在 CPU 上执行程序。

一个新创建的进程，从一个 CPU 周期开始它的执行，然后在 CPU 周期和 I/O 周期之间不断交替，直到最后一个 CPU 周期终止其执行。当一个现运行进程需要等待 I/O 时，它变为阻塞状态，CPU 交给另一进程运行。总之 CPU 不断地在各进程的 CPU 周期之间交替，而每个进程不断地在 CPU 周期和 I/O 周期之间交替——这就是我们要讨论的 CPU 调度的环境。如果说，CPU 调度是在多个进程之间分配 CPU，那么，更准确地说，是在多个就绪进程的下一个 CPU 周期之间分配 CPU。

### 3.1.3　CPU 调度的基本方式

有两种基本的 CPU 调度方式，即剥夺方式和非剥夺方式。剥夺方式是在现运行进程正在执行的 CPU 周期尚未结束之前，系统有权按某种原则剥夺它的 CPU 并把 CPU 分给另一进程。剥夺 CPU 的原则有很多，视不同的调度算法而异。其中最主要的是优先权原则和时间片原则。在优先权原则下，只要在就绪队列中出现了比现运行进程优先权更高的进程，便立即剥夺现行进程的 CPU 并分给优先权最高的进程。时间片原则是，当时间片到时后，便立即重新进行 CPU 调度。非剥夺方式是，一旦 CPU 分给某进程的是一个 CPU 周期，除非该周期到期并主动放弃，否则系统不得以任何方式剥夺现行进程的 CPU。

为了说明剥夺式和非剥夺式的基本含义，下面看一个例子。

设有如下 3 个进程：

| 进程 | 下一个 CPU 周期（以单位时间计） |
| --- | --- |
| P1 | 16 |
| P2 | 4 |
| P3 | 4 |

若按 P1、P2、P3 的顺序调度，则非剥夺调度的执行情况如下：

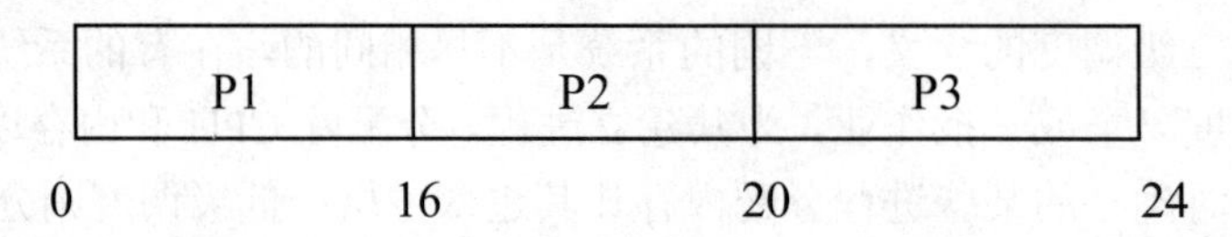


若以每个进程运行 4 个单位时间便剥夺其 CPU 的办法实行剥夺式调度，则它们的执行情况如下：

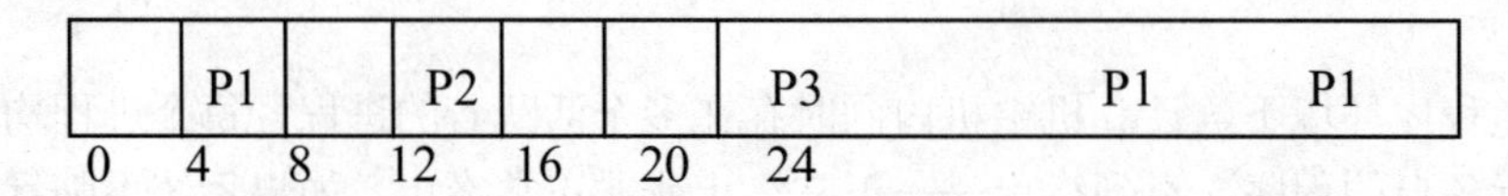


需要指出的是，一进程由于等待 I/O 完成（或等待其他文件）而交出 CPU 并不属剥夺之列，而是它的主动行为，也是多道系统的一条基本法则。如果不这样，如何提高 CPU 的利用率？多道并发又有什么意义？剥夺是指现行进程当前的 CPU 周期还未完，CPU 便被夺走了。那么，剥夺是怎样实现的？是通过执行 CPU 调度程序实现的。一个进程被剥夺了 CPU 之后，是否能紧接着又获得 CPU？当然有可能，上例已说明了这一点。

显然，剥夺调度方式是很方便灵活的，它可使某些紧迫的进程很快执行，但却显著地增加了系统开销。因此系统设计者又采取一种介于上述两种方式之间的选择性剥夺调度方式。在这种方式中，系统为每个进程设置两个特征位 UP 和 VP。当 UP = 1 时，即表示本进程可剥夺其他进程正在执行的处理机，而使本进程获得处理机，反之（UP=0）则不能；当 VP=1 时表示本进程在执行时可以被剥夺，反之（VP=0）则不能。

## 3.2 作 业 概 念

我们已经知道操作系统是用户与计算机系统之间的一个界面，那么，用户是如何通过操作系统与计算机打交道的呢？如何通过操作系统来使用计算机的呢？众所周知，在实际操作中，用户是通过输入设备，如键盘、鼠标、触摸屏等将用户的要求“告诉”计算机，计算机收到这些请求后再为用户服务。那么，现在要解决两个问题：

其一，用户如何把自己的请求（用户作业）“告诉”计算机。

其二，计算机收到用户请求后如何处理，如何为用户服务。

对第一个问题，简要地说，用户是通过命令或者程序向计算机发出请求，多个用户的请求以用户作业的方式在后备存储设备中等待。

对第二个问题，简要地说，计算机收到用户请求后，利用操作系统提供的命令解释和系统调用，以及相应的处理程序，有序有效地使用系统提供的各种资源，完成用户作业的处理。

### 3.2.1 作业管理的概念

1. 什么是作业

作业（job）在操作系统术语中，是指用户在一次计算过程中，或者一个事务处理过程中，要求计算机系统所做的工作的集合。例如，用户用计算机语言编制了一个计算程序，要完成计算并且得到计算结果，一般要经过若干步骤。如：读入源程序、对源程序进行编译、生成目标程序、再经过连接或重定位形成目标代码、执行目标代码、输出或打印计算结果等。这其中的每一个步骤，称为作业步，作业步的集合完成了一个作业。

一个作业要划分成多少个作业步与具体的作业有关，也与所在的操作系统有关。各个作业步彼此之间是相对独立，而又是相互关连的，前一个作业步的运行将产生下一个作业步运行所需要的数据或文档。系统在完成每一个作业时，又可以将一个作业步细化，建立一个或者多个进程，而作业步所完成的工作则是这些进程执行的结果。

如果将一批作业通过批量处理的方式一次提交给系统，由系统依次将这些作业逐个读入并进行处理，就形成了一个作业流。一个作业流中含有多个作业，作业之间采用专门的标志、符号或者语句相分隔，用户对作业不进行直接的干预，从而形成作业的批处理。目前，随着计算机系统处理功能的增强，多处理器主机和高性能主机的出现，在计算机系统中可以同时有多个作业流进入系统。

2. 用户如何提交作业

用户的作业可以通过直接的方式，由用户自己按照作业步进行操作；也可以通过间接的方式，由用户事先编写好作业步的说明，一次提交给系统，由系统按照作业步说明依次处理。前者是联机作业方式，后者是脱机作业方式。

（1）用户的作业准备

用户准备自己的作业通常是采用编制程序的方式，它们通过编辑程序、文本和图形处理程序、语言编译程序、汇编程序和连接程序等系统实用工具程序，将自己的作业处理步骤或请求、所用的数据等，以程序文本、数据文件和命令文件的方式存放在系统辅助存储设备（如磁盘）中。

（2）交互式作业提供

交互式作业也称联机用户作业，这种方式主要通过直接命令方式提供用户作业。这里，命令的概念含有广义性，它既指由计算机操作系统本身提供的系统命令，又指已经成为系统可执行文件的用户作业（程序）名称。用户作业的提供是通过控制台或者用户终端不断地输入操作命令和运行程序名向系统提出要求，系统对相应的命令进行响应处理，完成指定操作。

命令的提供有两种方式，一种是顺序输入，用户每输入一条命令，控制转入操作系统，由操作系统的命令解释程序对该命令的执行，完成相应的操作。然后，控制又返回控制台或者用户终端，等待用户输入下一条命令，直到该作业完成为止。这里，组成用户作业的若干命令是一条一条执行的。第二种是连续输入，用户在自己的用户终端上连续输入组成作业的若干命令，无需等待一条命令是否执行完毕。所输入的命令形成了一道命令串，存储在一个系统缓冲区中，由操作系统自动地对这些命令逐个地提取并解释执行，最后向用户提供处理结果。在这样的多用户、多作业、多命令串的系统中，前后台作业的执行调度全由操作系统自动完成，用户无需干预。

操作系统的命令随着操作系统的不同而不完全相同，同一个操作系统但系统版本不同，同一条命令在功能上也不一定完全相同。命令方式的作业控制灵活方便，用户可以随时干预、终止自己的作业，不过，系统资源利用率并不太高。

（3）批处理作业提供

批处理作业也称为脱机用户作业，这种方式主要通过作业控制命令（或者称为作业控制语言）和命令文件的方式控制用户作业。这种作业控制方式中，用户不能直接干预作业的运行，而是靠用户预先用作业控制语言编制好的作业说明书，随同用户作业一并提交给系统，当系统调度到该作业时，根据作业说明书，由操作系统对其中的作业控制命令和一般命令逐条解释执行，直到遇见作业的"取消、撤离、停止"等命令为止。

早期脱机用户作业的提供，是采用所谓作业控制卡片，现在这种方式早已弃之不用，而代之以大容量磁盘和可读写光盘为基础的辅助存储器作业后备方式，采用假脱机（spooling）方式，将多个用户的作业随机地存放在辅助存储设备中，各个用户作业之间相互隔离、互不干扰。而操作系统则按照一定的调度规则和调度算法，选取某个用户作业并调入内存。在每个用户的作业中，作业命令和程序是与作业控制命令一道提供的。目前，这种作业控制常用作业控制命令文件的方式提供，由操作系统根据该控制文件，完成整个作业的处理。

这种作业提供方式的优点在于作业由系统自动调度，或者由系统操作员干预，使作业的运行和处理效率提高，系统的资源利用率也提高。自然，因为用户自己不能交互，不能在作业运行过程中干预，所以，要求用户作业尽可能做到合理和完善，否则，很可能因为一个很小的错误而导致作业中途停止。

3. 用户程序和操作系统的接口

用户自己编写的应用程序也是用户作业中的一项，它采用与命令方式不同的接口方式与操作系统打交道，即用特定的方式，通过操作系统去使用系统资源。这种面向程序一级的接口方式称为操作系统的程序接口。

程序接口是操作系统对运行程序提供服务并与之通信的一种机构，它除了向所有用户程序提供以外，操作系统的其他部分，如命令处理也都要使用程序接口。程序接口的任务是装入和建立准备就绪的程序，并为程序的正常和非正常终止给予响应。当程序执行时，程序接口接受对系统服务和资源的请求，并把它们转告给操作系统的资源管理程序。这种结构主要由系统调用组成，通过系统调用，程序与操作系统进行通信。

综上所述，我们可以得知用户与计算机交互方式，如图 3-4 所示。而操作系统如何组织、分派和调度作业的运行，如何以此提高整个系统的运行效率，这就是作业管理的任务。

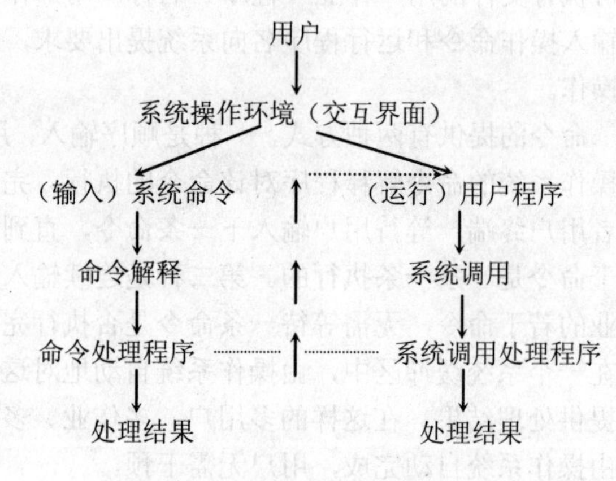


图 3-4　用户与计算机交互方式

### 3.2.2　作业管理的功能

作业的调度与控制是操作系统作业管理的主要功能，我们已经了解了进程管理的过程和进程调度的原理，而作业调度则是从预先存放在辅助存储设备中的一批用户作业中，按照某种方法选取若干作业，为它们分配必要的资源，决定调入内存的顺序，并建立相应的用户作业进程和为其服务的其他系统进程，然后再把这些进程提交给进程调度程序处理的一个过程。可见，作业管理是宏观的高级管理，进程管理是微观的低级管理。作业调入内存后，已经获得了除 CPU 外的所有运行资源，但因为未得到处理器还不能运行，要通过进程调度分配处理器后再运行。作业的动态存在是通过作业的状态变迁来表现的，这里，我们首先讨论作业的状态，再讨论在这些状态之间完成的作业调度和转接。

1. 作业的状态变迁

与进程的状态变迁类似，作业也存在三种基本的状态，一个作业从进入系统到运行结束，一般要经历后备、执行和完成 3 个不同的状态，作业的调度正是处理这三种状态之间的各种情况及它们之间的切换。其状态如图 3-5 所示。

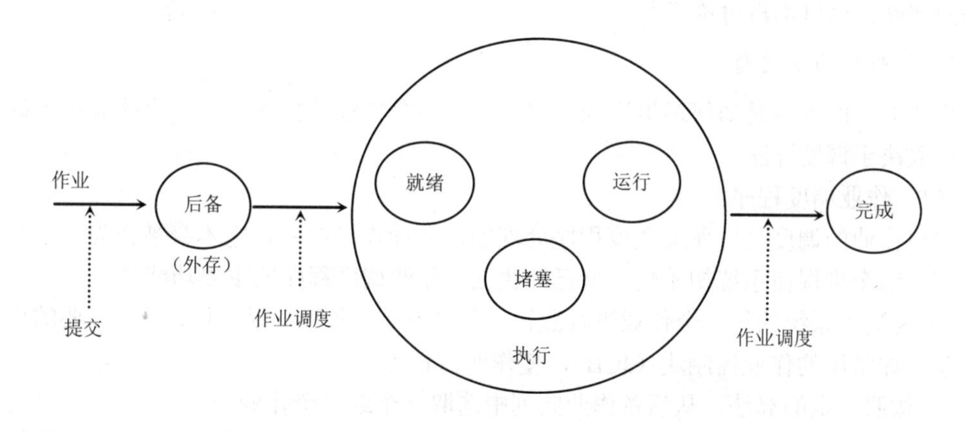


图 3-5　作业状态的变迁

（1）后备状态

作业进入后备状态之前的工作是由用户准备的。用户将自己的应用程序和与该应用程序运行有关的数据及其他支持控制操作作为一个作业，提交给计算机系统。通常通过各种输入设备将作业从外部送入计算机系统的辅助存储设备（如磁盘）中，这个过程称为作业的提交，也叫作业收容。作业的提交可以采用联机交互方式，也可以采用假脱机方式。当作业的全部信息进入辅助存储设备后，操作系统要对作业进行登记，建立并填写一些与作业有关的表格。最常见的是为每个作业建立一个作业控制块（JCB），它包含了作业的主要描述信息，它也是以后作业调度的依据，与进程的进程控制块（PCB）类似，它体现了作业的生命周期。即从作业创建开始，就有了作业控制块，直到作业完成。当作业控制块等表格填写完毕，该作业的 JCB 就连成一串，形成一个排队队列，称为作业后备队列。此时，作业处于后备状态，等待作业调度程序进行调度。

（2）执行状态

当一个位于后备队列中的作业被调度程序选中后，就开始给它分配必要的资源，如存储空间等，然后将其调入内存。同时，将按照其作业步的顺序，依次为每个作业步建立对应的主进程，并为它分配必要的资源，然后提交给进程管理模块，由进程调度程序管理。这个过程称为作业调度。应当指出，虽然作业已经进入内存，由于作业步的主进程又可以建立若干子进程。这样，对一个作业来说，有的子进程正在占用处理机而处于进程运行状态，有的子进程又可能在等待。但从宏观上来看，该作业处于执行状态。

（3）完成状态

当一个作业正常运行结束，或者出错而中途中止，作业就进入完成状态。操作系统此时将该作业从作业队列中去掉，回收作业所占用的资源，给出作业执行的结果，同时决定调度下一个作业。作业运行情况和作业的输出可以在作业结束时直接输出，也可以输出文件的方式送入辅助存储设备，稍后采用脱机或假脱机方式输出。

作业管理中的作业调度程序就是处理作业在这三种状态之间的转换。要注意，在有的操作系统中，除了上述三种作业状态外，还另外设置有作业的状态，对作业进行了更深入复杂的调度，这里不再讨论了。

2. 作业的调度问题

作业调度的关键是如何最恰当地选取一个或多个作业并投入运行。它既取决于调度程序，也取决于调度算法。

（1）作业调度程序

用户作业的调度是由作业调度程序处理的，在操作系统中，它本身被作为一个系统进程执行，这个进程在系统初始化时就已经建立。作业调度程序的主要功能是：

① 为进入系统的每一个作业进行登记。为它们建立各种记录表格，填写主要的作业描述信息，如常用的作业控制块（JCB），使作业后备等待。

② 按照一定的算法，从后备作业队列中选取一个或多个作业。

③ 为选中作业分配所需资源，建立有关作业步主进程，调入内存，并通知系统核心中的进程调度程序，进行进一步的处理。

④ 作业执行完毕，释放并回收该作业占用的资源，撤销该作业，并再次选取新的作业执行调度过程。

（2）作业调度算法

作业调度算法是指按照什么样的原则来选取作业并投入运行。与进程调度算法类似，调度算法的合理性直接影响系统的效率，而它又受系统的硬件环境和使用环境的影响。所以，如何选择调度算法有很复杂的因素，而且有的因素相互矛盾，不能说哪种算法绝对好，只能说某个算法在某个环境下更合理。

目前，操作系统中作业调度的算法有许多种，它们与进程调度中的一些算法大同小异，有的针对单道批处理系统，有的针对多道程序系统，各自有各自的特点和优点，也有自己的不足。这里我们不再论述。

通常对算法的选择可以考虑如下问题：

① 使系统有最高的吞吐率，能够处理尽可能多的作业。

② 使系统达到最高的资源利用率，不让处理机空闲。

③ 对各种作业合理调度，使各类用户都满意。

3. 作业的控制问题

用户作业是用户要求计算机完成的一系列工作，例如，如何组织这些工作、如何控制作业的运行、当运行过程中出现错误又如何处理等。用户需要对自己的作业进行必要的干预，这就是作业控制。由于作业的提交有两种方式，即脱机提交和联机提交方式，所以，对应的作业控制方式也有两种。

（1）脱机作业的控制方式

这种作业控制方式是用户预先编制和提供对作业的控制意图并提交给系统，然后由系统根据用户控制意图自动控制作业的运行，用户不再干预。这里的关键是用户的控制意图怎样预先提供给系统。实现脱机作业控制的方式有作业控制卡和作业说明书（文件），它们使用由操作系统规定的作业控制语言来编制。

作业控制语言（JCL）是操作系统提供的一种专门的语言（或者说指令），它由操作系统的专门机制解释处理。它提供若干功能语句、连接语句、判别和转向语句、流控语句等，形成一种可编程的工具语言。其主要包括如下语句。

- 作业描述语句：指出作业的开始和结束，表明作业的属性，记录作业的用户名、账号、作业名、类别和优先级等。
- 资源说明语句：说明作业所需的系统资源，如设备、文件、数据、内存需求、运行时间，以及其他运行支持。
- 作业执行语句：指明作业的各个作业步及其对应的执行程序模块。
- 作业流控语句：形成作业运行过程中的各种判别、限制、分支、转移、循环等类似的编程结构。
- 其他支持语句：用于系统说明、提示、调试、暂停等专用语句。

操作系统不同，所提供的作业控制语言也不完全相同，用户在准备作业和编写作业控制时，应当遵照系统对作业控制语句的规定和对该语言的限制。

作业控制卡是早期的作业控制方式，用户将其对作业的控制意图以某种符号、记号、穿孔位置或穿孔组合的方式，制作若干作业控制卡片，由专门的读卡机读入，然后系统根据对这种穿孔或符号式的作业控制语言的解释来完成对运行中作业的控制。但这种方式早已不用了。作业说明书是一种文件控制方式，也用作业控制语言写成，它类似于一种源程序，用户的控制意图通过这些控制语言的各种语句来体现。作业说明书可以编辑为一个专用文件，称为作业控制文件，由系统读入并解释执行。由于作业控制语句的多样性，作业说明书可以编写得十分灵活，完成的控制功能也很强。所以目前大多数操作系统中采用的是这样一种作业控制，而且它已经逐步与命令文件方式相结合，形成一种功能非常强大、具有编程能力的系统自动作业控制方式。

（2）联机作业的控制方式

联机作业是一种人机交互方式，通常采用人机对话方式来进行作业控制。由于交互方式的特点，用户作业在运行过程中可以得到用户的干预，并根据系统的提示，作出对运行作业的处理。不同的操作系统也提供不同的交互控制方式，如命令驱动方式、菜单驱动方式、命令文件方式，以及其他控制方式。这些交互控制方式的集成，形成了操作系统的用户界面。

## 3.3 常用的调度算法

CPU 调度问题有两个主要内容：一是调度算法，二是调度实现。现在我们只讨论调度算法。调度的实现是由相应的调度程序来完成的，调度程序首先按某算法从就绪队列中选择一个进程运行，并为它恢复运行现场，该进程便可以继续其原来的执行。调度算法是一种策略，它具体决定将 CPU 分给哪一个进程。由于所有程序都是以进程形式参与并发执行的。所以，总的来说，CPU 调度是以进程为单位，而不是以作业为单位；又因为只有就绪进程才能享用 CPU,而阻塞进程是不能占用 CPU 的。因而调度是在多个就绪进程之间进行，而不是在所有进程之间进行的。在系统中，进程的唯一代表是进程控制块 PCB，为了实施调度，必须将所有就绪进程的 PCB 组织起来。

每一个就绪进程都有一个下一个 CPU 周期（它们是用单位时间来计算的）。因此，就某一次具体的 CPU 调度来说，就是决定将 CPU 分给哪一个进程的下一个 CPU 周期。从这个意义上说，CPU 调度又是以各就绪进程的下一个 CPU 周期为单位的。一进程被调度运行后，其下一个 CPU 周期便成了现行 CPU 周期。这是一个非常重要的概念。正是在这一点上，使得作业调度和进程调度有了区别：作业调度是基于整个作业的估计运行时间（包括 I/O 时间）的；而进程调度，即 CPU 调度是基于进程的下一个 CPU 周期的，如果说作业调度是宏观调度的话，则进程调度就是微观调度。

讨论进程调度算法，也有一个评估标准问题，即用什么标准评价一个算法的好坏。这里用得较多的是周转时间 TT 和平均周转时间 ATT。不过这里的 TT 和 ATT 所考虑的时间单位与作业调度所考虑的时间单位也是不同的。作业调度是根据一个作业的总的运行时间和一批作业的总的运行时间来计算 TT 和 ATT 的，而 CPU 调度是根据一进程的下一个 CPU 周期和所有就绪进程的下一个 CPU 周期的完成时间来计算 TT 和 ATT 的。此外，对于分时系统，还有一个更直观的评估标准，即响应时间 TR。响应时间是从键盘命令进入到开始在终端上显示结果的时间间隔，一般应在 3 秒以内。

下面将具体介绍各种 CPU 调度算法，并对其性能作适当的讨论。这些算法与作业调度算法是类似的，只不过一是宏观的，另一个是微观的。

### 3.3.1 先来先服务

先来先服务（FCFS）无疑是最简单的 CPU 调度算法，它总是把 CPU 分给当前处于就绪队列之首的那个进程，如果先就绪的进程排在队列前头，而后就绪的进程排在队列的后头的话。也就是说，它只考虑进程进入就绪队列的先后，而不考虑下一个 CPU 周期的长短及其他因素。

FCFS 算法简单易行，但它的性能却不大好，考虑下面三个进程，它们按 1、2、3 的顺序处于就绪队列中：

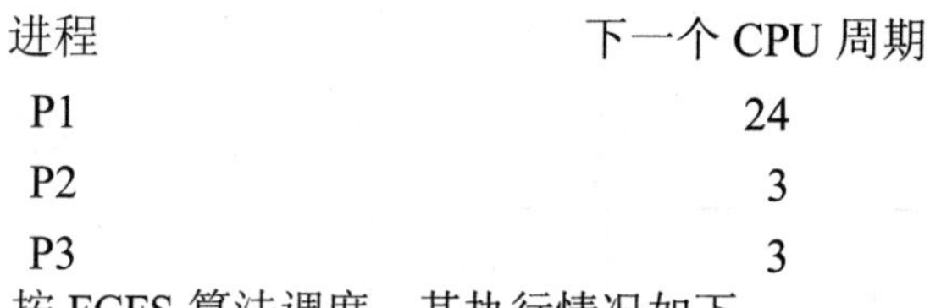

| 进程 | 下一个 CPU 周期 |
|---|---|
| P1 | 24 |
| P2 | 3 |
| P3 | 3 |

按 FCFS 算法调度，其执行情况如下：

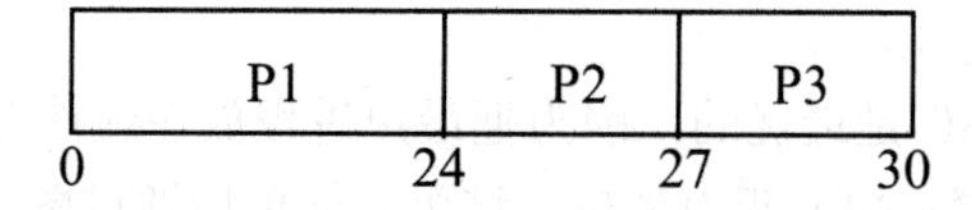


此时 P1 的 TT=24 ，P2 的 TT=27，P3 的 TT=30，故 ATT=(24+27+30)/3=27，即平均周转时间为 27。

如果不是按 FCFS 原则调度而是按如下方式执行：

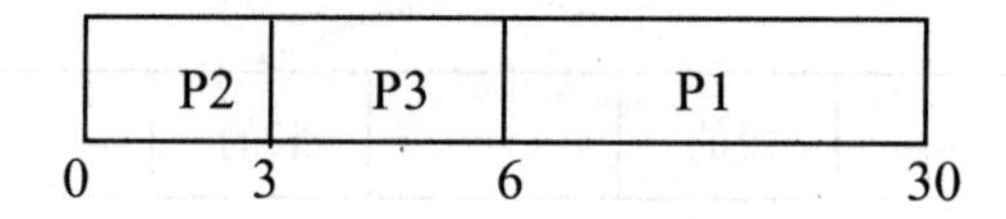


则平均周转时间 ATT=(3+6+30)/3=13，比上面的 27 减少了一半多，可见 FCFS 调度算法不佳。

FCFS 算法本质上是非剥夺式的。因为 FCFS 的含义就是先就绪的先运行完成下一个 CPU 周期，而不管下一个 CPU 周期有多长；如果可剥夺，则不能保证这一点。例如，对以下两个进程 P1、P2 若按时间片原则剥夺式调度：

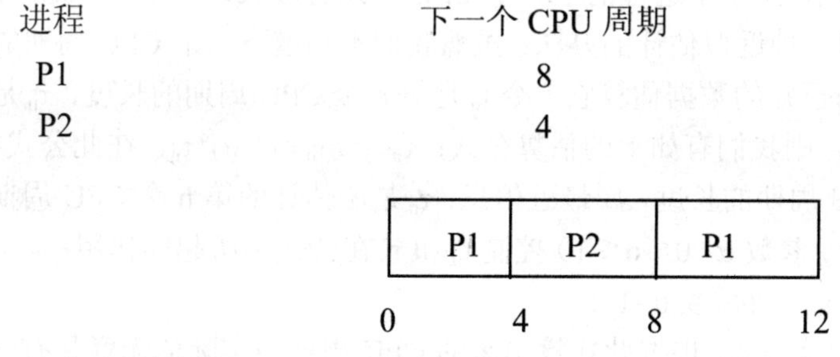

| 进程 | 下一个 CPU 周期 |
|---|---|
| P1 | 8 |
| P2 | 4 |



导致 P2 的完成先于 P1，违背了 FCFS 原则。

## 3.3.2 最短周期优先

最短周期优先（SBF）调度算法与 SJF 作业调度算法是类似的，它总是调度当前就绪队列中的下一个 CPU 周期最短的那个进程占用 CPU。例如，对于如下按 1、2、3、4 顺序进入就绪队列的 4 个进程：

| 进程 | 下一个 CPU 周期 |
|---|---|
| P1 | 6 |

P2 3

P3 8

P4 7

按 SBF 算法，其执行情况如下：

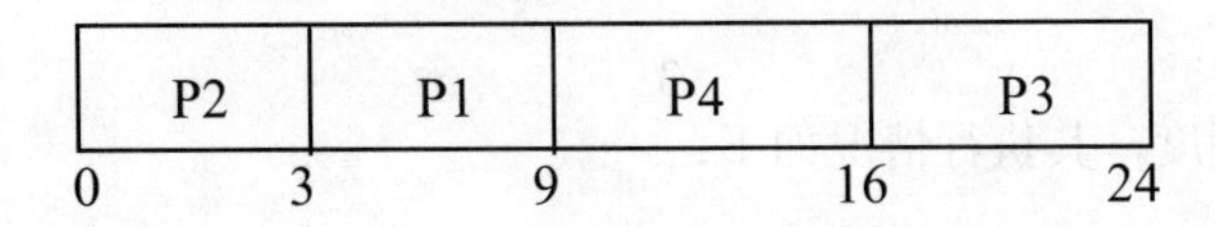


其平均周转时间 ATT=13。

就平均周期而言，SBF 是最优的，因为把最短进程放在最前面，可导致其后所有进程的周转时间都缩短，因而使 ATT 变为最短。这可以简单地通过图 3-6 予以证明。

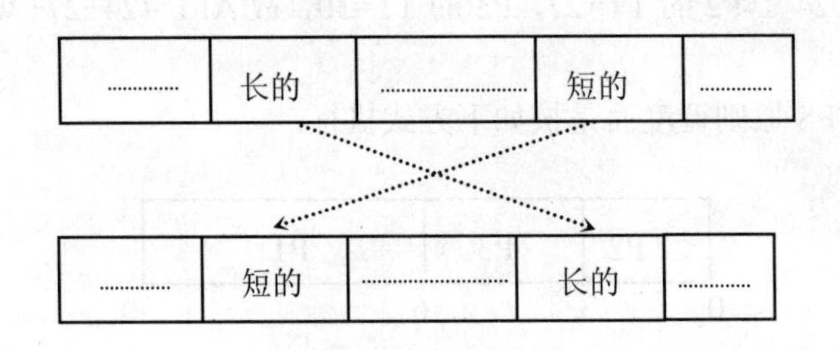


图 3-6 两者对比图

显然，当短的移到前头以后，其后的所有进程都跟着受益，它们的周转时间都缩短了一个单位时间。

SBF 算法虽然对周转时间来说是最优的，但实行起来却很困难。问题在于，此算法依赖于各进程的下一个 CPU 周期，而一个进程的下一个 CPU 周期有多长，事先是不知道的。为了解决这个问题，可以使用一种近似估计的办法：虽然我们不知道下一个 CPU 周期的准确长度，但我们可以根据当前已知的数据估算它。令 $t_n$ 是第 n 个 CPU 周期的长度，$\tau_n$ 是估计的第 n 个 CPU 周期的长度，则我们有如下的估算公式：$\tau_{n+1}=\alpha t_n+(1-\alpha)*\tau_n$，在此公式中，$t_n$ 的值是某进程最近一个 CPU 周期的长度，属最近信息；$\tau_n$ 是所估计的第 n 个 CPU 周期的值，它包含此进程过去的历史。参数 α（$0\leqslant\alpha\leqslant1$）控制 $t_n$ 和 $\tau_n$ 在公式中所起的作用：当 α=0 时，$\tau_{n+1}=\tau_n$；当 α=1 时，$\tau_{n+1}=t_n$，通常取 α=1/2。

上述估算公式只是一个经验公式，根据此式算出来的 CPU 周期与实际值无疑是有一定误差的。例如，某实际系统的 CPU 周期实际值和估算值之间的对照（以单位时间计）如下。

| 实际值（$t_i$） | 6 | 4 | 64 | 13 | 13 | 13… | | |
|---|---|---|---|---|---|---|---|---|
| 估计值（$\tau_i$） | 10 | 8 | 6 | 6 | 5 | 9 | 11 | 12… |

从上例可见，虽然实际值和估算值有一定误差，但总的来说还是比较接近的。因此，该方法有一定的实用价值。在调度发生时，SBF 算法首先根据估算公式计算每个就绪进程的 $\tau_i$ 值（如果已经算过则不再重算），然后将其值最小者调度运行。

SBF 算法可以是剥夺式的，也可以是非剥夺式的。若以非剥夺方式执行 SBF，事情是比较简单的，因为一旦算法决定了让某个进程运行，便一直要让它运行到它的 CPU 周期结束。但是，若以剥夺方式执行 SBF，则有一个新的问题，即此时的最短应改为剩余最短。例如，有一个 CPU 周期=10（单位时间）的进程在 CPU 上已运行了 5 个单位时间（还剩 5），此时，在就绪队列中出现了一个 CPU 为 6 个单位时间的进程，那么，要不要剥夺现运行进程而把 CPU 分给这个新进程呢？显然，按简单的最短原则应剥夺。因为 6＜10，而按剩余最短原则不应剥夺，因为 6＞5。实际中，后者使用得较多。

### 3.3.3　优先级

基本思想：将 CPU 分给优先级最高的进程。

关键：确定各进程的优先级。

确定优先级的方法有静态和动态两种。

（1）静态确定方法：指在系统创建进程时确定一个优先级，一经确定则在整个进程运行期间不再改变。

如：可根据进程到达的先后，给予先到者以最高优先级，这就是 FCFS 算法。

又如：规定运行时间越短的进程，其优先级越高，这就是 SBF 算法。

静态优先级算法虽然简单，但有时不太合理，会出现长进程虽等待很长时间，却仍然得不到执行机会。随着进程的推进，确定优先级所依赖的特性发生变化，因此静态优先级就不能自始至终都准确地反映出这些变化情况。如果能在进程运行中，不断地随着特性的改变去修改优先级，显然可以实现更为精确的调度，从而获得更好的调度性能。这对分时系统显得更为重要。

（2）动态确定方法：指在进程运行过程中，随着某些条件的变化而不断地修改其优先级。

一种简单的办法就是当一进程等待时间达到某一定值时，其优先级就可以跃变到某一最高值，从而使该进程能很快转入执行状态。如果把此法和最短周期优先的算法结合起来，就既可使短进程优先执行，又保证长进程在等待一定时间后也有机会执行，从而克服了长进程被不断推迟而不能执行的缺点。

优先级法可以是剥夺式或非剥夺式的。对于剥夺式，只要在就绪队列中出现了其优先级比现运行进程优先级高的进程，便立即剥夺现行进程的 CPU 并分给优先级高的那个进程；对于非剥夺式，则要等待其现运行进程的 CPU 周期结束后才重新调度，而不管在此期间是否出现了优先级更高的进程。

### 3.3.4　轮转法

虽然优先级算法用于多道程序批量处理系统中，可以获得较满意的服务，但在这种系统中，只能在优先级高的进程全部完成或发生某种事件后，才转去执行下一个进程。这样，优先级较低的进程必须等较长的时间才能得到服务。这在分时系统中是绝对不能允许的，因为在分时系统中所要求的响应时间是秒的数量级，而下面介绍的轮转法就可满足分时系统对响应时间的要求。

轮转法就是按一定的时间片（记为 q）轮转地运行各个进程。如果 q 值是一定的，即各个进程运行同样长的时间片，则轮转法是一种机会均等的调度方法。

为了实现轮转调度法，所有就绪进程的PCB应排成一个环形队列，并使用一个指针扫描它们。当轮到一个进程运行时，调度程序按q值设置时钟，以便q值到期时产生时钟中断，然后新进程便开始运行它的CPU周期。随着时间的推移，有可能出现以下两种情况：一是现行CPU周期小于q值，此时只要CPU周期到期就重新调度，q的剩余量交还系统；二是现行CPU周期大于或等于q值，此时只要q值到期就重新调度，CPU周期的剩余量放到下一轮再运行。例如，对于如下的3个进程：

| 进程 | 下一个CPU周期 |
|---|---|
| P1 | 24 |
| P2 | 3 |
| P3 | 3 |

若取q=4，则按轮转法，其执行情况如下：

P1→P2→P3→P1→P1→P1→P1→P1

进程P1首先运行一个时间片（q = 4）并被剥夺CPU，其剩余的20个单位时间放到后面运行；P2、P3都只需3个单位时间，不足一个时间片，每个进程节省一个单位时间。当三个进程都轮了一遍之后，CPU又回到了P1，开始第二轮的运行。由于此时P2、P3的CPU周期均已完成，故随后连续5个时间片都分给P1，直到P1的CPU周期完成。容易算出，此例的平均周转时间ATT=47/3≈16。

由上可见，轮转法本质上是剥夺式的。因为在一轮里，每个进程不可能获得比一个时间片q更长的运行时间；只要q值到期便立即剥夺。正是由于这个特点，使得轮转调度法特别适用于分时操作系统，因为它可以使分时终端上的用户轮转地得到CPU的服务。由于分时系统上的键盘命令执行时间都比较短，只要q值恰当，大都能在一个时间片内完成，故轮转法可使各用户的命令得到及时的执行。

轮转法的关键问题在于如何确定时间片的大小。如果时间片太大，以至于每个进程的CPU周期都能在一个时间片内执行完，则轮转法实际上蜕化成了FCFS。如果时间片太小，以至于CPU调度过于频繁，则会增加CPU的额外开销，使CPU的有效利用率下降。这是因为，每次CPU调度涉及保存原运行进程的现场和装入新运行进程的现场，这些操作一般需要10～100μs的时间，这是CPU的额外时间开销。例如，假设我们有一个CPU周期为10个单位的进程，若取时间片q=12，则其CPU周期可在一个时间片内完成，没有执行调度的额外开销；若q=6，则中间有一次调度开销；若q=1，则其间有9次调度开销。例如，若设一个时间单位为1ms=1000μs，一次调度开销为100μs，则在最后一种情况下，CPU的额外开销和有效开销之比为1:10，这是不容忽视的。

时间片的大小不仅影响CPU的使用效率，也影响平均周转时间。例如，设有如下4个就绪进程：

| 进程 | 下一个CPU周期 |
|---|---|
| P1 | 6 |
| P2 | 3 |
| P3 | 1 |
| P4 | 7 |

则它们的平均周转时间 ATT 与时间片 q 之间的关系如图 3-7 所示。

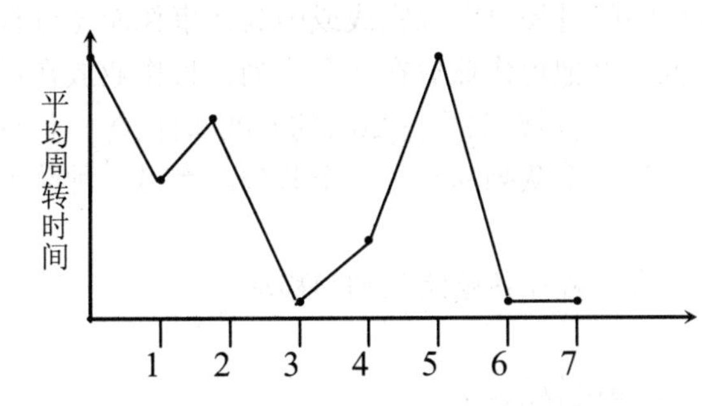


图 3-7　q 值对率平均周转时间的影响

那么，在实际系统中究竟应根据什么原则来确定时间片的大小呢？实践表明：对于批处理系统，应使 80%左右的 CPU 周期在一个时间片内完成；对于分时系统，可使用如下的参考公式确定时间片 q 的值：q=T/Nmax，其中 T 为响应时间上限，Nmax 为系统中最大进程个数。例如，设 T = 3 秒，Nmax=30，则 q=0.1 秒。

这种轮转法的主要优点是简单，但由于采用固定时间片和仅有一个就绪队列，故服务质量不够理想。进一步改善轮转法的调度性能是沿着这样的两个方向进行的：（1）将固定时间片改为可变时间片——可变时间片轮转法。（2）将单就绪队列改为多就绪队列——多队列轮转法。

### 3.3.5　可变时间片轮转法

不少用户为使自己的“紧迫作业”能尽快完成，不惜花费很高的代价来获得高的优先级。然而在前述的轮转法中，高优先级仅能使第一次轮转得到优先，以后所有进程都以同样的周转时间和固定时间片循环地执行，因此高优先级优势并不明显。

可变时间片轮转法，是在每一轮周期开始时，系统便根据就绪队列中进程的数目计算出这一轮的时间片 q 值。而在这以后到达的进程不能参加这一次轮转，必须等到这一轮转完毕，才允许一起进入就绪队列，参与计算新的时间片值，进行下一轮循环。

在可变时间片轮转法中，对长作业可采取增长时间片的办法来弥补。例如若短作业的执行时间为 100ms，而长作业的时间片可增长到 500ms，这就大大降低了长作业的对换频率，减少系统在对换作业时的时间消耗，提高系统的利用率。

### 3.3.6　多队列轮转法和多级反馈队列法

在简单轮转法中，高优先级进程只能使第一次轮转得到优先，这对在一个时间片内不能完成的进程而言，高优先级优先的优越性并不明显。如果能把单就绪队列改为双就绪队列，甚至多就绪队列，并赋予每个队列不同的优先级，这样就可以弥补以上一些不足。

多队列轮转法：根据进程的特性，永久性地将各个进程分别链入其中某一就绪队列中。例如，在 RDOS 系统中，就把双就绪队列中的一个高优先级队列称为前台队列，另一个优先级较低的称为后台队列。进程调度就可以首先调度前台队列中的各进程，并保证为它们充分服务，仅当前台队列中的进程已全部完成或因其他事件而无进程可执行时，才转去处理后台队列中的进程。也可以把短作业放在前台队列，长作业放在后台队列。也可规定前台队列占 CPU 时间的 80%，而后台队列占 20%的 CPU 时间等。但这种方法是进程永久性地放在一个队列中，不能从一个队列移到另一个队列。而另一种队列法即反馈队列法则允许进程在各队列间移动。

多级反馈队列法：允许进程在各就绪队列间移动。

组织特点：

① 每个队列有自己的调度算法。

② 多个队列之间的关系是优先级按序数上升而递减，而时间片的长度则按序数上升而递增。

③ 每一个获得 CPU 的进程，当它用完对应的时间片后，如果还未完成，则应强迫释放 CPU，将其排入下一级就绪队列中。

④ 一个进程刚进入就绪队列时，应将其安排在序数较小的就绪队列中。

调度时，总是先调度序数较小就绪队列中的进程（只有该队列已无进程可调度时，才去调度序数较大的就绪队列进程）。

**【例 3-1】** 有 3 个队列的多级反馈队列调度，如图 3-8 所示。

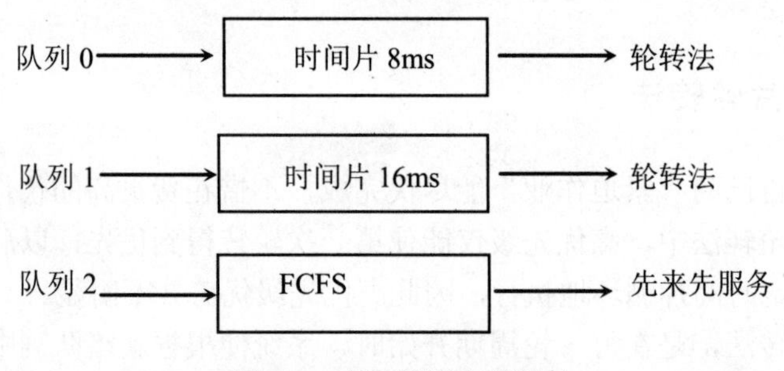


图 3-8　多级反馈队列调度

调度程序首先执行队列 0 中的全部进程，仅当队列 0 为空时才执行队列 1 中的进程。同样，只有当队列 0 和 1 都为空时才去执行队列 2 中的进程。到达队列 1 的进程将抢占正在运行的队列 2 中进程的 CPU。同样，到达队列 0 的进程将抢占队列 1 和队列 2 中正在运行进程的 CPU。

一个进程刚进入就绪队列时是放在队列 0 中的，在队列 0 中，进程的时间片是 8ms。若在此时间片内它的工作未做完，就将它放入队列 1 的末尾。若队列 0 为空，则调度队列 1 中的进程，其时间片加大一倍，为 16ms。若还没做完，就放入队列 2 中，在队列 2 中可按 FCFS 方式运行。一般序数最高的队列是按先来先服务算法调度的。这样，对 CPU 工作时间等于或小于 8ms 的进程给予最高优先数，可以很快得到 CPU 运行完毕。对 CPU 工作时间大于 8ms，但小于 24ms 的进程也可很快得到服务。但对于大于 24ms 的长进程将沉到队列 2 中，按 FCFS 方式得到服务。提供使用的 CPU 时间是调度队列 0 和 1 后所剩余的 CPU 时间。

以上我们介绍了 CPU 调度的一些常用算法。一般作业调度因其频率较慢，采用 FCFS、短作业优先法较多。而进程调度则通常采用优先级和时间片轮转法。虽然这些算法看起来较简单，但在一个具体的操作系统中，并不是单纯地采用某种算法，而是组合其中的几种算法，以达到更好的效果。如 UNIX 系统中就将优先级与多队列反馈轮转法结合起来。因此在具体的操作系统中，实现起来可是比我们书上讲的要复杂得多。

## 3.4　UNIX 系统中的进程调度

在 UNIX 系统中进程调度采用的算法与多级反馈队列轮转法比较接近。即进程在 CPU 上执行超过一时间片后，CPU 被另外进程抢占，而该进程回到相应的优先级队列，等待下次调度，操作系统动态调整用户态进程的优先级。

在 UNIX 系统中，进程调度的关键是如何决定进程的优先级（权）。UNIX 采用动态方式确定各进程的优先级。优先级用进程的 proc 结构中的一项 p-pri 表示。p-pri 称为进程的优先数，一个进程优先级的高低取决于其优先数。UNIX 系统中规定优先数愈低，优先级愈高。所以调度时总是选择优先数最小的就绪进程占用 CPU。

在 UNIX 系统中，进程运行状态分为在用户态运行和在核心态运行。

UNIX 系统的设计目标是：提高用户和系统交互作用的速度，提高系统资源的使用效率，反映用户的类型及他们对有关作业运行优先程度的要求。为了达到这些目标，采取的主要措施如下：

（1）进程在核心态下运行时，除非它自动放弃 CPU，否则不进行重新调度，这就保证了进程一旦进入核心态运行就能以较高速度前进。

即 UNIX 系统的核心是不可再入式的。所谓核心态的进程自愿进行切换调度是指当它申请系统资源（如进行 I/O、申请缓冲区文件结构等）而没有被满足时，进程本身调用 sleep()函数使自己睡眠，只有这时核心态的进程才可以被切换。

在核心态时，进程如果非自愿放弃 CPU，它将占据 CPU 一直到退出核心态为止（完成一次系统调用或中断），所以此时优先数值不起作用。只有当它进入到睡眠状态时系统才分配一个固定的优先数，此优先数是用于当它被再次唤醒后参加调度竞争的。该固定值只与进程的睡眠事件相互联系，而与进程运行时的特性无关（I/O 忙型或 CPU 忙型）。该值（优先数）是为每个 sleep 调用而硬编码的。Sleep(chan, pri)中的参数 chan 表示睡眠原因，pri 是睡醒后该进程的优先数。

UNIX S-5 中进程的优先级分为两大类：用户优先级类和核心优先级类。每一类又包含若干个优先级，每一个优先级在逻辑上都对应一个进程队列，如图 3-9 所示。

例如，一个睡眠等待磁盘 I/O 的进程比等待一个自由缓冲区的进程具有较高的优先级（规定的）。

图 3-9 中，被称为对换、等待 inode、等待磁盘 I/O 和等待缓冲区的优先级是不可中断的系统高优先级，分别有 1、3、2 和 1 个进程在排队。被称为等待 TTY 输入、输出和等待子进程终止的优先级是可中断的系统低优先级，分别有 3、0 和 2 个进程在排队。

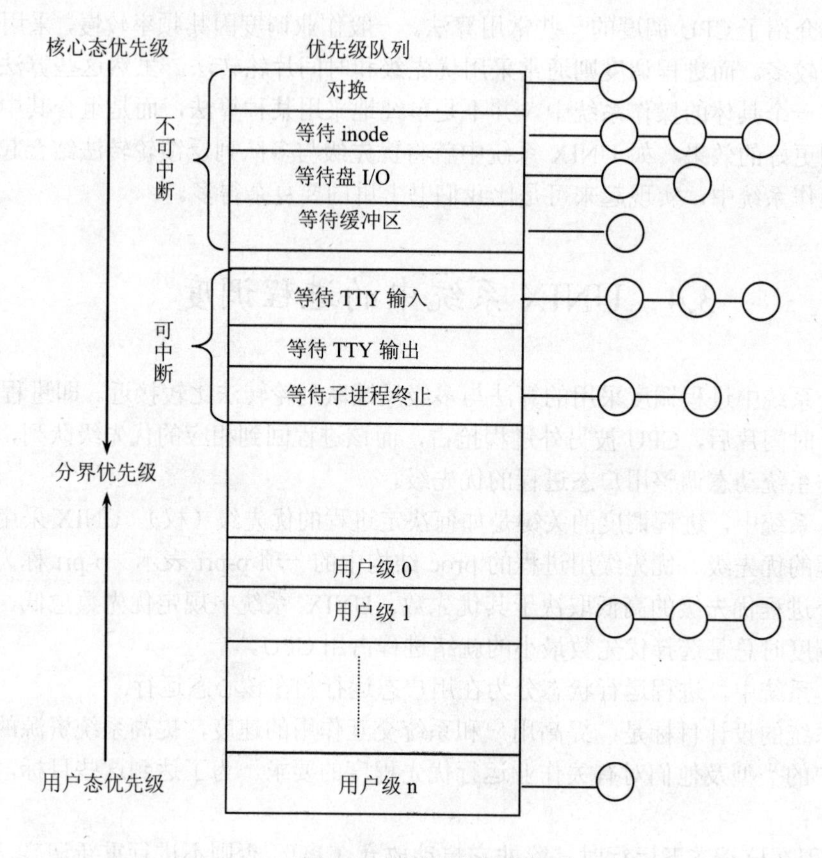


图 3-9　进程优先级的级别

在 UNIX 系统中，对核心态下的进程是设置其优先数。

（2）用户态下的进程可以根据其优先级高低进行进程的调度（切换）。系统为用户态下的进程定期计算其优先数。

计算优先数公式为 p-pri=(p-cpu/2)+分界优先数（60），其中分界优先数是系统规定的一个值（一般为 60）。它是核心态下进程的优先数和用户态下进程优先数的分界线。核心态下进程的优先数总是小于分界优先数，而用户态下进程优先数由此公式计算而得，且总是大于分界优先数。这就保证了核心态下进程的优先级总是高于用户态下进程的优先级。

对 p-cpu 的处理方法：在 UNIX 系统中，p-cpu 是 proc 结构中的一项。它反映了进程使用 CPU 的程度。

所谓使用 CPU 程度严格地来讲应该是进程使用 CPU 累计时间与进程生成后所经时间的比值，即 rt = tu/tl = tu/(tu+tnu)。

其中，rt 是进程使用 CPU 的时间比；tu 是进程生成后使用 CPU 时间的累计值；tl 是进程生成后所经时间；tnu 是进程生成后不占用 CPU 的时间累计值。

比值越大，说明进程使用 CPU 的程度越高。若严格地按上式处理，则工作量太大，为此在 UNIX S-5 中作了适当变通，对 p-cpu 的处理方式：

- 在每次时钟中断处理程序中，都对当前运行进程的 p-cpu 加 1。

- 每秒一次对所有进程的 p-cpu 值用一个衰减函数进行衰减（p-cpu = p-cpu/2），同时按公式对用户态的进程重新计算其 p-pri 的值。

对 p-cpu 的这种处理方式既考虑到了进程使用 CPU 的时间，也考虑了进程没有使用 CPU 的时间。其效果是：

- 连续占用 CPU 较长时间的进程，其优先数增加，优先级相应降低。在进程调度时这种进程被调度占用 CPU 的机会减少。
- 在较长时间未使用 CPU 或虽频繁地使用 CPU，但每次使用时间都很短的进程，其 p-cpu 将比较小，于是，按此计算所得的进程优先数就比较小，进程优先级相应提高。在调度时，这种进程被调度占用 CPU 的机会将增加。

二者相结合形成了一个负反馈过程，如图 3-10 所示。使得系统中各个在用户态下运行的进程能比较均衡地共享使用 CPU。

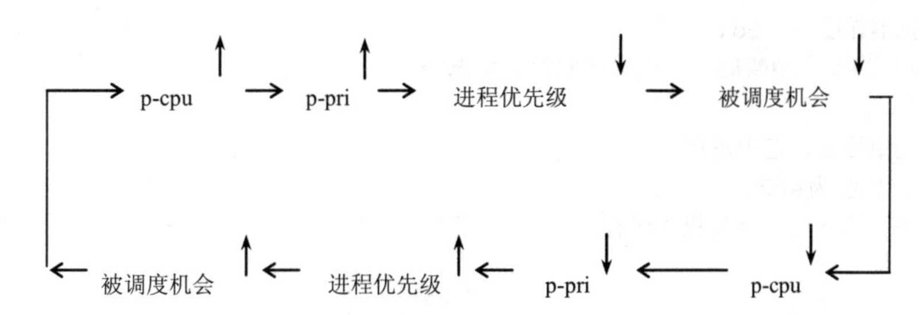


图 3-10　P-CPU 与进程调度的负反馈作用

计算进程优先数的时机：

- 在时钟中断处理程序中，每隔一秒对所有用户态的进程重新计算其优先数。
- 当进程从核心态退到用户态时，也要重新计算本进程的进程优先数。

当用 fork 创建一个子进程时，子进程的 p-cpu 值继承父进程的 p-cpu 值。故子进程与父进程有相等的 p-pri 值。

系统中用一个全称变量 curpri 来标志当前正在运行的进程在用户态下的 p-pri 值，curpri 将在进程调度程序中被用来作为选择高优先级进程的比较值。

UNIX S-5 中进行进程调度的可能时机：

- 进程从核心态退出到用户态时
- 进程在核心态自愿睡眠时
- 进程终止时

第一种情况包括下面几个例子：进程完成一次系统调用从统一出口返回时；进程在用户态运行并且发生中断（包括时钟中断），从中断统一出口返回时。且在各种出口处判断是否要进行切换的主要工作是看进程切换标志 runrun 是否已标上，若已标上就进行切换。

设置 runrun 标志的情况有以下几种：

- 在时钟中断处理程序中当进程运行时间达到或超过 1 秒后要设置。
- 当一个进程被 wakeup()函数唤醒后要设置。
- 当通过换入函数 setrun()放入到内存就绪队列中，而它的优先数小于 curpri 时也要设置。

由此可知，用户态进程下两次调度之间的时间间隔通常是小于 1 秒，只有当系统中所有进程都长期在用户态下活动，它们既不和用户发生任何交互作用，也不要求系统提供其他服务时，两次调度的时间间隔才延长为 1 秒。这样就使得进程与用户之间的交互作用一般能维持在比较令人满意的程度上，系统中各个进程也能有比较均衡的机会共享 CPU。

进程调度程序的流程如下：

```
输入：无
输出：无
{
   while（没有进程被选中执行）
   { 提高 CPU 优先级为最高；
      for（所有在就绪队列中的进程）
      选出优先级最高且在内存的一个进程；
   if（没有合适进程可以执行）
      机器作空转（idle（））;
      /* 当发生中断后，使机器摆脱空转状态 */
   }
从就绪队列中移走该选中进程；
降低 CPU 优先级为最低；
恢复选中进程的现场，令其投入运行；
}
```

算法流程说明如下：

- 如果有若干进程都具有最高优先级，则按循环调度策略选择在就绪状态时间最长的进程。
- 提高或降低处理机优先级是用以开、关中断。
- 如果没有合适的进程，就调用 idle()程序作空转等待，直到下次中断。在处理完中断后核心再次调度一个进程去运行。

idle 程序流程如图 3-11 所示。

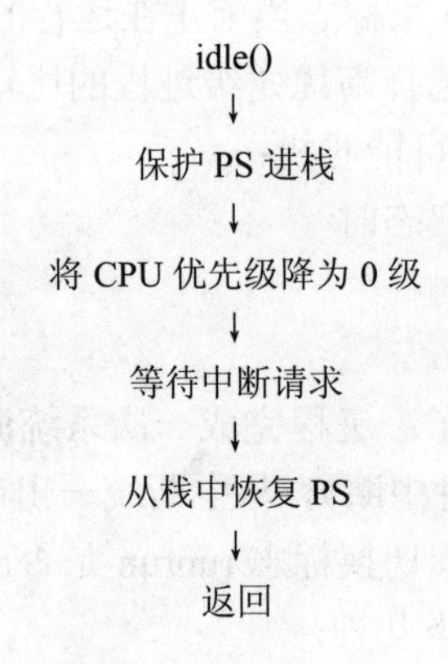


图 3-11　idle 程序流程

举例说明 UNIX S-5 中的进程调度。

假设在 S-5 上有 3 个就绪进程 A、B、C，它们是同时创建的，初始优先数为 60，时钟中断每秒中断系统 60 次，这些进程都不执行系统调用，也没有其他进程就绪。设进程 A 首先运行，它从一个时间片的开头开始，运行一秒钟：在这段时间里，时钟使系统中断 60 次，中断处理程序使 A 的 p-cpu 增值了 60 次（到 60）。核心在标志为一秒钟的地方强行做调度，并且调度到 B 运行。在下一秒钟，时钟处理程序使进程 B 的 p-cpu 增加了 60 次。然后，重新计算所有进程的优先数，并强行做进程调度。按这种形式重复下去，核心轮转执行这 3 个进程，如图 3-12 所示。

| 时间 | 进程 A 优先数 | 进程 A p-cpu | 进程 B 优先数 | 进程 B p-cpu | 进程 C 优先数 | 进程 C p-cpu |
|---|---|---|---|---|---|---|
| 0 | 60 | 0<br>1<br>2<br>⋮<br>60 | 60 | 0 | 60 | 0 |
| 1 | 75 | 30 | 60 | 0<br>1<br>2<br>⋮<br>60 | 60 | 0 |
| 2 | 67 | 15 | 75 | 30 | 60 | 0<br>1<br>2<br>⋮<br>60 |
| 3 | 63 | 7<br>8<br>⋮<br>67 | 67 | 15 | 75 | 30 |
| 4 | 76 | 33 | 63 | 7<br>8<br>⋮<br>67 | 67 | 15 |
| 5 | 68 | 16 | 76 | 33 | 63 | 7 |

图 3-12　核心轮转执行三个进程情况图

再假定系统中还有其他进程。在进程 A 已经获得几个 CPU 时间片后，核心可能抢占进程 A，使它处于就绪状态，它的用户态优先级降低。随着时间的继续，进程 B 可能进入就绪状态，但它的用户态优先级可能要比进程 A 高。如果核心在一段时间里没有调度这两个进程中的任何一个（调度其他进程），那么这两个进程逐渐地都会达到同一用户优先级。当核心从中选取进程运行时，进程 A 会先于进程 B 被调度，因为进程 A 在就绪状态的时间较长。这是对具有相同优先级的进程进行调度的原则。

到此为止，给我们的感觉好像进程在用户态下的优先数完全取决于使用 CPU 的程度。对所有用户都平等对待。但在实际中，使用系统的用户其地位并不一定是相等的，有一般用户和超级用户之分。这样前述的计算进程优先数的公式对用户来讲就显得不太灵活，即用户本身的主动性较差。实际上，在 UNIX 系统中提供了一种系统调用 nice(value)，它按参数提供的值，增加或减少进程 proc 结构中的 p-nice 项值，即将参数赋到 p-nice 中，而 p-nice

是使用 CPU 程度或进程优先级的修补量。所以，用户可以根据需要自己设置 p-nice 值（即使用系统调用 nice(value)）。

在实际系统中 p-nice 是被加到计算进程优先数的公式中：

p-pri=(p-cpu/2)+60+p-nice

一般只有超级用户才可使参数变为负值，即使 p-nice 变为负值。于是，超级用户可以使其所属进程具有较高优先级。各种用户可按执行任务的轻重缓急程度使相关任务具有不同的优先级。

## 习　题

1．说明高级调度、中级调度和低级调度的基本含义及其主要区别。

2．在 CPU 按优先级调度的系统中：

（1）没有运行进程是否一定就没有就绪进程？

（2）没有运行进程、没有就绪进程或两者都没有是否可能？

（3）运行进程是否一定是就绪进程中优先级最高的？

3. 进程调度程序的主要功能是什么？为什么说它把一台物理的处理机变成多台逻辑上的处理机？

4．设某单 CPU 系统有如下一批处于就绪状态的进程：

| 进程 | 下一个 CPU 周期 | 优先级 |
|---|---|---|
| 1 | 10 | 3 |
| 2 | 1 | 1 |
| 3 | 2 | 3 |
| 4 | 1 | 4 |
| 5 | 5 | 2 |

并设进程按 1、2、3、4、5 的先后次序进入就绪队列（但时间差可以忽略不计）。

（1）给出 FCFS、SBF 和非剥夺式优先级法等算法下进程执行的顺序图。

（2）计算在各种情况下的平均周转时间。

5. 说明剥夺式调度和非剥夺式调度的区别，你能举例说明在什么情况下使用什么调度方式吗？

6．说明导致 CPU 调度的原因和时机。

7．你认为多道程序在单 CPU 上并发运行和多道程序在多个 CPU 上并行执行，这二者在本质上是否相同？为什么？

8．假定进程调度算法是偏爱在最近的过去很少使用处理机的那些进程。为什么这种算法有利于 I/O 忙的程序，而且也不会总不理睬 CPU 忙的程序？

9．分析 UNIX 的进程调度算法与时间片轮转法的差别。UNIX 的进程调度算法对系统设计有何好处？如何保证分时用户的响应时间？

# 第 4 章 存储管理

## 4.1 引　　言

在计算机系统中，存储器是存放各种信息的主要场所，因而是系统中的关键资源之一。能否合理而有效地使用这种资源，在很大程度上影响到整个计算机系统的性能。所以存储管理是操作系统的一个重要组成部分。

### 4.1.1 二级存储器及信息传送

计算机系统中的内存（或称主存）是处理机可以直接存取信息的存储器。一个进程要在处理机上运行，就一定要先占用一部分内存，否则既无法执行程序，也无法取用执行程序时所需的数据。由此可见，内存是进程得以活动的物质基础之一。

内存的优点是速度快，可以随机存取，但其价格比较贵。所以一般而言，与需要相比，系统配置的内存容量比较小。在需要和可能之间存在相当大的差距。为了在经济上许可的前提下解决这种矛盾，计算机系统普遍采用了多级存储器结构以扩大存储器容量。在许多系统中，普遍采用二级存储器结构：第一级是内存，第二级是外存（或称为辅助存储器）。外存通常用的是磁盘或磁盘上的一部分区域。相对于内存而言，磁盘单位存储容量的价格要低得多。因此，外存容量可以配置得足够大。例如数十、数百甚至 1 千兆字节，能够充分满足各进程对存储区的需要。外存的缺点是存取速度比较慢，不能直接存取。

二级存储器结构解决了存储器容量问题，但是因为处理机不能直接从外存上存取指令和数据，所以当一个进程在处理机上运行时，仍需占用一部分内存区。这就带来了内、外存之间信息的传送问题。对 UNIX 而言，主要就是进程图像在内存和对换设备之间的传送。也就是说，一方面要按照某种算法，把驻在对换设备上的某些进程图像传送到内存中（这工作称为换入）；另一方面，为了使内存有足够的空闲区，以便容纳需要调入的进程图像，在必要时应将某些驻在内存中的进程图像调到外存上（这工作称为换出）。

总之，把二级存储器有机地组织起来，一方面扩大存储器容量，另一方面自动地实现二级存储器之间的信息传送，这是存储管理的一种重要功能。

### 4.1.2 存储器分配

存储器管理面临的另一个问题是存储器分配。这一问题的提出至少有下列 4 方面的原因。

（1）存储器被多个进程共享，而进程是动态地创建、存在和终止的。进程创建时要求分配存储资源；终止时释放它所占用的全部资源，包括存储资源。

（2）在运行过程中，进程需要占用的存储区大小随时可能发生变化，或扩大或缩小。例如，在 UNIX 中，某进程在用户态下运行时，如其工作区不敷应用，则发生用户栈溢出，造成段违例陷入。系统在进行陷入处理时，为该进程增配存储区以扩大其用户栈。又如一个进程在运行过程中，可能需要改换它所执行的程序段以及与其相关的数据段。

（3）进程执行的程序以及有关数据或存放在内存中，或存放在外存上。当它们从外存调入内存时，首先需要分配内存存储区；调入操作结束后，即可释放外存区，反之亦然。所以进程有关信息在内、外存之间的传送也带来了存储器分配和释放问题。

（4）系统为了充分利用存储资源，有时需要改动某些进程占用的存储区位置。例如，有时为了充分利用一些较小的空闲区，就可能要搬迁内存中已占用部分的信息，使各空闲区合并起来。

考虑到上述 4 方面原因，存储器分配应该在进程创建和运行过程中动态地进行。

## 4.1.3 存储管理的基本任务

管理对象是内存及作为内存的扩展和延伸的后援存储器（外存），如图 4-1 所示。

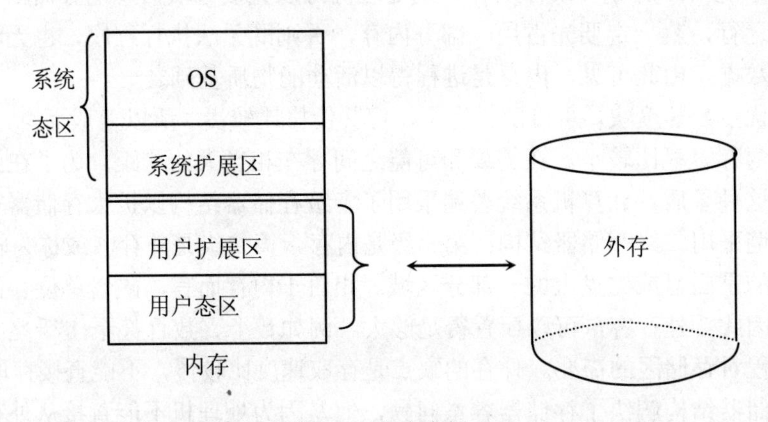


图 4-1 内存空间

由图 4-1 可见，内存空间被分成两大部分，即系统态区和用户态区，一般说来，系统态区是用以存放操作系统的常驻内存程序的，是不在多道程序之间分配的。用户态区是存放用户程序和运行在用户态下的系统程序的，它是由多道程序所共享的。因此，我们所说的存储管理对内存来说，主要是管理其用户态区。

另一方面，外存是内存的扩展和延伸，它比内存的容量要大得多，主要用于存放后备作业，为 I/O 提供输入/输出井，并为虚存的实现提供物质基础。由于内存与外存管理方法是一样的（只有单位不同，内存以字节为单位，外存以块为单位，通常一块为 512 字节）。所以本章主要讲述内存管理。

存储管理要实现的目标是为用户提供方便、安全和充分大的存储空间。

- 方便：指将逻辑地址与物理地址分开，用户在各自的逻辑空间内编程，不必过问实际存储空间的分配细节。
- 安全：指同时驻留在内存的若干个进程不相互干扰。
- 充分大：指用户程序需要多大的内存空间，系统就能够提供多大的空间，即使比整个内存的用户态区还要大也行。这是通过虚存提供的。

存储管理的具体方案很多，例如分区管理（也称分割管理、界限式管理等）、分页管理、分段管理和段页式管理等。但是无论何种管理方案都要做到以下几点：

- 按某种算法分配和回收存储空间。
- 实现逻辑地址到物理地址的转换。
- 由软硬件共同实现程序间的相互保护。

### 4.1.4　存储空间的地址问题

我们知道，用户编写自己的应用程序，可以采用任何一种计算机语言，无论是高级语言，如 C、Pascal、Fortran 等，还是低级语言，如汇编语言，在程序中都是由若干符号和数据所组成，成为一个实体。程序中通过符号名称来调用、访问子程序和数据，这些符号名的集合被称为“名字空间”，简称名空间。它与存储器地址无任何直接关系。

当程序经过编译或者汇编以后，形成了一种由机器指令组成的集合，被称为目标程序，或者相对目标程序。这个目标程序指令的顺序都以 0 为一个参考地址，这些地址被称为相对地址，或者逻辑地址，有的系统也称为虚拟地址。相对地址的集合称为相对地址空间，也称虚拟地址空间。

目标程序最后要被装入系统内存才能运行。目标程序被装入的用户存储区的起始地址是一个变动值，与系统对存储器的使用有关，也与分配给用户使用的实际大小有关。要把以 0 作为参考地址的目标程序装入一个以某个地址为起点的用户存储区，需要进行一个地址的对应转换，这种转换在操作系统中称为地址重定位。也就是说，将目标地址中以 0 作为参考点的指令序列，转换为以一个实际的存储器单元地址为基准的指令序列，从而才成为一个可以由 CPU 调用执行的程序，它被称为绝对目标程序或者执行程序。这个绝对的地址集合也被称为绝对地址空间，或物理地址空间。

上述三种地址的对应情况，如图 4-2 所示。

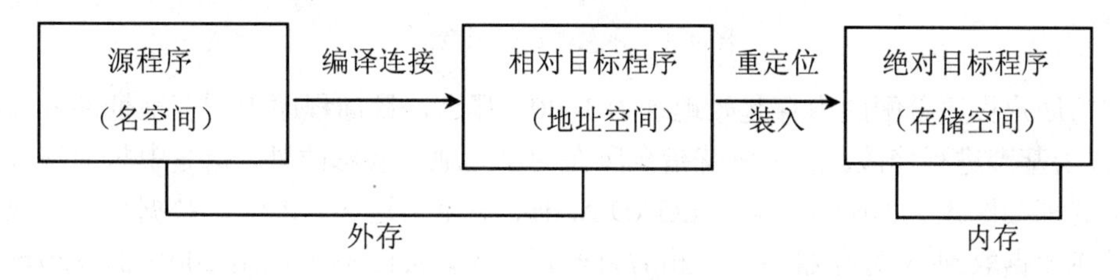


图 4-2　3 种地址空间概念

之所以要区分逻辑地址和物理地址、逻辑空间和物理空间，最初是为把程序员从需要过问存储分配的负担中解放出来，后来是为了给编译程序提供方便，使得编译程序能将每一个源程序都编译成从 0 开始编址的目标代码。

### 4.1.5 用户程序的装入

用户程序的装入，是一个从外存空间将用户已经编译好的目标程序，装入内存的过程。在这个过程中，要进行将相对地址空间的目标程序转换为绝对地址空间的可执行程序，这个地址变换的过程称为地址重定位，也称地址映射，或者地址映像。

重定位这个词在实际中是指以下两种情况：

- 当一程序装入内存运行时，必须根据其所分得的空间位置将程序的逻辑地址（包括指令地址及指令中操作数的地址）变换成相应的物理地址，以便将该程序定位在其所分得的物理空间内。
- 当程序在执行过程中，由于种种原因在内存移动了位置后，需要将程序的逻辑地址重新变换，以便将程序重新定位在新的位置上。

根据地址变换的时机，可把重定位分为静态重定位与动态重定位两种。

（1）静态重定位

是在程序执行之前进行重定位，这一工作是由重定位装配程序完成的。

例如，相对目标程序以 0 作为地址参考点，要装入物理内存中的从 1000 地址单元开始的存储单元中。初学者可能会认为这个过程很简单，只需要对程序指令的地址都增加 1000 就行了。实际上这是不行的，为什么？因为程序中存在着许多与存储地址有直接关系的指令，如转移指令、分支指令、循环指令、调用指令等。这些指令中的地址，也同时要进行转换。这些指令中需要修改的地址位置称为重定位项，如图 4-3 所示。

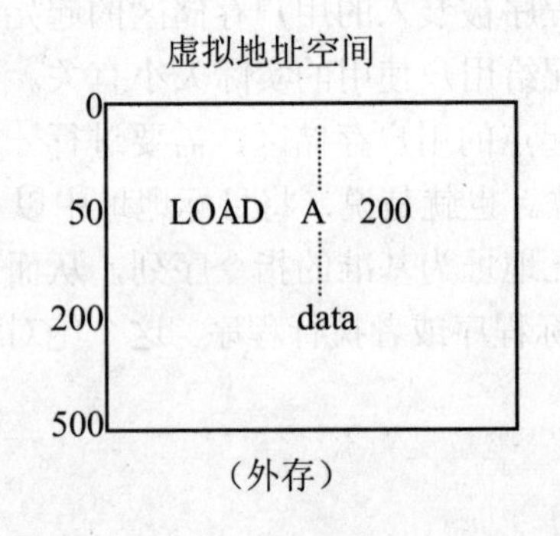


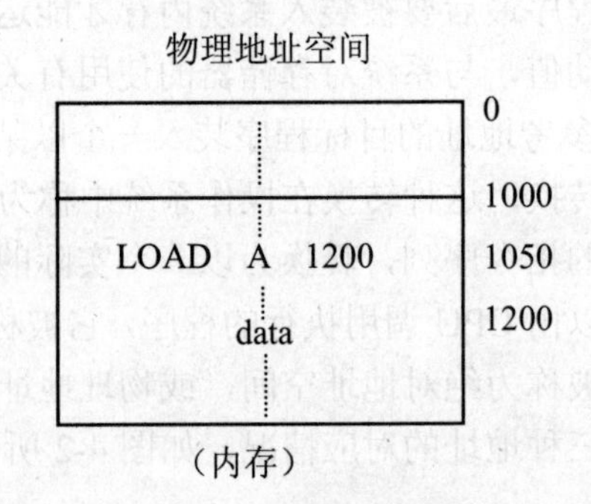


图 4-3 静态重定位示意

假定为用户程序分配的内存起始地址为 1000，那么，目标程序中所有地址部分都应当以 1000 作为基准进行修改。除了所有指令所在的单元地址要修改外，指令中与地址有直接关系的位置都要修改。如图 4-3 中的 LOAD A, data 指令。这里，data 是数据存放的地址，指令要求将数据取到 A 寄存器中。在相对目标程序中，data 的地址是 200，而在物理存储地址中，它应当修改为 1200，如果只修改了指令存储地址，而不修改指令中的地址（即重定位项），仍然会发生程序运行错误。

如何记录这些与地址有关的重定位项呢？操作系统的装入程序将生成一个数据表格，

来记录这些需要重定位的项。然后在装入时，根据这个重定位表，对目标程序进行地址修改，将程序定位到物理存储器单元中，此时的程序才可以真正运行。

静态重定位的优点是无需硬件支持，地址映射简单容易实现。缺点在于，一旦重定位完成，就不能在存储器中再搬移程序。而且，也要求程序存放的空间是连续的。这样不利于内存空间的有效利用。

（2）动态重定位

动态重定位是在目标程序执行过程中，在 CPU 访问内存前，由硬件地址映射机构来完成的将指令或数据的相对地址转换为物理地址的过程。这里，目标程序可以不经任何改动而装入物理内存单元，但是，它需要有一种硬件机构来支持，在程序执行过程中，进行地址的转换，这种硬件机构称为地址映射机构。它通常由一个公用的基地址寄存器 BR 构成，它存放实际分配的存储器起始地址。在指令执行前，指令中与地址有关的重定位项均与该寄存器中的基准地址相加，形成真正的执行地址。所以，BR 也称为重定位寄存器，如图 4-4 所示。

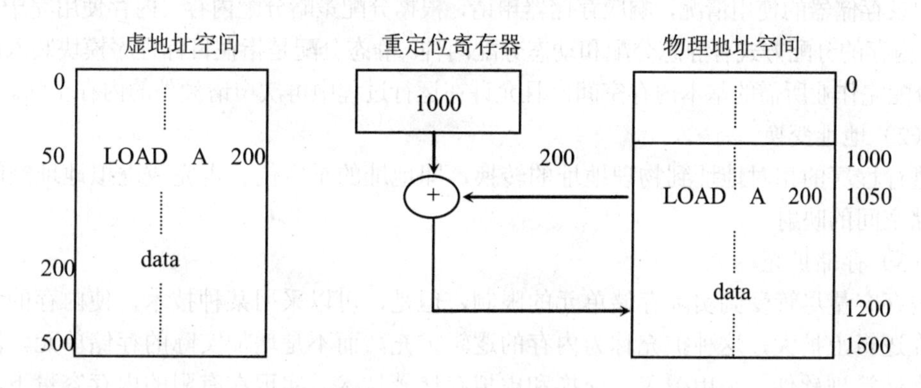


图 4-4　动态重定位示意图

在图 4-4 中，目标程序已经装入从 1000 物理地址开始的存储单元，而 LOAD 指令中的 data 地址项，在执行之前与 BR 中的基准地址 1000 相加，得到物理地址 1200。可见，这种重定位方式有如下优点：

- 目标程序无需任何改动即可装入内存。
- 装入内存后的程序代码可任意移动，只需改变基地址寄存器 BR 的内容，就可以改变程序的实际内存地址。
- 有利于程序分块，每个目标程序模块各自装入一个存储区，存储区不一定顺序相连，每个模块都有自己的基准地址寄存器，它有利于存储空间的利用。
- 便于动态链接。因为存储器分配可以延迟到对一段程序或一组数据第一次地址访问时进行，所以对一个程序段的链接和装入也可延迟到实际访问时进行，而不必在执行之前事先链接好。因而，一个进程在本次执行过程中不访问的程序段或数据段，就用不着进行链接装入。

缺点：增加硬件支持，实现存储管理的软件算法较复杂。

### 4.1.6 存储管理的功能

存储管理的功能是随着操作系统的进展而逐步扩充的。早期的单用户操作系统，一次只允许一个用户程序驻留内存，并允许它使用除操作系统占用的内存单元之外的其他全部可用内存。因此，其存储管理的任务很简单，只负责内存区域的分配与回收。

当操作系统引入多道程序技术后，允许多个用户程序同时装入内存，随之而来就产生了如何将可用内存有效地分配给多个程序、如何让那些需要较大运行空间的程序执行、如何保护和共享内存的信息等问题，这就形成了操作系统的存储器管理。相应地产生了分区、分页、分段式管理方法，以及覆盖、交换和虚拟存储等内存扩充技术。

存储管理的目的是既要方便用户，又要提高存储器的利用率。它应当具有如下功能：

（1）存储分配

记录存储器的使用情况，响应存储器申请，根据分配策略分配内存，内存使用完毕，回收内存。内存的分配方式有静态分配和动态分配两种。静态分配是指在目标程序模块装入内存时一次分配完作业所需的基本内存空间，且允许在运行过程中再次申请额外的内存空间。

（2）地址变换

进行程序的相对地址到物理地址的转换，即地址的重定位。也完成虚拟地址空间到物理存储空间的映射。

（3）存储扩充

内存容量尽管受到实际存储单元的限制，但是，可以采用某种技术，使内存的可使用容量在逻辑上扩大，这种扩充称为内存的逻辑扩充，而不是增加实际的存储单元。例如，通过存储管理软件，采用覆盖、交换和虚拟存储等技术，实现在有限的内存容量下，可执行比内存容量大的程序，或者在内存中调入尽可能多的程序。

（4）存储共享与保护

内存的共享，一是共享某个存放于内存中的程序。例如，多个用户都同时使用C语言编译程序。二是共享一个内存缓冲区存放数据。由于多道程序共享内存空间，每个程序都要有它单独的内存区，并在各自的内存空间里运行，互不干扰，互不侵犯。其次，当多个程序要共享一个存储区时，要对共享区进行保护，并协调它们使用共享区。

### 4.1.7 内存的扩充技术

内存的扩充有两种概念，一种是从物理上进行扩充，在计算机系统中再增加配置更多的存储器芯片，以扩大存储空间的容量。另一种是利用目前机器中实有的内存空间，借助软件技术，实现内存的逻辑上的扩充，即解决在较小的内存空间中运行大作业的问题。通常采用的技术是内存覆盖技术和内存交换技术，它们通常和分区管理、简单分页管理等配合使用。

1. 覆盖技术

覆盖是利用程序内部结构的特征，以较小的内存空间运行较大程序的技术。如某程序由A、B、C、D、E、F 6个模块组成。它们之间有如图4-5所示的关系。

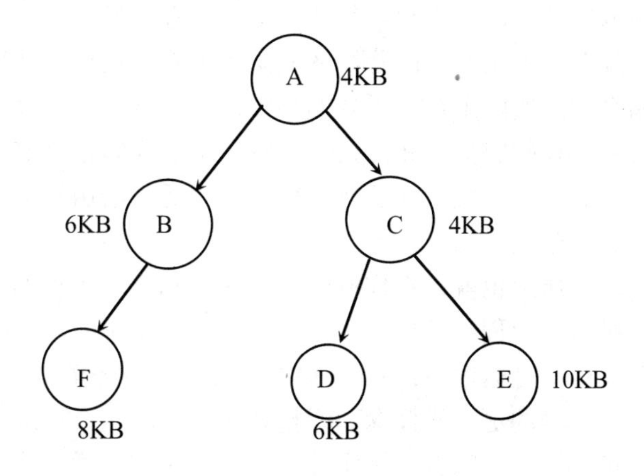


图 4-5　关系图

这些模块之间的关系告诉我们，在此程序的某一次执行中模块 B 和 C 不会都执行，而是二者必居其一。同样 D、E、F 也是如此，于是，没有必要将其全部装入内存，因而占用 38KB 内存区域，只是分配三段内存空间，如图 4-6 所示。

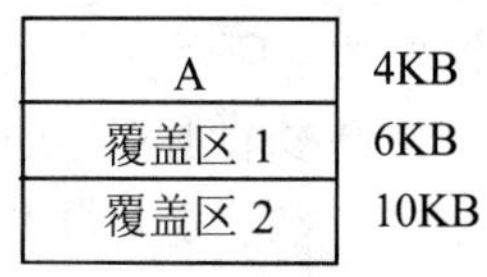


图 4-6　分配图

其中覆盖区 1 用于存放 B 或 C，覆盖区 2 用于存放 D 或 E 或 F。显然，此时只需要 20KB 的空间，比原来几乎少了一半。程序段 B 或 C 叫做覆盖区 1 的覆盖，D、E、F 叫做覆盖区 2 的覆盖。

上述覆盖技术在实际中是很有用的，因为任何一个程序总有若干有条件地执行的过程段。当它们的执行条件不满足时，它们是不会执行的。如果我们不是一股脑儿将所有的程序都装入，而是当需要执行时才装入，则可避免装入那些本次不执行的程序。

2. 交换技术

交换是指内外存之间交换的信息。当内存空间已分完而又有新的程序需调入运行时，就要做这种交换。即把暂不运行的程序调到外存，而把需要运行的程序从外存调到内存。

这种交换可以在进程之间进行，即以完整的进程为单位交换，叫做整体交换。也可以在同一进程内的各程序段或页之间进行，即以一段为单位交换，称为部分交换。

整体交换是多道程序并发执行的基础之一。一个进程的程序实体若全在外存（但具备其他运行条件），则叫做外存就绪。若其程序全在内存，则称为内存就绪。

程序的部分交换是实现虚存管理的基础之一。它的可执行性依赖于程序执行时的顺序性和局部性。

无论何种交换，都涉及内外存之间的信息交换。而外存在系统中是作为外设处理的。所以涉及 I/O，需要相当的时间。

3. 虚拟存储器技术

为了给大作业（其地址空间超过主存可用空间）用户提供方便，使他们摆脱对主存和外存的分配和管理。由操作系统把多级存储器统一管理起来，实现自动覆盖。即一个大作业在执行时，其一部分地址空间在主存，另一部分在外存。当所访问的信息不在主存时，则由操作系统把它从外存调入主存，因此，从效果上来看，这样的计算机系统，好像为用户提供了一个其存储容量比实际主存大得多的存储器。人们称这个存储器为虚拟存储器，它的容量取决于主存和外存的容量之和，人们之所以称它为虚拟存储器，是因为这样的存储器实际上并不存在，而只是系统增加了自动覆盖功能后，给用户造成的一种假象，仿佛系统内有了一个很大的主存供他使用。

这种想法的核心，实质上也就是把作业的地址空间和实际主存的存储空间视为两个不同的概念。一个计算机系统为程序员提供了一个多大的地址空间，他就可以在这个地址空间内编程（编译程序则可将目标程序建立于其中），而完全用不着去考虑实际主存的大小。由此，可以引出虚拟存储器的更一般概念，即把系统提供的这个地址空间想象成有一个虚拟存储器与之对应，正像存储空间有一个实际主存与之对应一样。换句话说，虚拟存储器就是一个地址空间。

另一方面，一个进程的程序在运行之前必须全部装入内存。这种限制往往是不合理的，会造成内存的浪费。因为整个程序在执行过程中，不可能全部都用得到，即使全部用得到，也不会同时用到的。如程序中往往含有对不常见的错误进行处理的代码，因为这种错误是很罕见的，所以在实际中几乎从来也不执行这个代码。

在许多书上都称虚存是无限大的。果真如此吗？我们的回答是否定的。虚存相对于主存来讲其容量要大得多，且足以容得下用户程序。即用户在编程时，可以无拘无束，但虚存的容量一方面要受到 CPU 地址字长的限制，另一方面要受到外存容量的限制。虚存容量与主存的实际大小无直接关系，它可能比主存的容量大，当然也可比主存的容量小。而且，在多道程序环境下，一个系统可以为每个用户建立一个虚存。这样，每个用户都可在自己的地址空间中编程，这对用户是十分方便的。

虚存管理的主要技术是程序的部分装入和部分对换。部分装入指的是一进程开始执行时，只装入其程序的一部分，然后根据执行的需要逐步地装入其他部分。部分对换指的是当由于某种原因需要腾出一部分内存空间时，可以将某进程的一部分程序对换到外存中。部分装入和部分对换之所以在实践上是可行的，是因为程序的执行有顺序性和局部性。

顺序性：程序是一条指令一条指令顺序执行的，除非遇上转移指令。

局部性：在一段时间内通常只涉及程序的一部分，而另一段时间内，只涉及程序的另一部分。

实现虚存管理的物质基础是二级存储器结构和动态地址转换机构（DAT）。经过操作系统的改造将内存和外存有机地联系在一起，在用户面前呈现一个足以满足编程需要的特大存储空间，从而把用户地址空间和实际的存储空间区分开来，使得用户可以在虚拟存储器内写自己的程序，而不必关心它在机器上是如何存放和执行的。动态地址变换机构是在程序运行时，把逻辑地址转换成物理地址，以实现动态重定位。

使用虚存技术的好处是显然的，提高了主存效率和扩大了存储器容量。但使用虚存时必须解决下面两个关键问题：

- 如何决定当前哪些信息应在主存？
- 如果进程要访问的信息不在主存怎么办？

关于这两个关键问题，我们放到具体的存储管理方案中介绍。

## 4.2　分区式管理技术

在单道程序系统中，一般只进行存储器的单一连续区分配，因为只有一个程序独占存储空间。它仅适用于单道程序，不能使处理器和主存得到充分利用。而对多道程序系统，最简单的方式就是将存储器分成若干区域，每个区域分配给一道程序，这就是最早的存储器分区管理技术。分区管理有固定分区和可变分区两种方式。下面分别对它们进行讨论。

### 4.2.1　固定分区法

在处理作业之前，先把内存划分为若干固定的分区。除操作系统本身占用一个分区外，其余每一个分区分配给一道作业。

此法较简单，例如，设有一个容量为 32KB 的实际内存，分割成如下区域：

| OS | 10KB |
|---|---|
| 小作业区 | 4KB |
| 中作业区 | 6KB |
| 大作业区 | 12KB |

即整个内存分为大小不等的 4 个区域，其中 10KB 的分区是专门用于存放操作系统的，4KB、6KB、12KB 3 个区是用户态区间，分别用以存放作业的。这种划分在系统整个运行期间是不变的。

在这种方式下，要为一个作业分配空间时，应判定它分在哪个区域比较合适，然后再进行分配。如有作业流：

| job1 | job2 | job3 |
|---|---|---|
| 10KB | 2KB | 5KB |

显然，job1 应分在 12KB 区中，job2 应分在 4KB 区中，job3 应分在 6KB 区中。

值得注意的是，一旦一个区域分配给一个作业后，其剩余空间不能再用（内零头），另外当一区域小于当前所有作业的大小时，便整个弃置不用（外零头）。这些都将造成内存空间较大的浪费。如作业流：

| job1 | job2 | job3 |
|---|---|---|
| 7KB | 5KB | 5KB |

显然，job1 应分在 12KB 区中，job2 应分在 6KB 区中，job3 不能进入内存，尽管系统还有 10KB 内存空间，但一个 5KB 的作业却不能进入。因为 4KB 区域不够，6KB 区域中还剩 1KB，12KB 区域中剩有 5KB，但已有一个作业，因此不能再用。这些不能再用的区域称为“零头”。内外零头之和构成了存储器总的浪费。

由于一个区域最多只能存放一个作业，所以区域的个数也就是能并发执行的作业的最大道数。故有时也把这种管理叫做道数固定的多道程序设计管理方法，简称 MFT。

因为分区的大小是预先固定的，这就要求用户必须事先估计出作业的最大存储容量，然后由操作系统去寻找一块足够大的分区给它，这就给用户带来不便。

### 4.2.2　可变分区法

为了克服固定分区法严重浪费存储空间的缺点，又引入了可变分区法。

基本思想：在运行过程中，根据作业的实际需要动态地分割内存空间。

当有些作业运行结束，并释放了所占空间时，只要可能便将那些较小的自由空间合并成较大的空间。在这种管理方法下，内存区域的个数，各区域的大小，装入内存作业的道数等都是不固定的，所以这种方法也叫 MVT，即具有可变道数的多道程序设计管理方法。

假设我们有一个总容量为 256KB 的内存，其中低地址部分 40KB 用于存放操作系统，其余 216KB 为可供多道程序共享的用户空间，如图 4-7 所示。

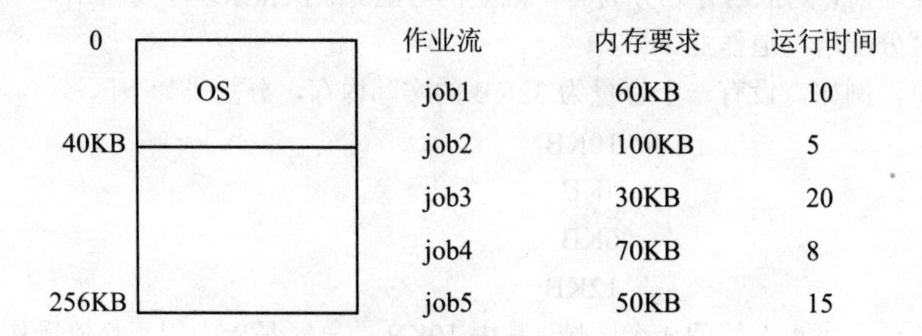


| 作业流 | 内存要求 | 运行时间 |
| --- | --- | --- |
| job1 | 60KB | 10 |
| job2 | 100KB | 5 |
| job3 | 30KB | 20 |
| job4 | 70KB | 8 |
| job5 | 50KB | 15 |

图 4-7　内存分配图

如果按先后顺序为作业分配内存，则内存变化如图 4-8 所示。

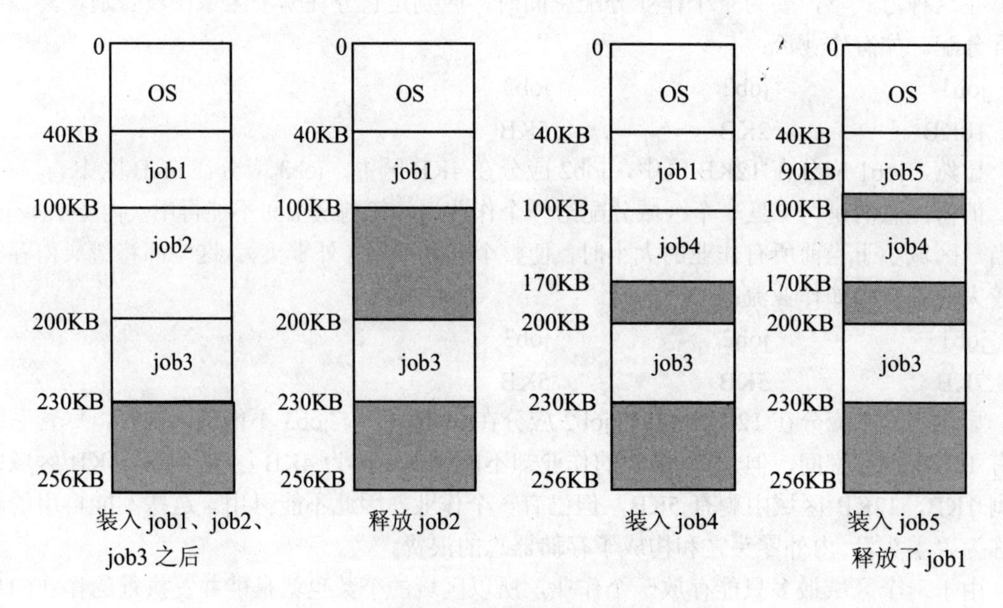


图 4-8　可变分区示意图

从以上示例可以看出可变分区法的一般管理过程：

- 系统初启时，只有一个自由块。
- 当调入一个作业时查找所有自由块直到找到一个满足要求的自由块。
- 当自由块较大以至满足了一个作业的要求后还有较大剩余时，将这些剩余构成一个新的自由块交给系统。
- 当一个作业运行完毕并释放了所分得的空间时，要考虑此空间上、下是否邻接自由块，若是，将它们合并为一较大的自由块。

要想在实际中实现上面所说的管理过程，还必须做许多工作，即必须构造相应的数据结构（如分配表和未分配表等）。必须设计有效的分配算法，写出存储空间的分配和回收程序，并且需要适当的硬件支持等。

可变分区对内存状态的记录和分配管理，可以采用表格法、位图法和链接法。

（1）表格法

类似于固定分区，但不是简单的分区表。它通常采用所谓双表法，即一个 P 表记录已分配分区，另一个 F 表记录未分配分区，用它们进行内存空间的分配和回收。

（2）位图法

将内存按分配单元划分，每个分配单元含固定量的存储单元，如若干字节，或者 nKB。每个分配单元对应于位图中的一位，该位为 0 表示该分配单元空闲，为 1 表示该分配单元已分配。

在这种分配方式中，分配单元的大小很重要，若分配单元小，相应的位图越大，而分配单元太大，又会产生内碎片。此外，分配时对位图的搜索影响操作速度。

（3）链接法

用链表来记载内存的占用或空闲情况。链表表示法有许多不同的实现方法。通常链表的每个表项的内容包括分配状态、分区起始地址、分区的大小、链接指针。分配状态表示该表项所对应的存储区是已经被分配还是自由空间。起始地址是该分区在存储器中的物理地址，分区大小是所分配的实际容量。链接指针可以是单向指针，也可以是双向指针，它指向下一个链接表项或者前一个链接表项。然后，用一个链表头表示该分区链接表所在位置。链接表也可以分别设置为已分配链表和未分配（空闲）链表。

下面的一个例子是一个自由（空闲）链表的情况，如图 4-9 所示。它将所有空闲存储块链接起来，利用每一块的第一、二两个字作为链表表项，第一个字作为指向下一个空白块的指针，同时也是该块的起始地址，第二个字是该空白块的长度（容量大小）。

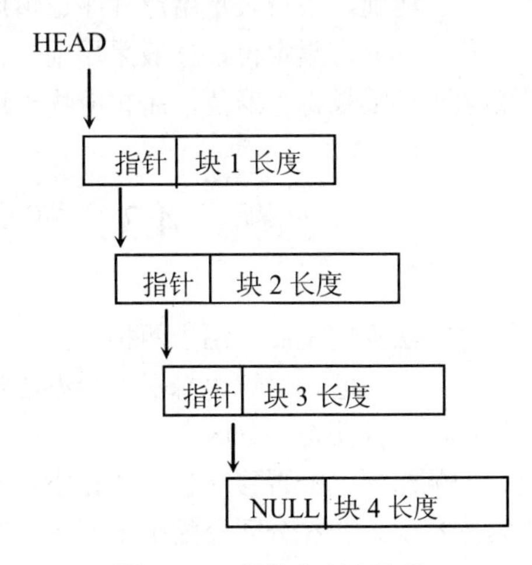

图 4-9　一种单向自由链表

可变分区的分配策略主要是解决内存分配和回收问题。分配策略应当迅速地指出合适的空闲区分配给作业，同时更新数据结构。回收策略应当在作业释放占用内存时，快速地合并空闲区，更新数据结构。可变分区管理的分配策略通常有最先适应法 FF（Frist Fit）、最佳适应法 BF（Best Fit）和最坏适应法 WF（Worst Fit）。

最先适应法 FF 采用按起始地址递增顺序排列空闲区的链表结构。分配时，从空闲链头指针开始，找到第一个大于或等于作业需求量的空闲区分配给该作业，若有剩余则仍作为空闲区留下。回收时，将所释放的分区按起始地址插入到空闲链表的合适位置，同时进行前后邻接空闲区的合并。

最佳适应法 BF 采用按分区大小递增顺序排列的空闲区链表结构。分配时，先找到第一个大于或等于作业需求量的空闲区，此空闲区也就是能满足作业需求量的最小空闲区。将剩余空闲区插入空闲区队列，然后类似于 FF 进行分配与回收。

最坏适应法 WF 采用按分区大小递减顺序排序的空闲区链表结构。其分配和回收算法与 BF 一致，但分配策略与 BF 相反，WF 总是将空闲链表中的第一个分区，即最大的空闲区分配给作业。

分区管理的优点在于，实现了多道程序共享内存，提高了 CPU 的利用率。管理算法简单，容易实现。主要缺点是存在难以避免的内存碎片问题，造成了内存空间浪费，降低了内存利用率。

### 4.2.3 硬件支持

采用分区法分配内存要有硬件保护机构。通常用一对寄存器来实现。

这一对寄存器的值可有两种不同的表示方法：

- 用这一对寄存器分别表示用户程序在内存中的上界值和下界值。

  用户程序执行时，对每个地址都要作合法性检查，当满足下界寄存器值≤地址＜上界寄存器值时为合法，否则报地址越界中断。

- 也可用这一对寄存器表示用户程序的基址和限长。基址表示用户程序的最小物理地址，限长表示用户程序逻辑地址范围。

若采用静态重定位，一般采用前者；若采用动态重定位，一般采用后者。每个有效地址必须小于限长寄存器值，而相应物理地址是有效地址加上基址寄存器的值。

## 4.3 可重定位分区分配

分区法我们主要介绍了两种：固定分区法与可变分区法。不管是哪种分区法，都存在着“零头”问题，尽管也想了不少办法但都不能很满意地解决“零头”问题。这是因为在分区法中一旦获得了分区之后，作业就不能再移动，这就是会存在许多小零头的原因。为此人们就想到了能否移动作业，使小零头变成大的自由块。这种移动作业的技术我们就称为紧凑技术。若在分区分配中采用了紧凑技术，我们就称这种存储分配法为可重定位分区分配。因为移动作业在系统看来是一个比较大的问题，所要改动和增加的工作量很多，是一个质的飞跃。要重新定位，还要修改涉及存储分配的一些数据结构。

紧凑技术：移动某些已分配区的内容，使所有作业的分区紧挨在一起，把空闲区留在另一端。

紧凑时机如下：

- 当某分区被回收时，如果它不是和其他空闲区连在一起，则马上进行紧凑。
- 当需要为新作业分配存储空间，而不能满足其需求时，进行紧凑。

可见，第二种有可能比第一种的紧凑次数小，但对空闲区管理要复杂。

下面给出可重定位分区的分配算法流程，如图 4-10 所示。

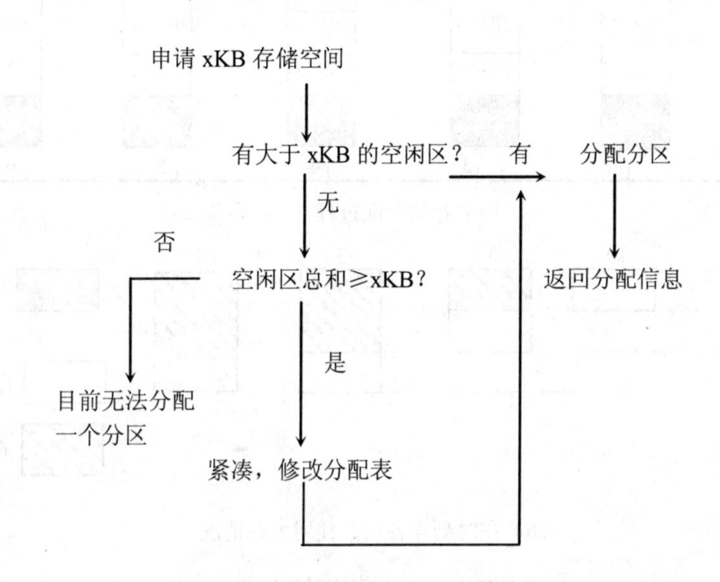


图 4-10　可重定位分区的分配算法流程图

可见，紧凑技术是以时间换得空间，而且当一个作业大于整个空闲区时，作业仍不能放入内存，内存仍然有一定的浪费。当作业很大时它就干瞪眼，为此又引进了对换技术。

# 4.4　多道程序对换技术

对换技术最初提出的是整体对换，即要么作业信息全在外存，要么全在内存，且内存中只放一道正在运行的作业信息。

因为对换是要耗费时间的，既要换出又要换入，那么它们总体耗费时间就比较可观。例如，用户程序 20KB，平均存取时间是 8ms，传输速率是 250000 字/秒，则传送此程序的时间就是 8ms+20KB/250000=88ms，总的是 176ms。因在分时系统中各进程运行时间片不可能很大，对换却占去了大部分时间，真正在 CPU 上运行的时间就相对减少了。为此就想到让对换信息量减到最小，以缩短对换时间。在较早期用得较多的对换算法是所谓洋葱皮对换算法。它类似于洋葱的结构，一层包着一层，只有最外层的皮被人们完整地看到。

图 4-11（a）表示用户在不同时间进入系统后，内存的分配情况。在这种算法中，不必

把前面用户的信息每次都统统换出去，而只是按新进来的用户对内存的需求进行换出、换入。例如，在时刻3，用户3进入系统，只需按它的大小换出用户2的部分信息，然后将用户3的全部信息装入腾出来的空间。以后调入用户 2 的进程时，需要换入的信息也就少了。图 4-11（b）中列出在时刻4时各用户占用内存空间的情况可以看出，只有当前正在执行的用户进程在内存中才保存着完整的信息，而先前各用户进程的信息已部分或全部地被换到外存上。

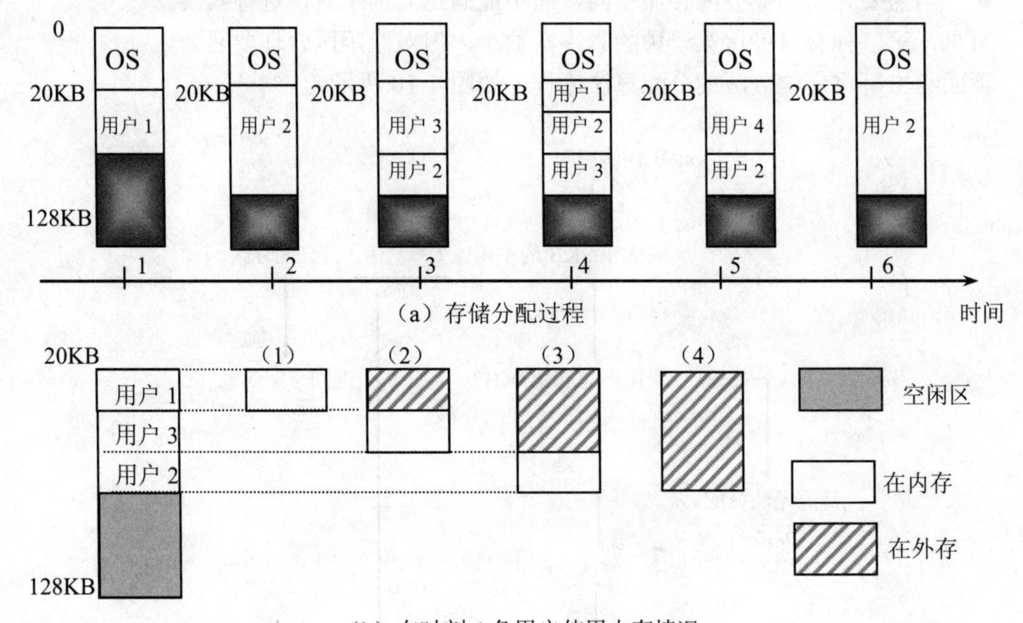


（a）存储分配过程

（b）在时刻4各用户使用内存情况

图4-11　洋葱皮式对换算法

这种算法利用外存解决了内存小的问题，提高了短作业的周转速度，但它存在的主要缺点是不允许在多道程序基础上有效地利用内存和处理机。此外，如果用户信息没有占满整个用户空间，则造成部分内存的浪费。

有了对换技术后，同样没有解决当作业很大时（大于内存整个用户态区时）不能运行的问题。这是因为还没有引进虚拟存储器概念，只有当虚拟存储器概念的引入才能真正解决这个问题。下面我们就来介绍引入虚拟存储器概念以后的存储分配（管理）方法。

## 4.5　请求分页存储管理

### 4.5.1　分页管理

请求分页存储管理就是在分页存储管理的基础上加上虚拟存储器技术而形成的。所以我们先介绍分页存储管理。

无论是分区技术还是对换技术，都要求把一个作业必须放置在一片连续的内存区域中，从而造成内存中出现碎片问题。解决这个问题通常有两种方法：一种是前面讲的紧凑法，通过移动信息，使空闲区变成连续的较大的一块，从而得以利用，但这要花费很多 CPU 时间。另一种是分页管理，它允许程序的存储空间是不连续的，这样就可把一个程序分散地放在各个空闲的物理块中；它既不需要移动内存中原有的信息，又解决了外部碎片问题，提高了内存的利用率。

其具体实现原理如下：

1. 基本思想

把程序的逻辑空间和内存的物理空间按同样尺寸划分成若干个页面。分配以页面为单位（一个进程的程序一次装入）。

为区别起见，一般将内存的存储空间所划分的页面，称之为块。例如，一个作业的逻辑空间有 m 页，那么，只要分配给它 m 块存储空间，每一页分别装入一个存储块即可。并不要求这些存储块是连续的。当逻辑空间的最后一页不满时，仍分给一整块，其多余部分构成了内零头，如图 4-12 所示。

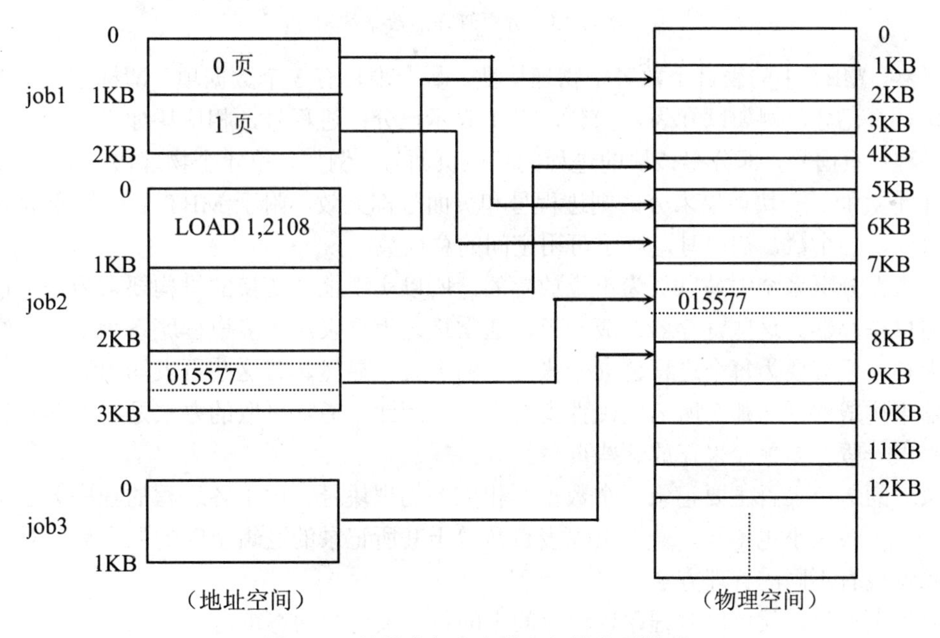


图 4-12　地址空间和存储空间的分页模型

那么系统怎么知道作业的一页装在主存的哪一块呢？程序的逻辑空间本来是连续的，现在把它分页并装入分散的存储块后，如何保证它仍能正确运行呢？也就是说，在分页系统中，如何实现以及何时实现：由程序的逻辑地址变换为实际的主存地址呢？一个可行的办法是采用动态重定位技术，即在执行每条指令时进行地址变换。

2. 数据结构

为了实施分页管理，要建立以下两种表格。

一是存储分块表 MBT（Memory Block Table）。此表整个系统一张，用以记录各物理块的分配使用情况。二是页表 PT（Page Table）。每个进程一张，用以记录该进程的诸页面分在哪些物理块内，如图 4-13 所示。

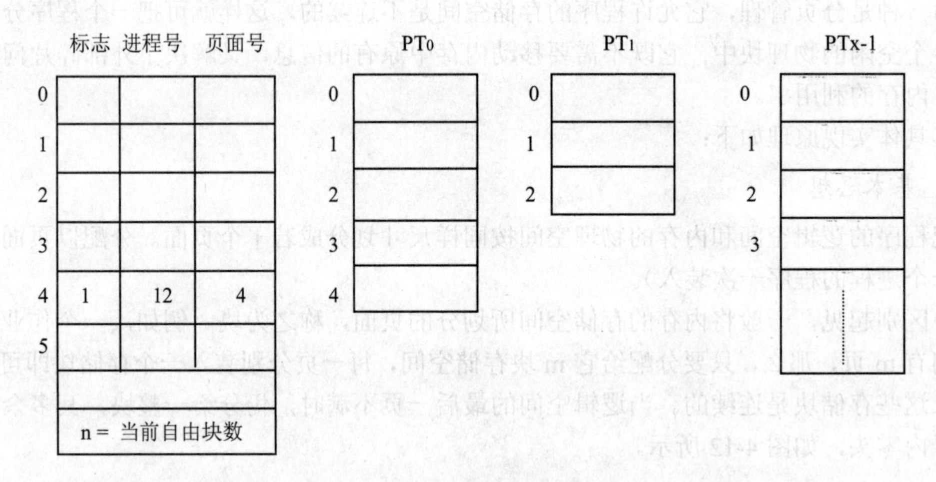


图 4-13　分页管理的数据结构

显然，MBT 中的表目个数等于物理块数。每个表目有 3 个数据项：即标志，用以标识相应块是否已分，例如以 0 表示未分，以 1 表示已分；进程号，相应块如果已分，分给了哪个进程；页面号，即分得该块的进程的相应页面号。例如，第 4 个物理块分给了 12 号进程第 4 个页面。一块如果未分，则进程号和页面号都无效。附于 MBT 后面的变量 n 记录当前自由块的个数，初启时，等于可用空间的总块数。

因为在分页系统中是以页为单位放置的。所以实现地址变换的机构要求为每页设置一个重定位寄存器。这些寄存器组成一组，通常称之为页表。在多道程序系统中，为便于管理和保护，系统要为每个进程建立一张相应的页表。显然，若这些页表均由触发器组成的寄存器来构成的话，那么所需的硬件支持太多。因此，通常采取的办法是在内存固定区域内，拨出一些存储单元来存放这些页表。

页表的每个表目主要记录一个数据：相应的物理块号。由于各进程的程序大小不一，显然，其页表大小也不同，一个页表表目数等于其所记录的逻辑空间的页面数。对页表，不同系统也有不同的管理方法。

有了页表后，就可以对程序逻辑空间中的每一页进行动态重定位。

但在实际中，为了便于管理，每张页表的长度是相等的（例如每张页表 32 个字节，一字节一表目），并且将所有的页表组成一个结构数组，和 MBT 一起存放在操作系统区。数组的大小，即页表的个数等于进程的最大个数。显然，每张页表的起始地址 = 结构数组起始地址 + 页表长度×页表号。

3. 地址变换

过程：由动态地址转换机构自动地将 CPU 给出的一维逻辑地址 LA 分成两部分：页号（p）和页内位移量（b）；按 p 的值查找现行进程页表以获得块号（n）；将此块号 n 与 LA 中的 b 相拼接，就形成了物理地址 PA，如图 4-14 所示。

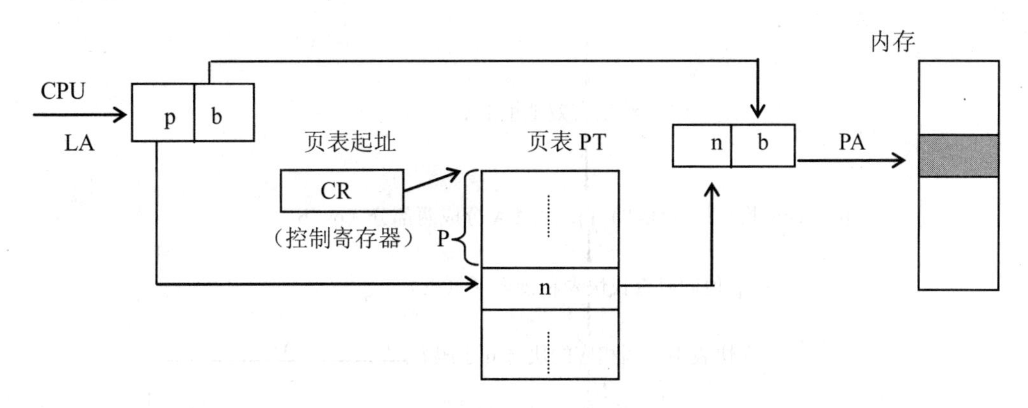


图 4-14　分页管理的地址变换过程

**注意：** LA 中 p 的位数可以和 PA 中 n 的位数不等，但两个地址中页内位移必须相等，因为页与块大小是相同的。上述地址变换过程对用户是透明的，CPU 不知道，CPU 给出的只是一维地址。

举例：我们以图 4-12 中的作业 2 的一条指令 LOAD 1,2108 为例，来说明其地址变换过程。

在开始时，由系统将该作业的页表在内存的起始地址和长度放到一个控制寄存器中，当执行到指令 LOAD 1,2108 时，CPU 给出操作数有效地址为 2108（十进制），为了清楚起见，我们将它转为二进制。

$$
\begin{array}{c}
\qquad\qquad 0 \qquad\quad 4\ 5 \qquad\qquad\qquad 14 \\
(2108)_{+} \Longrightarrow (0\ 0\ 0\ 1\ 0\ 0\ 0\ 0\ 0\ 1\ 1\ 1\ 1\ 0\ 0)_{=} \\
p=2 \qquad\qquad\qquad b=60 \\
（页号）\qquad\qquad （页内位移量）
\end{array}
$$

假设某机器的有效地址为 15 位，地址变换机构将 0～4 位分为页号，5～14 位分为页内位移量。

根据控制寄存器指示的页表始址，并以页号为索引，在页表上第 2 页所对应的块号为 7，然后将块号 7 与 b 拼接在一起，就形成物理地址 PA（$(001110000111100)_{=}$=$(7228)_{+}$）。

由图可见，指令要取得数 015577 正好在内存的 7228 号单元内。

4. 快表及快速地址变换

如果把整张页表全部都放在内存，那么每次从内存取指令或数据都要增加一次访问页表的操作，增加了访存的次数。这显然要增加指令的执行时间，降低整机运行速度。为了克服这个缺点，通常的办法是在 CPU 和内存之间设一个高速小型相联存储器，称之为快表，用它来存放正在运行作业的最常用的页号和与之对应的物理块号。这样，就把在地址变换时本来要访问内存中的页表变为在绝大多数情况下访问快表。由于快表的读写速度高，且是相联查找，所以通常能在一个节拍内按页号找到块号，快表是硬件对分页管理的支持。

快表的组成：由若干个快速寄存器组成，一般寄存器的个数是 8～16 个。

使用快表时访问内存的过程如图 4-15 所示。

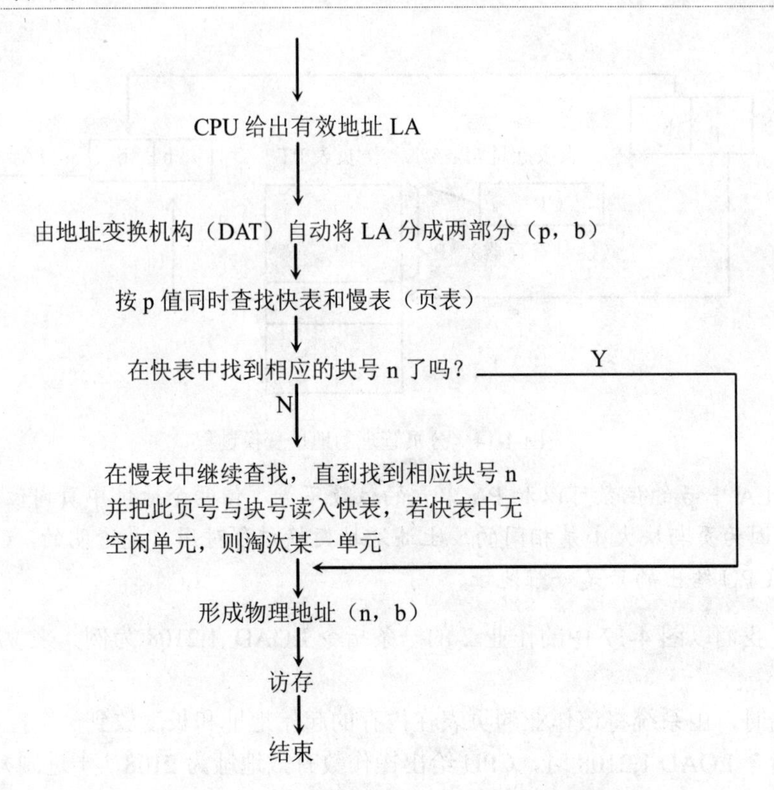


图 4-15　分页管理中使用快表时的访存流程

从上面的流程可以看出，页表表目是在访问内存的过程中按需要动态地装入快表的。当进程交替时，快表被清零，并把现行进程的逻辑 0 页所对应的块号装入快表，然后在访内存过程中逐步地将现行进程的页表内容装入快表中。

### 4.5.2　请求分页管理

请求分页是最常用的虚存系统。

1. 基本思想

在进程开始执行前，只是装入其一个或若干个页面，然后根据程序执行的需要动态地装入其他页面。当内存装满，而又有新的页面要装入时，根据淘汰算法淘汰一个页面。

请求分页管理与分页管理所使用的数据结构、空间分配方法、地址变换及保护措施都是类似的，所以我们不再重复，但它的实现过程要复杂得多。我们主要介绍它与分页的不同点。

关键：当一个程序要使用的页面不在内存怎么办？若还是用页表来实现逻辑地址到物理地址的转换，那么页表中不仅要包含页面在内存的起址，还应包含其他一些信息。

2. 页表

在请求分页中，页表的一个表目应包含以下一些数据项。

| 内存块号 | 改变位 | 状态位 | 引用位 | 外存地址 |
|---|---|---|---|---|

其中，改变位表示该页是否被修改过；状态位表示页面是否在内存中；引用位表示最近对该页访问过没有。

如果访问时，遇到一个不在内存的页面，则要产生一个缺页中断。操作系统处理这个中断，它装入所要求的页面并调整相应页表，然后再重新启动该指令。由于大部分页面是根据请求而被装入的，所以这种存储管理方法也叫做请求分页法。通常在作业最初投入运行时，仅把它的第一页装入内存，其他各页是按请求顺序动态装入的，这保证了用不到的页面不会被装入。

缺页中断处理过程是由硬件和软件共同实现的，其相互关系如图 4-16 所示。

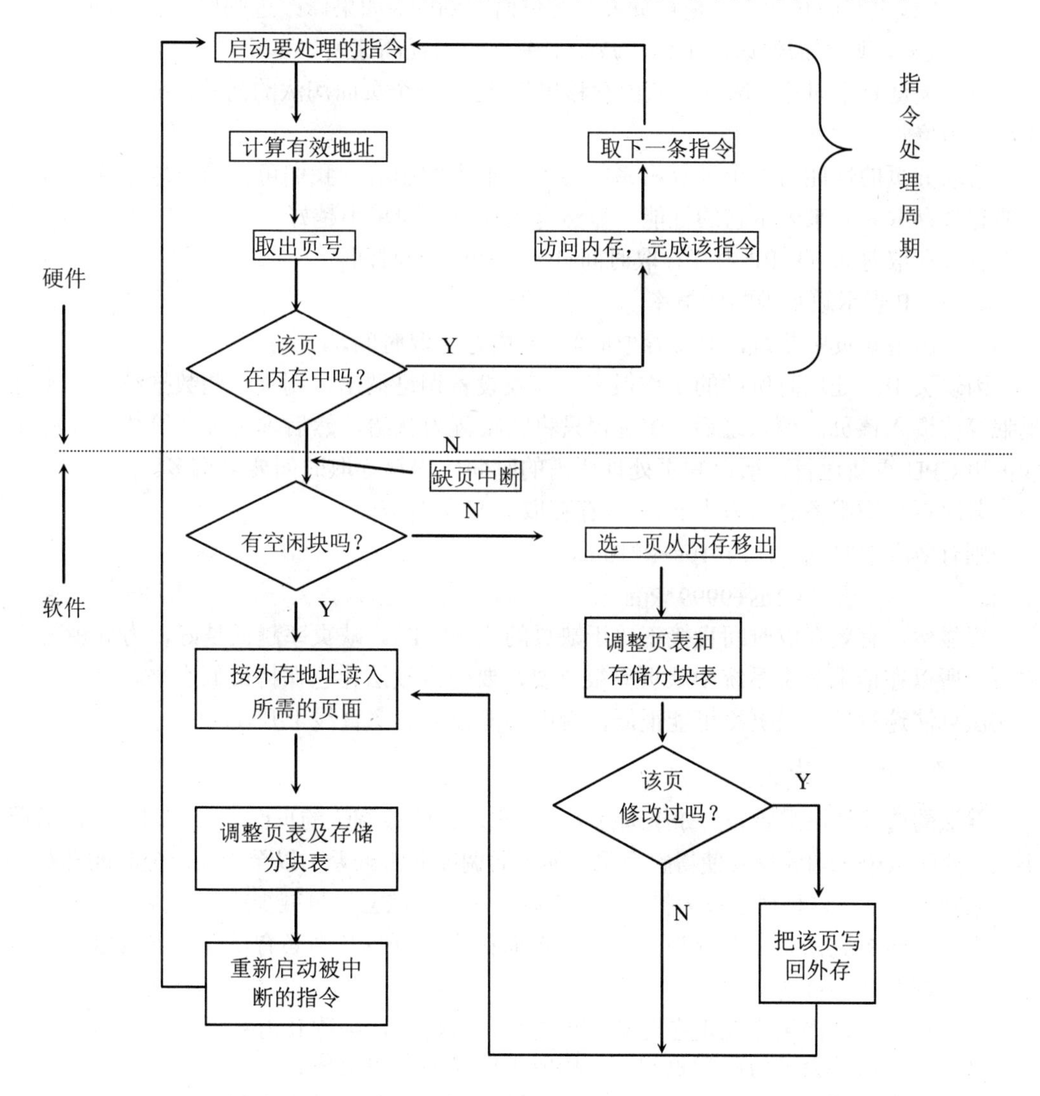


图 4-16　指令执行步骤与缺页中断处理过程

从图 4-16 中可看出，上半部分是硬件指令处理周期，由硬件自动实现，它是最经常执行的部分。下半部分是作为操作系统中的中断处理程序来实现的，处理完之后再转入到硬件周期中。

应当指出图 4-16 是个非常粗略的框图，具体过程是相当复杂的。它还要涉及设备管理和文件系统。如作业信息是以文件形式存放于外存的，所以进行调页时必然要涉及文件系统，又如输入输出是内存与外存打交道，而外存的管理是设备管理，启动外存等是设备管理的事。

- “该页在内存中吗？”是查页表的状态位得到的，如想提高速度可以用快表。
- “有空闲块吗？”是查内存分配表而得的。
- “缺页中断”是由动态地址转换机构产生一个缺页中断信号。
- “该页修改过吗？”是查页表改变位而得到的。如果修改过则要重新写回外存，若没有，则不需做这步工作，减少多余工作以提高速度。

下面关键是来讨论“选一页从内存移出”。这是一个页面淘汰的问题，某些算法可能要用到引用位。

请求分页的性能对整个计算机系统会产生很大的影响。我们可以简单地用请求分页系统的有效存取时间来表示它的性能。显然有效存取时间越小越好。

有效存取时间=(1−P)*内存存取时间+P * 缺页处理时间

其中，P 表示缺页中断的概率。

当不出现缺页中断时，有效存取时间 = 内存存取时间。

因缺页中断处理时所做的工作很多，涉及设备调进调出，调整一些数据结构，本进程睡眠等待调入该页。调入之后，0#进程只将它唤醒为就绪，然后本进程要等待调度程序调度占用 CPU 重新运行。所以缺页处理所需的时间比内存存取时间要多得多。

若缺页平均服务时间为 10ms，内存存取时间为 1μs，

则有效存取时间=(1−P)*1μs+P*10ms

=1μs+9999*Pμs

很显然，有效存取时间直接正比于缺页的比率（P）。缺页率越低越好，为 0 就等于无缺页。所以在请求分页系统中缺页率很重要，要想方设法让它保持最低水平。因此，关键是淘汰算法选得好，缺页率可能很低，否则可能使缺页率直线上升。

### 3. 页面淘汰算法

算法的选择是很重要的，如果选择不当会出现：刚被淘汰的页面，又立即要用，而调入不久又要淘汰……如此反复使得整个系统的页面调度非常频繁，以至于大部分时间都花在页面的来回调度上。这种现象称为抖动。一个好的淘汰算法应尽量减少或避免抖动现象。

在任一时刻之前，作业存访过的所有页面称为老页。其中必有一部分老页以后不再使用，另一部分还会被访问。

在某一时刻，如果作业正在对某一页进行首次访问，则称其为新页。

老页中以后还会被访问的页和新页构成了作业的使用页集。

由于新页不断引进，老页不断被淘汰，这就形成了作业使用页集的不断变动。这种变

动称为作业的自然页流。

观察表明，使用页集一般包含的数量不大，而且使用页集的变化是缓慢的。若淘汰算法能按自然页流进行那是最理想的了，但实际中却做不到这一点，因此它建立了一个可以比较的标准。

因为不能精确地预知程序在将来时刻的行为，那么就只能按照过去推测未来，预测的出发点不同，也就产生了不同的淘汰算法。下面我们介绍几种常用的页面淘汰算法。

（1）FIFO（先进先出算法）

其实质：总是淘汰在内存中驻留时间最长的那一页。

其理由：是最先进入内存的页面以后不再使用的可能性最大。对特定的访问序列来说，为确定缺页的数量和页面淘汰算法，还要知道可用的块数。显然，随着可用块数的增加，缺页数将减少。因为内存中有多个进程存在，若分配内存采用请求分页时，就应先决定给某作业几块内存存储块。

**【例 4-1】** 设内存有 3 个存储块分给某作业，该作业的页面访问顺序为 70120304230，则页面调度情况如下。（假设 3 个存储块最初都是空的）

| 7 | 7 | 7 | 2 | 2 | 2 | 4 | 4 | 4 | 0 |
|---|---|---|---|---|---|---|---|---|---|
|  | 0 | 0 | 0 | 3 | 3 | 3 | 2 | 2 | 2 |
|  |  | 1 | 1 | 1 | 0 | 0 | 0 | 3 | 3 |

共产生 10 次缺页中断。

此算法的优点是容易实现。

缺点：淘汰的页可能不合理。如刚被淘汰的页可能马上就要访问到，所以又要马上调进来，显然是不合理的。因此这种算法的效果并不好。

例如，0 页面刚淘汰出去，之后又马上要用到，则产生缺页将其调进来。2 页面刚淘汰出去，之后又马上要用到，则产生缺页将之调进来。

这就要想：如果不调出去该多好，就可以少几次缺页中断。这是因为这种算法没法考虑将来的情况，而事实证明这种 FIFO 算法并不是很好，这就迫使人们去考虑另外的方法、另外的途径来淘汰某一页。

（2）LRU 算法（最久未使用算法）

其实质：此算法总是淘汰最长时间未被访问的那一页。

其理由：如果某页在很长时间内都没有被访问，那么它在最近的将来也不会被访问，所以淘汰掉。

**【例 4-2】** 就例 4-1，若以 LRU 算法则页面调度情况如下。

| 7 | 7 | 7 | 2 | 2 | 4 | 4 | 4 | 0 |
|---|---|---|---|---|---|---|---|---|
|  | 0 | 0 | 0 | 0 | 0 | 0 | 3 | 3 |
|  |  | 1 | 1 | 3 | 3 | 2 | 2 | 2 |

共产生 9 次缺页中断。

LRU 算法是公认比较好的页面淘汰算法，但存在着如何实现的问题。因为要确定最后使用时间的顺序，这需要硬件支持。有两种办法：

① 计数器

给 CPU 增加一个逻辑时钟（计数器），每次存储访问，该时钟都加 1。给每个页表中增加一个时间项。当访问一个页面时，将时钟值复制到页表的对应时间项中。这样我们可以始终保留着每个页面最后访问的时间。在淘汰页面时，选择该时间值是最小的页面。这样做，不仅要查页表，而且当页表改变时还要维护这个页表中的时间项，还要考虑时钟值溢出问题。

② 栈

用一个栈保留页号，每当访问一个页面时，就把它从栈中取出放在栈顶上。这样一来，栈顶总是放有目前使用最多的页，而栈底放置着目前最久未使用的页。由于要从栈中间移走一项，所以要用具有头指针和尾指针的双向链连接起来，移走一项并把它放在栈顶上需要改动指针。每次修改都要有开销，但淘汰哪个页面却可直接得到，用不着查找。

因为要记录页面的访问时间，这无论用软件，还是硬件来实现都会使系统的开销增大，因此在实际中经常使用一种 LRU 近似算法（最近未使用算法）。它描述如下：

在存储分块表的每一表项中增加一个引用位，操作系统定期地将它们置为 0。当某一页被访问时，由硬件将该位置为 1。在过一个时间段后，通过检查这些位可以确定哪些页使用过，哪些页自上次置为 0 之后还未用过。就可把该位是零的页淘汰掉。因为在最近一段时间里它未被访问过，如图 4-17 所示。

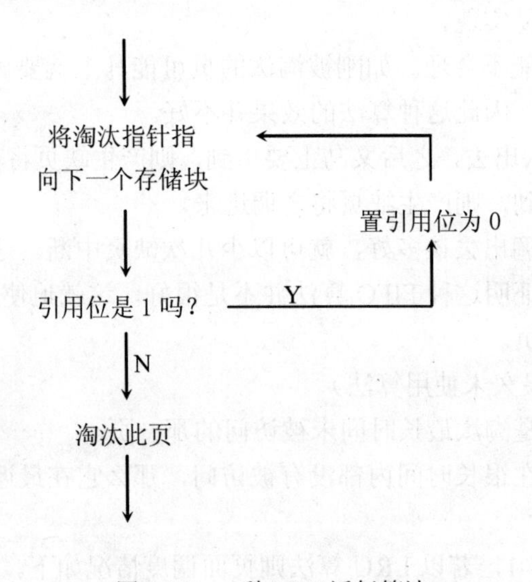


图 4-17　一种 LRU 近似算法

缺点是对所有引用位置为 0 的周期大小不好确定。如果太大，则可能所有引用位都置 1，结果找不到最近最少使用的页，太小就可能使引用位为 0 的页相当多，因而选择的不一定是真正最近最少使用的。另外，如果缺页中断正好发生在系统对所有引用位刚好置为 0 之后，则可能把常用的页面也淘汰掉。

（3）第二次机会算法

它其实也是一种近似的 LRU 算法，其基本思想与 FIFO 相同。

在页表中增加一项“访问位”。当访问某页时，将访问位置为 1。当要淘汰内存中的一页时，按 FIFO 算法选一页面，然后检查它的访问位，若是 0 则淘汰之，若是 1 就给它第二次机会。再选下一个 FIFO 页面。当一个页面得到第二次机会时，它的访问位置为 0，它的到达时间就置为当前的时间。如果该页在此期间被访问过，则访问位置为 1。这样给了第二次机会的页面将不会被淘汰，直到所有其他页面被淘汰。因此，如果一个页面经常使用，它的访问位总保持为 1，它就不会被淘汰出去。

第二次机会算法可视为一个环形队列。用一个指针指示哪一页是下次要淘汰的。当需要一个存储块时，指针就前进，直到找到访问位是 0 的页。随着指针的前进，把访问位清为 0。在最坏的情况下，所有的访问位都是 1，指针要通过整个队列一周，每个页都给第二次机会，这就退化为 FIFO 算法了。

4. 性能研究

（1）如何确定一个进程的最少页面需要量

在多道程序情况下，每个进程分得多少个存储块，这是由操作系统决定的，操作系统在分配时也要讲究方法和策略。

① 最少块数（与具体硬件有关）

分给每个进程的最少块数是由指令集结构决定的。因为正在执行的指令被完成前出现缺页时，该指令必须被重新启动。与此相应，必须有足够的块把一条指令所访问的各个页都存放起来。这与具体硬件有关，指令中的地址可能是间接访问形式。例如，这条指令装在第 10 页上，它访问对象的地址在第 5 页上，而后者间接访问到第 10 页上。因此每个进程至少要 3 个存储块。

一方面，分配的总块数不能超出可用块的总量；另一方面，每个进程也需要有起码的最少块数。

② 全局淘汰与局部淘汰

也可以不必指出具体分配给每个进程多少块。当多个进程竞争内存时，页面淘汰可分为全局淘汰和局部淘汰。

全局淘汰：在全部存储块中选取所要淘汰的块。

局部淘汰：只能从本进程的存储块中选取所要淘汰的块。

③ 分配算法

等分法：为每个进程平分存储块。20 个存储块，5 个进程，则每个进程分到 4 块。这种“一视同仁”的方法会导致有的进程不够用，有的进程用不了。

按需成比例分配法：设进程 Pi 的地址空间大小为 Si，则总的地址空间为 S=∑Si，若可用块数为 m，则分给进程 Pi 的块数 ai = Si*m/S。

即　S —— m<br>
　　Si —— ai

当然，在具体分配时还要考虑一些其他问题，如优先级问题。给高优先级进程多分些内存以提高其执行速度等。

（2）内存有效存取时间的计算

什么是有效存取时间 EAT（Efective Access Time）？

有效存取时间是访问存储器所需时间的平均值。在请求分页系统中，假设与分页一样，使用了快表以提高访问内存的速度，则 CPU 访问内存所花费的时间有以下 3 种情况：

- 页面命中快表，只需一个读写周期的时间。
- 页面既未命中快表，也未失效，需两个读写周期的时间。
- 页面失效，等于页面传送时间加两个读写周期的时间。

于是，设内存的读写周期为 ma，页面传送时间为 ta，快表命中率为 P，页面失效率为 f，则有效存取时间的计算公式如下：

EAT=P*ma+(1−P−f)*2ma+f*(ta+2ma)=P*ma+(1−P)*2ma+f*ta

这里的页面传送时间，实际上应包括 CPU 用于处理缺页中断的时间、磁头定位的时间以及页面内信息从辅存传送到内存的时间之和。如果页面失效导致了页面置换，还应考虑将内存的页面传送到辅存的时间。

（3）颠簸和工作集问题

一个单 CPU 的计算机系统，在多道程序环境下运行时，其 CPU 利用率如图 4-18 所示。

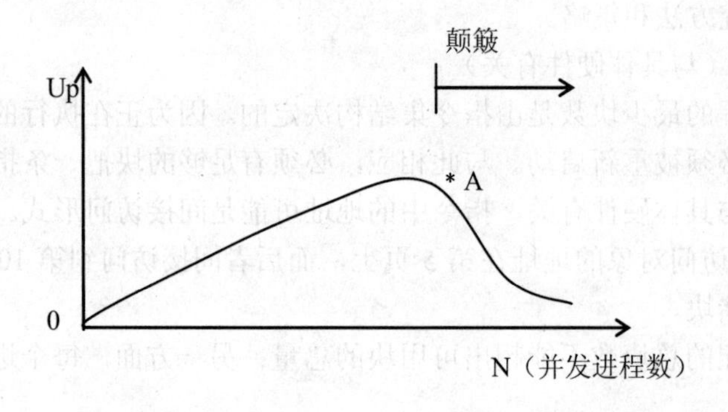


图 4-18　CPU 利用率曲线

图中的曲线告诉我们，CPU 的利用率开始时随并发进程数的增加而增加，这是容易理解的。因为系统有较大余地挑选一个进程占用 CPU，而不至于使 CPU 处于空闲状态。但是，当进程数 N 超过一定数值时，CPU 利用率反而急剧下降。Multics 系统的设计者在研究该系统的设计方案时，首先发现了这个问题，并称其为系统颠簸。经分析研究，他们认为造成这种异常情况的主要原因与过度使用内存有关。

颠簸现象可分为两类，一是局部颠簸，二是全局颠簸。若内存空间采取分片包干的分配办法，即每个进程的空间大小是确定的（如 10 个页面），当该进程产生页面失效且需要置换一个页面时，只能置换它自己的某个页面，而不能置换别的进程的页面。在这种情况下，通常只产生局部颠簸，即只在某进程范围内产生颠簸现象。一进程处于颠簸状态，如果它用于处理页面的时间多于它的执行时间的话。导致一进程处于颠簸状态的原因是空间不够，置换算法不妥或页面走向异常。

全局性颠簸是由进程之间的相互作用引起的，如图 4-19 所示描述了这种相互作用的情形。如果一进程可以淘汰另一进程的页面，则有可能出现如图 4-19 所示的恶性循环，使若干进程的页面频繁地调进调出，进程的状态在就绪、阻塞、执行之间循环变化，但却始终在原地踏步，CPU 的大量时间都消耗在进程调度和决定页面的置换上。此外，当所有进程都在等待页面对换时，CPU 进入空闲状态。这两种情况显然都降低了 CPU 的有效使用率。这就是当进程数达到一定值后，CPU 利用率随进程数的进一步增加而下降的原因。

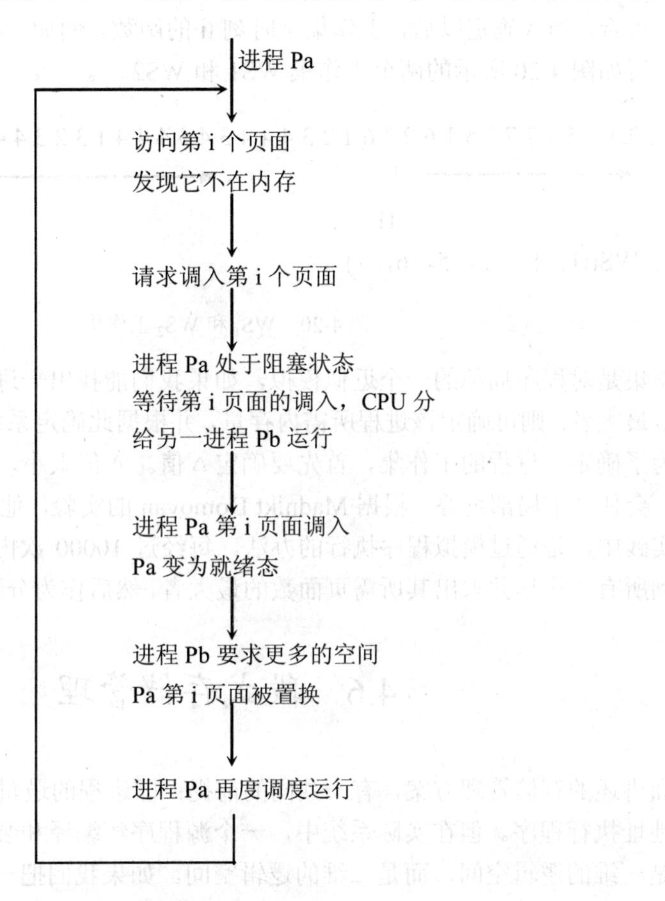


图 4-19　系统颠簸原因示例

那么，如何防止系统颠簸的发生呢？最根本的办法是要控制并发进程的个数，使得每个进程都有足够的内存空间可供使用。但进程的个数又不能太少，否则会影响 CPU 的利用率。我们的目标是要求得一个较好的折中，既要使 CPU 的利用率接近最佳值（即图 4-18 的 A 点），又不要使系统产生颠簸。这是一个很难解决的问题，为此，有必要研究程序的局部性，并借助于工作集模型。

所谓程序的局部性是指程序在一段时间内的执行只涉及程序的一部分，而整个程序的执行是从一个局部到另一个局部的过程。例如，当一个子程序（过程、函数等）被调用时，它定义了一个新的“局部”。在这一个局部里，对内存的访问只涉及该子程序的指令，局部变量和一部分全局变量。当进程的执行退出这个子程序时，对内存的访问也就退出了这个局部。于是，这个局部占用的内存空间便让位于下一个局部。显然，若分给该进程的内存空间能满足其最大局部的需要，则此进程本身不会产生颠簸，也不会与其他进程相互作用，导致系统颠簸。

现在的问题是，如何找出一进程的各个局部及这些局部中的最大者？在实际中，它要借助于工作集模型。

所谓工作集 WS（Working Set），是在程序执行中离时刻 ti 最近的 Δ 次访存所涉及的那些页面的集合，当 Δ 确定以后，工作集是时刻 ti 的函数。例如，对于下面的页面访问序列，可分别求得如图 4-20 所示的两个工作集 WS1 和 WS2。

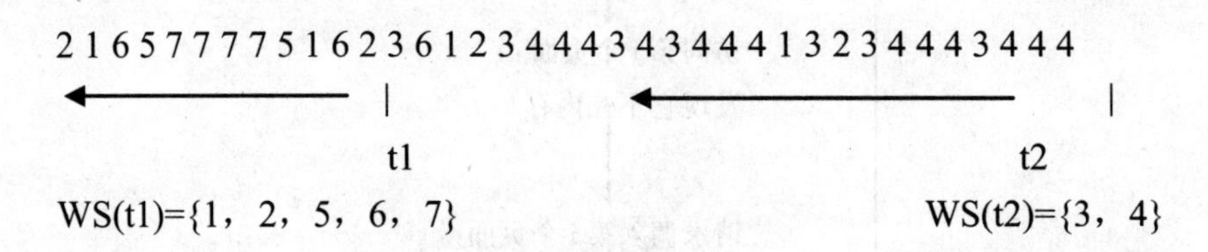


图 4-20　$WS_1$ 和 $WS_2$ 工作集

工作集是对程序局部的一个近似模拟，如果我们能找出一进程的各个工作集，并求出其页面数最大者，则可确定该进程所需内存量，并根据此确定系统内并发进程的最大个数。但是，为了确定一进程的工作集，首先要确定 Δ 值。Δ 值太小，不能包含完整的工作集；Δ 太大，会使多个局部重叠。根据 Madnikt Domovan 的实验，他们建议：Δ=10000 左右为好。在实践中，是通过模拟程序执行的办法，每经过 10000 次内存访问输出一个工作集，以此找到所有工作集并求出其所需页面数的最大者，然后作为分配内存和防止颠簸的依据。

# 4.6　段式存储管理

前面讲述的存储管理方案，有一共同的前提：即进程的逻辑空间是一维的，CPU 以一维逻辑地址执行程序。但在实际系统中，一个源程序经编译和装配连接后所形成的目标程序并不是一维的逻辑空间，而是二维的逻辑空间。如果我们把一维的物理空间叫做机器的存储观点的话，那么二维的逻辑空间就可叫做存储器的用户观点。因为一维的物理空间是用户看不到的，用户所看到的是二维的逻辑空间。正是为把一维的物理空间改造成用户可见的二维逻辑空间才提出了分段管理。

## 4.6.1　分段和分段的地址空间

分段也叫作段。段在逻辑上是一组整体的信息，每段都有自己的名字（段号），它可以是主程序、子程序、数据和工作区等。

段与页是不同的，页是信息的物理单位；而段是信息的逻辑单位，它有完整的和相对独立的意义。

在分段管理下，一个作业的地址空间可如图 4-21 所示。

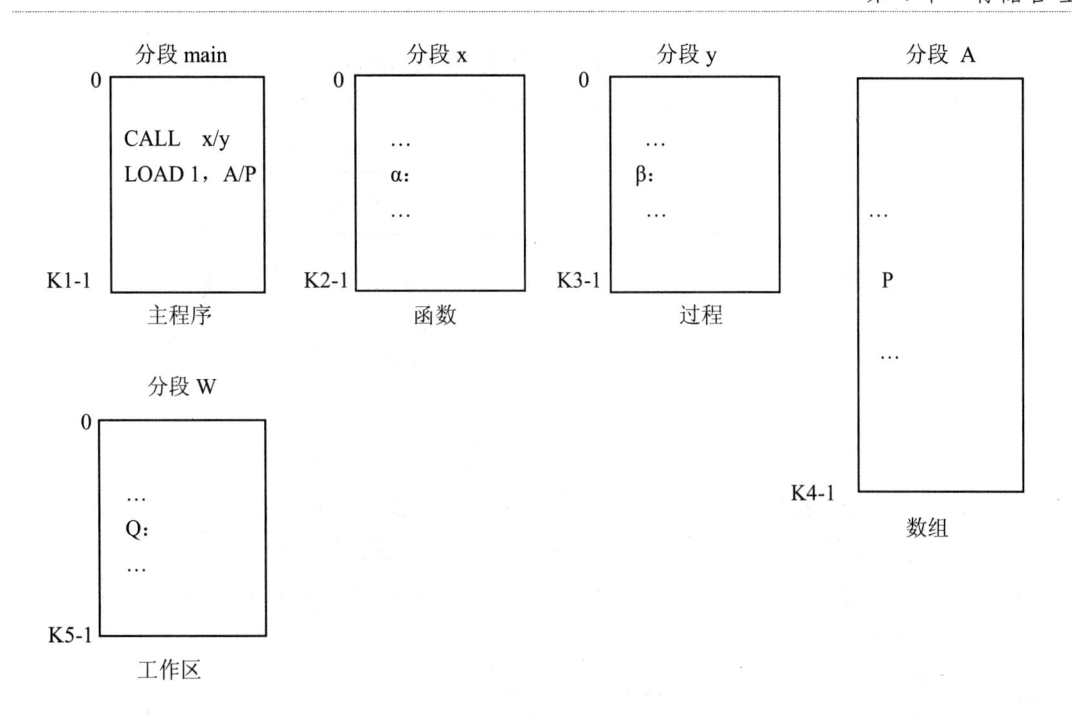


图 4-21　分段管理中作业的地址空间

其中每段都有自己的名字（段号），而且都是一段连续的地址空间，可见整个作业的逻辑空间是二维的。

在分段管理下，一段必须分配在一片连续区域中，但整个程序不要求在内存全部连续。

在分段管理中，对所有地址空间的访问均要求两个成分：① 段的名字（段号）；② 段内位移。如可按下述方式调用：

```
CALL x/α;                /*转子程序 x 的 α 入口点*/
LOAD 1, A/P;             /*取数组 A 的 P 单元内容→寄存器 1 中*/
STORE 1, W/Q;            /*将寄存器 1 内容存入 W 段 Q 单元中*/
```

这些符号语句形成目标程序后，指令和数据的单元地址均由两部分组成：段号和段内位移。因此，CPU 以二维地址执行程序。

| 段号 | 段内位移 W |
|---|---|

分段管理中也可加进虚存管理，只是内外存之间交换时以段为单位进行。它与分页中加进虚存基本上一样，我们就不再重复了。

## 4.6.2　分段管理的实现

### 1. 段表

从逻辑地址到物理地址的转换是通过段表进行的。

段表是每个进程一张，用以记住与该进程有关的逻辑段的信息。

段表中的每个表目一般有 4 个数据项，其如下所示。

| 段长 | 存取权 | 状态 | 起始地址 |
|---|---|---|---|

“状态”说明该段是否在内存、虚存管理中用。“存取权”供保护用，可分为可读（R）、可写（W）、可执行（E）。

在分段管理中，由于各分段要整体装入，所以其内存分配也必须同时能满足一个进程的各段的要求，方可分配。

2. 地址变换过程

过程：CR 给出段表始地址，CPU 给出 | S | W |；S+段表起址=段表项；由段表项中的段长与 W 比较，若 W≥段长则越界，否则 W+段起址=PA(物理地址)。

这样便实现了从逻辑地址到物理地址的变换，注意若越界则转越界中断处理。

示意图如图 4-22 所示。

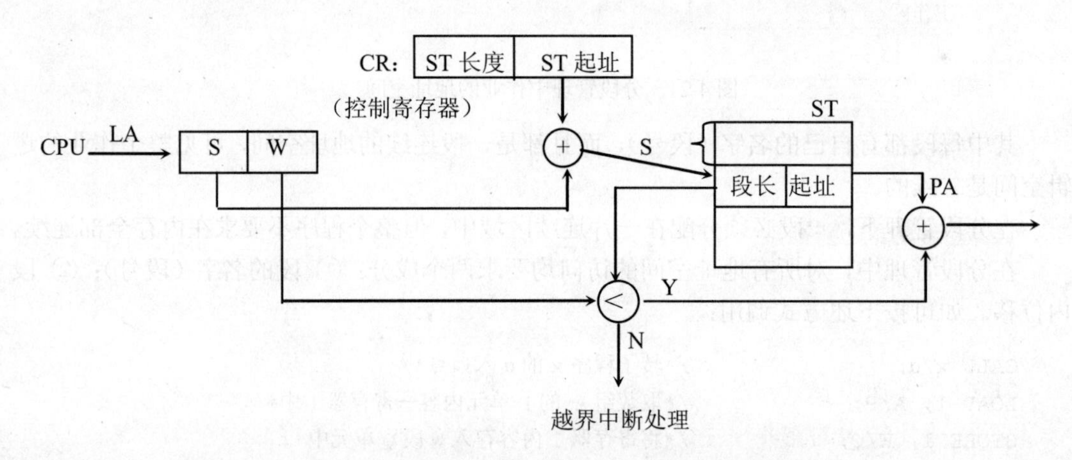


图 4-22　段式存储管理的地址变换示意图

### 4.6.3　分段共享

由于分段是一个有逻辑意义的整体，因此共享也有意义。无论分段是程序还是数据，都可以实现有条件的共享。所谓共享，对存储管理来说，就是多个进程共同使用某分段的内存副本，如图 4-23 所示。

由图 4-23 可见不同的进程、不同的逻辑段号可以共享同一分段，如进程 Pi 以逻辑段号 0 和 Pj 以逻辑段号 1 共享分段 sqrt。所共享的分段若是数据段则实现起来比较容易，但若是程序段却有点麻烦。对于程序段，若没有一定硬件支持，就需要它们以相同的逻辑段号连接它。因为被共享的分段可能含有“自访问”的指令。如图 4-23 中，若共享段中有一条转移指令，转向本段的某个地方，那么此转移指令中的转移地址（S，W）中的段号 S

就不好确定，是 0 还是 1 呢？可以规定共享程序段时，各进程用同一逻辑段号去共享。

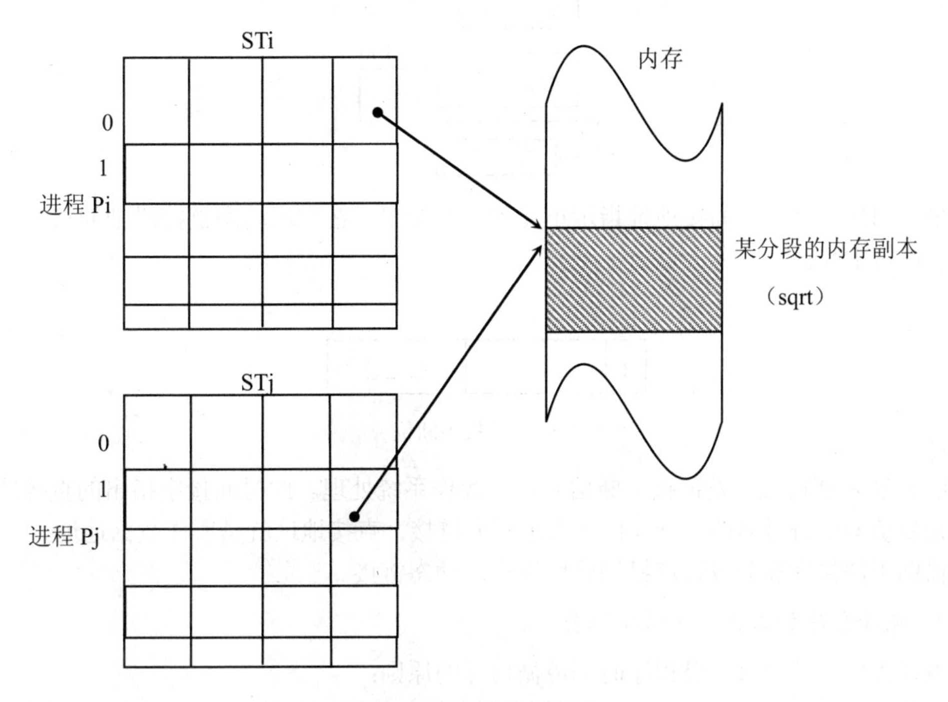


图 4-23　分段共享示例

## 4.6.4　段的动态链接

在分段管理系统中同样可以加入虚拟存储器管理，这样的系统称为段式虚拟存储系统。即一个作业的所有分段都保存在外存中，当其运行时，首先把当前需要的一段或数段装入主存，其他段在调用到时才装入。其过程与请求调页系统差不多，故不再重复了。

因为一个比较大的作业往往是由若干程序模块组成。在单一线性地址空间的情况下（一维地址），这些模块要在执行之前由装配程序把它们链接好，这就是静态链接方法。这种装配过程既复杂又费时。此外，还经常发现有一些被链接好的模块在运行中不用的情况，这就浪费了内存空间。所以最好到需要调用一模块时，再去链接它，即动态链接法。在分段管理中，每个段都有自己的段名，且在运行期间能保持原有的逻辑信息结构，因而实现动态链接较容易。

因各系统实现动态链接也不尽相同，我们以 Multics 系统为例来说明动态链接的过程。

1. 间接编址和连接中断位

在 Multics 系统中实现动态链接要附加两个硬件设施：间接编址和连接中断位。

直接编址与间接编址类似于机器指令的直接地址和间接地址。

例如：

直接编址：LOAD 1,100

间接编址：LOAD *1,100

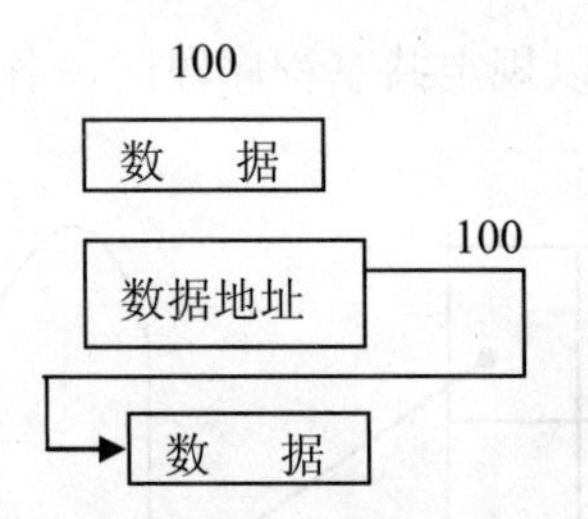


采用间接编址时，间接地址指示单元称为间接字。在实现动态链接时把间接字的第 0 位作为连接中断位。

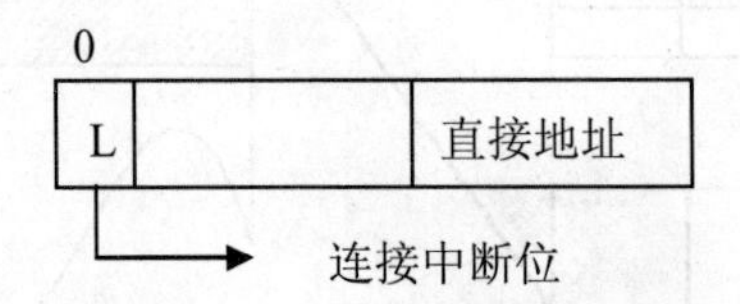


L=1 表示要链接，发链接中断信号，转操作系统处理。此时间接字指出的直接地址实际上是要访问的符号名的地址。L=0 表示不要链接，直接地址就是所需数据地址。

借助于间接字和分段管理机构就可以实现动态链接。

2. 编译程序的工作——链接准备

编译程序在编译每一段程序时都遵循这样的原则：

当指令是访问本段单元时，就编译成直接编址。当访问的是外段单元时，则编译成间接编址，且把间接字中的链接中断位 L 置为 1。

例如：

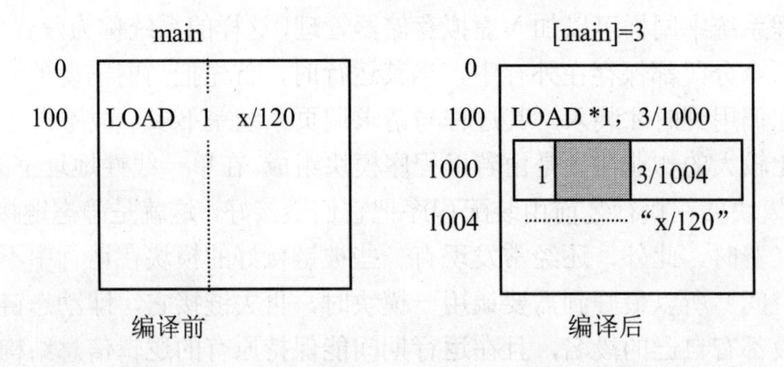


3. 操作系统的工作——链接中断处理

过程：操作系统收到链接中断后，就转向链接中断处理程序进行处理。首先根据间接字的地址部分，找到链接段的段名和段内地址；根据段名在外存中找到该段的全部信息，然后给它分配一个段号；根据段内位移量和段号修改间接字；将链接中断位 L 清零；转回被中断的指令。

经链接后，若再次执行该指令，就可以不链接。对同一段的访问可以使用同一间接字，如上例 main 程序中，若还有一条 STORE 1，x/120 指令，就可以把它编译为 STORE　*1，3/1000，而不必再进行动态链接。链接后，并不是说该段内容已在内存了，如图 4-24 所示。

所以重新启动被中断指令执行时，就会发生缺段中断。为此，应当采取一定算法，将该段装入内存后，程序才能真正执行下去。

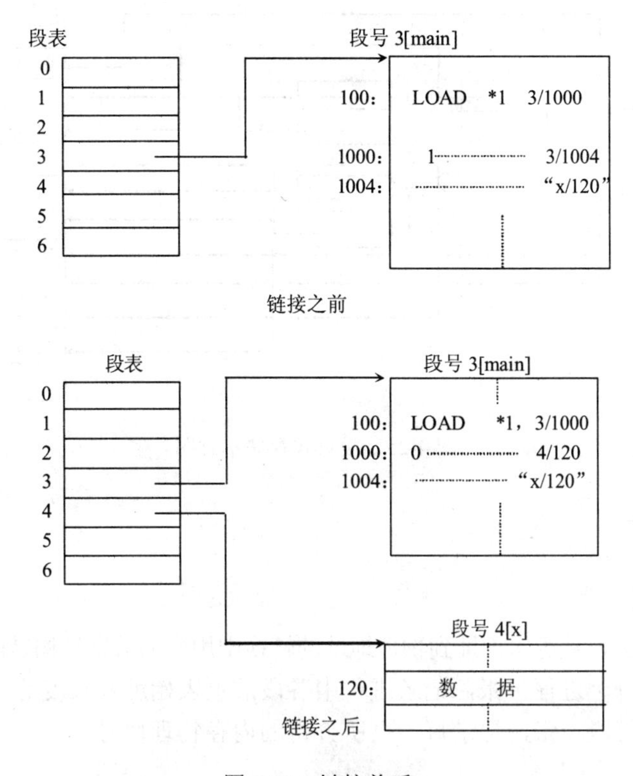


图 4-24　链接前后

段和页是截然不同的两个概念。页是一维逻辑地址，是信息的物理单位，且大小固定由系统确定，用户是看不见的。段是二维逻辑地址，是信息的逻辑单位，其大小可变，由用户自己确定，用户是看得见的。

# 4.7　段页式存储管理

分段式管理的主要优点是向用户提供二维存储空间，符合人们编程的习惯。但可能造成过多的外零头，即造成很多不能再分配的小碎片，若紧缩又太费时间。而分页管理却不会造成外零头，如果页的大小比较合适，也不会造成内零头太大的浪费。另外分段式每段必须在一连续的内存空间，而分页却没必要连续存放。段页式管理是吸取分段和分页两者的优点而形成的一种管理方法。

## 4.7.1　基本思想

一个作业（进程）按逻辑结构可分成若干段，再把每一段分成若干页面。在分配内存时，一个页面装入一个内存块，而同一段的若干页面在内存可以不连续。段页式管理在内存的分布如图 4-25 所示。

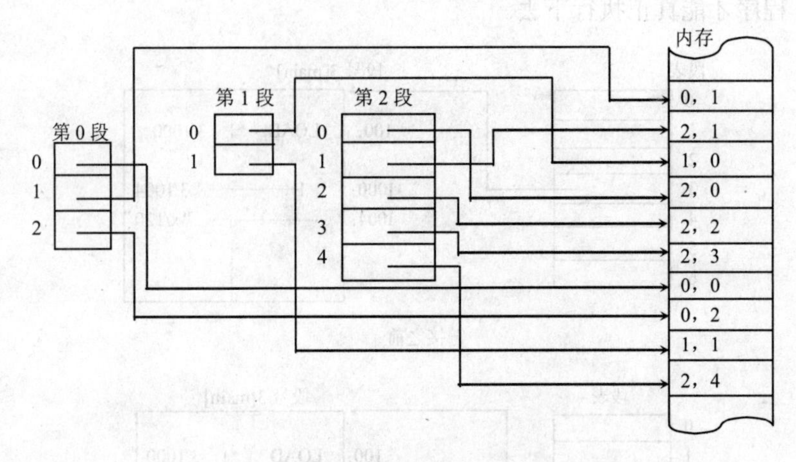


图 4-25　段页式存储示意图

### 4.7.2　实现过程

1. 段表和页表

在段页式管理中，从逻辑地址到物理地址的转换中用到的数据结构是段表和相应的页表。

段表（ST）：每个进程一张，记录进程中各段的页表始址、长度等。

页表（PT）：每段一张，记录每一页所分得的内存物理块号。

例如：

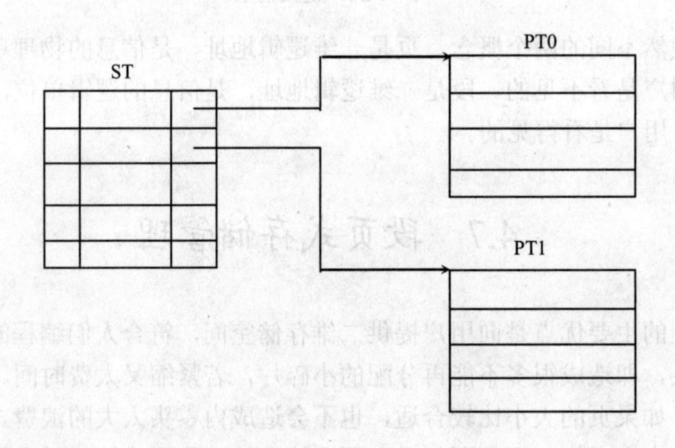


2. 地址变换过程

过程：将 CPU 给出的二维逻辑地址（S，W）装入段号及段内地址寄存器。由动态地址转换机构自动地将 W 分成两部分：一部分是段内页号 P，另一部分是页内地址 $W_1$。然后，系统将内存按页长划分成若干内存块。由控制寄存器 CR 给出段表起址和段表长度 StL。由段号 S 与 StL 比较，若 S≥StL 则出错，转出错处理。否则，在段表中查找第 S 项，若段表中的第 S 项空白，则在内存中为该段建立页表，否则取出相应页表地址 Pta。由段内地址

W 与段长 L 进行比较，若 W≥L 则为段越界。否则按页号 P 值检索页表，若页表中第 P 项空，则发生缺页中断，从外存中将该页读至内存并修改页表；取得该页在内存的地址 P1。将 P1 与 W1 相连接就成为所求的物理地址 PA。

示意图如图 4-26 所示。

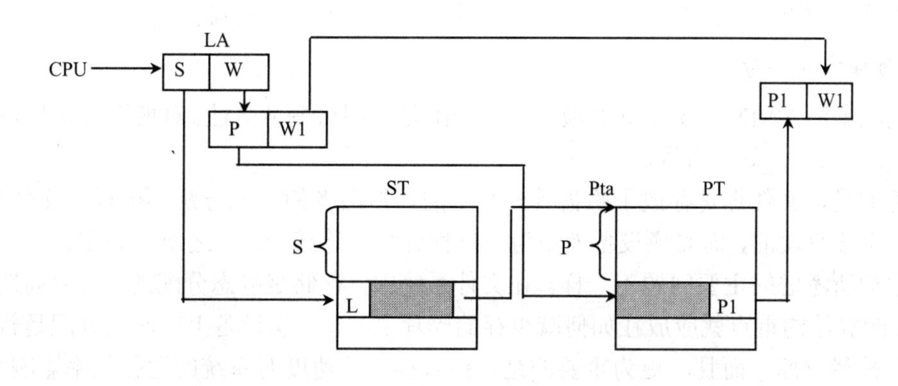


图 4-26 段页式存储管理地址转换图

值得注意的是，段页式管理向用户提供的仍是二维逻辑空间，CPU 给出的仍是由两个分量 S、W 组成的逻辑地址，至于将 W 进一步分成 P，W1 则是为了分页的需要，由系统中 DAT 自动完成，是用户看不见的。

段页式管理吸取了段式和页式的优点，但却使管理复杂化，使得访问内存时间增加为原来的三倍（一次段表，一次页表）。为了节省时间也可使用快表，直接由段号和页号查快表求得物理块号，再和页内位移连接成物理地址即可。

段页式将段式和页式的优点兼收并蓄，使得面向用户的地址空间按程序结构划分，而物理存储空间则按页划分。于是，段内各页不必同时驻在内存中，节省了存储空间，同时段长也可以超过内存空间，而且段内各页不论在内存还是在外存，都不必连续分布，使得存储器分配易于实现。段页式的代价是地址变换机构更加复杂，段、页表使用的存储空间相应增加。

# 4.8 UNIX 系统的存储管理

针对 UNIX 系统来说，在早期使用的大多是对换策略；在较新的一些版本中，其存储管理基本上使用的是请求调页管理方法。对换与请求调页管理的最主要区别是：在将进程映像在内外存之间传送时，对换要求传送进程的整个映像；而请求调页在装入进程时，仅要求传送部分进程映像，而且即使是这一部分进程映像，也是在真正需要时才进行传递的。当然，在空间紧张时，也可能要传送进程在内存中的所有映像。

请求调页的优点是它使进程的虚地址空间到机器的物理存储空间的映射具有更大的灵活性，它通常允许进程的大小比可用的物理存储空间大得多，还允许将更多进程同时装入内存。对换技术的优点是，它的实现较为简单，因此系统开销较小。下面我们就来讨论这两种方法在 UNIX 系统中是如何实现的。

### 4.8.1 对换

对换算法的描述包括对换设备上的空间管理和进程的换入与换出。

1. 对换空间的分配

早期版本的 UNIX 系统中其对换空间的分配是采用可变分区法。对换设备就是外存（或其中的一片区域），如磁盘等。

有趣的是，文件也是存放于磁盘等外存上的。但两者的分配方法不一样。文件是一次只分配一个磁盘块的，而对换设备上是为一进程分配一连续空间。之所以分配方法不一样，是因为它们所考虑的主要问题不一样。在文件系统中，存储是静态分配的，使用周期较长。因此，分配算法的重点就应放在如何减少存储碎片上，而对换设备上空间的分配是暂时的，很快就会被释放掉。而且，更为重要的是，换入换出的速度对系统的运行效率影响很大。因此，尽管有相应的碎片开销，在对换设备上，还是采用了连续块的分配法。

管理对换设备中空闲块的数据结构是 map 表。map 表实际上是一个数组，数组中成员是结构，其形式如下：

```
struct  map  {
   unsigned  int  m-size;(可用单元数)
   unsigned  int  m-addr;(头一块地址)
};
```

例如 map 表为：

| 地址 | 块数 |
|---|---|
| 1 | 100 |
| 200 | 50 |
| 260 | 80 |

即对换设备上有三个空闲区，其起址分别是第 1 块、第 200 块、第 260 块；其长度分别为 100 块、50 块和 80 块。

对换设备空间的管理除了分配之外，还有释放。对换空间的释放也与可变分区法完全相同。

2. 进程的换入与换出

UNIX 系统中负责对换工作的是 $0^{\#}$进程，称为对换进程（系统进程）。

（1）换出：当内存紧张而系统又需要内存空间时就要换出进程。

引起换出的可能情况如下。

- fork 创建子进程必须为它分配空间时。
- 扩大一个进程的大小时。
- 一个进程由于其栈的自然增长而变大时。

● 期望把某些先前换出的进程重新换入内存运行时。

其中由 fork 引起的情况最为突出，它是唯一不能放弃被进程先前占据的内存映像空间的情况。因为这是早期版本的 UNIX 系统中使用的存储管理方法，而在早期版本的 UNIX 系统中，由 fork 创建子进程时，是要求为子进程在内存开辟一区域以存放子进程的进程映像的。

换出算法：选取在内存中睡眠且优先数最大者，并且在内存驻留时间最长的进程换出。若内存中无睡眠进程，就选取就绪且 nice 值最大，并且在内存驻留时间最长的进程换出。

但换出就绪进程是有条件的，一般被换出进程在内存中至少驻留了两秒，且想换入进程至少在对换设备上驻留了两秒。如不满足上述条件，则对换进程因无法解决内存空间而睡眠，时钟每秒唤醒一次对换进程（0#进程）。

（2）换入算法：查找所有处于就绪且换出状态的进程，从中选取换出时间最长者。如有足够内存，将其换入。

如对换进程成功地换入了一个进程，它仍继续查找状态为就绪且换出的进程来换入并重复上述过程。最终会发生下列情形之一：

① 对换设备上无就绪的进程。

此时对换进程睡眠，直到一个对换设备上的进程被唤醒或核心换出一个“就绪”状态的进程。

② 对换进程找到了应被换入进程但系统无足够的内存空间。

此时，对换进程试图换出另一进程，如果成功则重新启动对换算法，查找所需要换入的进程。

（3）对换程序算法

```
输入：无
输出：无
{  LOOP:
    for（所有被换出的处于就绪态的进程）
        挑选被换出时间最久的进程；
        if（没有找到这种进程）
            {sleep（换入事件）；
            goto  LOOP；}
        if（在内存中有供进程使用的足够空间）
            {把进程换入内存；
            goto   LOOP；}
    for（所有在内存、非终止态且未封锁的进程）
        { if（有正在睡眠的进程）
            选择进程，其（优先数 + 驻留内存时间）在数值上最大；
        else
            选择进程，其(驻留内存时间+nice 值)在数值上最大；}
        if（被选进程没有睡眠或驻留条件不满足要求）
            sleep（换出事件）；
        else
```

```
        换出进程;
    goto LOOP;
}
```

这只是个非常粗略的算法流程。实现它还有许多问题要考虑，如换入进程的大小、换出进程的大小等。且换出进程很可能小于换入进程。故换出一个进程之后马上就转回去，就会使要换入的进程还是不能换入，所以必须反复换出若干个进程以满足换入者的要求。

### 4.8.2 请求分页

在UNIX S-5中其存储管理采用的是请求分页法。

1. 数据结构

在UNIX S-5中采用4个数据结构来实现请求分页的存储管理方法。

（1）页表：每个段（分区）一张页表。其表项内容如下所示。

| 内存块号 | 有效位 | 访问位 | 修改位 | 年龄位 | 保护位 | 复制写位 |
|---|---|---|---|---|---|---|

“有效位”表示该页内容是否合法，当该页不在内存或访问地址已超出进程地址空间时为不合法。“访问位”表示最近是否访问过。“修改位”表示最近是否修改过。“年龄位”表示自上次访问之后已有多长时间未访问。“保护位”表示对该页操作是否合法。“复制写位”用于fork算法，当一进程要写某一页时，表示是否要核心做一个新复制。

（2）盘块描述表：每个段一张，用于对逻辑页面的磁盘副本进行说明。其表项内容如下。

| 类型（对换、文件等） | 外存地址 |
|---|---|

因一个逻辑页面的内容或在对换设备中，或在一个可执行文件中。若是在对换设备中，则磁盘描述项中含有存访该页的逻辑设备号与块号；若是在可执行文件中，则给出该项在文件中的逻辑块号。

（3）页框数据表：整个内存一张，用以描述在内存中的各个页面的情况。其表项内容如下。

| 页面状态 | 访问计数 | 外存地址 | 指针项 |
|---|---|---|---|

“页面状态”指该页面所占的内存块是否可重新分配等。“访问计数”表示访问该页面的进程个数。“外存地址”表示页面副本在外存的地址。“指针项”表示在自由链或散列链中指向下一项的指针。

（4）对换用区表：一个对换设备一张，描述在对换设备上的各页的情况。其表项内容如下。

| 访问计数 |
|---|

“访问计数”表示共享该页的进程个数。

各数据结构之间的相互关系如图 4-27 所示。

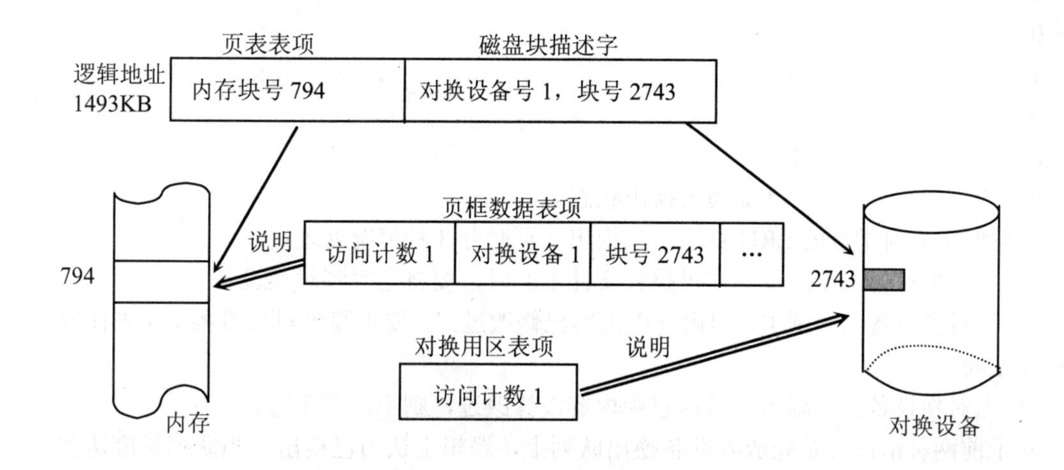


图 4-27　UNIX S-5 中存储管理中的各数据结构之间的关系

访问计数项的一个重要用处是用于系统调用 fork。在 UNIX S-5 中由 fork 创建子进程时，并不是马上就为子进程复制父进程的全部图像（因一般情况下，子进程执行总是先执行 exec 来改换自己的图像，即释放原有图像空间，复制一个可执行文件的内容到存储空间），既然如此，UNIX S-5 中就先不复制父进程映像给子进程，而是在父进程映像所占页面的页框数据表项或对换用区表项中的访问计数加 1，表示父、子进程共享此页面。这对于共享正文段的页面可以理解，但数据段和栈段是各进程所私有的，进程可以对此进行写操作。所以对于这些页面，fork 要将页表表项的“复制写位”置上。当父、子进程中的任一个要写这样一个页面时，先在页表中查对应项的“复制写位”，若已置上，则系统复制一个新副本（在内存或外存）。之后，父、子进程对该页的操作在各自的存储空间上进行，互不影响。故在 UNIX S-5 中子进程复制父进程的映像（数据段、栈段）是在父、子进程对该页进行写时才进行的。

2. 页面淘汰进程

在 UNIX 系统中执行页面淘汰工作是 $0^{\#}$进程做的，称之为页面淘汰进程。$0^{\#}$进程是在系统初启时手工创建的，在系统运行期间一直存在。

在内存中各具体页面的状态有两种：此页面不能换出和此页面可以换出。各页面在这两种状态之间来回转换，当页面从外存换入内存时是处于第一种状态，之后慢慢转换为第二种状态，可以换出。

页面淘汰算法：当访问某一页面时，将其访问位置为 1，同时将年龄位清 0；当页面淘汰进程检查某页时，将年龄位加 1，同时若发现其访问位为 1，则清 0；当年龄位值达到一定时，将该页置为可换出状态。

【例 4-3】　某一页的访问位、年龄位变化如下：

| 访问位 | 年龄位 |
|---|---|
| 1 | 0 |
| 0 | 1 |
| 1 | 0 |
| 0 | 1 |
| 0 | 2 |
| 0 | 3（成为可换出状态） |

这近似于先前学过的LRU算法。当换出一页时分3种情况处理：

① 当对换设备上无副本（在可执行文件上）时，要将之写到对换设备上。

② 当对换设备上有副本，但内存中内容已修改过，则要重写到对换设备上（先释放已有外存空间）。

③ 当对换设备上有副本，且内存中内容没修改过，则不需要重写。

对于前两种情况，是先放入准备换出队列上，逻辑上认为已换出，当队列长度达到一定时，才启动磁盘进行写操作，以减少I/O次数。

### 3. 缺页处理

在UNIX S-5中，缺页分为如下两种情况，即：

- 有效性缺页——有效性缺页处理程序。
- 保护性缺页——保护性缺页处理程序。

（1）有效性缺页（有效位为0）

产生原因：当访问页不在内存时；访问地址超出进程地址范围时（段违例）。

有效性缺页中断处理程序流程：

```
输入：进程出现缺页的地址
输出：无
{按照缺页地址找到分区表、页表项、盘块描述字、封锁分区表；
   If（地址在虚地址空间之外）
      { 向进程发信号(段违例)；
        goto out;
      }
   if（出错地址现在是有效的）                                  (i)
        goto out;
   if（页面内容在自由链中）
      { 从自由链中移走该项；
        调整页表项；
        while（页面内容无效）                                  (ii)
           sleep（页面内容有效事件）；
      }
else
{ 给分区指派新页面；把新页面放入散列链；更新页框数据表项；
    if（页面以前未装入内存且页面“请求清零”）
```

```
        把分到的页面清零；                                  (iii)
      else
        { 从对换设备或可执行文件中读虚拟页面；
          sleep（I/O 完成事件）；
        }
      唤醒诸进程（页面内容有效事件）；
      }
  置页面有效位；清除页面修改位和年龄位；
  重新计算进程优先数；
  out：解封分区表；
  }
```

其说明如下：

对于进程 Pa、Pb，若 Pa 先访问到该页，因该页不在内存，报缺页（地址无效），Pa 执行有效缺页中断处理。从外存读该页到内存时，Pa 进程睡眠等待。此时，CPU 调度到 Pb 进程运行，若 Pb 也访问该页，报缺页（地址无效），Pb 执行有效性缺页中断处理。在执行前，该页已送到内存，Pa 进程唤醒，地址成为有效，即是（i）情况。

Pa 进程先访问该页，报缺页，Pa 执行有效性缺页中断处理。核心在页面自由链中分一页面，以存放该页内容。当输入时，Pa 进程睡眠等待，此时调度 Pb 进程占用 CPU。Pb 也访问该页，因该页内容未传输完，报缺页，执行有效性缺页中断处理。执行时，发现自由链中有该页，但该页内容并未完全输入内存（内容无效），则 Pb 睡眠等待该页内容完全送入内存为止。另外，也可能该页面内容已为别的进程使用过且已释放掉，但该页面没有被分出去，故就无需从外存调入，以上两种情况，都是（ii）情况。

有些页面中的指令是要求为该页内容清 0 的。这在磁盘块描述字“类型”一项中会给出（请求清 0）。对于这样的页面，系统无需将该页内容调入内存后再清 0，而只需将所分得页面直接清 0 即可，即为（iii）情况。

（2）保护性缺页

产生原因：对该页的非法操作（如对共享正文段进行写等）；当进程想写一个页面时，发现其“复制写位”已置上。

保护性缺页中断处理程序流程：

```
  输入：进程缺页地址
  输出：无
  { 按地址找到分区表、页表项、盘描述字、页框数据表，封锁分区表；
    if（页面内容不在内存）
      goto out；
    if（复制写位未置上）
      goto out；/*实际程序错误——发信号*/
    if（页框表项访问计数大于 1）
    { 分配新内存页面；
      复制老页面内容到新页面；
```

```
      减少老的页框表项访问计数;
      更新页表项，使它指向新内存页面;
    }
  else
  { if（页面副本在对换设备上存在）
        释放该对换设备的空间，断开页面联系;}
  设置修改位;清除页表项中的复制写位;
  重新计算进程优先数;
  检查信号;
  out: 解封分区表;
  }
```

说明：

对于第一种情况，则直接发信号即可。对于第二种情况，若访问计数大于 1，则要为该页作新复制，并修改相应数据结构。若访问计数等于 1，即没有进程共享它，则释放该页在对换设备上的副本空间，断开页面联系；因磁盘副本可能为其他进程共享，而该页内容要变，故其副本也没用了。

# 习　题

1．存储管理的对象和任务是什么？

2．解释下列名词：逻辑空间、物理空间、覆盖、对换、名空间、重定位、地址变换。

3．什么是内碎片和外碎片？举例说明它们是怎样造成的。

4．考虑一个分页系统，其页表存放在内存。

（1）如果内存读、写周期为 1.2μs，则 CPU 从内存取一条指令或一个操作数需多长时间？

（2）如果设立一个存放 8 个页表表项的快表，75%的地址转换可通过快表完成，内存的平均存取周期为多少？（假设快表的访问时间可以忽略不计）

5. 为什么引入虚拟存储器概念？虚拟存储器的容量由什么决定？受什么影响？你根据什么说一个计算机有虚拟存储系统？

6．实现分区式多道程序管理，需要哪些硬件支持？是如何实现存储保护的？

7．实现页式存储管理需要什么硬件支持？系统需要做哪些工作？

8．考虑一个分页系统，页面大小为 100 字（内存以字为单位编址），对于如下所示的汇编程序（从 0 开始执行），给出其访问内存的页面走向序列：

```
0    Load      from    263
1    Store     into    264
2    Store     into    265
3    Read      form    I/O         device
4    Branch    to      Location    4  if  I/O  device  busy
```

| | | | |
|---|---|---|---|
| 5 | Store | into | 901 |
| 6 | Load | form | 902 |
| 7 | Halt | | |

9．考虑下面的段表：

| 段号 | 基地址 | 长度 |
|---|---|---|
| 0 | 219 | 600 |
| 1 | 2300 | 14 |
| 2 | 90 | 100 |
| 3 | 1327 | 580 |
| 4 | 1952 | 96 |

对下面的逻辑地址求出其物理地址：

① 0，　430　　　④ 2，　500

② 1，　10　　　⑤ 3，　400

③ 1，　11　　　⑥ 4，　112

10．说明分页和分段的区别？为什么分段和分页有时又结合为一种方式？

11．什么是动态连接？为何段式虚存技术可利用动态连接？

12．若某系统采用可变分区法存储管理，试写出两个程序 malloc 和 mfree 的框图。malloc 分配对换空间，其调用形式是 malloc(mp,size)，其中 mp 是 map 表起始地址，size 是申请资源单位数；mfree 负责释放盘对换区，其调用形式是 mfree(mp,size,aa)，其中 mp，size 意义同上，aa 是释放空间的起始地址。

13．创建子进程时是否需要把父进程的全部映像都做一个副本？为什么？在 UNIX S-5 中是怎样实现的？

14．UNIX S-5 中是怎样实现 LRU 页面淘汰算法的？

15．何谓工作集？它有什么作用？

# 第5章 设备管理

前面已经介绍了操作系统中的CPU管理和内存管理，在计算机系统中还有一种非常重要的硬件资源，即外部设备，简称外设。外设是计算机与外界通信的工具，对外设的管理比对CPU和内存的管理更麻烦，因为外设种类繁多，它们的特性与操作方式又有很大差别，无法按一种算法统一进行管理。因此，在操作系统中这是比较繁琐的一部分。

## 5.1 概 述

### 5.1.1 设备分类

1. 按从属关系分类

- 系统设备：指操作系统生成时已登记于系统中的标准设备。
- 用户设备：指系统生成时，未登入系统中的非标准设备。通常这类设备由用户提供，并通过适当手段介绍给系统，由系统对它们实施管理。如用户所购置的带键盘的CRT终端等。

2. 按工作特性分类

- 存储设备：也称为外存，是计算机用于存储信息的设备，在系统中作为主存的扩充。这类设备上的信息，物理上往往要按字符块组织，因此也常常称为块设备。
- I/O设备：它们是计算机同外界交换信息的工具。这种设备上的信息，物理上往往以字符为单位组织，也称为字符设备。

这两类设备的物理特性各不相同，操作系统对它们的管理也有很大差别。为了使它们在用户面前具有统一的面貌，在一般系统（如UNIX系统）中，对于这两种设备，信息都是以文件为单位进行存取或I/O的。这样用户可以通过按名存取的文件对外设进行访问，而不必考虑直接控制外设应做的许多繁琐工作。

3. 从资源分配角度分类

- 独占设备：这类设备一旦分配给某进程，就在其生存期间独占（如打印机）。
- 共享设备：允许若干个进程同时共享的设备，如盘、带等，其特点是容量大。
- 虚拟设备：用Spooling技术把原独占型设备改造成能为若干用户共享的设备。

## 5.1.2　设备管理的目标和功能

设备管理要达到以下目标。

（1）向用户提供使用方便且独立于设备的界面

即让用户摆脱具体设备的物理特性，按照统一的规则使用设备。另外，作业的运行不应依赖于特定设备的完好与空闲与否，而要由系统合理地进行分配，不论实际使用同类设备的哪一台，程序都应正确运行。还要保证用户程序可在不同设备类型的计算机系统中运行，不因设备型号的变化而影响程序的工作。

在已经实现设备独立性的系统中，用户编写程序时一般不再使用物理设备，而使用虚设备名，由操作系统实现虚、实对应。如在 UNIX 系统中，外设作为特别文件与其他普通文件一样由文件系统统一管理，从而在用户面前对外设的使用就如同普通文件那样，用户具体使用的物理设备由系统统一管理。

（2）提高各种外设的使用效率

既要合理地分配外设，还要尽量提高 CPU 与外设及外设与外设之间的并行度，这通常采用通道和缓冲技术来实现。

（3）设备管理系统要简练、可靠且易于维护

为了实现上述目标，设备管理程序要实现如下功能。

① 缓冲区管理。

② 地址转换和设备驱动。

③ I/O 调度：为 I/O 请求分配外设、通道、控制器等。

④ 中断管理。

## 5.1.3　通道技术

### 1. I/O 控制方式的演变

（1）循环测试 I/O 方式

在早期计算机和一些现代小型计算机系统中经常采用循环测试法，此法首先为每一设备设置一个忙/闲触发器。它由程序置为忙，由设备置为闲。每次 CPU 启动设备后，就立即测试触发器；若为忙，则一直循环测试，直至闲，CPU 才退出循环，继续下面的控制程序。

在 CPU 速度较低时，这种测试所花的时间还可忍受，但当 CPU 速度远远高于外设速度时，CPU 的大部分时间花在循环测试和等待 I/O 上，显然对 CPU 时间是极大的浪费。

（2）程序中断方式

在循环测试方式中，因为外设完全是一个被动的控制对象，CPU 必须对之进行连续的监视。为改变这种局面，首先是增加外设的主动性——每当外设传输结束时，能主动向 CPU 报告，此即引入中断的概念。

硬件增加了设备向 CPU 发中断的能力。CPU 一旦启动外设，便可以转去完成别的工作。但同时硬件在 CPU 内部必须增加扫描中断信号的功能——通常在每条指令执行的最后一

个节拍，扫描中断寄存器。当发现外设来的I/O结束中断信号后，立即停止CPU后续指令的执行，转去执行中断信号。

这种方式比起循环测试方式节省了大量CPU时间，但I/O操作毕竟还是在CPU直接控制之下完成的，此时每传送一个字符就要中断一次。例如，某设备每秒传送1000字符，处理一个字符（中断）需100μs。这样一来，每秒钟要花1000*100μs=0.1s来处理中断，即占CPU时间的1/10。当I/O设备很多时，CPU可能完全陷入I/O中断处理中。

（3）通道I/O方式

为了把CPU从繁忙的杂务中解放出来，I/O设备的管理不应再依赖于CPU，而应建立起自己的一套管理机构，这就产生了“通道”。

通道的建立是为了建立独立的I/O操作，它不仅希望数据的传输能独立于CPU，而且希望I/O操作的组织、管理、结束也尽可能独立，以保证CPU有更多的时间从事计算，即使CPU与I/O操作并行。

通道实际上是一台小型外围处理机，它有自己的指令系统，并可按自己的链接功能构成通道程序。

设置通道后，原来由CPU完成的任务大部分交由通道完成，而CPU仅需发一条I/O指令给通道，指出它要执行的通道程序和要访问的设备，通道接到该指令后，便从主存指定位置取出通道程序以完成对I/O设备的管理和控制。

2. 通道的分类

根据信息交换方式，通道可分为3种类型：字节多路通道、选择通道和成组多路通道。

（1）字节多路通道

字节多路通道用于连接大量的低速或中速的I/O设备。通常按字节方式交叉工作，即每次子通道控制设备交换完一个字节后，便立即将控制权移交给另一子通道，让它交换一个字节。

（2）选择通道

选择通道也称为快速通道，其传送是以成批方式进行的，不像字节多路通道那样以字节为传送单位，而是控制设备一次传送一批信息，所以其传送数据速度快，多用于高、中速外设，如盘、带等。

选择通道在物理上可与多台I/O设备相连，但在一段时间内，只允许一台设备进行数据传输，即只能执行一个通道程序。当一个通道程序占用通道后，就由它独占，直至I/O传输结束，释放该通道为止。显然，这种通道只能按严格串行方式控制外设工作，故又称为独占通道。

（3）成组多路通道

成组多路通道结合选择通道传输速度高和字节多路通道能交替进行传输的优点，是一种新型高速通道。该通道不仅可以同时连接多台快速外设，为它们提供成批交换方式，而且能以交替方式同时控制多台外设进行数据传输。

3. 通道、设备和控制器的多路连接

主存与设备之间交换信息，都是有一条通路的。所谓通路，是指内存—通道—控制器

—设备之间的连接路径，一般有两种连接方式：单通路连接结构（如图 5-1 所示）和多通路连接结构（如图 5-2 所示）。

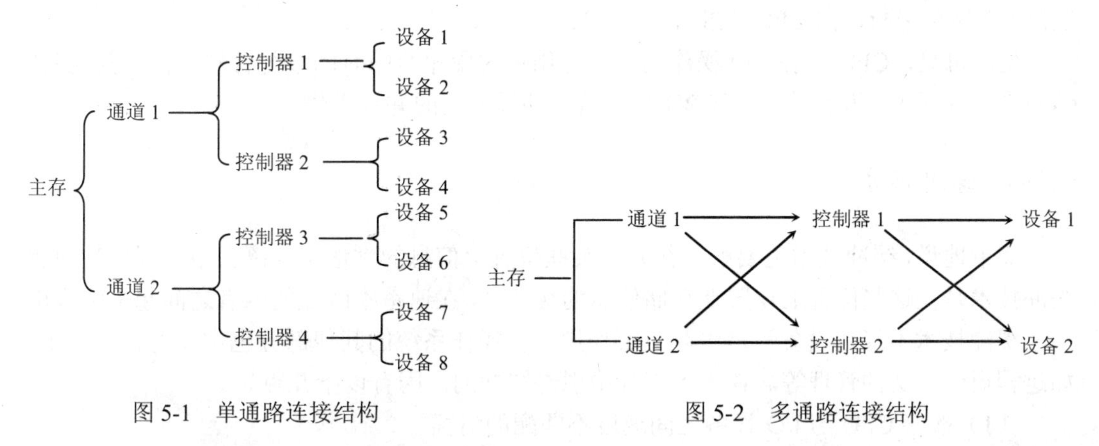


图 5-1　单通路连接结构　　　　图 5-2　多通路连接结构

由于经济上的原因，在计算机系统中，通道数一般远远小于设备数。为了提高通道利用率，增加系统的可靠性，大多数系统都采用多通路结构。多通路结构提高了通道利用率，增加了系统的可靠性，却增加了管理软件的复杂性。除了管理好设备外，还要管好通道与控制器的分配与使用。

4. 通道与 CPU 之间的通信

设置通道的目的是避免繁琐的 I/O 操作对 CPU 的过多纠缠，CPU 与通道之间是主/辅关系，CPU 可以向通道发启动命令，可以随时停止通道的工作。

通道与 CPU 之间的通信包括以下两方面内容。

CPU→通道：CPU 执行自己的 I/O 指令（包括启动 I/O、查询 I/O、查询通道、停止 I/O 等），向通道发出任务或控制意图。

通道→CPU：通道完成任务后，用中断方式向 CPU 汇报，同时将自己的工作状态保留在相应寄存器中，供 CPU 检查。

5. 通道命令和通道程序

通道是一台 I/O 处理机，它通过执行通道命令负责控制 I/O 设备和主存之间的数据传输。尽管通道类型不同，工作方式也不尽相同，但我们完全可以用中央处理机的结构想象通道的结构。

通道内部通常有称为小存的寄存器，另外也有若干其他寄存器，如指令地址寄存器、数据寄存器及内部寄存器。与 CPU 一样，通道通过执行一条条指令——通道命令来完成整个工作。这一条条命令组织在一起称为通道程序。

6. I/O 启动与结束

当某一进程在 CPU 上运行而提出 I/O 请求时，则通过系统调用进入操作系统，操作系统首先为之分配通道和设备，然后按照 I/O 请求编制通道程序，并存入内存，再将通道程序起址传送到 CAW（通道地址寄存器），接着启动 I/O。

CPU 发出启动 I/O 指令后，通道工作过程为：首先根据通道地址寄存器（CAW）从内存取出通道命令，送入通道控制字寄存器（CCW），同时修改CAW。根据CCW中命令进行实际I/O操作。执行完毕后，如还有命令则转回去继续进行，否则接着往下进行。最后，发出I/O结束中断，向CPU汇报工作完成。

由此可见，CPU只在I/O操作的起始与结束时用短暂的时间参与管理工作，其他时间CPU与I/O无关。从而实现了CPU与通道、外设之间的并行操作。

### 5.1.4 缓冲技术

简单地说，缓冲技术主要解决在系统某些位置上信息的到达率与离去率不匹配的问题。缓冲技术是在这些位置上设置能存储信息的缓冲区，在速率不匹配的两者之间起平滑作用。

缓冲技术不仅在设备管理中起重要作用，在操作系统的其他部分也常起着特殊作用，如进程通信、文件管理等。在设备管理中引进缓冲的原因有以下几点。

（1）改善CPU与I/O设备之间速度不匹配的情况

CPU与外设之间的速度差异是明显的，尽管大多数系统中都配置了与CPU处理能力大致相当的多台外设。通道技术也为系统各部分并行提供了可能性，但在不同时刻系统各部分的负荷往往很不均衡。有时设备空闲，CPU忙碌，有时则相反。显然在这种情况下，其并行度很低，设备的忙闲程度也很不均衡。如果软件采用缓冲技术在内存或外存空间开辟一定数量的缓冲存储区，I/O都先经过缓冲，显然可以提高CPU与外设的并行度，也使设备均衡地工作。

例如，若系统中只有一个用户进程在使用打印机，如图5-3所示，显然CPU大部分时间处于空闲，CPU与外设不能并行。若使用一个缓冲区buffer[]，于是进程用打印机的过程，如图5-4所示。

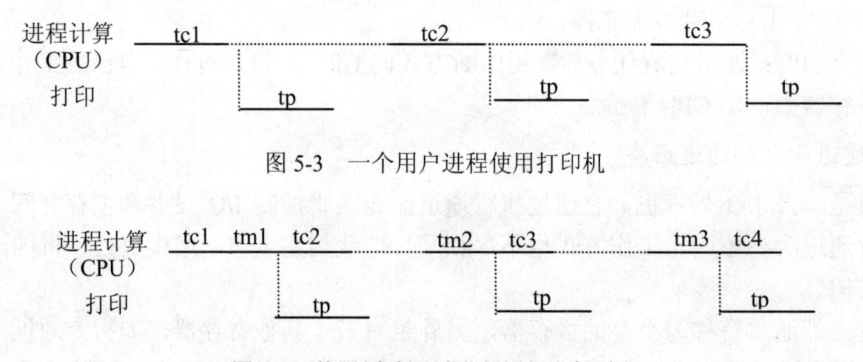


图5-3　一个用户进程使用打印机

图5-4　使用缓冲区时进程用打印机过程

若tc≥tp，则CPU可连续工作；若tc<<tp，则一个缓冲区的作用并不明显，这时可增加缓冲区数量，以进一步提高系统效率。

（2）发掘I/O设备之间的并行操作

在实际中，常常需要将某台外设上的信息传递到另一台上，如将输入机上信息传送到磁盘上，如图5-5所示。

图 5-5　输入机信息传送到磁盘

此工作的方式如图 5-6 所示。

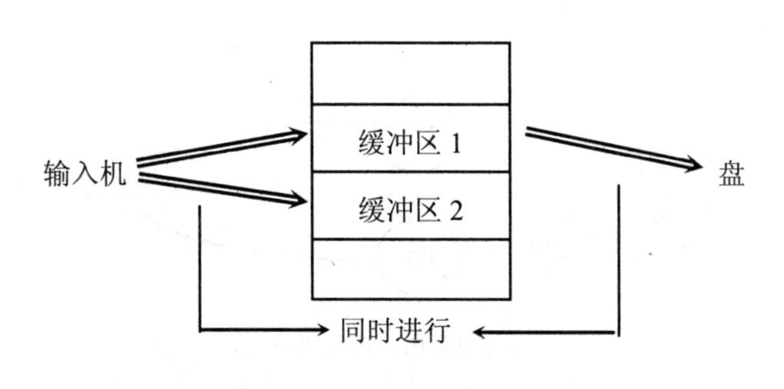


图 5-6　工作方式

显然这种方式中输入设备与盘操作必须完全串行工作。若在内存开辟两个缓冲区（buffer1，buffer2），则情况会有好转。

如此反复，把原来的串行工作变成了并行工作，从而提高设备利用率。

（3）减少 I/O 次数

当某些设备信息要重复使用时，利用缓冲区可以尽可能地保存 I/O 信息副本。

必须指出，缓冲技术只能在速度不匹配的两部分之间起平滑作用。缓冲技术带来的并行度的增益，实际上很大程度依赖于进程内部存在着的各部分活动间的并发性及进程间活动的并发性。另外，缓冲区的设置也比较关键。缓冲区可以用硬件寄存器（称为高速缓存器——cache）实现。出于成本的考虑，cache 的容量一般不宜很大，如 1KB～4KB。比较经济的办法是在内存中开辟一片区域充当缓冲区。

为了管理方便，缓冲区的大小一般与盘块大小一样，缓冲区个数可根据具体情况来设置，有单缓冲、双缓冲和多缓冲。在 UNIX 系统中，无论是块设备还是字符设备，都使用了多缓冲技术。

# 5.2　设备分配技术与 Spooling 系统

## 5.2.1　设备分配技术

系统中存在的设备种类不止一种，同样每一种设备也往往不止一台，而是多台存在于系统中。尽管如此，在一般系统中，每种设备的台数往往小于系统中同时存在的进程数。这样就会引起各进程对设备的竞争使用。如有两台打印机，4 个进程都想使用，系统就必须对这两台打印机进行合理分配。设备分配的原则一般与下面因素有关：

- 设备的固有属性。

- 分配算法。
- 应防止死锁发生（如有 P1、P2 两进程，系统中只有一台纸带机和一台打印机，并已将纸带机分给 P1，打印机分给 P2。同时 P1 又申请打印机，而 P2 又申请纸带机。P1、P2 并不释放已有资源，则产生死锁，如图 5-7 所示）。
- 用户程序与具体物理设备无关（即用户在程序中使用的都是逻辑设备，分配具体的物理设备由系统完成）。

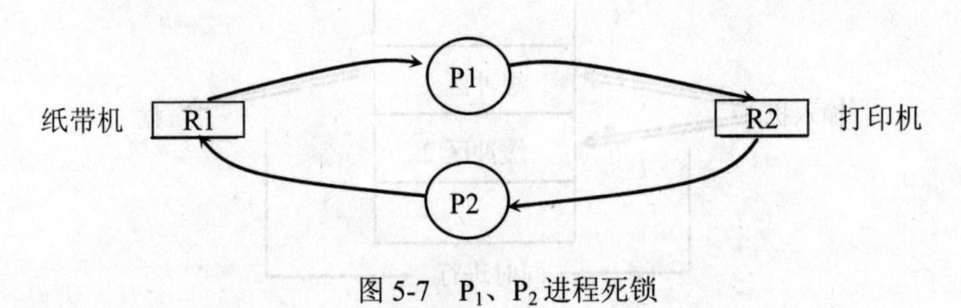


图 5-7　$P_1$、$P_2$ 进程死锁

常用的设备分配技术如下。

- 独占：固定地将设备分给一个用户。
- 共享：将设备分给若干用户共享使用。
- 虚拟：用共享设备去模拟独占设备，以达到共享、快速的效果。

前面介绍的设备分类中，从资源分配角度可以将设备分为以上 3 种。

### 5.2.2　Spooling 系统

Spooling 是英文 Simultaneous Peripheral Operation On-Line 的缩写，其含义为外围设备同时联机操作。它是在通道技术及多道程序设计的基础上，为充分提高计算机效率而发展起来的，是早期批处理系统向高级阶段发展的产物。在 Spooling 系统中，作业的输入/输出工作不再单独用卫星机来实现，而是由主机和与它相适应的通道来完成。

Spooling 系统示意图，如图 5-8 所示。

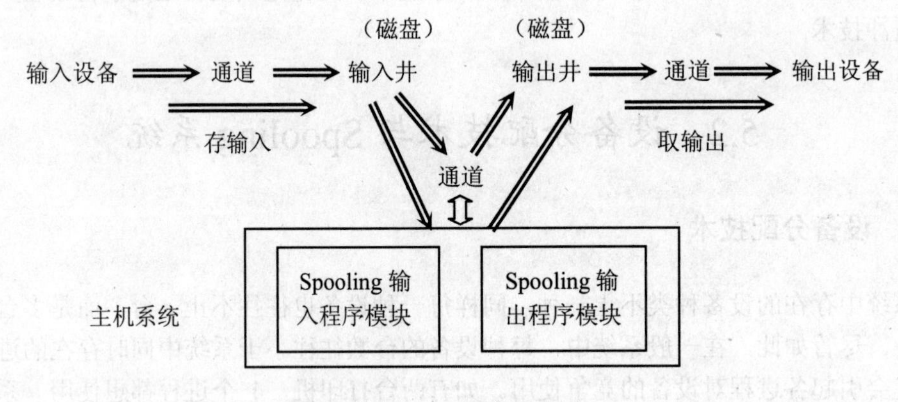


图 5-8　Spooling 系统示意图

在 Spooling 系统中，主要由输入程序模块和输出程序模块来实现输入与输出工作。当

需输入时，输入程序就把输入设备上的作业传输到输入井中，并由作业控制块进行排队等候，再由作业调度程序将输入井中作业调入内存运行。运行完毕由文件系统将结果组成文件放入输出井中，以后就由 Spooling 输出程序将结果从相应设备输出。

由于输入程序和输出程序的运行时间都很短促，仅仅是组织信息的输入与输出，以及登记信息所需时间，真正的 I/O 由通道完成。因此就使人们产生一种作业的输入和输出是脱机进行的感觉，故又称 Spooling 系统为假脱机（伪脱机）输入/输出系统。

由此可见，引入 Spooling 系统后，就把一个可共享的磁盘装置改造成为若干台 I/O 设备（虚拟输入/输出设备）。其好处是可以保持 I/O 设备繁忙地与主机并行工作，同时亦增加了作业调度的灵活性，使一些优先级高且已进入输入井的作业有可能很快被调度运行。因而提高了计算机系统的利用率，但 Spooling 系统是付出了代价的，即以空间换取时间。

## 5.3 RK 磁盘设备

磁盘的一般特性和调度算法完全是硬件上的构造问题，而且型号不同，特性也不完全相同，所以在这里不作介绍。但后面要介绍的 UNIX 系统的块设备管理是基于 RK 这种磁盘的，故需先介绍一下这种磁盘的一些特征。

RK 磁盘系统硬件可分为以下两部分。

- 磁盘驱动器：是机械部分，包括驱动电机、读/写头和相应的逻辑电路。
- 磁盘控制器：实现与计算机的逻辑接口。它接收来自 CPU 的指令，命令盘驱动器执行该指令。

一般一个磁盘控制器可以控制多个磁盘驱动器工作。RK 磁盘存储系统包括一个磁盘控制器和最多 8 个 RK05 磁盘驱动器。

RK05 磁盘的物理结构如图 5-9 所示。

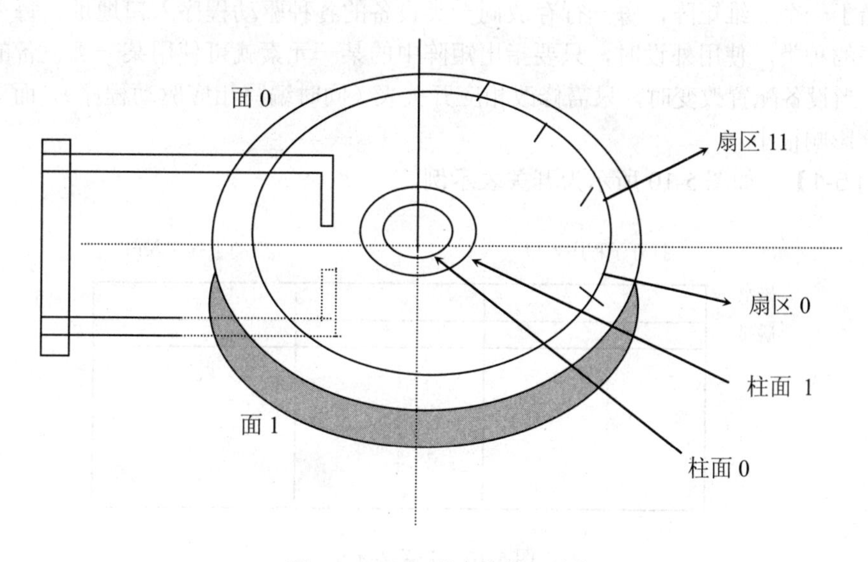


图 5-9　RK05 磁盘的物理结构

每个 RK05 磁盘包含两面（0，1）、200 个柱面（磁道）（0～199）/面、12 个扇区（磁盘块）/磁道和 512 字节/扇区，总计 512×12×200=1228800 字节。现在磁盘发展很快，容量要比该值大得多，这里主要是基于 UNIX 早期版本来说的。

与 RK 控制器工作有关的寄存器有 6 个，即 RKDS（驱动状态）、RKER（错误类型）、RKCS（控制状态）、RKWC（需传送字节数）、RKBA（内存地址）和 RKDA（磁盘地址，包括驱动器号、面号、磁道号、扇区号）。磁盘启动前，先根据 I/O 请求填写 RKBA、RKDA、RKWC，最后填写 RKCS。根据 RKCS 中的控制信息启动执行所要求的操作。传输完成后，向 CPU 提出中断请求，如 I/O 出错则可在 RKER、RKDS 中获得进一步的错误信息。

# 5.4 UNIX 系统的设备管理

## 5.4.1 UNIX 设备管理的特点

UNIX 设备管理有以下特点。

（1）将外设当作文件看待，由文件系统统一处理

这种文件称作特别文件，如打印机的文件名为 LP 等。特别文件都组织在目录/dev 之下。如要访问它，可通过路径名访问，如/dev/LP。

这一特征使得任何外设在用户面前与普通文件一样，而完全不涉及其物理特征。这给用户带来了很大方便。在文件系统内部，外设和普通文件一样受到保护和存取控制，仅仅在最终驱动时，才能转向各个设备的驱动程序。

（2）容易改变设备配置

在 UNIX 系统中，将设备分为字符设备（I/O 设备）和块设备（存储设备），并为字符设备和块设备各设置了一张设备开关表，比较方便地解决了设备的重新配置问题。所谓开关表相当于一个二维矩阵，每一行存放同一类设备的各种驱动程序入口地址，每一列表示驱动程序的种类。使用外设时，只要指出矩阵中的某一元素就可使用某一类设备的某一驱动程序。当设备配置改变时，只需修改相应开关表（同时编写相应驱动程序），而对系统的其他部分影响很小。

**【例 5-1】** 如图 5-10 所示为开关表示例。

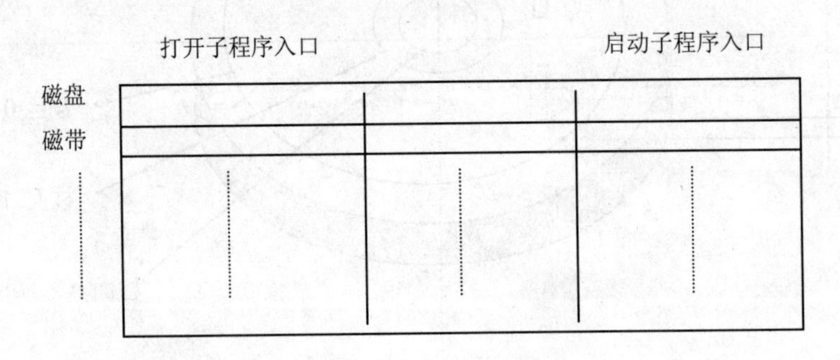


图 5-10　开关表示例

（3）有效地使用了块设备缓冲技术

块设备一般用于存储文件，而文件系统又是 UNIX 中最重要的用户界面，因此文件系统的存取效率十分重要。UNIX 为块设备提供了几十个缓冲区，每个缓冲区 512 字节（与磁盘块相同）。当用户要把文件中某段信息写入磁盘时，可以先写入缓冲区并立即返回，以后由系统将缓冲区内容写入磁盘。当用户要读磁盘上某一块时，先查看缓冲区有无此块，若有则直接从缓冲区取走而不用启动磁盘。这样可减少 I/O 次数而且加快了文件的访问速度。

## 5.4.2　与设备驱动有关的接口

与设备驱动有关的接口可用图 5-11 来表示。

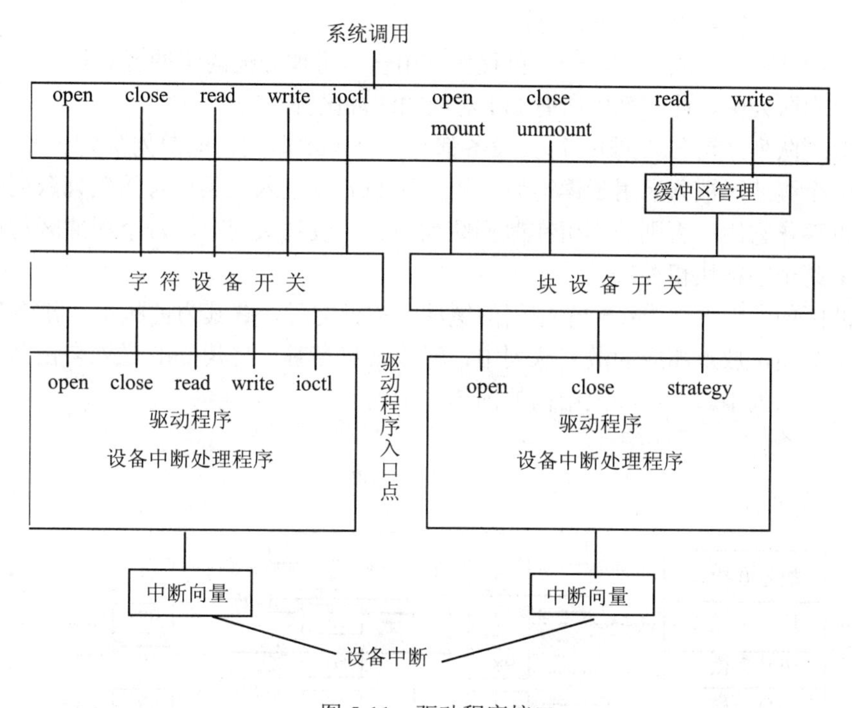


图 5-11　驱动程序接口

通常，驱动程序与设备类型是一对一的关系，即系统可以用一个磁盘驱动程序去控制所有的磁盘，利用一个终端驱动程序去控制所有终端。而不同类型的设备，以及不同厂家生产的设备需用不同的驱动程序去控制。

## 5.4.3　块设备管理中的缓冲技术

UNIX 系统采用多重缓冲技术来平滑和加快文件信息从内存到磁盘的传输。缓冲管理模块处在文件系统和块设备驱动模块之间。当从盘上读数据时，如果数据已在缓冲区中，则核心就直接从中读出，而不必从盘上读；仅当所需数据不在缓冲区中时，核心才把数据从盘上读到缓冲区，然后再由缓冲区读出。核心尽量想让数据在缓冲区停留较长时间，以减少磁盘 I/O 的次数。

（1）缓冲控制块（buf）

系统中为每个缓冲区设置了一个控制块 buf（有些资料中称其为缓冲区首部），记录了相应缓冲区的使用情况。系统通过 buf 来实现对缓冲区的管理。

buf 的大致内容如下：缓冲区所对应磁盘块的设备号和盘块号；缓冲区在内存的起址；相应缓存的使用情况以及 I/O 方式的状态，状态项指明缓冲区当前的状态，如忙（被封锁）或闲（未封锁）、数据有效性、“延迟写”标志、正在读/写标志、等待缓冲区空闲标志等；队列指针组，用于对缓冲池（由所有缓冲区组成）的分配管理。

（2）对缓冲区的管理

系统中设置了两种队列对缓冲区进行管理，因为 buf 记录了与缓冲区有关的信息，所以对缓冲区的管理实际上是对 buf 的管理。

- 自由队列：一般而言，一个可移作它用——可被分配的缓冲区其相应的 buf 位于自由队列中，此队列中所有 buf 对应的缓冲区都为闲。
- 散列队列（设备队列）：每类设备都有一个 buf 队列，即散列队列（设备队列）。一个缓冲区被分配用于读写后，相应的 buf 就进入该类设备的散列队列中，除非再移作它用，否则一直留在散列队列中。在散列队列中，每个缓冲区与该类设备上某个字符块相关。

对缓冲区的管理方法为：一个空闲的缓冲区被分配时，置其为忙状态，并将其 buf 从自由队列中取出，放入相应的散列队列中。释放某缓存时，将其 buf 送入自由队列中，但仍留在原散列队列中。其缓冲池结构如图 5-12 所示。

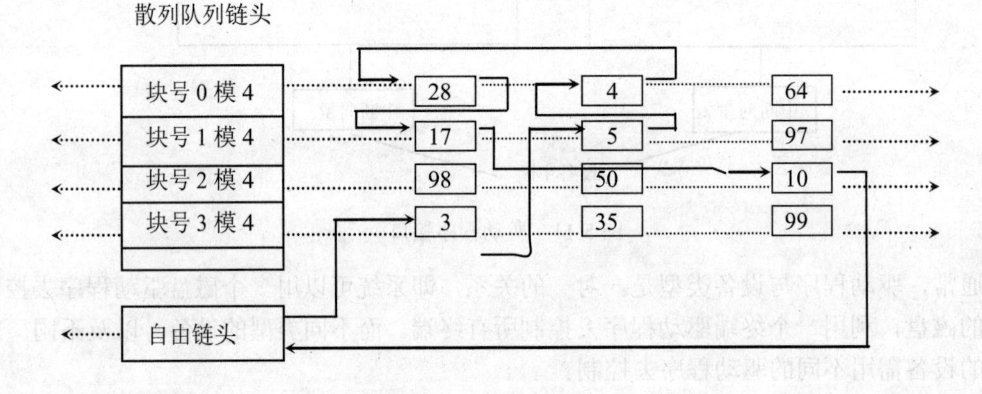


图 5-12　缓冲池结构示意图

（3）缓冲区的分配与释放

在 UNIX 系统中，分配缓冲区的工作是由 getblk(dev,blkno)程序来完成的。

getblk 程序的流程框图如图 5-13 所示。

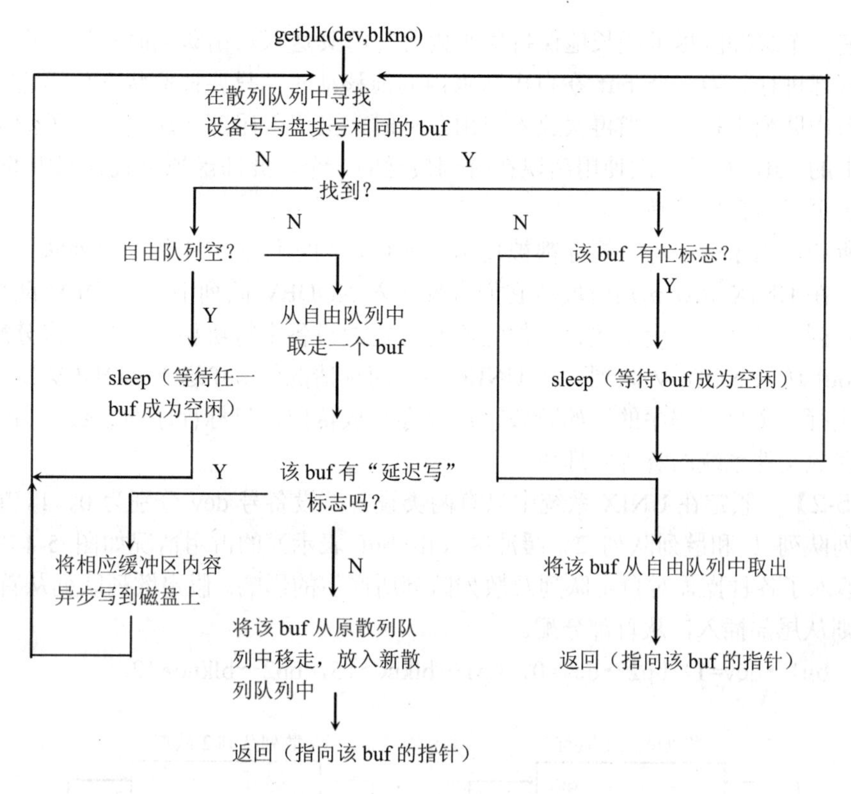


图 5-13 getblk 程序的流程框图

getblk 程序的工作过程如下：

① 由参数 dev 和 blkno 确定一散列队列。

② 在该散列队列中寻找其设备号和盘块号与 dev、blkno 相同的 buf。若找到，假如它处于自由队列中，将其从自由队列中取出即可；若它正被某个进程使用，则调用 getblk 程序的进程睡眠等待（sleep）。

③ 若在散列队列中找不到相关缓冲区，则在自由队列中分配。假如自由队列空，则调用 getblk 程序的进程睡眠等待（sleep）；假如自由队列非空，则从自由队列队首取一 buf，若该 buf 有“延迟写”标志，则将该缓冲区内容异步写到相应设备上，要求分配缓冲区的进程立即重复分配工作，若无“延迟写”标志，则将其从原散列队列中取出，插入新的散列队列中。

④ 返回指向所分得 buf 的指针。

当核心用完缓冲区后，要把它释放，链入自由链。所用函数是 brelse，其算法流程如图 5-14 所示。

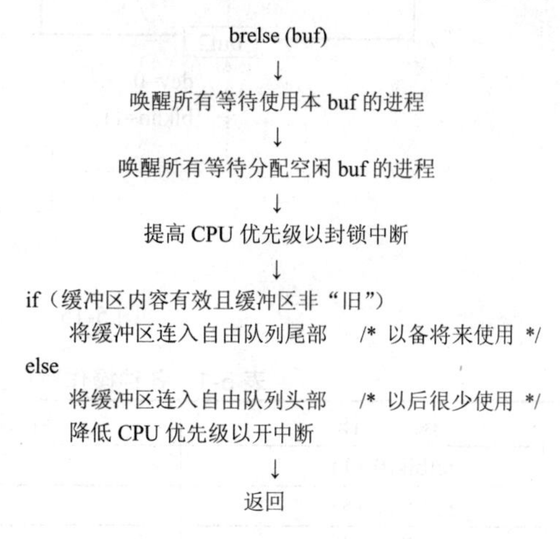


图 5-14 brelse 程序的算法流程

为了使一个缓冲区尽可能长地保持原来内容，将其送入自由队列时从尾部送入，而分配时又从首部进行。当一个 buf 在自由队列内向前移动时，只要按原状态使用它，就可立即将其从自由队列中抽出。当再次放入自由队列时，又放入尾部。这就保证了淘汰所有在自由队列中的 buf，最后一次使用离现在时刻最远的一个，此即虚拟页式管理中的 LRU 算法，只是比页式虚存更精确。

由前所述，当系统中每个缓存都被使用一遍后，则它们必定在某一散列队列中。为了统一起见，在 UNIX 系统初启阶段将它们全部送入 NODEV 队列中。NODEV 队列是个特殊的散列队列。当系统需使用缓存，但它不与特定的设备字符块相关连时，将分配到的缓存控制块 buf 送入 NODEV 队列。在 UNIX 中有两种情况将 buf 送入 NODEV 队列：一种是在进程执行一个目标程序的开始阶段，用缓存存放传向该目标程序的参数；另一种情况是用缓存存放文件系统的资源管理块。

**【例 5-2】** 假定在 UNIX 系统中只有两类设备，设备号 dev 分别为 0、1。它们分别对应于散列队列 1 和散列队列 2。缓冲区（由 buf 表示）的占用情况如图 5-4 所示，如表 5-1 中填入了各种操作对自由队列及散列队列所产生的影响。假定散列队列从首部插入，自由队列则从尾部插入，从首部分配。

其中，bp1→dev=1，bp2→dev=0，bp1→blkno=15，bp2→blkno=12。

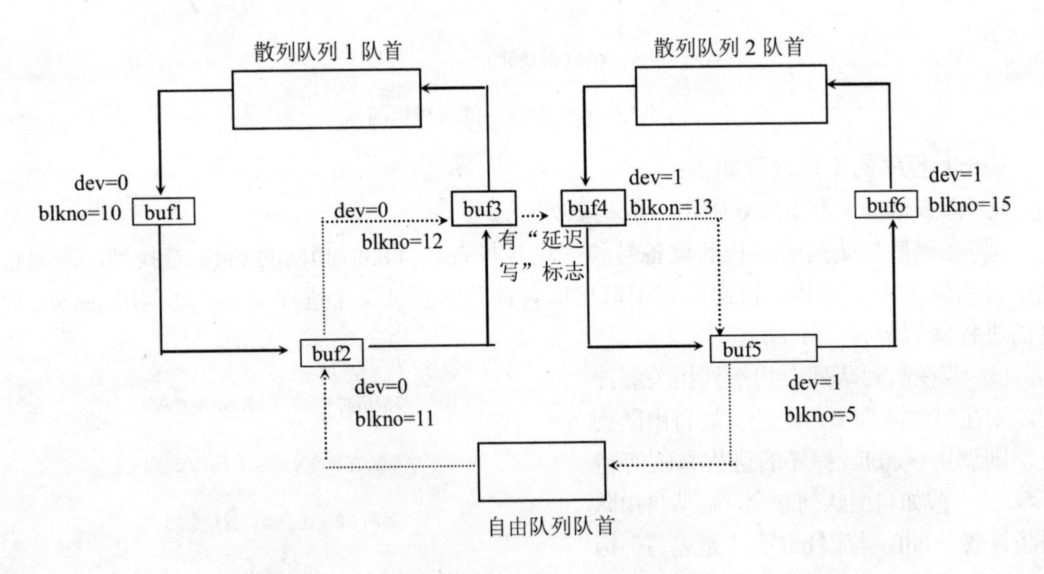


图 5-15　缓冲区占用情况

表 5-1　各种操作对自由队列及散列队列的影响

| 操　作 | 自 由 队 列 | 散 列 队 列 |
|---|---|---|
| getblk(0,11) | | |
| getblk(1,15) | | |
| getblk(0,14) | | |
| brelse(bp1) | | |
| brelse(bp2) | | |

### 5.4.4　块设备的读、写

当需要对块设备上的某个字符块信息进行处理时，如若在该设备的 buf 队列中找不到相关缓存，那么先要申请分配一缓存，然后通过它进行设备读、写操作。一个比较典型的读、写操作过程如图 5-16 所示。

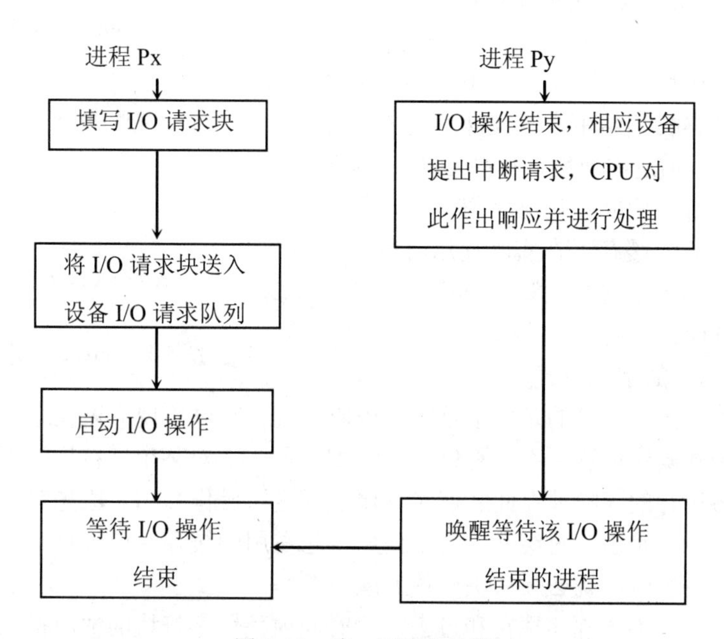


图 5-16　读、写操作过程

首先按照读、写要求构成 I/O 请求块，并将它送入相应块设备的 I/O 请求队列。然后启动相应设备进行数据传输，提出该 I/O 请求的进程则等待此操作结束。当 I/O 操作结束时，相应设备提出中断请求，中央处理器对此作出响应后，即转而执行相应设备的中断处理子程序，在其中唤醒正等待此操作结束的进程。UNIX 操作系统中，启动块设备进行 I/O 操作以及与块设备中断处理有关的程序称为块设备驱动程序。

块设备的读、写可用同步与异步两种方式进行。同步方式是指提出读、写要求的进程要等待 I/O 结束才能继续进行。异步方式是指提出读、写要求的进程不必等待 I/O 结束就可以继续运行。

在 UNIX 中对块设备的使用有两种方式：一种是用于存储文件，此时读、写操作是通过缓存进行的；另一种是用作对换设备，此时进程图像传送是不通过缓冲区进行的。在这里只介绍第一种。

1. 读块设备

字符块读操作是指从设备上将一个指定磁盘块读入缓冲区。它有两种方式：一种是基本字符块读入；另一种则增加了预读操作。从前者可以了解读字符块的基本工作过程、缓存技术以及块设备驱动程序的具体应用；从后者则可了解一种提高中央处理器和块设备工作并行程度所采用的技术。

（1）字符块的基本读入

字符块的基本读入指的是从块设备上用同步方式将一个指定的字符块读入缓存。实施这一操作的程序是 bread(dev,blkno)。参数 dev 指定了块设备号，blkno 是该块设备上的字符块号。其工作流程如图 5-17 所示。

```
bread(dev,blkno)
        ↓
根据 dev、blkno 申请缓存（getblk 算法）
        ↓
if（所需信息已在某一缓存中）
        return（指向其 buf 指针）
else
        启动磁盘读
            ↓
          sleep()
            ↓
        return（指向某一 buf 指针）
```

图 5-17　bread 的工作流程

以同步方式读块设备时，进程不得不进入睡眠状态以等待数据传输结束，因此速度是相当低的。为了加快进程前进的速度，提高 CPU 和设备的并行程度，最好在实际使用某字符块前，用异步方式提早将它读入缓存，在实际使用时就可立即从缓存中取用而无需等待。这种读字符块方式称为提前读（预读）。

（2）带有预读的字符块读入

对字符块进行预读的目的是力争重复使用原先读、写过，现尚留在缓存中的字符块，但是对块设备的读操作仍然是不可避免的。其原因是：① 对某个字符块的第一次读操作一般总是对块设备进行的（除非在此之前对该块进行过写操作）。② 原先对某字符块虽然进行过读、写操作，但是由于对缓存的竞争使用，它占用的缓存区已被重新分配改作它用，因此当再次需要使用时，就必须从块设备上读入。

一般来说，可以根据程序现在和过去一段时间内使用字符块的情况推测将来时刻的行为。但是比较复杂的统计预测是难以实施的。在 UNIX 中只在对文件进行顺序读时才进行字符块预读。文件顺序读指的是本次欲读的文件逻辑字符块（在文件内的逻辑编号）是上一次存放该文件的逻辑块的下一块。根据现在行为推测将来，可以认为下一次也可能进行顺序读，因此提前申请读入文件的下一逻辑块。

实施字符块预读的程序是 breada(adev,blkno,rablkno)，参数 adev 为块设备号；blkno 是当前要读的字符块号，breada 程序用同步方式读此字符块；rablkno 是要预读的字符块号，breada 程序用异步方式读此字符块。

breada 程序的基本工作过程如图 5-18 所示。由于 breada 的第一、二部分的作用基本相同，所以它们的工作过程也极类似，主要区别有两点：第一点区别体现在预读块处理部分，如果检查到所需字符块已在一缓存中，则立即释放该缓存。初看起来这种处理似乎奇怪，但实际上却是必要的。因为缓存数量有限，使用又很频繁，所以应尽量设法使它们为各进程共享。在 breada 程序中，对 rablkno 字符块进行预读，但是预读块是否包含立即或最近一段时间内需要使用的信息是没有把握的，只是一种预测而已。如若为此占用一个缓存可能造成一种危险，即如果在较长时间内不使用该缓存所包含的信息，那么它就不会被释放，变成了被某进程占用但又不使用的资源。如果若干个进程都照此办理，则系统可能没有缓存可以使用。以后，各进程再次要求使用缓存时，它们就不得不纷纷入睡，都不能再前进一步。为了避免这种危险，预读块应及早释放。由于对自由 buf 队列管理采用 FIFO 算法，有关 buf 释放后仍留在 adev 设备 buf 队列中，所以只要缓存的竞争使用程度不很激烈，从释放到实际使用之间的时间间隔不是很长，则当实际需要使用预读块信息时，仍能在该缓存中获得。第二点区别体现在读请求块的构成上。为当前块构成 I/O 请求块与 bread 程序中相同，对预读块则增加了异步操作标志。对于预读块，进程并不调用 sleep 以等待读操作结束。当该字符块读入后，设备中断处理程序要检测，若检测到这是用异步方式进行的 I/O 操作，也就无需唤醒有关睡眠进程，而立即释放相应缓存，起到了上述同样的作用。

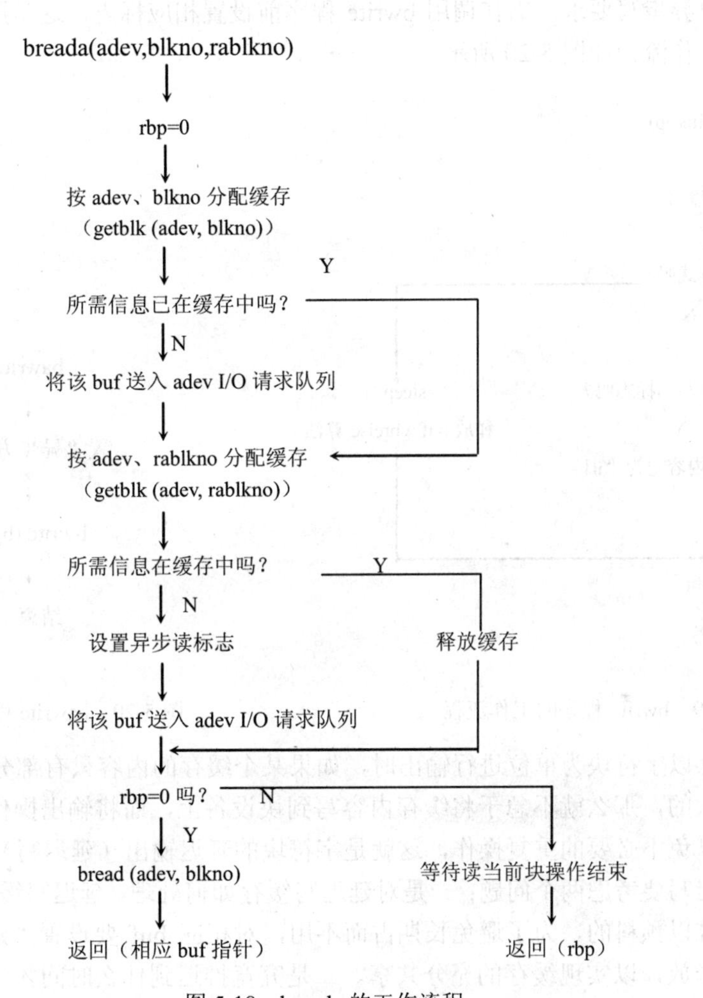


图 5-18　breada 的工作流程

在 breada 程序的开始部分，如果检查到当前块已在一缓存中，则立即进行预读处理。但对预读块进行处理时，原先包含当前块的缓存却有可能已移作它用，所以在最后部分要调用 bread 程序。如当前块缓存仍可用则立即返回；如已经移作它用，则需要将其从块设备上读入。

预读可提高工作效率，但是大大增加了读字符块操作的复杂性。

2. 写块设备（字符块输出）

字符块输出指的是将一个字符块缓存的内容写到一个指定块设备的指定盘块上去。从是否需要等待 I/O 操作结束角度考虑，字符块输出有同步与异步两种工作方式；从提出 I/O 请求的时间角度考虑，字符块输出有延迟和非延迟两种处理方式。

字符块输出一般采用异步方式。也就是进程提出输出请求后，不等待输出操作结束就继续执行。在某种情况下则采用同步方式，也就是等待输出操作结束后才进行后续操作。但是不管是同步还是异步操作，都使用 bwrite(bp)程序。参数 bp 指向一 buf，它所控制的缓存内容需写到块设备上。其工作流程如图 5-19 所示。

为了提出异步写要求，需在调用 bwrite 程序前设置相应标志，这是用 bawrite(bp)程序实施的。其工作流程如图 5-20 所示。

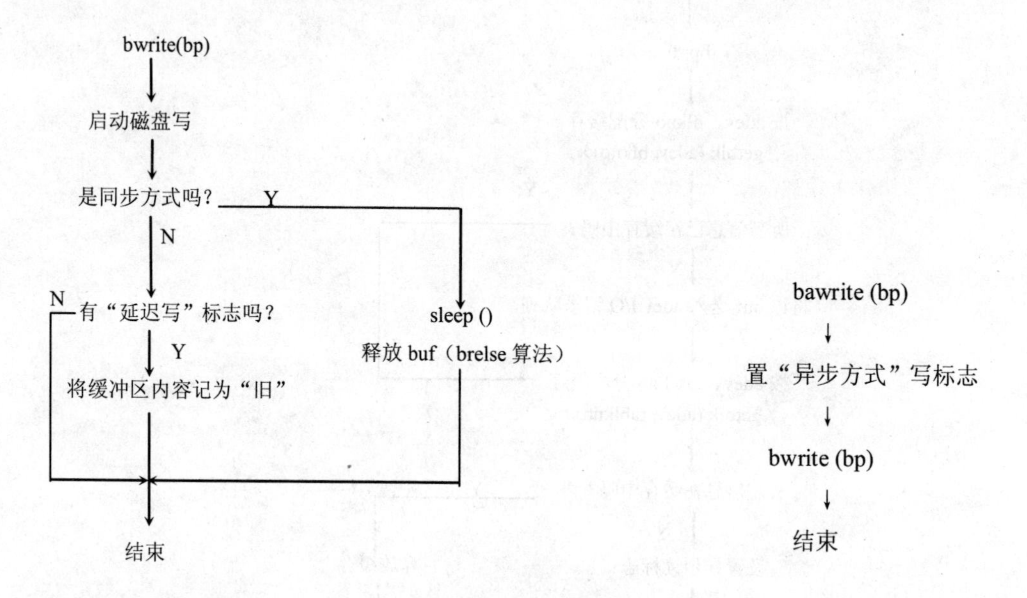


图 5-19　bwrite 程序的工作流程

图 5-20　bawrite 程序的工作流程

通过缓存以字符块为单位进行输出时，如果某个缓存的内容只有部分（如前 200 个字节）是刚写入的，那么就不急于将缓存内容写到块设备上，而将输出操作推迟到某一适当时机进行，以免不必要的重复操作，这就是字符块的延迟输出（延迟写）。

进行延迟写要考虑两个问题：一是对延迟写缓存如何处理。延迟写缓存以后是否有用、何时使用是难以预料的，为了避免长期占而不用，对相应 buf 要设置“延迟写”标志，然后将其立即释放，以实现缓存的充分共享。二是究竟推迟到什么时间才将延迟写缓存的内容写到块设备上。有两个时机要进行具体的写操作，一个是当延迟写缓存被再次按原状使用并全部写满后，用异步方式写到块设备上去；另一个时机与缓存的再分配有关，如果一个 buf 已移到自由 buf 队列队首，系统准备将它分配改作它用时，检测到它带有“延迟写”标志，则也用异步写方式将它控制的缓存内容写到块设备上。写操作结束后，由中断处理程序释放此缓存，其 buf 进入自由 buf 队列队首，同时还留在原散列队列中。

实施延迟写的程序是 bdwrite(bp)，参数 bp 指向一 buf，它所控制的缓存内容要用延迟写方式输出。bdwrite(bp)只是为相应缓存作上“延迟写”标志。

### 5.4.5　字符设备管理

字符设备是一类传输速度较低的输入/输出设备，它以字符为单位进行 I/O 操作，如各种终端机、行式打印机等。它们在使用过程中，一次 I/O 要求传输的字符数往往较少而且数量不固定，并且还需要作若干即时性处理，如制表符处理等。所以块设备管理中采用的缓冲机构对字符设备来说是不适宜的。字符设备也采用多重缓冲技术，但缓冲区的规模较小，由若干缓冲区构成共享的缓冲池，其管理方式简单。字符设备种类繁多，管理方式各异。下面仅以终端机为例来简单说明其管理技术。

1. 控制流关系

当进程要对终端进行读/写时，先用系统调用提出读/写要求，由文件系统确定是不是对终端的读/写，从而在字符设备开关表中找到相应项，执行对应的驱动程序。

UNIX 系统中的终端驱动程序中包含一个行规范程序。行规范程序是对输入/输出字符进行加工处理。其工作方式有规范方式和原始方式。规范方式是将由键盘输入的数据序列加工成标准形式，将原始输出序列转换成用户期望的形式；原始方式仅实现进程—终端间的数据传送，而不作转换。

用终端机进行输入/输出时，其控制流关系如图 5-21 所示，数据流关系如图 5-22 所示。

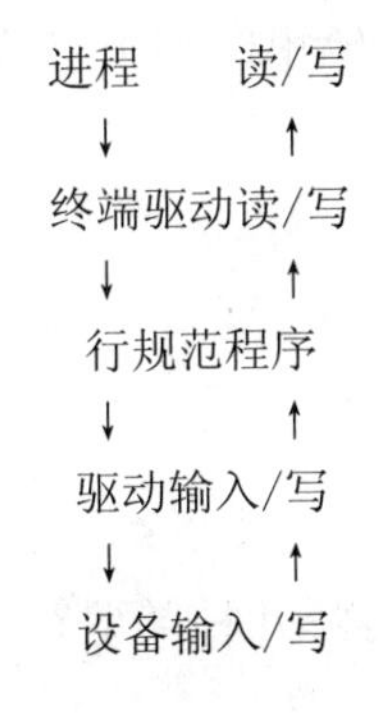


图 5-21　控制流关系

图 5-22　数据流关系

2. 缓冲技术

字符设备使用的缓冲区较小，其形式如图 5-23 所示。

| 指　　针 |
| --- |
| 起始位移 |
| 结束位移 |
| 字符数组<br>（长度为 64 字节） |

→指向下一个缓冲区

图 5-23　缓冲区

字符缓存主要用于解决 CPU 与字符设备之间速度不匹配的问题，其使用方式比较简单，每个字符缓存的长度也很短，所以不再设置专门的缓存控制块。

字符缓冲区根据其不同的用途构成多个队列，一般是一个自由队列和多个 I/O 字符缓存队列，但每个缓冲区不能同时在自由队列和 I/O 字符队列中。

（1）自由队列：是由各个暂时空闲的字符缓冲区构连而成，且缓冲区的分配与释放都从队首进行。分配方法很简单，若自由队列非空就分配，否则不分配。

（2）I/O 字符缓冲区队列：由各个正被使用的字符缓冲区按照它们的不同用途形成多个 I/O 队列。在 UNIX 系统中，终端驱动使用如下 3 条 I/O 队列。

- 原始队列：为终端的读入功能设置的。
- 规范队列：行规范程序把原始队列中特殊字符进行加工之后建立的输入队列。
- 输出队列：为终端的写出功能设置的。

3. 终端的读、写过程

（1）终端机的读操作：把用户在键盘上输入的数据送到指定的用户区。

过程：数据输入后，行规范程序将数据送入原始队列和输出队列，若遇换行符，中断处理程序唤醒所有睡眠的读进程。当读进程运行时，驱动程序把字符从原始队列中移走，将数据加工处理后放入规范队列复制到用户区，直到遇到换行符或者到达预先指定的字符数。

（2）终端机的写操作：将用户区中欲输出字符逐个送到指定终端机输出。

过程：从用户区取字符，处理后放入输出队列。当输出队列中字符数达到一定值时，将它们传送到终端，一直循环到字符全部输出完毕。

## 习　题

1. 设备管理的基本任务是什么？
2. 计算机结构中为什么要引入通道和中断？通道有哪几种类型？
3. 在 I/O 部分为什么要设置内存缓冲区？
4. 在你所接触的实际系统中，设备有哪几种分配方式？
5. 把一台物理字符设备虚拟成多台虚设备是怎样实现的？
6. 试说明从用户进程要求 I/O 操作开始，到 I/O 操作完成的全过程。
7. 逻辑设备和物理设备有何区别？为什么当系统设备配置改变时，与设备有关的程序不必改变？
8. 为什么要建立 Spooling 系统？实现 Spooling 技术需要哪些软件和硬件开销？
9. Spooling 系统通常有几个程序模块？
10. 在 UNIX 系统中，块设备和字符设备是怎样区分的？它们在管理方式上有何异同？
11. 在 UNIX 系统中，块设备的延迟写有什么作用？预先读是根据什么思想确立的？
12. 在 UNIX 系统中，对块设备所用的缓冲区是如何管理的？其优点是什么？

# 第 6 章 文件系统

前面几章我们介绍了 CPU 管理、存储管理、设备管理，它们涉及的都是计算机系统的硬件资源，即 CPU、主存及外设。然而，一个现代计算机系统还具有另一类重要资源，即所谓的软件资源，它主要包括各种系统程序（如汇编、编辑、编译、装配程序等），以及标准子程序库和某些常用的应用程序。

一个用高级语言编写的程序，去上机执行时，除了要求使用各种硬件资源外，无疑也要使用上述某些软件资源。这些软件资源都是一组相关联信息的集合，从管理角度可把它们看成是一个独立的文件，并把它们保存在某种存储介质上。文件系统就以文件方式来管理这些软件资源。

OS 本身就是一种重要的系统资源，而且往往是一个庞大的资源，占用几个 KB 甚至几千 KB 的存储量。因此，若 OS 太大，就不能全部常驻主存。因为主存容量是有限的，而且主要用于存放用户作业。所以，只好把相当一部分的 OS 程序暂时存放在能直接存取的磁盘或其他外设上，在用户需要用到某部分功能时，才把相应的一组 OS 程序调入。由此可见，OS 本身也要求具备文件管理的功能。另外，用户程序通常也是放在外存上，是以文件形式存在的。

因此，一个 OS 的文件管理部分是 OS 其余部分的所需，同时也是用户作业的所需。文件系统将把存储、检索、共享和保护文件的手段提供给 OS 和用户，以达到进一步方便用户，提高资源利用率的目的。

本章内容先是介绍达到上述目标的一些技术，然后介绍 UNIX 系统中对文件的具体管理实现技术。

## 6.1 概　　述

### 6.1.1 文件及其分类

文件是具有名字的一组信息序列。

它通常存放在外存上，可以作为一个独立单位来实施相应的操作（如打开、关闭、读、写等）。用户编写的一个源程序，经编译后生成的目标代码程序、初始数据和运行结果等均可构成文件加以保存。所以，文件表示的对象是相当广泛的。

为了便于管理和控制文件，往往把文件分成若干类型，如按用途可分为以下三类。

- 系统文件：由 OS 及其他系统程序的信息所组成的文件。这类文件对用户不直接开放，只能通过 OS 提供的系统调用为用户服务。
- 库文件：由标准子程序及常用的应用程序组成的文件，这类文件允许用户使用，但用户不能修改它们。
- 用户文件：由用户委托系统保存、管理的文件，如源程序、目标程序、计算结果等。

另外也可根据使用情况来分为永久文件、档案文件和临时文件。

在 UNIX 系统中，按文件的内部构造和处理方式将文件分为以下三类。

- 普通文件：由表示程序、数据或正文的字符串构成，内部没有固定的结构。这类文件包括一般用户建立的源程序文件、数据文件等，也包括系统文件和库文件。
- 目录文件：由下属文件的目录项构成的文件。它类似于人事管理方面的花名册，它本身不记录个人的档案材料，仅仅列出姓名和档案分类编号，对目录文件可进行读、写操作，不能执行。
- 特别文件：特指各种外设。为了便于统一管理，把所有外部设备都按文件格式供用户使用。如目录查找、保护等方面和普通文件相似，而在具体读、写操作上，则要针对不同设备的特性进行相应处理。

### 6.1.2 文件系统的功能

文件系统：OS 中负责管理和存取文件信息的软件机构。从系统角度看，文件系统负责为用户建立文件（包括存放位置和保护）；从用户角度看，文件系统主要是实现了按名存取，即当用户要求系统保存一个已命名的文件时，文件系统能将它们放在适当的地方。当用户要使用文件时，文件系统根据文件名能找出某个具体文件。因此，文件系统的用户只需知道文件名就可存取文件中的信息，不需知道究竟放在何处。

其功能如下：

- 能实现各种对文件操作的命令（打开、读等）。
- 对文件存储空间的管理。
- 实现对文件的保护和共享。
- 为用户提供统一的文件使用方式。
- 支持相关用户进程间的信息通信。
- 对文件实施严格的维护。

设置文件系统的目的，主要是为了向用户提供一种简便、统一的管理和使用文件的界面。用户可以使用这个界面中的命令（指令），按照文件的逻辑结构，简单直观地对文件实施操作，而不需要了解存储介质的特性以及文件的物理结构和 I/O 实现的细节。毫无疑义，文件系统也为系统文件的管理和使用提供支持。

因此从用户的角度上看，一个文件系统应满足以下要求：

- 使用方便。这主要看文件系统面向用户的界面中的那些命令是否好用、是否充分。
- 安全可靠。这主要是指文件是否会受到破坏，是否会被盗用，是否会泄密。
- 便于共享。这主要是指文件系统是否提供有力的手段，使得用户之间能共享某些用户文件和系统文件。用户之间共享用户文件，对于有合作关系的诸用户来说是非常必要的，而用户之间共享系统文件往往是不可避免的，例如多个用户共享同一个编辑文件来编辑各自的程序。

### 6.1.3　文件系统的用户界面

文件系统的用户界面是文件系统的外特性，是文件系统在用户面前的面貌。正如以前所述，整个操作系统有二级界面，即面向用户态程序的界面——系统调用（或访管）指令的集合；面向用户的界面——作业控制语言 JCL 或键盘命令的集合。作为操作系统一部分的文件系统无疑也有二级界面，如图 6-1 所示。

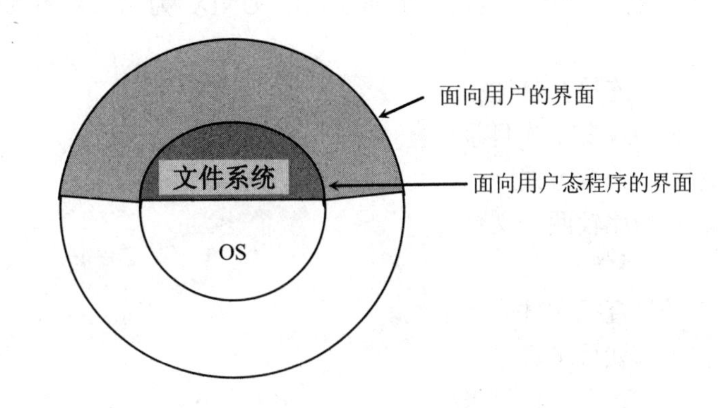


图 6-1　文件系统的用户界面

1. 面向用户态程序的界面

面向用户态程序的界面由系统调用（访管）指令组成。这些指令通常是面向汇编语言的，但有的系统（如 UNIX）也面向 C 语言。由于用户使用汇编或 C 语言编程时可直接使用这些指令，所以，这个界面也可看作是面向用户的。

下面以 UNIX 为例说明这个界面所包含的内容。

在 UNIX 中，这个界面由若干条系统调用指令组成，其中主要的是下面一些：

| | |
|---|---|
| create(...) | /创建一个文件/ |
| unlink(...) | /删除一个文件/ |
| open(...) | /打开文件/ |
| close(...) | /关闭文件/ |
| read(...) | /读文件/ |
| write(...) | /写文件/ |
| mount(...) | /安装文件卷/ |
| umount(...) | /拆卸文件卷/ |
| chdir(...) | /改变当前目录/ |
| seek(...) | /改变读、写指针/ |
| pipe(...) | /创建 pipe 文件/ |

这些指令构成了用户态程序与文件系统的接口，用户态程序只有通过执行这些指令才能获得文件系统的服务。例如，若要创建一个新文件，可使用系统调用 create(...)，使用方式是 fd=create(name,mode)。其中 name 是用户给予这个新文件的符号名；mode 说明新文件的有关特性，主要是不同用户对该文件的存取权限，文件创建好以后，同时把它打开，并把打开后的文件描述字 fd（file description）作为返回值回送调用者。

上面的系统调用指令引起的操作，有的只涉及目录结构，如 create(...)、open(...)、close(...)等，有的则涉及文件信息本身，如 read(...)、write(...)等。

2. 面向用户的界面

文件系统面向用户的界面是那些与文件有关的键盘命令（对分时系统）或者作业控制语言（JCL）中与文件有关的那些语句。下面还是以 UNIX 为例，看看那些与文件有关的键盘命令：

| | |
|---|---|
| cat... | /连接与打印/ |
| cd... | /改变工作目录/ |
| chmod... | /改变方式/ |
| cmp... | /比较两个文件/ |
| cp... | /复制文件/ |
| find... | /查找文件/ |
| ls... | /列目录表/ |
| mkdir... | /建立工作目录/ |
| mv... | /改文件名/ |
| pwd... | /查工作目录/ |
| rm... | /删除目录/ |
| rmdir... | /删除空目录/ |
| tail... | /打印文件片段/ |

上面这些键盘命令（只是其中的一部分）构成了文件系统的人—机接口。用户只有通过这些命令才能与文件系统打交道。

### 6.1.4 文件系统的层次结构

作为操作系统一部分的文件管理系统，是一个程序模块的集合。这些程序模块按其功能可划分成若干部分，若干个层次，如图 6-2 所示。

各层次的功能大体如下：

第一层（L1）为用户态程序接口层。本层对用户态程序的系统调用指令进行语法检查，然后按系统要求加以改造，使之变成内部的调用格式。

第二层（L2）为目录管理子系统。本层的任务是管理文件的目录结构以便按文件的路径名找到该文件的文件控制块，并把它复制到内存。

第三层（L3）为文件保护子系统。本层验证文件的存取权限，对文件实现保护和保密。

第四层（L4）为逻辑文件子系统。处理文件的逻辑结构，支持文件划分记录，将记录号转换成所在相对块号。

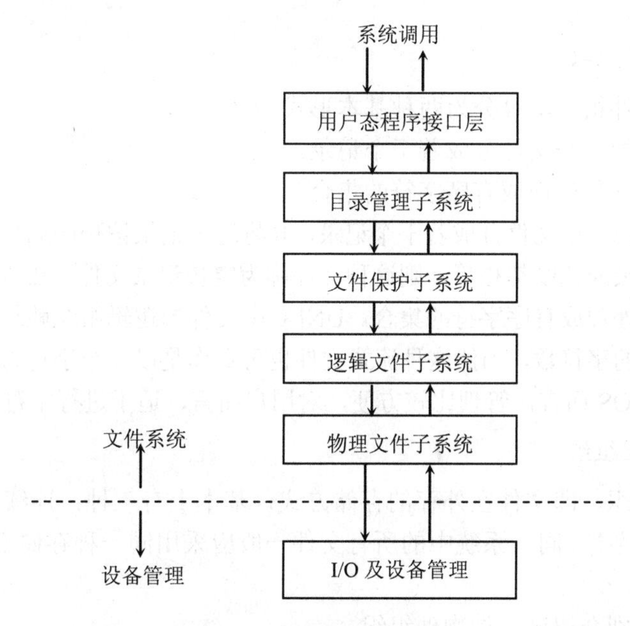


图 6-2　文件系统的层次结构

第五层（L5）为物理文件子系统。本层根据文件控制块中有关文件物理结构的信息，将所引用的相对块号转换成物理块号。本层还管理文件空间，若执行的是写操作，则本层负责存储空间的分配，并把分配结果记入文件控制块内。

第六层（L6）为 I/O 及设备管理系统。本层负责设备和内存之间的信息交换，其中包括文件信息的读出和写入，本层属设备管理部分。

上面给出的层次结构表明了各层之间的调用关系：上级模块可调用下级模块，同级模块之间可相互调用，但下级模块不能调用上级模块——这就是存在于文件系统各层次之间的半序调用关系。此层次结构还告诉我们 I/O 管理系统是文件系统的下属机构。

上述层次及其功能的划分是很粗略的，在具体系统中可以划分得更细、更准确。然而，有了这样一个层次结构，就使我们对整个文件系统有了一个总的轮廓和基本线索。下面将按照这个层次讨论各部分的实现细节。

# 6.2　文件的组织和存取方法

## 6.2.1　文件的逻辑组织和物理组织

文件系统的设计者，应以两种不同的观点研究文件的组织问题。一是用户观点，就是研究用户思维中的抽象文件，为用户提供一种逻辑结构清晰、使用简便的逻辑文件形式。用户可按这种形式对文件进行各种操作，而不管其机器实现的细节。另一种是实现观点，即研究文件在存储介质上的具体存放形式，系统将按照这种存储方式实施具体的存取操作。

前者叫文件的逻辑组织，后者叫文件的物理组织。文件系统的重要作用之一，就是在两者之间建立映照关系。

1. 文件的逻辑组织

用户给出的文件组织，可分为两种基本形式。

记录式文件：把一个文件分成若干个记录。

流式文件：将文件处理成有序字符的集合。

记录式文件是把一个文件分成若干个记录，并将这些记录按顺序编号为 0，1，2，...，n。如果文件中所有记录的长度都相等，则这种文件称为定长记录文件，否则为变长记录文件。流式文件是把文件处理成有序字符的集合。UNIX 中文件的逻辑组织就是这种形式。文件的长度是该文件包含的字符数，当然这种流式文件也可看作是以一个字符为一个记录的记录式文件。流式文件对 OS 而言，管理比较方便，对用户而言，适于进行字符流的正文处理。

2. 文件的物理组织

文件的物理组织，即文件在外存的存储方式，基本上有三种：连续、链接和索引。为了减少管理上的复杂性，同一系统中的所有文件一般应采用同一种存储方式或两种方式（如连续和索引）。

下面我们来分别介绍这三种物理组织。

（1）连续文件

若一个逻辑文件的信息存放在外存的连续编号的物理块中，则为连续存储方式，这样的文件叫连续文件，如图 6-3 所示。磁带上的文件一般取这种存储方式，而磁盘上的文件可以连续，也可以是非连续的。

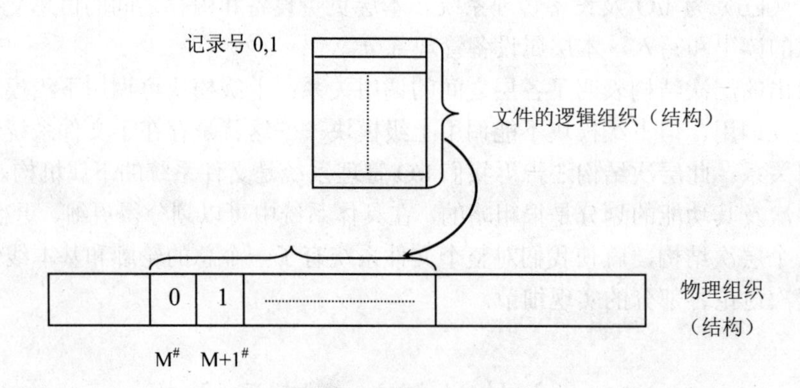


图 6-3 连续文件的形式

在连续文件中，在其文件控制块中只要给出该文件存放的起始块号及占用的总物理块数，就可寻址。如一个文件存放在起始块号为 m 的区域，每一记录（定长）占用一个物理块，则第 i 个逻辑记录的存放物理块号为 m+i。

（2）链接文件（串连文件）

这是一种非连续的存储方式，存放一文件各逻辑记录的物理块可以是不连续的，但应按逻辑记录的序号将它们的存放块号链接起来。通常每一块中的一个指针字指向下一个物理块。在文件控制块中，应给出链首指针和总块数，这种文件叫链接文件，它的寻址是很费时的，因为它有一个拉链的过程，如图 6-4 所示。

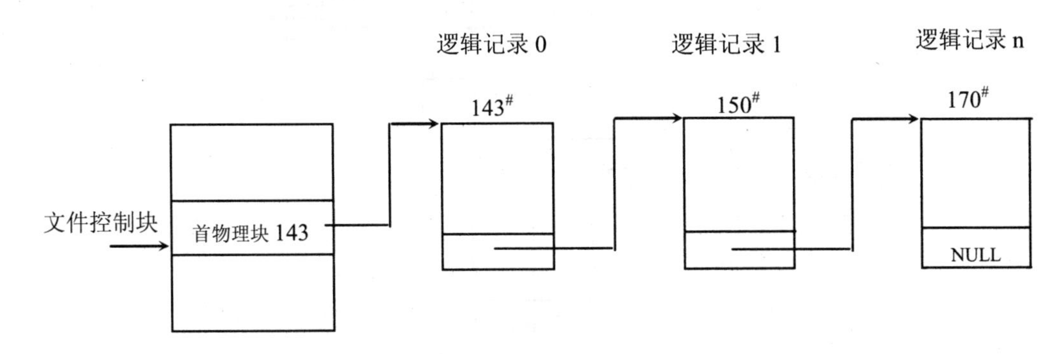


图 6-4　链接文件的形式

因只有读出上一块才能知道下一块的地址，为了加快查找，可将盘块的勾连字按物理块号集中起来。构成盘文件映照表，如图 6-5 所示。

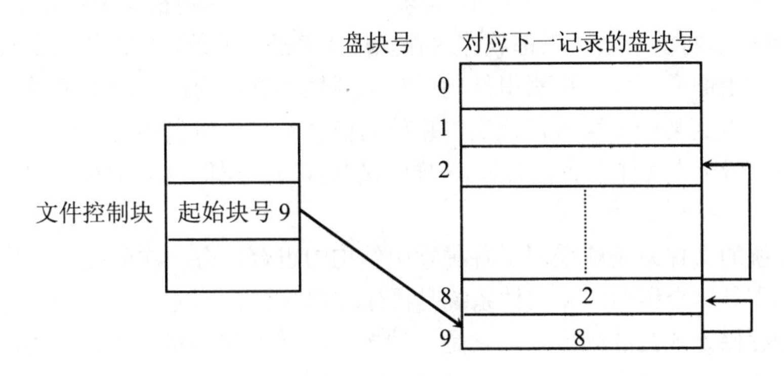


图 6-5　盘文件映照表

利用盘文件映照表进行查找较方便，只要顺序查找盘文件映照表即可，但盘文件映照表本身可能很大，平时也必须放在外存上（作为一个文件）。因此，如果某个文件的盘块很分散，则在映照表上查找它的相应关系，可能也要读出多个盘块，所以存放最好要相对集中。

（3）索引文件

索引文件是实现非连续分配的另一种方案：将逻辑文件顺序分成等长的（同物理块长）逻辑块，然后为每个文件建立一张逻辑块与物理块的对照表，称之为索引表。其索引按文件逻辑序号排序，如图 6-6 所示。

用这种方式构成的文件称为索引文件。索引文件在存储区中占用索引区和数据区。数据区存放文件实体。

优点是：只要给出文件的索引表和在索引表中的位移量就能随机取出文件中任意一块。所花费的代价是先读出某一索引块，然后才能获得文件的物理块号。除非前后两次用的索引块不同，否则往往读一次索引块就可进行多次物理块的访问操作。当要在文件中间进行增删时，则必须对索引表中所有后续项作移位操作。如果涉及的索引表项比较多，则非常耗费时间。

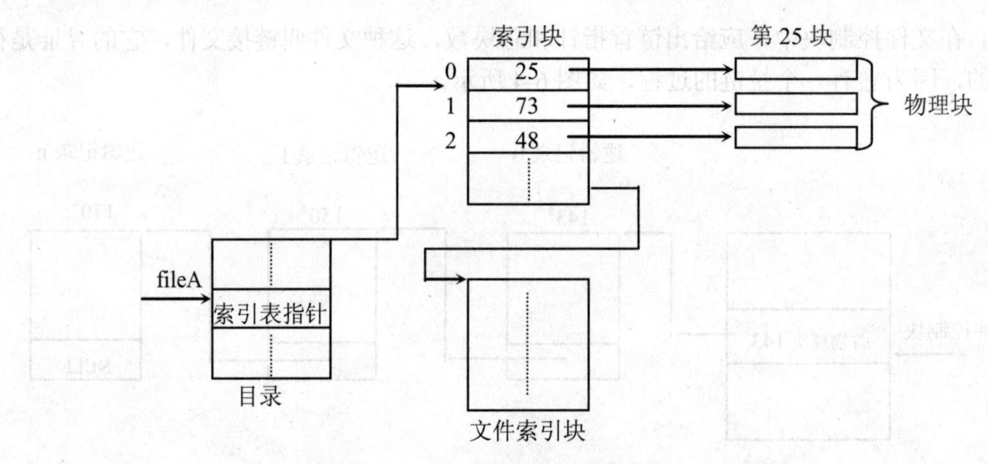


图 6-6　索引文件的形式

为了用户使用方便，系统一般不应限制文件的大小。如果文件很大，那么不仅存放文件信息需要大量盘块，而且相应的索引表也必然很大。例如，设盘块大小为 1KB，文件大小为 1000KB，则索引表中要有 1000 项，每项占用 4 个字节，则索引表就要占用 4000 字节（约 4KB）。此时若将整个索引表都放在内存显然不合适。另外，文件的大小有些是动态可变的。那么我们上面介绍的一层索引结构显然灵活性不够，为此引出了多重索引结构。即由最初索引项中得到某一盘块号，该块中存放的信息是另一组盘块号；而后者每一块中又可存放一组盘块号（或文件本身信息），这样间接几级最末尾的盘块中存放的信息一定是文件内容。

UNIX 系统的文件系统就采用了各种索引结构的组合，有一次间接、二次间接和直接索引等。我们在具体介绍 UNIX 文件系统时再作详细介绍。

还有一种存储方式是散列方式，它是一种按内容寻址的存储方式。具体地说，为了实现这种存储方式，首先要确定一个叫做 Hash 函数的变换函数，然后，在存储文件时，应用 Hash 函数将文件名变换成一个物理块号，并将此文件存放在以此物理块号为起始块的连续区内。另一种方式是以记录为单位存储，此时应将 Hash 函数作用于各记录的关键字以确定各逻辑记录的存放位置，整个文件物理上可以不连续。例如，一个简单的 Hash 函数，是把构成文件名或关键字的诸字符的 ASCII 码值异或起来，以获得其存放的物理块号。

对于散列文件，其文件控制块应包含 Hash 函数。在需要寻址时，使用此函数作用于文件名或关键字，便可获得其存放块号。对于这种存放方式，正如数据结构中讨论的那样，最大的问题是有可能发生碰撞。关于产生碰撞的原因及预防碰撞的方法，这里就不讨论了。

### 6.2.2　文件的存取方式

文件的存取方法是由文件的性质和用户使用文件的情况来决定的。通常有两种方法：顺序存取和随机存取。

- 顺序存取：严格按记录排列的顺序依次存取。例如，当前读记录号为 Ri，则下一次要读取的记录号自动地确定为 Ri+1。

● 随机存取：允许随意存取文件中的一个记录，而不管前次存取了哪个记录。

# 6.3 目 录 结 构

文件系统要管理为数众多的文件，首先的问题就是要把它们有条不紊地组织起来，以便能根据文件名迅速准确地找到文件。这是文件系统能否有效地工作的关键。这就是目录结构的问题。那么，一个好的目录结构的标准是什么呢？

首先，它应是简练的，便于查找的。

其次，它应是便于实施共享的。也就是说，用户可以方便地（当然是有条件地）以不同的文件名指向同一文件的物理副本。

再次，它应是有条件地允许文件同名。例如，在一个分时系统中，各个终端上的用户很可能给不同的文件取相同的名字。

最后，在按名查找的过程中，应使内外存之间的信息传输量越少越好。

我们先介绍一个概念，即目录项。

目录项是用于记录一个文件的有关信息的数据结构。一个目录项通常有下面一些内容：文件名、文件的属性、文件的结构、文件的保护信息和管理信息等。

文件名在这里并不一定是文件的全名。在多级目录结构中，文件的全名是路径名，而目录项中的文件名只是路径分量名。如/user/hu/pr.pas 是一个文件的路径名，而出现在此路径上的每一个符号名都是分量名。

在此之前，目录项也就是文件控制块，是由文件系统构造的。因此，在文件系统看来，文件包括目录项和文件体。

文件的属性是指文件的类型。文件的结构包括逻辑结构（组织）和物理结构。保护信息则给出对该文件的存取权限。管理信息则包括文件建立的日期和时间等。

在有的系统中，为了改善目录结构的性能将上述目录项分解成如图 6-7 所示的两部分。

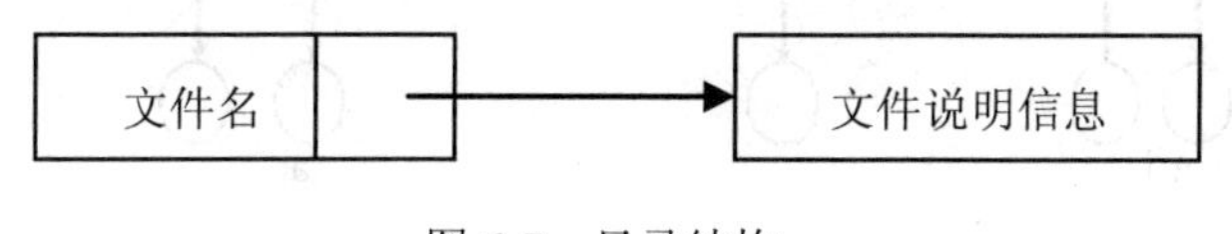


图 6-7　目录结构

前一部分仍叫目录项，它包含两个内容：文件名以及指向该文件说明信息的指针。后一部分，即文件说明信息组织在一个新的数据结构中，叫做文件控制块（FCB），用以记录说明信息的内容。在 UNIX 中，FCB 也叫做 i 节点，它和文件是一一对应的。具体的我们在后面会详细讲解。

接下来我们来介绍目录结构。

## 6.3.1　一级目录结构

一级目录结构无疑是最简单的目录结构，采用此结构时，系统只有一张目录表，分成若干个目录项，每个目录项直接说明一个文件，如图 6-8 所示。

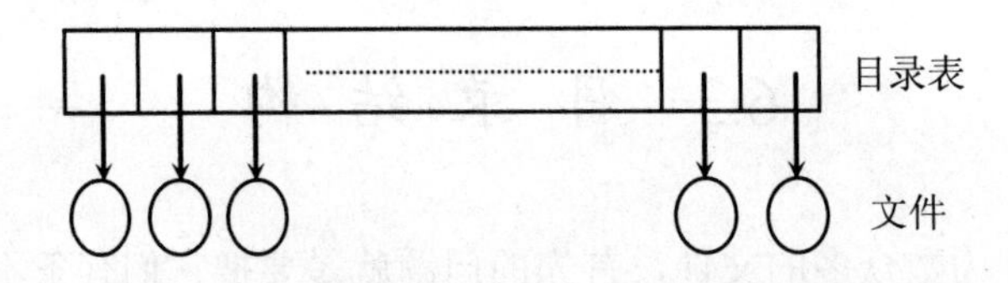


图 6-8　一级目录结构

这种结构的优点是简单，对单用户的小型 OS 比较适用。但对于多用户或包含有较多文件的系统，这种目录结构则会带来使用和管理上的许多不便。例如，它要求系统内所有的文件都不同名。这在多用户系统中是很难做到的，因为多个用户都是独立地为自己的文件取名，因而很难避免重名。此外，在文件较多时，按文件名查找文件的开销也较大。缺点是不允许文件同名，查找文件开销较大。

## 6.3.2　二级目录结构

为了适应多用户的需要，提出了二级目录结构。在二级目录结构中，目录分成主文件目录（MFD）和用户文件目录（UFD）两级。主文件目录中的每一个目录项包含两个内容：一是用户名，二是指向该用户文件目录的指针。用户文件目录中的每个目录项对应一个文件，如图 6-9 所示。

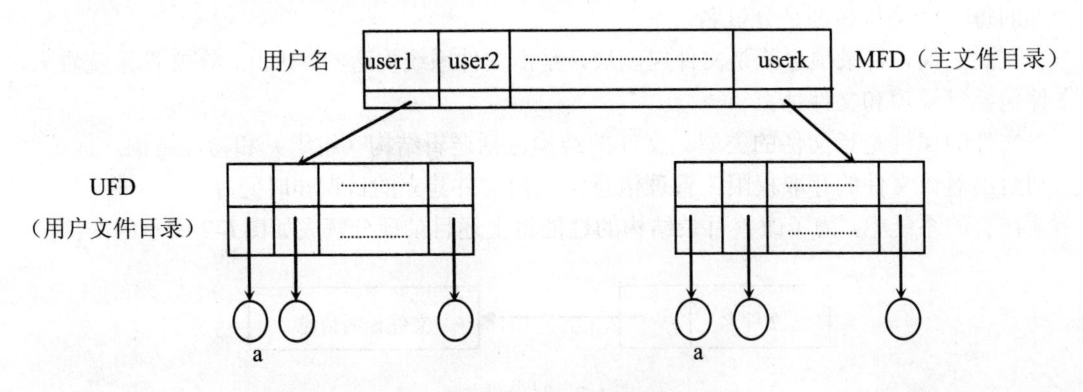


图 6-9　二级目录结构

当一个新用户开始使用文件系统时，系统为其在 MFD 中开辟一个新的目录项，登记上他的用户名，为他准备好一个存放 UFD 的区域，并把始地址填入 MFD 中为其新开的目录项中。此后，每当该用户创建一个新文件时，系统按其用户名从 MFD 中寻找其 UFD 的起始地址，然后在此 UFD 中为新文件建立一个目录项，并在文件写入的过程中，确定该目录项中的说明信息。当用户要引用文件时，通常只需给出文件名，系统便会自动地从 MFD 中找到其 UFD，并根据文件名找到所引用文件。

优点是：较简单，且允许各用户之间的文件同名。这就为用户各自独立地管理和使用自己的文件提供了方便。

缺点是：不利于用户之间的文件共享，因为各用户的文件是相互隔开的。缺乏灵活性，不利于描述在实际中往往需要的多层次的文件结构形式。例如，一个用户需要存放具有不同类型，不同用途的文件，为了管理和使用的方便，同一用户的这些文件又可按某种标准划分成若干类，这就增加了目录结构的层次，超出了二级目录的界限，为此提出了多级目录结构。

### 6.3.3　多级目录结构

多级目录结构是使用灵活、能适应不同要求的目录结构，在实际系统中得到了广泛的应用。多级目录结构有不同的形式，主要有树形结构、非循环图形结构等。下面先介绍树形的目录结构，如图 6-10 所示。

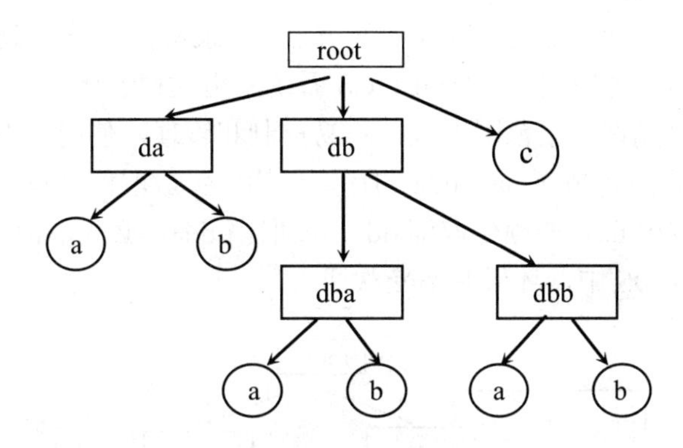


图 6-10　树形目录结构

在此结构中，MFD 变成根目录（root directory）。根目录项可以是一个普通文件（数据文件），也可以是一个次一级的目录文件。如此层层类推，形成一个树形层次结构，在这一结构中，末端叶节点一般是数据文件，中间节点一定是一个目录文件。

下面我们介绍树形结构中的几个概念问题。

（1）文件路径名

代表着在文件系统中寻找一个文件的一条路径。

在多级目录结构中，同一目录中的文件不能重名，但不同目录中的文件可以重名。它们代表了不同文件，且用户可根据自己的意思将文件分类，因为每个文件都是从根开始的一连串符号名在目录中唯一决定的，例如，root/da/a，root/db/dba/a。

这种文件名的表示方法实际上说明了在文件系统中寻找一个文件的一条路径，称之为文件路径名。路径名的每一部分称为分量名，分量名之间用一特殊符号分隔（UNIX 中用“/”）。

（2）工作目录（当前目录）

在一个层次较多的文件系统中，若每次都使用完整的路径名，会给用户带来很大不便，系统本身也需在搜索目录上耗费大量时间。为了方便用户和减少文件系统的工作量，系统常采取如下措施：省略根目录名（root），引入工作目录的做法。

考虑到在一段时间内访问文件通常是有一定范围的，因此在这一段时间指定一目录为工作目录，以后的操作以工作目录为根目录，并在内存中开辟一工作区，用以存放当前正在工作的工作目录的节点。

为了识别一个文件的路径名是从真正的根目录开始，还是从工作目录开始，二者表示方法应有所区别：在 UNIX 中以“/”开始的路径名为从根开始的，反之从工作目录开始。

当一用户通过 Login 进入系统后，系统自动为该用户设置工作目录，在工作过程中，工作目录可以改变。

下面介绍非循环图形结构。

单纯的树形目录结构不便于实现文件的共享，为此在树形结构中可增加交叉连接部分称为连接（Link），这样就不是纯树形结构，而称之为非循环图形结构。

其连接有两种方式：

（1）允许目录项连到任一节点上去

这就意味着既可连向叶节点也可连向中间节点（目录文件）。如果连向一个目录文件则可共享该目录以及其后的各级文件，MOLTICS 系统采用此种连接。

这种连接的缺点是允许共享范围太宽，不易控制和管理，使用不当会形成环形勾连。如图 6-11 中虚线部分，就形成了 da，dda 的环形结构。一般取消一目录时是要先取消其中各文件。而此时，要取消 da，必须先取消 dda；要取消 dda，必先取消 da，形成一个环形，造成管理上的混乱。在 OS 中，环形并不受欢迎。

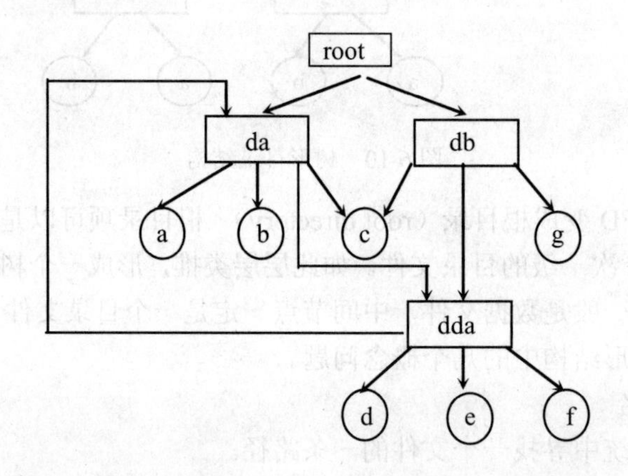


图 6-11　允许目录项连到任一节点上去的非循环图形结构

（2）只允许连接到末端叶节点上去

在 UNIX 中采用此法。即一个勾连只造成对一个一般文件即叶节点的共享。在目录结构中，这种勾连可能使得有几条路径通向一个文件，即一个文件可能有多个路径名。如图 6-11 所示的文件 C。

建立目录结构的目的是要把文件有条不紊地组织起来，以便能按文件名迅速地找到该文件的控制块 FCB。需要说明的是，整个目录结构都是建立在外存上的，而按名查找的过程是要通过 CPU 执行查找程序（例如，UNIX 中此程序的名字叫 namei）实现的，所以要把作为此程序加工的数据的目录有选择地读入内存。因此，在查找文件的过程中涉及大量的内、外存之间的信息传输。

下面要说明将目录项和文件的说明信息分开所带来的好处。主要是两条，一是能减少在按名查找的过程中内、外存之间的信息传输量；二是为文件的共享提供了方便。先说内、外存之间信息量的减少。设外存为磁盘，每个盘块为 512 个字节。假设目录项和文件的说明信息未分开时，一个目录项共 32 个字节：文件名 6 个字节，说明信息 26 个字节。目录项和说明信息分开后，目录项只 8 个字节：文件名 6 个字节，指向 FCB 的指针 2 个字节。于是在不分开时，一个盘块存放 512/32=16 个目录项，而分开后，每个盘块可存放 512/8=64 个目录项。设某目录文件共 128 个目录项，则前者需 8 个盘块，后者只需 2 个盘块。由于每启动一次 I/O 只传输一个盘块，所以对于前者，查找一个目录项启动该盘的平均次数为 (8+1)/2=4.5 次，而后者为((2+1)/2)+1=2.5 次，由此可见，这种分解方法大大地减少了在按名查找的过程中内、外存之间的信息传输量。

一般地，若某目录文件用 n 个盘块存放包含说明信息的目录项改为用 m 个盘块存放不包含说明信息的目录项，则查找该目录文件中的一个目录项引起的访盘次数从(n+1)/2 变为((m+1)/2)+1。

于是当 n−m>2 时，访盘次数减少；当 n−m=2 时，访盘次数不变；当 n−m<2 时，访盘次数反而增多。可见将说明信息和目录项分开，仅当 n−m>2 才有积极意义。

下面再说分解法有利于文件共享。文件的共享是不同用户以不同的文件路径名指向同一个文件。在目录项不分开的情况下，指向同一文件的多个目录项均应包含同一文件的说明信息，也就是说，多个目录项中存有同一文件说明信息的多个副本。这显然是对存储空间的浪费。

在目录项分解的情况下，指向同一文件的多个目录项中只保存同一 FCB 的指针，而此 FCB 包含共享文件的说明信息。这样共享文件的说明信息只有一份，因此节约了存储空间，而且共享一文件的用户越多，系统中的共享文件越多，存储空间的节省越明显。

## 6.4　文件存储空间的管理

存储空间的管理，主要是存储空间的分配与回收问题。文件存储空间是外存空间，它和内存空间的管理有很多相似之处，例如，用以记住分配现状的数据结构，分配与回收的算法等。所不同的是，内存通常以字节单元为单位分配，而外存空间通常以字符块为单位（例如，一字符块为 512 字节）分配。下面讨论文件空间管理的有关问题。

### 6.4.1　记住空间分配现状的数据结构

通常可使用以下一些办法来记录文件存储空间未分区的现状。

1. 空白文件目录

空白文件目录与内存管理中 FBT 是类似的，它也是一张表格，其每一个表目记录一个空白文件的大小（以块为单位）和起始块号。

当需要分配空间时，系统可使用与内存管理类似的“首次适应法”、“最佳、最坏适应法”等算法，扫描上述目录，直至找到一个符合要求的空白文件，把它分出去并对空白文件目录作必要的调整。这种分配技术适用于建立连续文件。

2. 位示图

位示图（bit map）是另一种记录文件空间分配现状的方法。位示图通常有两种，一种是用一个二进制数向量来记住各物理块是否分配的现状：

| 向量： | 0 | 1 | 0 | 1 | 1 | 1 | 0 | 0 | 1 | 0 | 1 | 1 | 0 | 1 | 1 | 0 |
|---|---|---|---|---|---|---|---|---|---|---|---|---|---|---|---|---|
| 编号： | 0 | 1 | 2 | 3 | 4 | 5 | 6 | 7 | 8 | 9 | 10 | 11 | 12 | 13 | 14 | 15 |

向量中的二进制数从左到右从 0 开始编号，每一个二进制数所对应的编号，也就是它所代表的物理块块号。当该二进制数为 1 时表示相应物理块未分，为 0 时表示已分（当然也可以反过来定义）。以向量方式给出的位示图有一个特点，那就是当物理块很多时，此向量会很长。为此提出了位示图的另一种形式，即二维数组（矩阵）形式。例如，若总共有 32 个物理块，则可以用一个 4×8 的数组表示，如图 6-12 所示。

| B= | | 0 | 1 | 2 | 3 | 4 | 5 | 6 | 7 |
|---|---|---|---|---|---|---|---|---|---|
| | 0 | 0 | 1 | 1 | 0 | 0 | 0 | 1 | 0 |
| | 1 | 1 | 1 | 1 | 1 | 0 | 0 | 0 | 1 |
| | 2 | 1 | 1 | 0 | 0 | 1 | 1 | 0 | 1 |
| | 3 | 0 | 0 | 1 | 1 | 0 | 1 | 1 | 0 |

图 6-12 位示图矩阵

数组中的每一个元素都是二进制数，含义如上。若行号和列号都从 0 开始，则数组中某一元素 $b_{ij}$ 所代表的块号为 $x+m\times(i-1)+j$，m 为矩阵的列数，n 为行数，$0\leqslant i<n$，$0\leqslant j<m$。

在位示图方式下，空间分配可以是连续分配，也可以块为单位分配。当连续分配时，需在位示图中找到足够多的连续为 1 的二进制数，并把它们的对应块分出去。以块为单位的分配，则只要扫描到第一个为 1 的二进制数，便把它对应的块分出去。所以，位示图方式既可用于连续文件，也可用于非连续文件。

3. 空白块组链

空白块组链是一种记录未分配空间现状的较好方式，所以我们要较详细地讨论其结构及在此结构上的空间分配和回收方法。其基本思想，是把空白块分成若干组，然后在组与组之间用一组指针链接起来，由此形成组链。

例如，设某系统初启时文件区有 180 个物理块，按每组 50 块划分，则可分为四组，其中前三组均为 50 块，第四组为 30 块。然后，用每组（第一组除外）的最后一块（当然也可以是最前面一块）的一部分空间记录其上一组各物理块的块号（这就是一组指针），这样就形成了组链，如图 6-13 所示。

其中的组链指针是以 UNIX 系统为例的。

每组的最后一块除保存上一组各物理块块号外，还保存上一组物理块的总块数。在第二组的最后一块记录了第一组的情况，其中记录的第一组的总块数比实际块数要多一块（在图 6-13 中第一组实际块数是 49，但记录的是 50），并在靠近记录总块数的单元中保存一个零（或空），这个零（或空）就是整个文件空间分配已完的标志。分配程序据此可以判断所有的物理块都已分出，再无物理块可分。

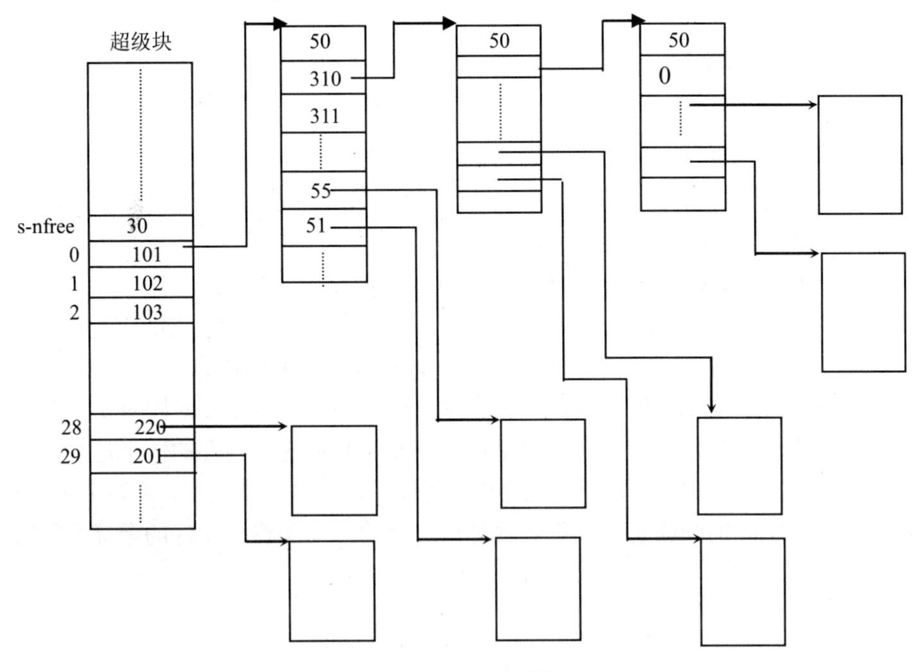


图 6-13　组链结构

上述组链的链头在何处？即最后一组诸物理块号保存在何处？通常是保存在一个叫超级块的物理块中（也叫卷资源表）。对磁盘而言，这个超级块通常是整个盘空间的第 1#块。在超级块中，变量 s-nfree 的值为当前在超级块中的物理块总个数，区域 s-free 共有 50 个记录单元，用以记录当前在超级块中的物理块号。需要说明的是，区域 s-free 可以看作是一个后进先出的栈，而 s-nfree 便是该栈的栈顶指针。

## 6.4.2　存储空间分配程序

下面是在如图 6-13 所示的组链上构造的一次分配一个物理块的物理块分配程序（用类 pascal 给出）。

```
PROCEDVRE  alloc(P)
BEGIN
   s-nfree: =s-nfree-1;
   IF  s-nfree≠0
   THEN P: = s-free[s-nfree];
   ELSE
      IF   s-free[0] ≠0
      THEN
         BEGIN
```

```
                K: =s-free[0];
                Load kth block;
                P: =K;
            END
        ELSE  P: =0;
    END
```

在此程序中，P 作为返回值是本次分得的物理块号，当 P=0 时，说明已无物理块可分，本次分配失败。程序中 Load kth block 的意思是把第 K 块中保存的上一组的物理块号装入栈 s-free 中，并把上一组的总块数装入 s-nfree，仅当某一组的最后一块将分配时才执行这些操作。当 s-nfree=0 且 s-free［0］=0 时，说明所有物理块已分完。

在组链上回收一个物理块的过程是分配的逆动作。需要注意的是，每回收一块便将其块号填入 s-free 栈，当此栈已满而还有物理块要回收时，则应将栈中记录的块号存放到下一次行将回收的物理块中，然后将栈清 0，并将下一次回收的物理块号存于 s-free 栈的 0 号单元。

在实际工程中，一文件系统的超级块是在系统初启时被送入内存的，于是，整个文件系统便置于 OS 的管理之下。外存空间的分配是在文件写入的过程中进行，需要多少分配多少，以块为单位。外存空间的回收是在文件删除之后进行的，一次将一文件的全部空间收回。

# 6.5 文 件 保 护

信息存放在计算机系统中，主要关心的一个问题是其保护问题，既要防止物理损坏（可靠性或完整性），又要防止不正确的存取（保护）。

## 6.5.1 文件系统的完整性

一个文件可能是 n 个月努力工作获得的成果，也可能它所包含的一些数据非常珍贵，不能再从别处得到。因此万一由于软、硬件故障造成系统失效时，应该有措施可以恢复被破坏了的文件。这意味着系统要保存所有文件的双份复件。一份被损坏后，就可以使用另一份。

形成文件的复件的方法基本上有两种，一种是周期性的全量转存，另一种是增量转存。周期性全量转存按固定时间间隔，把文件系统存储空间中的全部文件都转存到另一存储介质上，如另一磁带或磁盘。系统失效时，使用这些转存磁盘或磁带，将文件系统恢复到上次转存时的状态。它的缺点是：在转存期间，应当停止对文件系统进行其他操作，以免造成混乱。而且整个文件系统的转存非常费时，一般是每周或每月进行一次。于是从转存介质上恢复的文件系统可能与被破坏时的文件系统有较大差别。

第二种也是比较复杂的一种方法是增量转存。每当用户退出系统时，系统将它在这次使用期内创建和修改过的文件及有关控制信息转存到磁盘上去。可能某些用户一次上机的时间很长，为了将他们新创建和修改过的文件比较及时地进行转存，每隔数小时将该期间内创建和修改过的但尚未转存的文件送到转存介质上去。为了确定哪些文件要转存，文件被修改过就要在相应目录项中作上标记，在转存后将该标记清除。增量转存使得系统一旦受到破坏后，至少能够恢复到数小时前文件系统的状态。所以，造成的损失最多是最近数小时内对系统内某些文件所作的处理(使新生成的文件丢失，对某些文件所作的修改失效)。

在实际工作中，两种转存方法经常配合使用，一旦系统发生故障，文件系统的恢复过程大致是：

（1）从最近一次全量转存盘中装入全部系统文件，使系统得以重新启动，并在其控制下进行后续恢复操作。

（2）从近到远从增量转存盘上恢复文件。可能同一文件曾被转存过若干次，但只恢复到最近一次转存的副本，其他则被略去。

（3）从最近一次全量转存盘中，恢复没有恢复过的文件。

### 6.5.2　文件的共享与保护保密

文件共享是指若干用户按规定共同使用某一个或某一部分文件。文件的保护保密是指未经文件主授权的任何普通用户不得存取文件。

文件的共享和保护保密是一个问题的两个方面。对文件的保护保密是由对文件的共享要求引起的。在非共享环境中，不需要做什么保护，实际上它已是极端的完全保护情况；相反，另一种极端的情况是完全共享，不做任何保护。这两种情况都缺乏实用意义，一般用法是有控制地共享文件。

保护机制通过限制文件存取的类型来实现受控制共享。比较简单的办法是将用户先分成几类，然后对每个文件规定各类用户的存取权。通常将用户分成三类：文件主、文件主的同组用户或合作用户、其他用户。UNIX 系统就采用这种分法，UNIX 对文件存取权的规定比较简单，只分成三种：读、写、执行。

对文件的保护机制有很多种，各有优点和不足。可根据实际情况来选择合适的保护方法，常用的有下列几种。

口令：给文件设一个口令，只有口令对上了，才能对它进行操作。显然只有知道口令者才能对文件存取。若口令经常变，则保护效果会更好。

密码：当文件信息存储之前给它加密。只有解密之后才能对它进行处理。如果不能解密就不能知道信息的真实内容，从而达到保密作用。

存取控制：根据不同的用户身份，对每个文件为他们规定不同的存取权限。一般可以建立一张存取控制表，如表 6-1 所示。

表 6-1　存取控制表

| 文　件　名 | 用　户　名 | 存　取　权 |
|---|---|---|
| File1 | M1 | 读、写、执行 |
| | M2 | 读 |
| … | … | … |

这种方法较死板，且文件很多时，此表会很长。

在 UNIX 系统中，采用了一种较简单的表示对各文件存取权限的规定。对每个文件用 9 位二进制数规定各用户对其文件的存取权限，如图 6-14 所示。

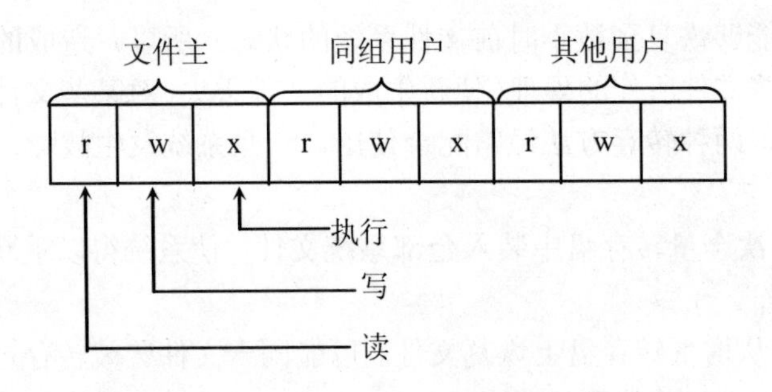


图 6-14　对文件存取权限的规定

# 6.6　对文件的主要操作

用户将文件托交给文件系统管理后，文件系统必须返回一整套系统调用给用户使用，称之为文件系统的用户界面，用户通过它们就可以实现对文件的一些基本操作。一般文件系统也是按层次构造的。

用户
↑
系统调用
公用程序
缓冲区管理，与设备管理的接口程序
↓
设备

当一个用户要把一批作为文件的信息委托给文件系统管理时，用户应能够告诉系统要创造一个文件，以便获得必要的资源。当用户要访问一个已存在于系统中的文件时，为了提高效率先要打开文件。在使用时应能进行写、读操作，读、写以记录或文件为单位进行。还应能进行修改、增删等操作。用户暂时不用时，要关闭文件。文件用完后要撤销文件。有时可能还要转储文件等。任何一个实用文件系统都能提供这些基本命令，功能强一些的文件系统可能还能提供更多更灵活的文件系统命令。

下面我们以 UNIX 系统提供的命令为例介绍几种基本的对文件操作的命令。

## 6.6.1　创建文件

当用户想把一批信息作为一个文件存放在磁盘供以后使用时，即要把一个文件托交给文件系统时，用户可用此命令向系统提出创建文件的要求。

命令格式为：fd=create(pathname,modes)。其中，fd 是一个整数，表示创建成功后返回给用户的文件描述字（打开文件号）；pathname 是所要创建文件的路径名；modes 是为该文件规定的存取权限。

以后，就可利用 fd 对该文件进行操作，且可缩短检索时间。

其说明如下：

- 创建文件的同时就打开了文件。
- 在有的系统中，创建文件的要求可以隐含在写命令中，间接地向系统提出。就是说，当系统发现用户要求写入一批信息到一个未创建的文件时，系统应自动地帮助用户创建该文件，然后再写入信息。
- 如果所要创建的文件先前已存在于系统中，则系统将该文件长度截为 0（即释放全部占用的盘块），重新建文件，并且按 modes 设置新的存取权限。

### 6.6.2　文件的连接与解除连接

一个文件若是可以共享的，它就同时可有若干个文件名。如果要为一个已存在的文件再起一个新名（路径名），使得在不同的目录文件中都有该文件的目录项，从而就可实现对该文件的永久共享。

给已存在的文件起一个新名，就是连接，可用系统调用 link 来实现。

命令格式为：link(oldname,newname)。其中 oldname 表示为原名；newname 表示为新名（别名）。

如果要取消某文件的一个文件路径名，就是解除连接，可用系统调用 unlink 来实现。

命令格式为：unlink(pathname)。

如果要将一个名为 name1 的文件改为 name2，那么可按如下顺序使用系统调用 link，unlink：

```
link(name1,name2);
unlink(name1);
```

其说明如下：

- 若某文件只有一个文件名，则取消这一文件名就意味着在文件系统中可以取消该文件。
- 连接文件是增加一条共享文件的路径，而不是创建新文件。
- 解除连接只是取消它的一个名字，并不一定取消文件本身。
- 对文件主，则解除连接就是删除文件。

### 6.6.3　文件的打开和关闭

通常，文件的使用规则是先打开，后使用。打开文件的目的就是建立从用户文件管理机构到具体文件控制块之间的一条联络通路。

打开文件的系统调用是 open，其命令格式为：fd=open(pathname,flags,modes)。

通常只给出前两个参数，第三个参数可以舍弃不要。其中 flags 为打开文件后的操作方式。若文件不能打开则返回-1。

打开文件的好处：

（1）对文件的存取权限作进一步限制。

（2）访问文件时不再使用文件名。

一般，因为一个进程能够同时打开的文件数是受限制的，当它不再使用某个打开文件时，就应关闭它。

关闭文件的命令格式为：close(fd)。其中，fd 为欲关闭文件的打开文件号。

关闭文件是打开文件的逆过程，切断打开文件建立的那条联络通路。一般说来，关闭只是表示当前文件不能再用了，但系统中还保留它，以后需要用时可再打开，而文件一旦被删除，就永远从系统中消失了。

### 6.6.4 文件的读、写

文件的读写是文件系统中最基本而又最重要的操作。文件的读写往往都要经过缓冲区。读、写文件使用的系统调用形式为：

```
n=read(fd,buf,count)
n=write(fd,buf,count)
```

其中，fd 是打开文件号；buf 对读而言，是所读信息应送向的目标区首址，对写而言，是信息源区的首址；count 是要读写的字节数；返回值 n 是实际读、写的字节数。一般来讲，对读而言，n 可能小于 count，如一旦读到文件末尾，系统调用就返回，而不管是否达到了用户要求的数目。而对写而言，n 与 count 的值一定相等，否则为出错。

【例 6-1】 while((n=read(0,buf,BOF))>0)

Write(1,buf,n);

在 UNIX 中，将标准输入、出文件的打开文件号分别固定为 0、1。因此，这条语句的作用就是将标准输入文件上的内容复制到标准输出文件上去。

下面我们给出另一种将一个文件的内容复制到另一个文件上去的方法。

```
Main(arge,argv)
...
fold=open(argv[1],0);
fnew=creat(argv[2],PMODE);
while(n=read(fold,buf,512))
    write(fnew,buf,n);
```

调用本程序的命令行格式为：

```
      CP          oldfile        newfile        argc=3
      ↑             ↑              ↑
  argv［0］     argv［1］      argv［2］
```

argv［］是指向某一字符串的首指针。

当然在具体实现时，还要加进去各种出错检查，如 fold<0 就表示不能打开第一个文件等。

## 6.7 文件系统的执行过程

上述各节已讨论了文件系统的各个组成部分及其实现细节。本节要通过给出文件系统的执行过程把各个部分联系起来，使读者对文件系统各部分的功能及其相互关系有进一步的了解，从而对文件系统建立起整体概念。

所谓文件系统的执行过程，也就是与文件系统有关的系统调用指令的执行过程。这里仅以 Read(文件名,记录号,内存始地址)指令为例说明其过程。

设该指令的具体形式为 Read(ABC.pas,5,2000)。其功能是，把名为“ABC.pas”的文件的第 5 个逻辑记录读到内存始地址为 2000 的一片区域内。假设逻辑记录长度为 500 字节；文件存放在磁盘上，物理块大小为 1000 字节；文件的物理结构为连续存储方式；采用直接存取方法；文件在读之前已打开等。

下面按照前面给出的文件系统的层次结构，说明在指令执行的过程中每一层的功能，并以此说明整个文件系统执行的全过程。

（1）第一层，用户态程序接口层

本层对 Read(ABC.pas,5,2000)作必要的语法检查，然后把它变成内部调用的格式，以调用下一层的目录管理子系统：CALL LFS(Read,ABC.pas,5,2000)。

（2）第二层，目录管理子系统

本层的基本任务是根据文件名或文件路径名找到该文件的 afcb。

如果在读操作之前文件尚未打开，则此文件的 FCB 尚未读到内存，则应首先根据文件名查找目录结构，获得所指文件的 FCB 并把它读到内存变成 afcb，建立 Read()调用者进程与该 afcb 之间的通路。

此例中，我们假设文件已经打开，其 FCB 已读入内存，所以不必执行按名查找的过程，可以根据文件描述字 fd 从内存直接获得其 afcb。假设此 afcb 在 AFCB 中的序号为 10，于是，逻辑文件系统把指令变成如下调用文件保护子系统的形式：CALL FPS(Read,10,5,2000)。

（3）第三层，文件保护子系统

本层的职能是根据 afcb 的有关存取权限信息验证 Read(...)调用者的身份和存取权限，判定本次对文件的操作是否合法。若不合法，则产生保护性中断，由系统作适当处理，Read(...)指令执行到此结束；若合法，则把命令变为调用逻辑文件子系统的形式：CALL PFS (Read,10,5,2000)。

（4）第四层，逻辑文件子系统

此层的任务是根据 FCB 中关于文件的逻辑结构信息，将逻辑记录号转变为文件的相对块号和块内相对地址。

逻辑基地址（LBA）=记录号×记录长度=5×500=2500；

相对块号（RBN）=［LBA/PBL］=［2500/1000］=2；

块内相对地址（PBO）=LBA mod PBL=500，PBL 是物理块长度。

（5）第五层，物理文件子系统

上面算出的只是相对块号，即相对于文件的逻辑起始地址的块号。要把相对块号变为物理块号，则要根据文件的存储方式和寻址方法进行转换。例如，若文件 ABC.pas 以连续方式存储在起始块号为 120#的盘空间内，如图 6-15 所示。

则第 5 个记录所在物理块号为 120+2=122#。由于文件信息的 I/O 是以物理块为单位的，块内位移量指出本块内哪些信息是调用者进程需要的。物理块号算出后，便把调用命令转换成对 I/O 管理系统的调用形式：CALL　IOMS (Read,122#)。

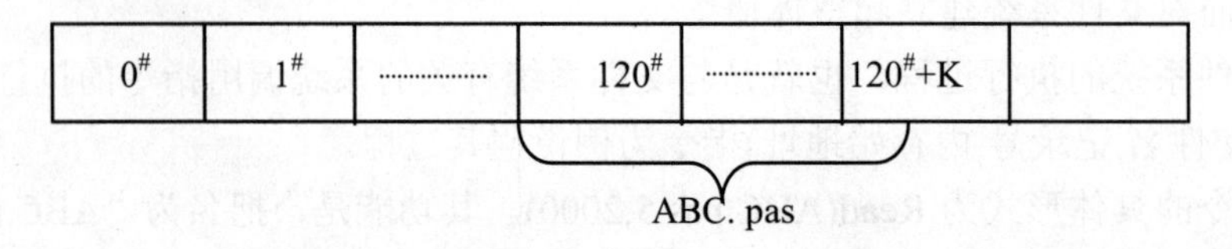


图 6-15　文件 ABC.pas 以连续方式存储

本层也负责文件空间的管理，若执行 Write(...)指令，则本层动态地为调用者分配物理块。

（6）第六层，I/O 管理系统。

IOMS 的任务是具体地执行 I/O 操作，把所要读的物理块上的文件信息从盘上传输到内存。该层属设备管理。

# 6.8　UNIX 文件系统的内部实现

前面介绍了文件系统的一般原理，下面具体介绍 UNIX 文件系统。在 UNIX 文件系统中，文件的逻辑结构是字符流式文件，文件的物理结构是索引文件，文件的目录结构是树形带交叉勾连结构（非循环图形结构）。整个文件系统分为基本文件系统与子文件系统两部分。基本文件系统是子文件系统的基础，固定在根存储设备上。各个子文件系统可存储于可装卸的文件存储介质上，如软盘等。一旦启动，基本文件系统不能脱卸，而子文件系统可随时安装或拆卸。这种结构使得文件系统易于扩展和更改，使用灵活而方便。

## 6.8.1　i 节点

每一个文件都有一个与之对应的目录项，用以存放该文件的控制信息。在 UNIX 中，为了加快文件目录的搜索速度，便于实施共享，将有关控制信息从目录项中分离出来，单独作为一种数据结构，称之为 inode。在文件存储设备上开辟有一个专门的 inode 区，在其中存放的 inode 称为静态 inode。它们按顺序编号，每个文件都有一个对应的 inode 存放其控制信息。

其形式如下：

```
struct  dinode
   {  ushort    di-mode;                  //文件属性和类型
      short    di-nlink;                  //文件连接计数
      ushort   di-uid;                    //文件主标号
      ushort   di-gid;                    //同组用户标号
      off-t    di-size;                   //文件字节数
      char     di-addr [40] ;             //盘块地址
      time-t   di-atime;                  //最近存取时间
```

```
        time-t   di-mtime;              //最近修改时间
        time-t   di-ctime;              //创建时间
    }
```

我们现在所讨论的 i 节点（i nodes）是存放在磁盘上，而文件操作过程中要频繁地使用 i 节点中的信息，每次都到盘上去找是很困难的。文件系统的工作效率会因多次 I/O 而变得很低。为了提高速度，系统还在内存设置 inode 区。因内存容量有限，它不能是盘 i 节点的全部备份，只能选一些当前正要用的文件的 i 节点放入内存 inode 区，故称为动态形式的 inode。那么到底哪些文件是最近用户使用的呢?这要由用户以一定方式通知系统，此即刚介绍的系统调用 open()。当用户要用文件时，先打开，同时就在内存 inode 区分配一空闲 inode，将外存的 i 节点内容填入。

活动i节点除了具有盘i节点的主要信息外，还增加了下列反映该文件活动状态的项目。

- 状态标志（i-flag）：表示该 i 节点是否被封锁，是否被修改过，是否为安装点等。
- 访问计数（i-count）：表示在某一时刻该文件被打开以后进行访问的次数。当它为 0 时，表示空闲。
- i 节点号（i-number）：它是对应的盘 i 节点在盘区中的顺序号。
- 盘 i 节点所在设备的逻辑号（i-dev）。
- 指向其他活动 i 节点的指针：就像把缓冲区链接到缓冲区散列队列和自由队列一样，系统按照与此相同的方法把活动 i 节点链接到其散列队列和自由队列中。

### 6.8.2　活动 i 节点的分配与释放

用户打开一个文件时，必须为该文件分配一个活动 i 节点，分配工作由 iget 函数来完成。其算法流程可用图 6-16 表示。

释放活动 i 节点由 iput 函数完成。其算法如下：

```
输入：指向活动 i 节点的指针
输出：无
{  如果该 i 节点未被封锁，则封锁它；
   减少该 i 节点的访问计数；
   if（访问计数等于 0）
     { if （该 i 节点连接计数为 0）
       { 释放该文件占用的所有盘块；
         置文件类型为 0；
         释放对应的盘 i 节点；
       }
     if（文件被访问或 i 节点被修改或文件被修改）
         更新盘 i 节点；
     把该活动 i 节点放在自由队列上；
   }
    解除对该 i 节点的封锁；
}
```

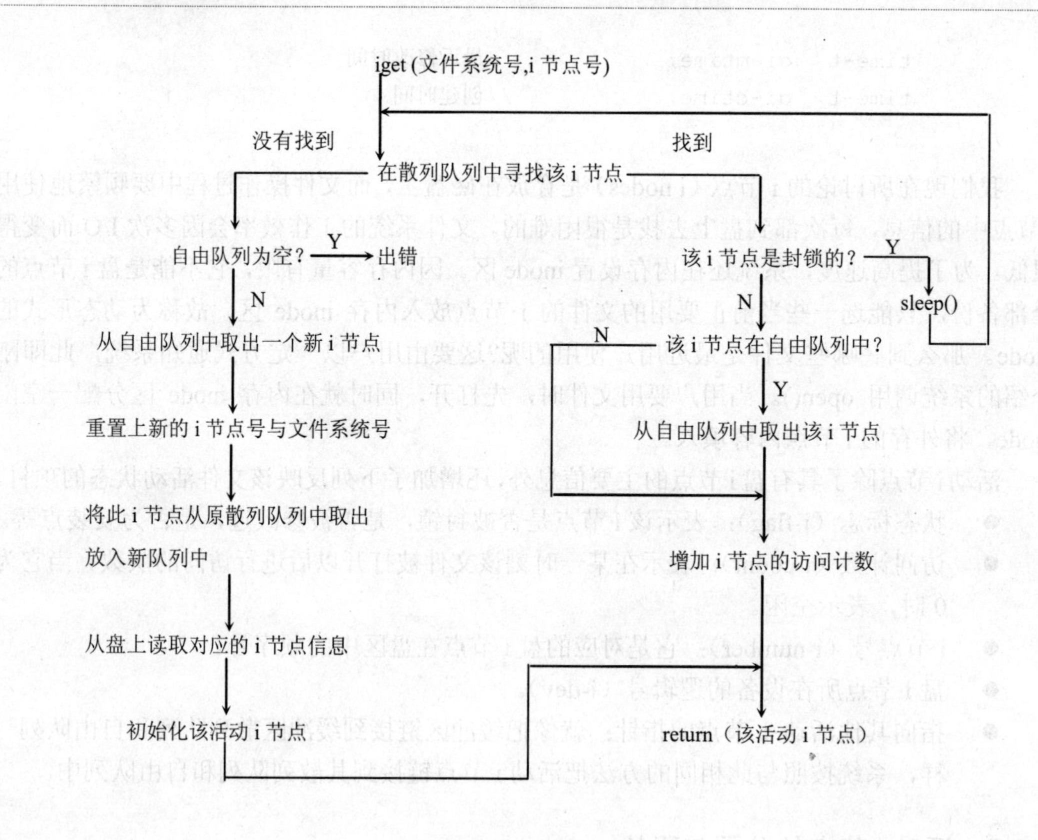


图 6-16　iget 的流程框图

## 6.8.3　用户打开文件表和系统打开文件表

一个文件可以被同一进程或不同进程用同一路径名或不同路径名按相同或互异的操作要求打开，而在 inode 中只能反映文件的一些静态信息，而不能反映各种操作的动态信息。为此，系统为了打开文件和便于共享管理，在内存还设置了另外两个数据结构：用户打开文件表和系统打开文件表。

（1）系统打开文件表，整个系统一张。

表项形式：

```
struct  file
   { char   f-flag;                                 /*操作要求*/
   cnt-t   f-count;                                 /*共享该项的访问计数*/
   union {
       struct  inode   *f-uinode;                   /*指向 i 节点的指针*/
       struct  file    *f-next;                     /*指向空闲链中下一项的指针*/
        }f-up;
   off-t   f-offset;                                /*读写字符指针*/
}
```

因为活动 i 节点基本上包含的是文件的物理结构，链接指针、目录结构中对文件的连接共享计数，对用户规定的存取权限等信息。无法反映各个进程对共享文件的不同操作要求和各自对文件读写指针的操作，为此系统在内存中开辟了一个系统打开文件表。

（2）用户打开文件表：每个进程一张。

为了让各个进程掌握它当前使用文件的情况，不要同时打开过多文件，以及加速对文件的查找速度，系统在内存还开辟了另一数据结构：用户打开文件表。每个进程都有一张用户打开文件表，它是进程扩充控制块 user 结构中的一个指针数组。数组的每个成员都可以是一个指针，指向系统打开文件表中的一项。数组的下标值就是打开文件号 fd 的值，由 fd 作索引来访问打开文件，比直接用文件名来查找要快得多。

系统打开文件表项和用户打开文件表项的分配和释放，主要是在文件打开和关闭时由有关程序完成的。分配用户打开文件表项的工作很简单：从该表中选取一个空闲项，项的编号即打开文件号 fd。在关闭文件时释放该表项，将该项内容清为 NULL 即可。系统打开文件表项的分配过程是：从对应的空闲链头找到一个空闲项，把该项的首地址送入预先分到的用户打开文件表项中，并且为系统打开文件表项置初值。在关闭文件时，f-count 减 1，若其值为 0，就标志它是空闲项，链入空闲链。

（3）用户打开文件表、系统打开文件表、活动 i 节点之间的关系，如图 6-17 所示。

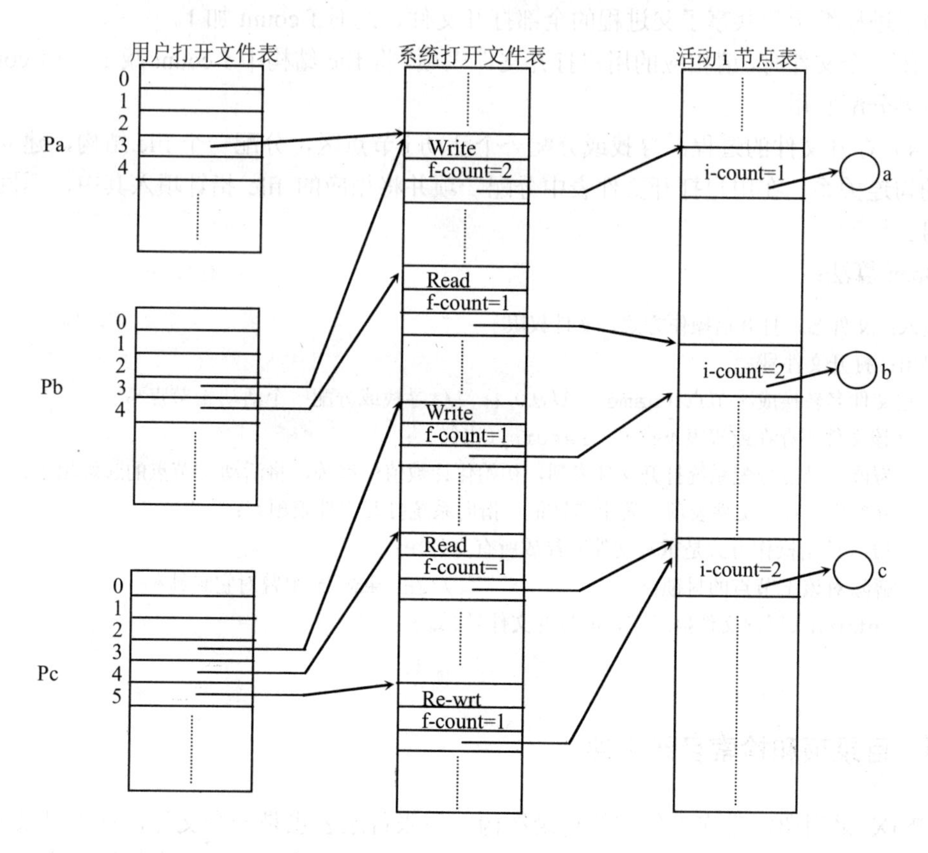


图 6-17 三者之间的关系

其说明如下：

- 在 UNIX 中，每个用户打开文件表的前三项有特殊用途。
  - 0 用于表示标准输入文件。
  - 1 用于表示标准输出文件。
  - 2 用于表示标准出错输出文件。

它们是由系统自动打开的。

- 进程 pb 是 pa 的子进程，它保留了一个从进程 pa 继承过来的打开文件，又自行独立打开了另外一个文件。
- 进程 pc 独自打开的一个文件正好也已经由进程 pb 打开。进程 pb、pc 在打开这一文件时，使用的可能是同一路径名，也可能是不同路径名。
- 进程 pc 对文件 c 前后打开两次，但存取方式不同。

进程打开文件时要找到或分配一个活动 inode，分配一个 file 结构建立二者的勾连关系。还要在用户打开文件表中分配一项并将相应的 file 指针填入其中。

一般，在 UNIX 系统中规定每个进程可同时打开的文件数是 15，即用户打开文件表的数组下标最大为 14。

创建一个子进程时，子进程承袭了父进程的 user 结构，自然也就继承了用户打开文件表。即子进程继承和共享了父进程的全部打开文件，此时 f-count 加 1。

关闭一个文件时，请相应的用户打开文件表项，将 file 结构中 f-count 减 1。当 f-count=0 时，可再分配它用。

（4）打开文件的过程：寻找或分配一个活动 i 节点区，分配一个 file 结构，建立二者之间的勾连关系。在用户打开文件表中分配一项并将相应的 file 指针填入其中，返回表项的编号。

Open 算法：

```
输入：文件名，打开后操作方式，文件权限
输出：打开文件号
{ 把文件名转换成 i 节点（name i 算法）；  /*寻找或分配一个活动 i 节点*/
if（该文件不存在或权限不符）  return（出错）；
   为该 i 节点分配系统打开文件表项，初始化计数值位移等，将活动 i 节点的起址填入；
   分配用户打开文件表项，置上指针值（指向系统打开文件表项）；
   if（所给操作方式是重写文件）释放所有文件块；
   解除对该 i 节点的封锁；               /*在 name i 中曾对它封锁*/
   return（用户文件描述字，即打开文件号）；
}
```

### 6.8.4 目录项和检索目录文件

UNIX 采用树形带交叉勾连的目录结构，每张目录表也是一个文件，称为目录文件。整个目录结构系统包含若干个目录文件。每个目录文件可以由若干个字符块组成。目录表中的基本组成单位是目录项，每个目录项由 16 个字节组成，其结构如图 6-18 所示。

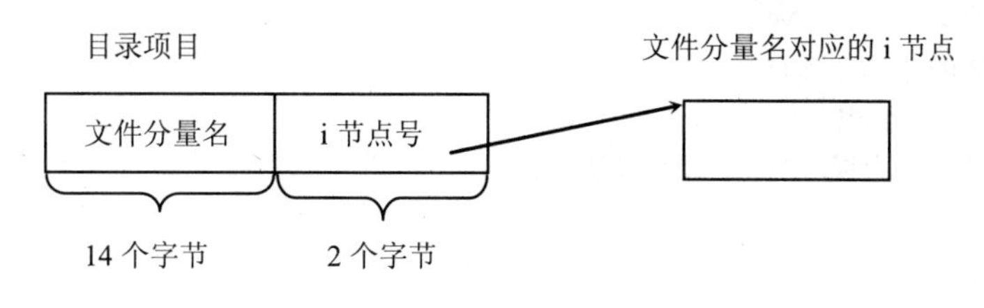


图 6-18　目录项的结构

其中 2 个字节为相应的 i 节点号，14 个字节为文件分量名。若一个字符块是 1KB，则其中可包含 64 个目录项。

每个文件系统都有一根目录文件，其 inode 是相应的文件存储设备的 inode 区中的第一个，位置固定很容易找到，如图 6-19 所示。

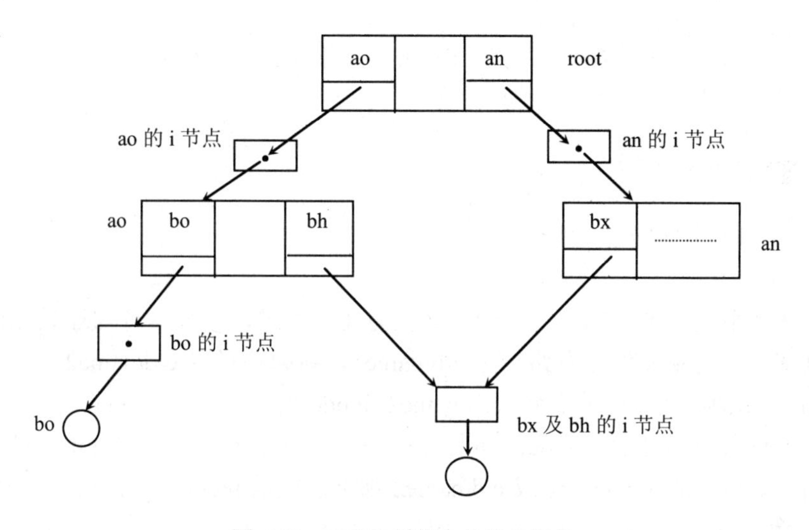


图 6-19　UNIX 系统中的目录结构

在目录结构中检索文件的过程如下：先按给定文件路径名中包含的各个分量名，顺序逐级检索。然后在每一级上，对相应目录文件中所包含的目录项线性检索，找出所需的节点号。

例如，给出文件路径名：（root）/ao/bo，其检索步骤如图 6-20 所示。

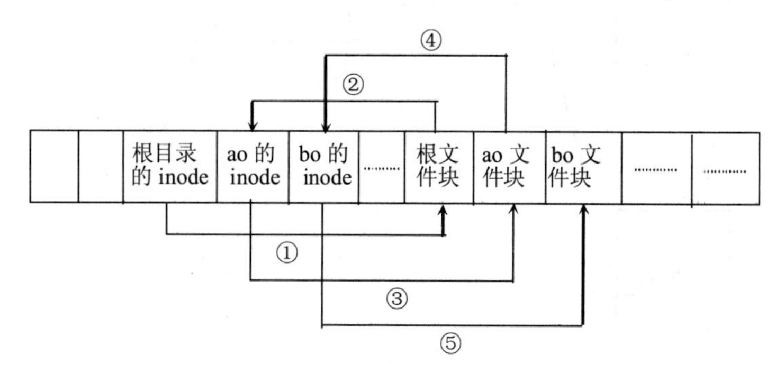


图 6-20　检索步骤

在 UNIX 中进行目录检索的工作由 namei 函数来完成。其算法如下：

```
输入：路径名
输出：封锁的活动 i 节点号
{ if（路径名是从根开始）
    工作节点置为根节点（iget 算法）；
else
    工作节点置为当前目录节点（iget 算法）；
while（有多个路径分量名）
    { 从输入读取下一个分量名；
    验证当前工作节点是一个目录，有合法的访问权限；
    if（工作节点是根并且分量名为“..”） /*“..”表示当前目录的父目录但在初始化时，将
根目录的“..”置为该文件系统的根索引节点号*/
        continue;
    重复使用 bmap、bread 和 brelse 算法，读取目录；
    if（分量名与目录中一项匹配）
        { 取得对应的 i 节点号，释放工作节点（iput 算法）；
        工作节点置为取得的 i 节点；  }
    else
        return（NULL）；
    }
  return（工作节点）；
}
```

UNIX 文件系统目录结构中可以带有交叉勾连，不过，一般这种勾连只允许在叶节点上进行。例如，非目录文件原有路径名/a/b/name1，新起路径名/c/d/name2，则在目录文件/c/d 中新构成目录项，其文件节点名填入 name2，inode 指针填入 n，inode［n］中为 i-nlink++。这样就有两个目录项同时指向 inode［n］。在逻辑上/a/b/name1 与/c/d/name2 对 inode［n］的地位相同，单独取消/a/b/name1 或/c/d/name2 都不能取消 inode［n］，只称之为取消勾连，使 i-nlink--，如图 6-21 所示。

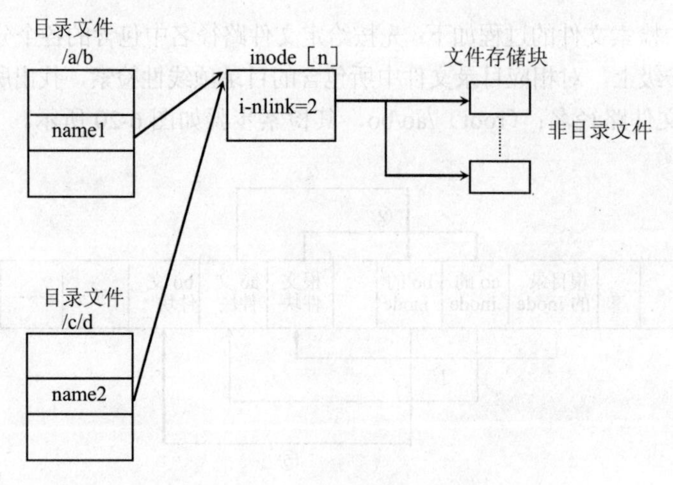


图 6-21　UNIX 中共享文件的形式

## 6.8.5　文件的索引结构

UNIX 文件系统中，在 inode 中有关文件物理位置的索引信息只有数组 i-addr [ ] 能表示。而 UNIX 文件的长度却几乎是不受限制的，那么如何使用数组 i-addr [ ] 来获得所有地址分布信息呢？下面我们对此进行说明。

在 UNIX S-5 中只用到数组 i-addr [ ] 中的前 13 项整数。每项整数中放有盘块号，其结构如图 6-22 所示。

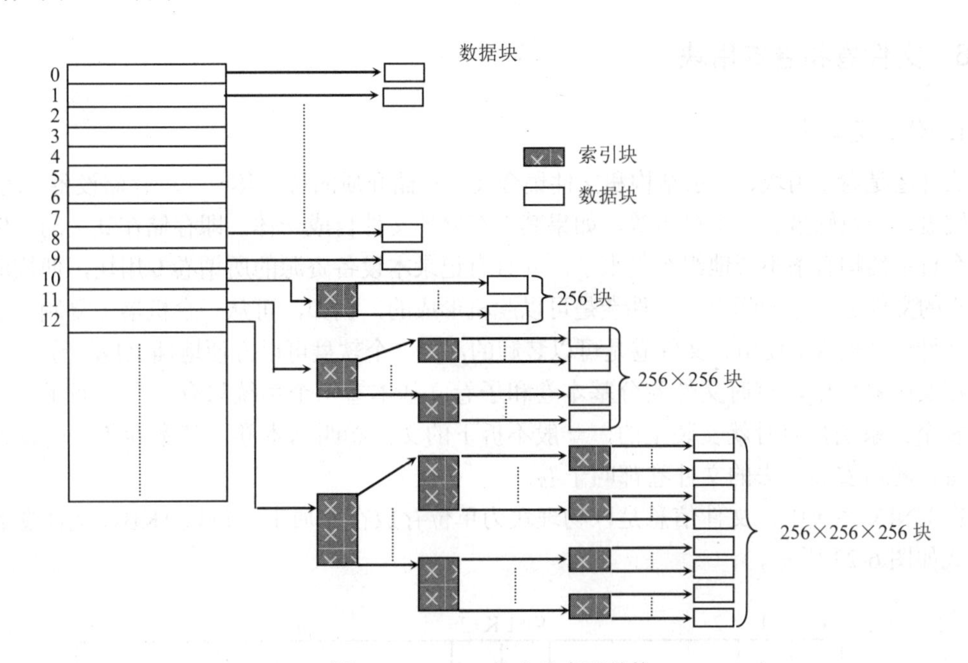


图 6-22　UNIX 的多重索引结构

用户给出的是一个字符流式文件。一个文件看作从字节地址开始直至整个文件长度的字节流。系统把用户的字节流看法转换成块的看法：文件从第 0 个逻辑块开始，继续到相应于该文件长度的那个逻辑块号为止。系统存取 i 节点并且把逻辑文件块转换成适当的磁盘物理块。

将用户给出的一个文件字节偏移量转换成一个物理磁盘块的算法由 bmap 函数实现。

bmap：从字节地址→逻辑块号与块内地址→由 i 节点中的 i-addr [ ] 和索引结构确定物理块号与块内地址。

假设每个磁盘块包含 1024 个字节，每个磁盘块号占 4 个字节，则一个索引块可表示 256 个磁盘块号，上述结构中可表示某一文件的最大字节容量为：

(10+256+256*256+256*256*256)*1KB

由用户给出的文件字节偏移量就可算出逻辑块号，由此确定在哪一层索引上。当 $0\leqslant$ 逻辑块号 $<10$ 时，在直接级上。当 $10\leqslant$ 逻辑块号 $<256+10$ 时在一次间接级上。

**【例 6-2】**　某进程想要存取偏移量为 9000 的字节值，则系统计算出该字节在文件中的第 8 个直接块中（从 0 开始算起），于是它就存取此直接块中给出的磁盘块。在这块中的第 808 字节（从 0 开始）即为文件中第 9000 字节（假设一磁盘块为 1024 字节）。

如果某进程想要存取文件中偏移量为 35000 的字节，系统计算出该字节在文件中的逻辑块号为 $341>256+10$，则它必须存取一个二次间接块。由于一个间接块可容纳 256 个块号，$341-(256+10)=75<256$，所以它应在二次间接的第一索引块中的第 75 项中得到其物理块号，然后由物理块号得到相应磁盘块，在此磁盘块的 815 位置得到相应字节值。

经观察表明，UNIX 系统中的大多数文件都小于 10KB。很多甚至小于 1KB，由于一个文件的 10KB 被存储在直接块中，所以大多数文件数据可以通过一次磁盘存取而得到。存取大文件确实是费事的操作，但存取一般大小的文件仍是快速的。

## 6.8.6 文件卷和卷专用块

1. 什么是文件卷

文件卷是卷专用块、目录结构和文件集合及其存储介质的统一体。一个存储设备，例如，一块硬盘、一块软盘、一个盘组等，如果其上存储的文件自成一体，即存储在其上的文件已由一个目录结构有条不紊地组织起来了，并且有记录本设备资源的所谓卷专用块，便构成一个独立的文件卷。在实际中，文件卷是可以脱机形成的，例如，可从一台机器上复制一个软盘拿到另一台机器上使用。文件卷是可以装卸的，如一个软盘可以方便地插上拔下等。

在实际系统中，有时文件卷分基本卷和子卷。基本卷一个系统只有一个，而子卷却可以有多个。系统初启时就安装上的，一般不拆下的文件卷叫基本卷。基本卷所在的设备叫根设备，随后安装上去的文件卷都叫子卷。

在 UNIX 系统中，文件信息是以物理块为单位存放在介质上，每块 1KB，文件卷的构造形式如图 6-23 所示。

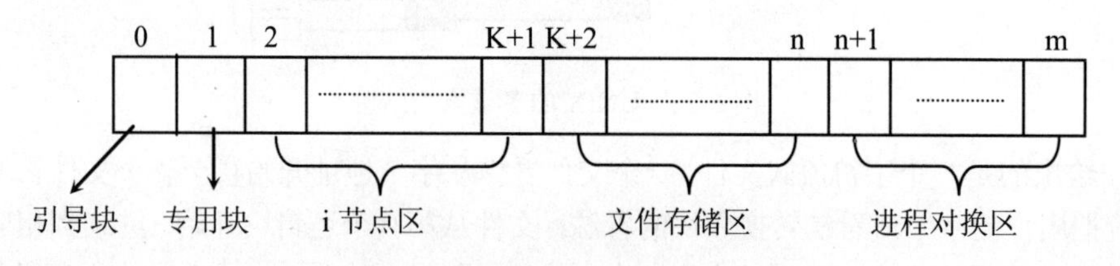


图 6-23 UNIX 系统的文件卷结构

其中，$0^{\#}$块是系统引导块，不属文件系统管辖；$1^{\#}$块是文件卷的专用块（存储资源管理信息块）；接下来的一部分是 i 节点区；一部分是文件存储区；一部分是进程对换区（它不属于文件系统管辖）。每一部分的块数都是由系统配置指定。

2. 专用块的主要内容

- 文件系统大小：S-isize 为 i 节点所占盘块数；S-fsize 为整个文件卷所占盘块总数。
- 空闲盘块数目 S-nfree：当前可被直接分配使用的盘块数。
- 空闲块索引表 S-free [50]：其中放有当前可用的盘块号。
- 空闲 i 节点数目 S-ninode：当前可被直接分配使用的 i 节点数。
- 空闲 i 节点索引表 S-inode [100]：其中放有当前可用的 i 节点号。
- 封锁标记：正在用专用块时要对它进行封锁。

- 专用块修改标志：是否被修改过。
- 其他信息：如总空闲块数、文件系统名称、文件系统状态等。

### 6.8.7　空闲 i 节点的管理

在 inode 区中，空闲 inode 的数量是动态变化的，可能很多，全部由专用块直接管理占用存储区太大，查寻不方便。UNIX 采用的管理方法是最多直接管理 100 个空闲 inode 区。它们的编号分别存在 S-inode［100］这个数组中，具体数量由 S-ninode 决定（使用栈方式管理 inode 区）。

在 UNIX 中，盘 i 节点的分配与释放工作分别由函数 ialloc 和 ifree 来实现。这里要说明一点，创建文件的同时就打开文件，所以分配盘 i 节点同时要分配一个活动 i 节点。盘 i 节点空闲标志为：di-mode=0。

ialloc 实现的主要过程：检查专用块是否封锁，若不封锁就检查空闲 i 节点表是否为空（即 S-ninode 是否为 0）。若栈不空，则将 S-inode［--s-ninode］分配，然后调用 iget，分配一个活动 i 节点表项，返回封锁的活动 i 节点号。若栈已为空，则线性搜索 inode 区，将找到的空闲 inode 编号顺次填入栈（S-inode［100］）中，数量记入 S-ninode 中，直至该表已满或已搜索完整个 inode 区，然后转回去进行分配。

ialloc 算法我们在下面用如图 6-24 所示的流程框图给出。

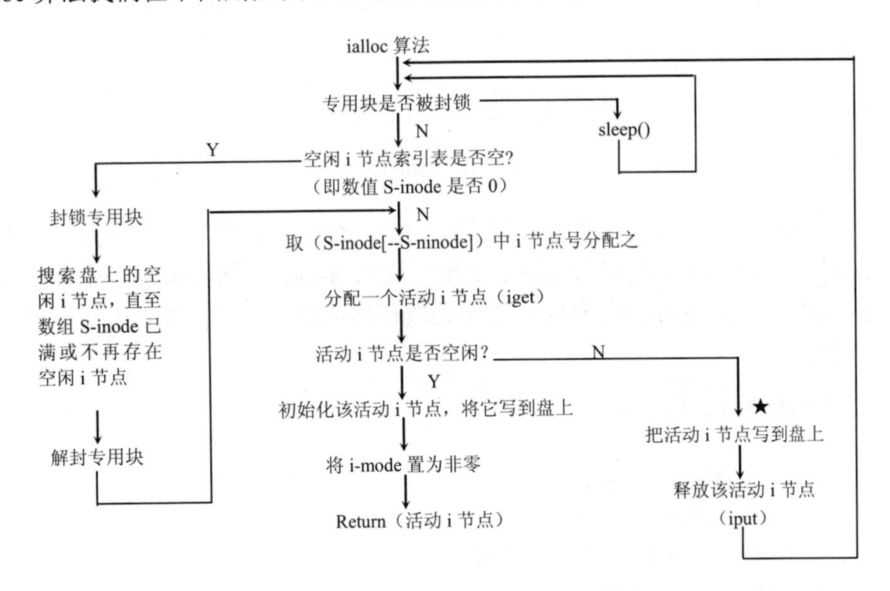


图 6-24　ialloc 的算法流程图

下面我们将图 6-24 中打“★”的地方加以说明。假设有进程 A 在运行并请求分配盘 i 节点，且在专用块中分配盘 i 节点 X，当正在读盘 i 节点 X 时本进程睡眠；此时进程 B 在 CPU 上运行，B 也要分配盘 i 节点，它试图从专用块中分配盘 i 节点，若专用块中已无空闲 i 节点，则从磁盘上搜索空闲 i 节点，把 i 节点 X 放入专用块中（因此时 i 节点 X 还没读完，其 di-mode=0，还为空）；然后，i 节点 X 读入内存，进程 A 唤醒，X 的访问计数置为 1，并在内存活动；进程 B 完成搜索，分配一个 i 节点（Y 或 Z），当正在读盘 i 节点 Y 或 Z 时 B 进程睡眠；然后进程 C 被调度到 CPU 运行，而进程 C 又要求从专用块中分配 i 节点，若正好分到盘 i 节点 X，而 X 正在使用中，进程 C 不能用，它必须重新再要求分配另一个盘 i 节点。

以上的例子还可以用图 6-25 所示的示例图来表示。

| 进程 A | 进程 B | 进程 C |
| --- | --- | --- |
| … | … | … |
| … | … | … |
| 从专用块中分配盘 i 节点 x | … | … |
| … | … | … |
| 当读盘 i 节点时本进程睡眠 | … | … |
| … | … | … |
| … | 试图从专用块中分配盘 i 节点,<br>而专用块已无空闲 i 节点,<br>从磁盘上搜索闲 i 节点时,<br>把 i 节点 x 放入专用块中 | … |
| … | … | … |
| … | … | … |
| i 节点 x 读入内存,<br>访问计数置为 1,<br>并在内存活动 | … | … |
| … | … | … |
| … | 完成搜索,分配一个 i 节点(z 或 y) | … |
| … | … | … |
| … | … | 从专用块中分配 i 节点 x,<br>x 在使用中,<br>再请求分配另一个 i 节点 |
| … | … | … |
| … | … | … |

图 6-25　示例图

ifree 的实现过程：如专用块封锁，就立即返回；否则，若空闲 inode 索引表未满，也就是 S-ninode 小于 100，则将释放 inode 的编号送入 S-inode［S-ninode］中，且 S-ninode 加 1。若 S-inode 已满即 S-ninode=100，则不采取任何措施，任其散布在 inode 区中。

ifree 算法：

```
输入：文件系统中的 i 节点号
输出：无
{ if（专用块被封锁） return;
  if（空闲 i 节点表已满）
  { if（该 i 节点号小于搜索起点的 i 节点号）
    置搜索起点为输入的 i 节点号;
  }
else
  把该 i 节点放入专用块中;
  增加专用块中空闲 i 节点计数;
return;
}
```

### 6.8.8　空闲存储块的管理

UNIX 对空闲盘块采用成组链接法进行管理，而在专用块中最多存放 50 个盘块的索引，它们放在 S-free［50］中，数量计数放在 S-nfree 中。若超过 50 则采用链式索引方法。它的分配与释放要比盘 i 节点简单些，因为盘 i 节点涉及活动 i 节点的问题。

对空闲盘块的管理要点：每 50 个盘块为一组，第一组最多为 49 块，每组的索引及块数放在下一组的第一盘块中。分配时，取 S-free［--S-nfree］分配之，若 S-nfree 减为 0，则将其中开头内容部分读入专用块中。释放时，将其盘号写入 S-free［S-nfree++］中，若在这之前发现 S-nfree 已为 50，则将 S-nfree 及 S-free［0］～S-free［49］写入刚释放的盘块中，且将刚释放的盘块号写入 S-free［0］中，置 S-nfree=1。

这种管理方式与一般的空闲块索引表相比较，分组式索引节省了索引表块，提高了工作速度。但在这种管理结构中要寻找几个连续的空闲盘块是相当困难的，好在 UNIX 中不要求文件盘块连续。在 UNIX 中，空闲盘块的分配和释放分别由函数 alloc 和 free 完成。

alloc 算法：

```
输入：文件系统号
输出：新盘块的缓冲控制块
{ while（专用块被封锁） sleep（）；
  从专用块的空闲块表中取下一个块号，减少专用块中空闲盘块的总数；
  if（取走空闲块表中最后一块）
    { 封锁专用块；
      读取刚取走的这一块；
      把这块中记载的块号复制到专用块中；
      释放该块的缓冲区；
      解除对专用块的封锁；
      唤醒所有等待专用块解封的进程；
    }
    为新分到的盘块申请缓冲区；
    清缓冲区；
    标志专用块被修改过；
    return（新盘块的 buf）；
}
```

在一般情况下，空闲盘块的分配与释放的算法是和空闲 i 节点的分配和释放的算法相同的，都是以表示可用资源的数目作为指针，用栈操作方式来处理各自的表，但是，当表空或表满时，二者又采用不同的处理策略，这是因为创建新文件的频度远远低于对盘块使用的频度。

### 6.8.9　子文件系统装卸和装配块表

1. 装配块表

UNIX 中的子文件系统可以随时装拆，它们与基本文件系统的连接机构是装配块。系统中设置了 NMOUNT（一般为 5）个装配块，它们构成了装配块表。其形式如下：

```
Struct  mount
  { int  m-dev;                  /*设备号*/
    int  *m-bufp;                /*指向缓冲区首部*/
    int  *m-inodep;              /*指向被安装的子文件系统的 i 节点*/
}mount [NMOUNT] ;
```

系统初启时，mount［0］用来记录根设备（基本文件系统驻留的设备）的有关信息，其余四个装配块则可用来连接子文件系统。

2. 装配块的连接作用

装配块的连接作用如图 6-26 所示。

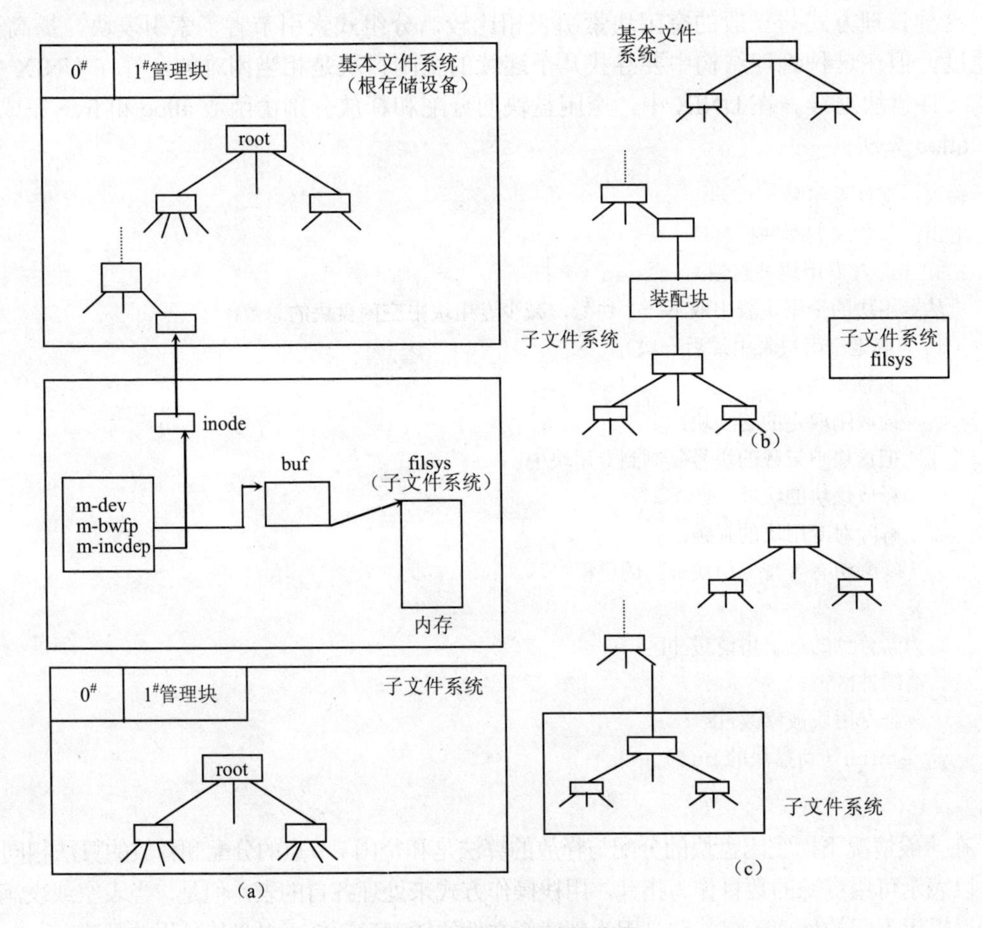


图 6-26　装配块的连接作用

（1）与基本文件系统的连接

从基本文件系统方面观察，子文件系统是从它的一个目录项（代表一个目录文件）开始的一棵特殊的子树。该目录项指向一个根存储设备上的 inode，而它又有一个对应的内存 inode。该内存 inode 的标志字 i-flag 中设置了装配标志（IMOUNT），说明它已用来连接某个子文件系统。在装配块中，m-inodep 指向该内存 inode，实现了与基本文件系统的连接。

（2）与子文件系统的连接

每个已装配好的子文件系统，其存储资源管理信息块 filsys 在内存中有一副本（占用一个缓存），装配块中的 m-bufp 指向该 filsys 副本所在缓存的控制块。m-dev 表示子文件系统所在的字符块存储设备，它与 filsys 配合起来对子文件系统的物理资源进行管理。同时，在该存储设备 2#字符块中的第一个 inode 是子文件系统的根 inode。从根 inode 顺藤摸瓜就可以得到子文件系统的全部目录结构。所以 m-bufp 和 m-dev 实现了向子文件系统方面的勾连。如图 6-26 中的（a）简化得（b），从中可以更清楚地看出装配块的连接作用。

3. 子文件系统目录搜索

假定子文件系统中有一个文件的路径名（从子文件系统根目录开始）是/ccomp1/ccomp2；在基本文件系统中，用来连接子文件系统的目录项名为/comp1/comp2/.../floppy。那么从基本文件系统根目录开始，该文件的路径名是/comp1/comp2/.../floppy/ccomp1/ccomp2，根据这一路径名进行目录搜索的方法如下：

（1）在节点名 floppy 之前的搜索过程完全如常。

（2）搜索到目录项 floppy 时，发现其 inode 中 i-flag 已包含装配标志（IMOUNT），说明它是一个连接某一子文件系统的 inode。

（3）接着搜索装配块表，若发现某装配块的 m-inodep 指向 floppy 节点，则这就是连接 floppy 子文件系统的装配块。

（4）最后，根据 m-dev 找到子文件系统所在的存储设备，并获得子文件系统根 inode。由此开始搜索子文件系统目录结构，直到找到/ccomp1/ccomp2/为止。

同样，也可以将工作目录设置到适当位置，以便缩短目录搜索过程。由此可见，一旦子文件系统装配好之后，装配块的连接作用是透明的，子文件系统成为基本文件系统的一棵子树（如图 6-26（c）所示）。

注意：核心只允许属于超级用户的那些进程安装或拆卸文件系统。安装点必须是目录且此目录不能是共享的。

拆下子文件系统的主要过程：在装配块表中找到相应项，转储内存专用块、活动 i 节点等结构中的信息，从装配块表中清除该项，并释放被卸子文件系统所占的内存区。

## 6.8.10　各主要数据结构之间的联系

上面介绍了 UNIX 文件系统使用的主要数据结构及有关算法。下面我们把这些主要数据结构之间的联系示于图 6-27 中，读者可根据自己的学习体会对该图作解释和进一步的补充。

## 6.8.11　管道文件（pipe）

前面已经述及，进程之间可以通过消息缓冲区进行信息传递。问题是需要使用较多的存储资源，当没有空闲存储区可以用作消息缓冲时，消息发送工作不得不暂停。另外，这种通信是以一个消息为单位进行的，虽然消息的长度可变，但同样受到可用存储区的限制。且整个通信过程比较繁琐。UNIX 系统中设计了一种比较合理的进程通信机构，即管道线。

一个管道线是连接两个进程的一个打开文件，即进程 A→管理线（pipe 文件）→进程 B。进程 A 将 pipe 文件用写方式打开，就可以将信息源源不断地送入其中，进程 B 则用读方式打开 pipe，于是只要有信息在该文件上，就可以根据需要取得信息。但这两个进程间要相互协调地使用 pipe 文件（即互斥用 pipe，两进程间要有一定的同步），这些工作由文件系统来处理。所以在文件系统中对 pipe 文件的管理与普通文件有所区别，是作为特别文件来进行管理的。

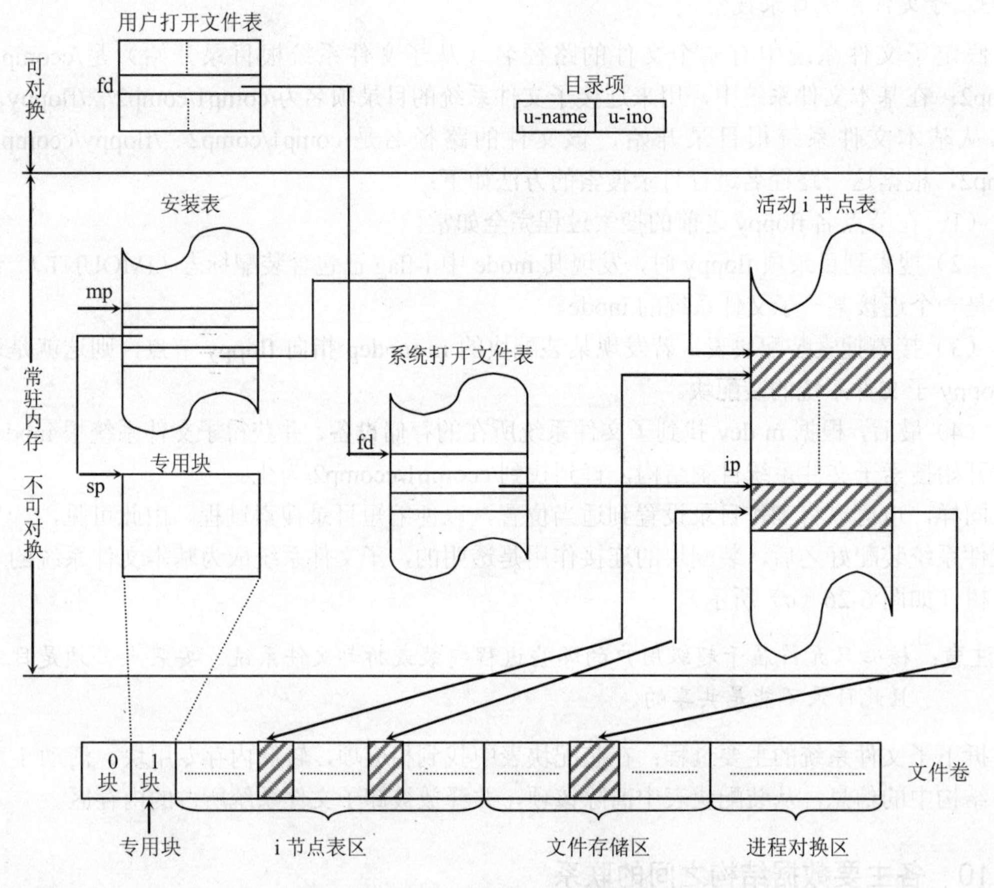


图 6-27　UNIX 文件系统中数据结构的关系

1. pipe 的基本组成

pipe 是个特殊的打开文件，初生成时，其基本结构如图 6-28 所示。它由一个盘 i 节点、一个与其相对应的活动 i 节点、两个系统打开文件表项和两个用户打开文件表项组成。

pipe 文件生成时，它在用户打开文件表中占有两项，分别指向两个 file 结构（一个用于读，一个用于写）。所以它有两个打开文件号 fd0、fd1，分别对应于信息的接收端和发送端。

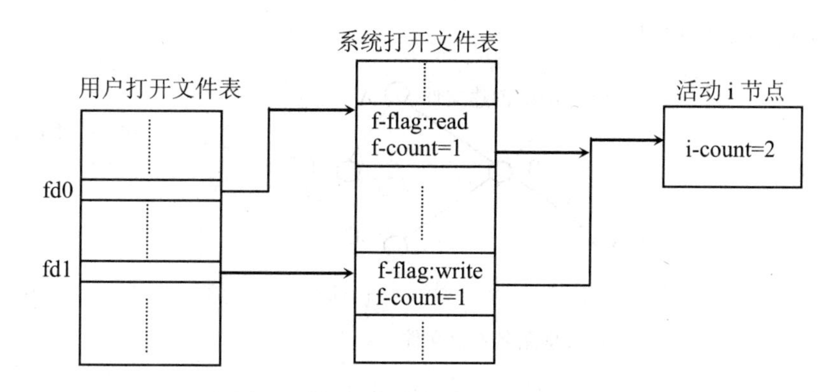


图 6-28　pipe 生成时的有关数据结构

创建 pipe 文件的系统调用是 pipe(fd)，其中 fd 是一个指针 int fd［2］，指向一个整型数组，这个整型数组含有读、写管道用的两个打开文件号，其中 fd［0］是读打开文件号，fd［1］是写打开文件号。创建 pipe 文件的算法如下：

```
输入：无
输出：读进程文件描述字
{ 从 pipe 设备上分配新 i 节点；
  为读、写进程各分配一个系统打开文件表项；
  对分得表项初始化使之指向新 i 节点；
  为读、写进程各分配一个用户打开文件表项，初始化，使之指向相应的系统表项；
  置 i 节点访问计数为 2；
  初始化读、写进程的系统打开文件表项的计数各为 1；
}
```

接下来我们要作几点说明：

（1）由系统调用 pipe()生成的管道文件是个临时性文件（当无进程使用此管道时，系统就收回其 i 节点）。

（2）由 pipe()生成的管道文件（不是用户可以直接命名的文件）没有文件路径名，不占用文件目录项，所以称之为无名管道文件。

（3）UNIX S-5 中还提供了命名的 pipe，称之为有名管道文件。它有一个目录项，可用路径名存取，是个永久性文件，进程可用 open 打开并使用它。除了进程最初存取它们的方式不同外，这两种管道是一样的。

2. 进程共享使用 pipe 文件的一般方式

共享要点：只有发出 pipe 系统调用的进程的后代，才能共享对无名管道的存取，但所有的进程可按通常的文件存取权存取有名管道，而不管它们之间的关系如何。

**【例 6-3】** 如图 6-29 所示，进程 B 创建了一个管道，然后创建了进程 D 和 E，则 B、D、E 这三个进程可以存取这个管道，而进程 A 或 C 则不能。

两个进程使用一个管道文件的结构：为避免混乱一个 pipe 文件最好为两个进程专用，一个只用其发送端，另一个只用其接收端，于是它们就要分别关闭 pipe 文件的接收端和发送端。其结构如图 6-30 所示。

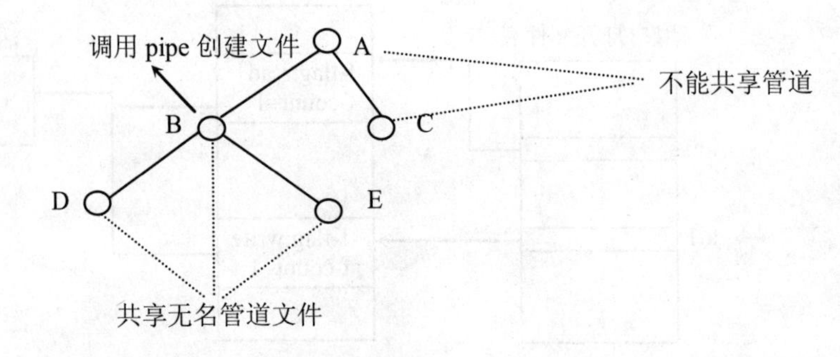


图 6-29　UNIX 中共享 pipe 的一般方式

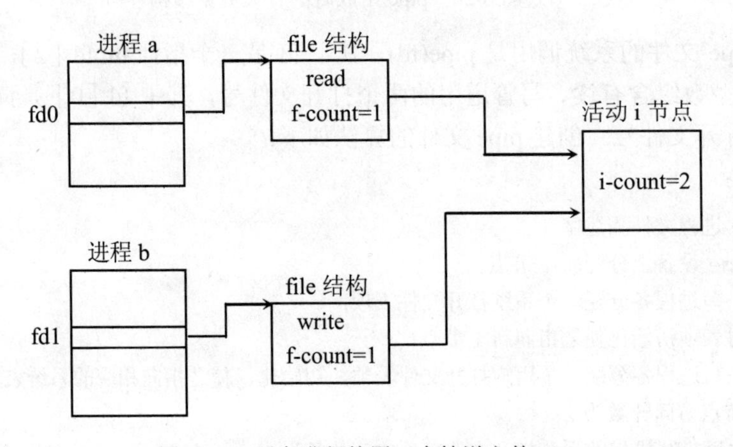


图 6-30　两个进程使用一个管道文件

进程 b 可以不断地将产生的信息写入 pipe 文件，进程 a 可按需从中读取信息。

3. pipe 文件的读、写

读、写要点：在 UNIX 系统中，进程按先进先出的方式（FIFO）从管道中存取数据。且 pipe 文件仅利用活动 i 节点中的直接盘块项（如图 6-31 所示），就是说，写进程一次至多向 pipe 文件写入 10 块信息（此时读进程未工作）。当读、写进程同时工作时，核心把 i 节点中的直接块地址作为环形队列处理，内部提供了读、写指针，保证数据按 FIFO 方式传送，因而无法对 pipe 文件进行随机存取。

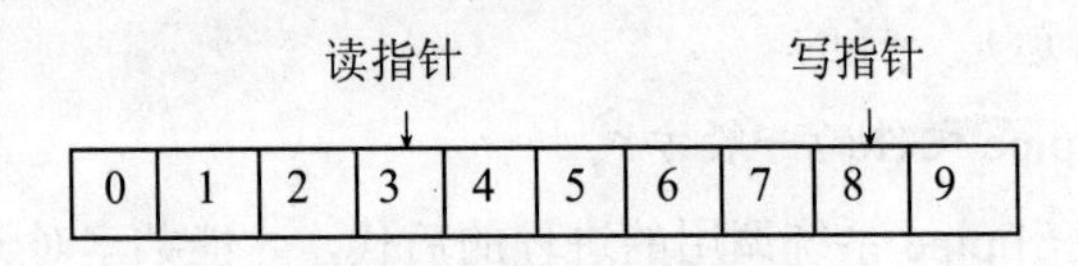


图 6-31　i 节点中的直接块

对 pipe 文件的读、写可能出现下列 4 种情况：

- 有空间供写入数据使用
- 有足够数据供读出用
- 文件中数据不够读进程用

- 没有足够空间供写进程使用

对上述四种情况的处理方式如下。

- 允许写进程按正常方式写入数据，但每次写过之后就自动增加文件长度，若 10 个盘块已写完，则把写指针转到 pipe 的开头。
- 允许读进程按正常方式读出数据。每读一块就修改文件的大小，当读完数据后，就唤醒所有睡眠的写进程，并把当前的读指针放在 i 节点中。
- 若要读的数据比管道中的数据多，当读完现有数据后，若已无写进程，则读进程成功地结束，即使没有满足用户要求的数据量。若有写进程，则读进程睡眠，等待写进程唤醒它。
- 若写进程已写满管道，若无读进程则报出错。若有读进程，则睡眠等待一个读进程将数据读出并唤醒它。

4. pipe 文件的关闭

与普通文件的关闭基本相同，但要作一些特殊关闭处理。释放活动 i 节点之前，若写进程数目降为 0，并有读进程在睡眠，则唤醒它们，并让它们正确返回。若读进程个数降为 0，并有写进程在睡眠，则唤醒它们，并报错。在上述两种情况下，管道的状态已没希望再发生变化，这时继续让这些进程睡眠已没有意义。

当没有读进程或写进程存取一个 pipe 时，核心就释放它的全部数据块，调整 i 节点，说明该 pipe 是空的。当释放其活动 i 节点时，同时就释放了盘 i 节点，以便重新分配使用。

在 shell 命令解释程序中，也为使用 pipe 文件提供了简洁的表示法。例如，LS|WC 表示直接将命令 LS 中的输出作为命令 WC 中的输入。“|”就是管道线的表示法（管道符号）。若没有 pipe 文件，就必须创建中间文件 f1 来完成上述工作。例如，LS>f1 将命令 LS 的输出信息放入 f1 中，WC<f1 将 f1 的信息作为命令 WC 的输入。

5. pipe 应用示例

下面用一个例子说明 pipe 机构的生成和应用。

**【例 6-4】** 父、子进程使用两个 pipe 进行信息交换，其中一个 pipe 用于父进程发送信息，子进程接收信息；另一个则反之。

```
char parent [ ] ={"A message from parent.\n"};
char child [ ] ={"A message from child .\n"};
main()
{ int chan1 [2] ,chan2 [2] ;
char buf  [100] ;
pipe(chan1);
pipe(chan2);
if(fork())
  {   close(chan1 [0] );
      Close(chan2 [1] );
      Write(chan1 [1] ,parent, size of parent);
      Close(chan [1] );
```

```
        Read(chan2 [0] ,buf, 100);
        Printf("parent process: %s\n",buf);
    }
  else { close(chan1 [1] );
        close(chan2 [0] );
        read(chan1 [0] ,buf,100);
        printf("child process: %s \n",buf);
        write(chan2 [1] ,child,size of child);
        close(chan2 [1]);
      }
  }
```

本程序的执行结果是打印

```
child process: A message from parent.
parent process: A message from child.
```

## 6.9 系统调用的实例

在第一章曾介绍过，操作系统为用户提供服务的一种重要手段就是系统调用，系统调用是外层程序（包括用户程序）与操作系统之间的接口。

UNIX 系统中系统调用的汇编形式通常以 trap 指令开头。当处理机执行到 trap 指令时就进入陷入机构，陷入处理子程序时用户态下 trap 指令引起的陷入事件的处理是先进行参数传递，然后执行相应的系统调用程序。陷入处理程序根据系统调用 trap 指令后面的数字（通常即表示系统调用编号），去查系统调用入口表，然后转入各个具体的系统调用程序。

下面我们来介绍一条系统调用命令处理的全过程，以说明整个 OS 是如何动态地协调工作的。设进程 A 在运行中要向已打开的文件（fd）写一批数据，在用户的源程序中可使用系统调用语句：rw=write(fd,buf,count)。

这条语句经编译以后形成汇编指令形式：

```
trap4
参数1(fd)
参数2(buf)
参数3(count)
```

过程为：write()→rdwr()→writei()。

这个系统调用的执行过程如下:

（1）处理机执行到 trap4 指令时，产生陷入事件，硬件做出中断响应：保留进程 A 的 PS 和 PC 的值，取中断向量并放入寄存器中。控制转向一段核心代码，改变进程状态为核心态，进一步保留现场信息（通用寄存器值等），再进入统一的处理程序。后者根据系统调用编号 4 查系统调用入口表，得到相应处理子程序的入口地址 write。

（2）转入文件系统管理，write 调用 rdwr 程序。后者根据 fd，经由用户打开文件表和系统打开文件表，找到活动 i 节点。然后，rdwr 调用 writei 程序，实现对原文件的扩充。

（3）设原文件存储块的最后一块未放满信息，现在要扩充文件，所以第一次不是整块传送。调用 bread 程序（设备管理部分），把原文件最后一块读入缓冲区。缓冲区是由 getblk 申请的，bp 指出对应控制块的地址，填写该控制块信息，由块设备开关表得到启动磁盘传输的程序地址。执行启动传输，把 bp 送入 I/O 队列尾部排队。然后，bread 调用 iowait(bp)，进程 A 等待 bp 传送完成。

（4）由于进程 A 等待 I/O 完成，进程调度程序（swtch）造成另一进程 B 运行，A 睡眠。

（5）磁盘驱动程序根据 bp 给出的传送要求，把信息从盘上读到缓冲区。

（6）磁盘传送完一块信息，发现中断。

（7）中断造成进程 B 的中止，硬件执行中断响应：保留进程 B 的 PS 和 PC，取盘中断向量，控制转向磁盘中断处理程序入口。

（8）控制转向盘中断处理程序，验证是不是磁盘发出的中断，如传输无错，则调用 iodone(pb)，唤醒因调用 iowait 而睡眠的进程 A，并且继续启动 I/O 队列中下一个传送请求。然后退出中断，进程 B 返回到用户态。

（9）设进程 A 比进程 B 更适于在 CPU 上运行，因而在唤醒进程 A 时设置重调度标志（runrun）。

（10）中断完成，核心发现 runrun≠0，就调用 swtch 程序，选中优先级高的进程 A 投入运行。

（11）进程 A 接着运行核心程序：调用 iomove 程序，把信息从指定用户区传送到前面申请且使用的那个缓冲区中，直至填满，并且修改传送字节数等。再调用 bawrite(bp)，把异步写回原盘块：启动传输 bp 但不等待 I/O 完成，修改文件大小，返回 writei 程序。

（12）文件系统对有关信息项（如参数、i 节点信息）进行修改，然后判别是否传送完成。如未完成，则调用 bmap 和 alloc，分配一个空闲盘块，把块号记入活动 i 节点的盘块号表中。

（13）下面进行成块传送，调用 getblk，申请缓冲区，重复（11）～（13）步。当每块传送完后，都发 I/O 中断。在盘中断处理过程中，都要调用 iodone，释放用过的缓冲区。

（14）写到最后一块，若是满块，则调用 bawrite 作异步写；若没有满块，则调用 bdwrite，作延迟写。

（15）最后写文件完成，控制从文件系统的程序返回到陷入程序。后者进行退出系统调用的处理。进程状态回到用户态（设没有置上重调度标志），则核心恢复进程 A 的现场，继续执行 A 的用户程序。至此，系统调用 write 完成。

对 writei()的几点说明：

- 文件中某些字符块可能只需要部分重写，为了保护不需要重写的部分，应将该盘块先读到缓存，部分改写后再写回。
- 全部已经改写或新扩充已写满的字符块立即写回相应盘块，未写满或未改写完的盘块则暂缓，用延迟写方式处理。
- 将信息写入一文件时，文件长度可能扩展。

这个系统调用的执行流程如图 6-32 所示。

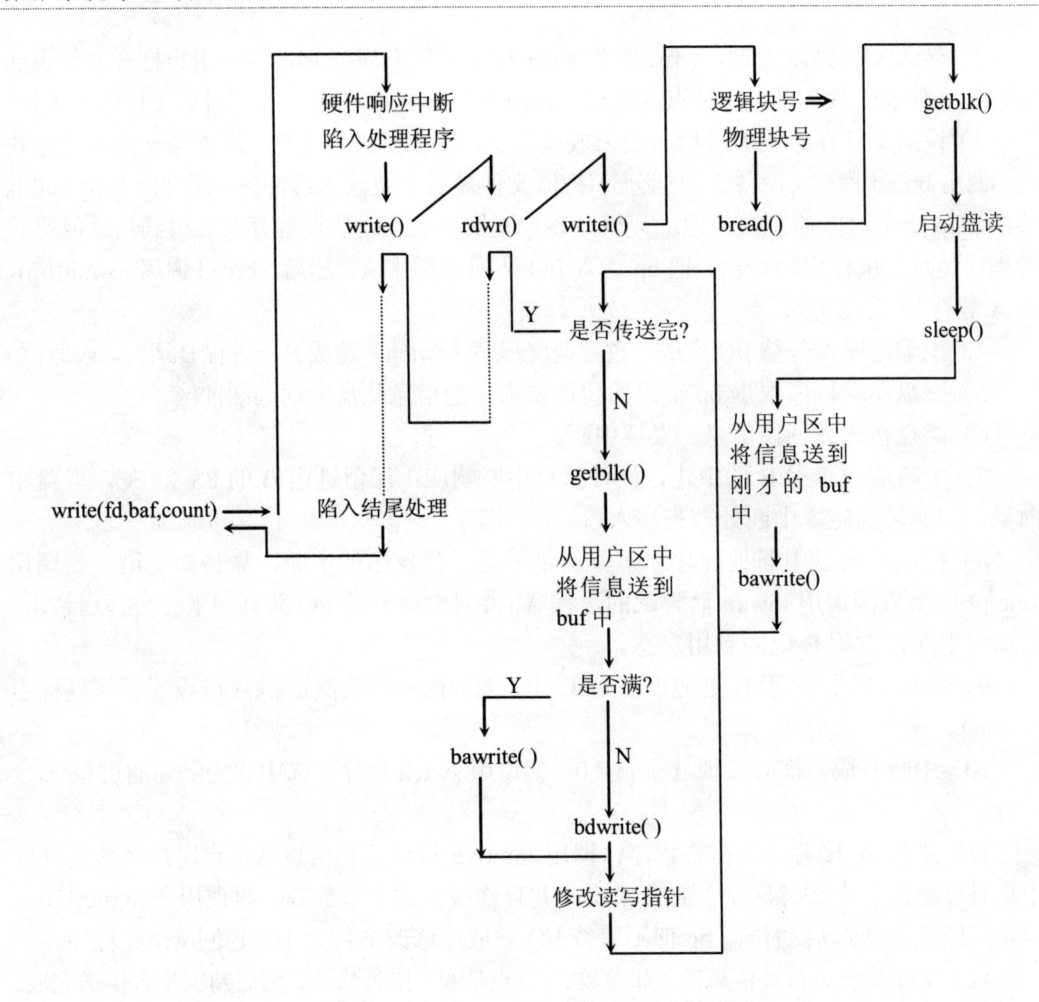


图 6-32 UNIX 中某一系统调用实施过程

# 习 题

1．什么是文件、文件系统？文件系统的功能是什么？

2．我们说文件管理是现代操作系统必不可少的组成部分，且往往是单用户操作系统中的主要组成部分，为什么？

3．文件按其性质和用途可分为几类？它们各自的特点是什么？

4．把一些外部设备也看成“文件”，其根据是什么？这样做给用户带来什么好处？

5．文件的逻辑组织和文件的物理组织各指的是什么？文件在外存上的存放方式有几种？它们与文件的存取方式有什么关系？

6．建立多级目录有哪些好处？文件重名和共享的问题是如何得到解决的？

7．考虑一个文件系统，一文件已被删除，但其路径名尚在目录结构中；若一新文件存储在被删文件的位置上，这样会有什么问题？如何克服这类问题？

8．设一个文件由 100 个物理块组成，如果将一块信息

a．加在文件的始端；b．插入文件的中间；

c．加在文件的末尾；d．从文件的始端去掉；

e．从文件的中间去掉；f．从文件的末尾去掉。

需要启动多少次 I/O 操作？

9．说明打开（open）和关闭（close）操作的作用。

10．你认为一个操作系统如果没有文件系统能否支持用户上机算题？为什么？

11．在 UNIX 系统中，i 节点的主要作用及组成部分是什么？设置 i 节点的好处是什么？

12．为什么要对文件加以保护？常用的技术有哪几种？

13．设某一进程要删除一个文件，该文件占用的盘块号分别是 120、121、220、221、300。然后又要创建一个文件，该文件要占用三个盘块。开始时，内存专用块的信息如图 6-33 所示。说明其执行过程，标明专用块中有关项目的更改情况。

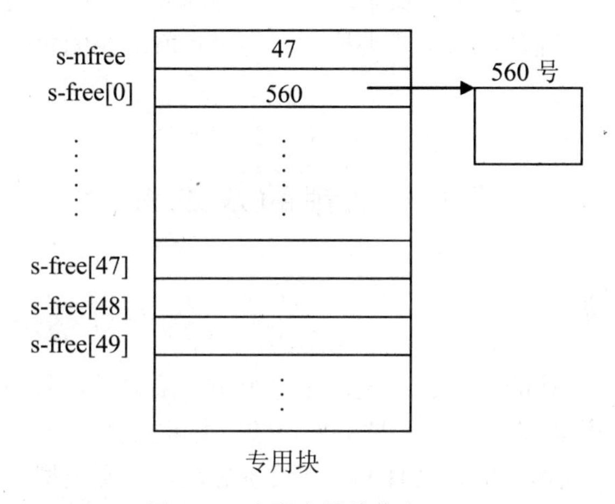


图 6-33　内存专用块信息

14．在 UNIX 文件系统中取消一个文件的条件是什么？

15．pipe 文件和一般数据文件有什么异同？

16．什么是文件卷？UNIX 系统中文件卷是怎样构造的？它的动态安装有何好处？

# 第7章 死锁

现代操作系统为了提高资源的利用率，除了采用并发进程和共享资源外，还具有动态调度系统中资源的特点，然而资源的动态分配常常会导致系统发生死锁现象。死锁问题是Dijkstra于1965年在研究银行家算法时首先提出来的，以后又由其他学者进一步发展和认识。实际上，死锁问题是一个具有普遍性的现象，不仅在计算机系统中，在其他各个领域中也常有发生。例如，篮球场上队员争球时的僵持局面；当孩子们在玩耍时，几个孩子都不愿意放弃自己占有的玩具，却又要去抢对方的玩具所形成的争夺不下的局面等都可以是一种死锁现象。

## 7.1 死锁的基本概念

### 7.1.1 什么是死锁

一个有多道程序设计的计算机系统，是一个由有限数量，且由多个进程竞争使用的资源组成的系统。这些资源被分成若干种类型，每一类可能包含一个或多个相同的该类资源。例如，CPU周期、存储器空间、文件和I/O设备等都是资源类型的例子。

在操作系统环境下，所谓死锁，是多个进程竞争资源而造成的一种僵局。一般地说，若干个进程处于一种死锁状态，是指如果其中的每一个进程都在等待一个事件，而该事件只能由其中的另一个进程所导致的话。这里所说的事件，是指资源的分配和释放。例如，设一系统有一台打印机和一台卡片机，有两个进程$P_1$、$P_2$。$P_1$已占用打印机，$P_2$已占用卡片机；如果现在$P_1$要求卡片机，$P_2$要求打印机，则$P_1$、$P_2$就会处于如图7-1所示的死锁状态。

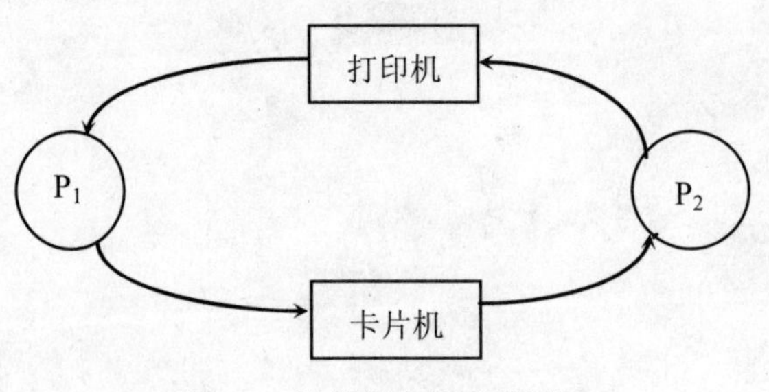


图7-1 计算机中的死锁例子

**【例 7-1】**　资源分配不当引起死锁。

若系统中有某类资源 M 个被 N 个进程共享，每个进程都要求 K 个资源（$K \leqslant M$），当 $M < N*K$ 时，即资源数小于进程所要资源的总数时，如果分配不当就可能引起死锁。假定 $M=5$，$N=5$，$K=2$，采用的分配策略是：只要进程提出申请资源的要求而资源尚未分配完，则就按进程的申请要求把资源分配给它。现在 5 个进程都提出先申请 1 个资源，按分配策略每个进程都分得了一个资源，这时资源都分完了。当进程提出再要第二个资源时，系统已无资源可分配，于是各个进程等待其他进程释放资源。由于各进程都得不到需要的全部资源而不能结束，也就不释放已占有的资源，这组进程的等待资源状态永远不能结束，导致了死锁。

在计算机系统中，死锁的产生有以下 4 个充分必要条件。

（1）互斥使用

在一段时间内，一个资源只能由一个进程独占使用，若别的进程也要求该资源，则需等待直至其占用者释放。

（2）保持等待

允许进程在不释放其已分得的资源的情况下请求并等待分配新的资源。

（3）非剥夺性

进程所获得的资源在未使用完之前，不能被其他进程强行夺走，而只能由其自身释放。

（4）循环等待

存在一个等待进程集合$\{P_0, P_1, ..., P_n\}$，$P_0$ 正在等待一个 $P_1$ 占用的资源，$P_1$ 正在等待一个 $P_2$ 占用的资源……$P_n$ 正在等待一个由 $P_0$ 占用的资源。

事实上，第四个条件（即循环等待）的成立蕴涵了前三个条件的成立，似乎没有全部列出的必要。但全部列出对于死锁的预防是有利的，因为我们可以通过破坏这四个条件中的任何一个来预防死锁的发生，这就为死锁的预防提供了多种途径。

为了更好地理解死锁的基本概念，有些问题需进一步说明。首先，死锁是进程之间的一种特殊关系，是由资源竞争引起的僵局关系。因此，当我们提到死锁时，至少涉及两个进程。虽然单个进程也有可能自己锁住自己，但那是程序设计错误而不是死锁现象。其次，当出现死锁时，先要弄清楚被锁的是哪些进程，因竞争哪些资源被锁。第三，在多数情况下，一系统出现了死锁，是指系统内的一些而不是全部进程被锁，它们是因竞争某些而不是全部资源而进入死锁的。若系统内的全部进程都被锁住，我们说系统处于瘫痪状态。第四，系统瘫痪意味着所有的进程都进入了睡眠（或阻塞）状态，但所有进程都睡眠了并不一定就是瘫痪状态，可能有些进程是可由 I/O 中断唤醒的。

### 7.1.2　死锁的表示

死锁可以用系统资源分配图表示。一个系统资源分配图 SRAG 可定义为一个二重组：即 SRAG=(V,E)，其中 V 是顶点的集合，而 E 是有向边的集合。顶点分为两种类型：$P=\{P_1, P_2, \cdots, P_n\}$，它是由系统内的所有进程组成的集合，每一个 $P_i$ 代表一个进程；$R=\{R_1, R_2, \cdots, R_m\}$，是系统内所有资源的集合，每一个 $R_i$ 代表一类资源。

边集 E 中的每一条边是一个有序对$<P_i, R_j>$或$<R_j, P_i>$。$P_i$是进程($P_i \in P$)，$R_j$是资源类型（$R_j \in R$)。如果$<P_i, R_j> \in E$，则它是请求边，存在着一条从 $P_i$ 指向 $R_j$ 的有向边。它表示 $P_i$ 提出了一个要求分配 $R_j$ 类资源中的一个资源的请求，并且当前正在等待分配。如果$<R_j, P_i> \in E$，则存在一条从 $R_j$ 类资源指向进程 $P_i$ 的有向边，它是分配边，表示 $R_j$ 类资源中的某个资源已分配给了进程 $P_i$。

例如，有一 SRAG 图如图 7-2 所示。

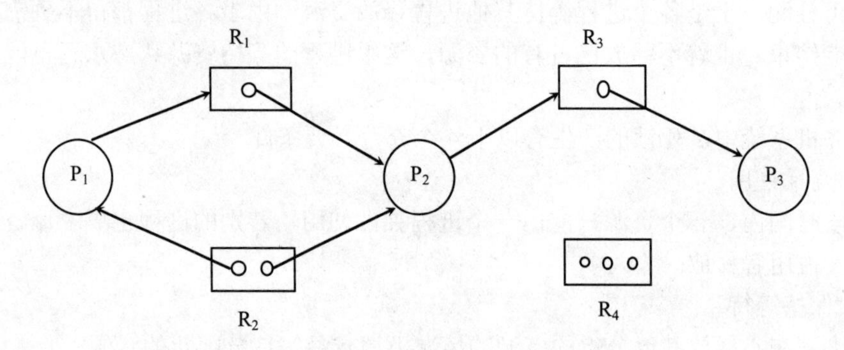


图 7-2　SRAG 图

由图 7-2 可知：$P=\{P_1, P_2, P_3\}$，$R=\{R_1, R_2, R_3, R_4\}$

$E=\{<P_1, R_1>, <P_2, R_3>, <R_1, P_2>, <R_2, P_1>, <R_2, P_2>, <R_3, P_3>\}$

资源个数：$|R_1|=1$　$|R_2|=2$　$|R_3|=1$　$|R_4|=3$

很容易看出，该图中不含有环路，那么系统中就没有进程处于死锁状态。反过来，如果图中有环路，那么可能存在死锁。

在图形上，用圆圈表示进程，用方框表示资源类，每一类资源 $R_j$ 可能有多个个体，我们用方框内的小圆点表示该资源中的个体。请注意，请求边仅指向代表资源类 $R_j$ 的方框，而一条分配边则必须进一步明确是哪一个（方框内的某个圆点）资源分给了进程。

当进程 $P_i$ 请求资源类 $R_j$ 的一个个体时，一条请求边被加入 SRAG，只要这个请求是可满足的，则该请求边便立即转换成分配边；当进程随后释放了某个资源时，分配边则被删除。

## 7.1.3　死锁的判定法则

基于上述 SRAG 的定义，可给出以下判定死锁的原则。

（1）若 SRAG 中未出现任何环，则此时系统内不存在死锁。

（2）若 SRAG 中有环，且处于此环中的每类资源均只有一个个体，则有环就出现了死锁（此时，环是系统存在死锁的必要充分条件）。

（3）如果 SRAG 中出现了环，但处于此环中的每类资源的个数不全为 1，则环的存在只是产生死锁的必要条件而不是充分条件。

前两条法则是显然的，第 3 条法则需要验证一下。

为此，我们再来看前面给出的 SRAG，假设此时进程 $P_3$ 请求一个 $R_2$ 类资源，由于此时 $R_2$ 已无可用资源，于是一条新的请求边$<P_3, R_2>$加入图中。则 SRAG 就如图 7-3 所示。

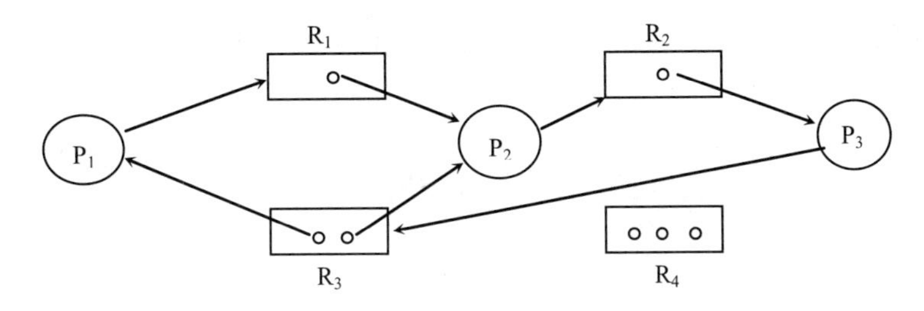


图 7-3　SRAG 图

此时，SRAG 中有两个环：$P_1 \to R_1 \to P_2 \to R_3 \to P_3 \to R_2 \to P_1$，$P_2 \to R_3 \to P_3 \to R_2 \to P_2$。

显而易见，进程 $P_1$、$P_2$、$P_3$ 都进入了死锁状态：进程 $P_2$ 正在等待一个 $R_3$ 类资源，而它正在由进程 $P_3$ 占用；进程 $P_3$ 正在等待进程 $P_1$ 或 $P_2$ 释放 $R_2$ 类资源中的一个个体，遗憾的是，$P_2$ 又在等待 $P_3$ 释放 $R_3$，而 $P_1$ 又在等待 $P_2$ 释放 $R_1$。

以上是处于 SRAG 环中的每类资源的个体不全为 1 而出现了死锁的例子。下面是一个在类似情况下不出现死锁的例子。

例如，一个 SRAG 图如图 7-4 所示。

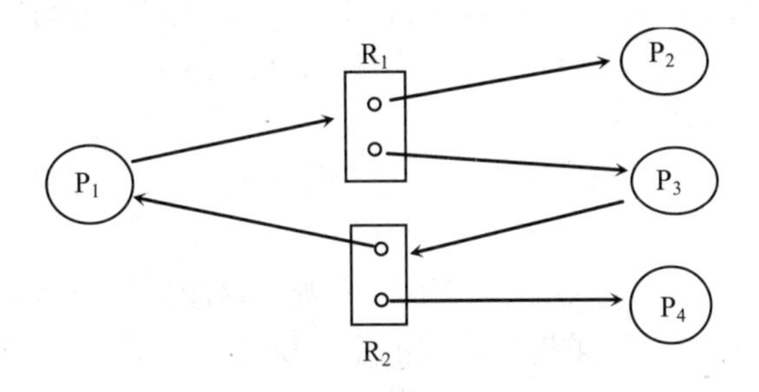


图 7-4　SRAG 图

此时图中也存在一个环：$P_1 \to R_1 \to P_3 \to R_2 \to P_1$。但此时不会产生死锁，因为当 $P_4$ 释放了一个 $R_2$ 类资源后，可将它分给 $P_3$，或者 $P_2$ 释放一个 $R_1$ 类资源后，可将它分给 $P_1$，这两种情况下环都消失了，因而不会死锁。上述三条判定法则有时也叫死锁定理。

从概念上讲，存在以下几种解决死锁问题的基本方法。

（1）死锁的预防。它是破坏产生死锁的 4 个充分必要条件中的一个或多个，使系统绝不会进入死锁状态。

（2）死锁的避免。它是允许产生死锁的 4 个充分必要条件有可能成立，但在资源动态分配的过程中使用某种办法防止系统进入死锁状态。

（3）死锁的检测与解除。它是允许系统产生死锁，然后使用检测算法及时地发现并解除它。下面我们来分别介绍这几种方法。

## 7.2　死锁的预防

前面提到，出现死锁必须具备 4 个条件。如果设法至少保证其中一个条件不具备，那么就破坏了死锁产生的条件从而预防它的发生。我们分别根据那 4 个条件提出预防措施。

（1）破坏“互斥条件”

对大多数资源来说，互斥使用是完全必要的。因此，通过破坏互斥条件来避免死锁是不现实的，如打印机、输入机等都必须互斥地使用。

（2）破坏“保持和等待”的条件

破坏这个条件的方法有两个：

① 静态分配法。即预先分配共享资源。用户在提交作业时，必须提出对资源的要求；系统调度程序在调度时，就应审查该作业所要求的资源能否满足；若能满足就调度，否则就不予调度。这种办法的优点是实现起来比较简单安全，缺点是资源利用率低。有些资源，如打印机，在开始运行时并不需要，只有最后输出时才需要；采用静态分配，显然将造成资源的浪费。其次是给用户带来一定困难，因为用户在作业运行之前，有时是不可能列出全部所需资源清单的；有些资源（如数据、表格等）往往是在运行中产生和发现的。

② 规定每个进程在请求新的资源之前必须释放已占用的资源。

这两种方法有两个主要的缺点：一是资源利用率低；二是可能产生“饿死”现象，即如果一个进程需要几种竞争激烈的资源，而总不能完全得到满足的话，则该进程将无限地等待。所以，在实际中破坏“保持与等待”这种方法用得较少。

（3）破坏“非抢占式”条件

破坏“非抢占式”条件意味着可以收回已分给进程且尚未使用完毕的资源。用这个方法防止死锁的产生有不同的实施方案。

方案之一：若一个进程已占用了某些资源，现又要请求一个新的资源，而这个资源是不能立即分给它的，则要剥夺请求进程占用的全部资源，被剥夺的资源加到可用资源表内，被剥夺资源的进程加入进程等待队列，直至它再次获得所需的全部资源才能再次运行。

方案之二：如果一个进程请求某些资源，我们首先看这些资源是否是可用的，若是，便分给请求进程；否则，我们检查这些资源是否分给了某个进程，而此进程是否又正在等待获得更多的资源。若是，则剥夺等待进程的某些资源以满足请求进程的需要；若这两种情况都不是，则请求进程等待，在等待过程中，它的某些资源也有可能被剥夺。

上述通过破坏“非抢占式”条件以防止死锁的方法仅适用这样一些资源：它们的状态是容易保存和恢复的，例如 CPU 寄存器、存储器空间等。一般来说，它不能用到像打印机、卡片机等这样的资源上。

（4）破坏“循环等待”条件

为了确保系统在任何时候都不会进入循环等待的状态，一个有效的方法是将所有资源类线性编序，也就是说，给每类资源一个唯一的整数编号，并按编号的大小给资源类定序。

更形象地说，令 $R=\{r_1, r_2, ..., r_m\}$ 是资源类型的集合，我们可以定义一个一对一的函数 F：R→N，这里 N 是自然数的集合，例如，若资源类集合 R 包含磁盘驱动器、纸带机、卡片机和打印机，则函数可定义如下：

F(card reader)=1

F(disk drive)=5

F(tape drive)=7

F(printer)=12

在上述基础上，我们用以下方法防止死锁的产生：每个进程只能以编号递增的顺序请求资源。任一进程在开始时可请求一个任何类型的资源。例如 $r_i$，此后，该进程可请求另一类 $r_j$ 的一个资源，当且仅当 $F(r_j)>F(r_i)$。例如，对以上定义的函数 F，若某进程已获得一台卡片机(1)和一台纸带机(7)，则它当前的资源序列为：1→7；此时该进程若请求一台打印机(12)，则其资源序列变为 1→7→12，是合法的；但若此时该进程请求一台磁盘机(5)，则它必须先释放编号为 7 的纸带机以保证资源序列的递增性：1→5。当然，我们也可用另一种方式表述上述资源的请求分配规则：一个进程若要请求 $r_j$ 类的一个资源，它必须释放所有这样的 $r_i$ 类资源：$F(r_i)\geq F(r_j)$。

使用这样一个请求和分配规则，系统在任何时候都不可能进入循环等待的状态。下面证明这一点。假设环形已经出现并且含于环中的进程是$\{P_0, P_1, ..., P_n\}$，这意味着 $P_i$ 正在等待一个 $r_i$ 类资源，而此资源正在由进程 $P_{i+1}$（下标作 mod(n+1)运算）占用，对 i=0，1，2，…，n 成立。由于进程 $P_{i+1}$ 正在占用 $r_i$ 类资源而请求 $r_{i+1}$ 类资源，于是我们有 $F(r_i)<F(r_{i+1})$对所有的 i 成立，这就意味着 $F(r_0)<F(r_1)<\cdots<F(r_n)<F(r_0)$，并且立即就有 $F(r_0)<F(r_0)$，而这是不可能的。所以，循环等待是不可能出现的。

最后，还有一点要注意，给每类资源编号时，应考虑它们在系统中实际使用的先后次序。例如，卡片机通常都是在打印机前面使用的，因此应有 F(card reader)＞F(printer)等。

## 7.3　死锁的避免

死锁的避免则是在这 4 个充分必要条件有可能成立的情况下，使用别的方法以避免死锁的产生。为了讨论避免死锁的具体方法，我们引进一个新概念，即资源分配状态及系统的安全性。

### 7.3.1　资源分配状态 RAS

它是由系统可用资源数，已分资源数以及进程对资源的最大需求量等数据给出，具体来说就是以下数据结构：

（1）可用资源向量 Available

该向量的长度为系统内的资源类型数。例如 m，如果 Available［j］=k，说明 $r_j$ 类资源当前可用数为 k。

（2）最大需求矩阵 max

这是一个 n*m 阶的矩阵，n 为进程数，m 为资源类型数。若 max［i，j］=k，说明进程 $P_i$ 至多可请求 k 个 $r_j$ 类资源。

（3）分配矩阵 Allocation

这也是一个 n*m 阶的矩阵，n、m 的意义同上。如果 Allocation［i，j］=k，说明进程 $P_i$ 当前已分得 k 个 $r_j$ 类资源。

（4）剩余需求矩阵 Need

这也是一个 n*m 阶矩阵，n、m 的意义同上。如果 Need［i，j］=k，说明进程 $P_i$ 还需要 k 个 $r_j$ 类资源。

显然 Need［i，j］=Max［i，j］-Allocation［i，j］。一个资源分配状态是上述数据结构的一个瞬态。毫无疑问，由上述 4 个数据结构的值给出的系统状态是随时间的推移而变化的。

### 7.3.2 系统安全状态

如果系统可以按某种顺序把资源分配给每个进程（直至最大要求），并且不出现死锁，那么系统的状态是安全的。

一个进程序列 $<P_{i1}, P_{i2}, ..., P_{ik}, ..., P_{in}>$，$1 \leqslant ik \leqslant n$，$1 \leqslant k \leqslant n$，如果对每个进程 $P_{ik}$，其资源剩余需求量均可由可用资源数加上所有 $P_{ir}$（r<k）当前已占有的资源来满足的话，则称此序列是安全序列。

一个系统处于一个安全状态，仅当存在一个安全序列。

在此情况下，一个进程 $P_{ik}$ 所需的资源如果不能立即被满足，则在所有 $P_{ir}$（r<k）运行完毕后，一定可以满足。然后 $P_{ik}$ 可以运行完毕，之后 $P_{ik+1}$，...，$P_{in}$ 均可完成。如果不存在这样的一个序列，则说明系统处于一个不安全状态。

**【例 7-2】** 考虑一个系统有 12 台磁带机和 3 个进程 $P_1$、$P_2$、$P_3$。它们分别需要磁带机 10 台、4 台和 9 台。假定在某一时刻 T0，它们分别占有磁带机数为 $P_1$：5 台；$P_2$：2 台；$P_3$：2 台；系统还有 3 台空闲。我们说此时系统处于一种安全状态。因为序列 $<P_2, P_1, P_3>$ 是一个安全序列。假定在时刻 T0，它们分别占有磁带机数为 $P_1$：5 台；$P_2$：2 台；$P_3$：3 台。此时系统处于一个不安全状态，因为此时不存在任何安全序列。

给出了上述资源分配状态及其安全状态的概念后，我们就可以更准确地表达什么是死锁的避免。所谓死锁避免就是在资源动态分配的过程中，通过某种算法，避免系统进入不安全状态，从而也就不会进入死锁状态。

注意：死锁是一个不安全状态，但不安全状态并不就是死锁状态，它只意味着存在导致死锁的可能性。

### 7.3.3 死锁避免算法

死锁避免算法也就是避免系统进入不安全状态的算法。下面描述的死锁避免算法是由 Dijkstra（1965）和 Habermann（1969）提出来的，通常称之为银行家算法。它是一个非常经典的死锁避免算法。当有一个进程要求分配若干资源时，系统根据该算法判断此次分配是否会导致系统进入不安全状态，若会，则拒绝分配。

为了简化算法的表述，引入一些记号：

- 令 x、y 为长度是 n 的向量，则 $x \leqslant y$，当且仅当 x［i］$\leqslant$y［i］对所有 i=1，2，...，n 都成立。如果 $x \leqslant y$ 且 $x \neq y$，则 $x < y$。
- 将 Allocation 矩阵第 i 行记为 $Allocation_i$，为 $P_i$ 进程当前分得的资源，类似地对

Need 矩阵也作这种处理。

银行家算法描述如下：

令 $Request_i$ 是进程 $P_i$ 的请求向量，如果 $Request_i$［j］=k，则进程 $P_i$ 希望请求 k 个 $r_j$ 类资源，当进程 $P_i$ 提出一个资源请求时，系统进行以下工作。

（1）如果 $Request_i \leqslant Need_i$，则执行（2），否则出错。

（2）如果 $Request_i \leqslant Available$，则执行（3），否则 $P_i$ 必须等待。

（3）系统“假装”已分给 $P_i$ 所请求的资源，并对系统状态作如下修改。

$Available=Available-Request_i$

$Allocation_i=Allocation_i+Request_i$

$Need_i=Need_i-Request_i$

（4）作上述处理后，调用安全性算法检查系统状态，若系统仍处于安全状态，则真正实施分配；否则，拒绝该分配，恢复原来的状态，进程 $P_i$ 等待。

那么，如何判断系统是否仍处于安全状态呢？安全性检查算法如下。

（1）令 work 和 Finish 分别是长度为 m 和 n 的向量，初始化：work=Available，Finish［i］=false（i=1，2，...，n）。

（2）找到一个这样的 i：

Finish［i］=false 并且 $Need_i \leqslant work$，如果没有这样的 i 存在，转向步骤（4）。

（3）$work=work+Auocation_i$，Finish［i］=true，转向步骤（2）。

（4）如果 Finish［i］=true 对于所有的 i 都成立，则系统是安全的，否则是不安全的。

由上可见，安全性检查算法是银行家算法的子算法，是由银行家算法调用的。

我们还是回到前一个例子，系统有磁带机 12 台，3 个进程，在 t0 时刻：

P1：有 5 台（还需 5 台）

P2：有 2 台（还需 2 台）

P3：有 2 台（还需 7 台）

系统余下 3 台。

在给进程分配余下的磁带机时，我们用银行家算法来避免死锁的产生。

很显然，P1、P3 所请求磁带机都大于余下的磁带机数，因而若它们提出请求都必须等待，若 P2 请求余下的磁带机时，则 $Request_2=2$，因＜Available（=3），执行（3）得：

$Available=3-2=1$

$Allocation_2=2+2=4$

$Need_2=2-2=0$

下面检查安全状态（调用安全性算法）：

① work=Available=1

Finish［i］=false（i=1，2，3）

② $Need_2=0 \leqslant work=1$　找到 i=2

③ $work=work+Allocation_2=1+4=5$

Finish［2］=true

转② $Need_5=5 \leqslant work=5$　找到 i=1

③ work=work+$Allocation_1$=5+5=10

Finish［1］=true

转②$Need_3$=7≤work=10　找到 i=3

④ work=work+$Allocation_3$=10+2=12

Finish［3］=true

⑤ 所有 Finish［i］=true，则系统是安全的，即找到了一个安全序列＜$P_2$，$P_1$，$P_3$＞。

### 7.3.4 对单体资源类的简化算法

虽然银行家算法相当通用并且适用于任何资源分配系统，但它需要 $m * n^2$ 次操作，如果我们的资源分配系统中每类资源只有一个单位，就可找到更有效的算法。

这种算法是资源分配图的变形，除请求边和分配边之外，还要有一种称为“要求边”的新边。要求边＜$P_i$，$r_j$＞表示进程 $P_i$ 能申请资源 $r_j$，有时用虚线表示。当进程 $P_i$ 申请资源 $r_j$ 时，要求边＜$P_i$，$r_j$＞就转变成请求边。类似地，当 $r_j$ 被 $P_i$ 释放时，分配边＜$r_j$，$P_i$＞就转换成要求边＜$P_i$，$r_j$＞。应注意到，在系统中必须事先对资源有要求权，就是说，在进程 $P_i$ 开始执行之前，它的所有要求边必须已经在资源分配图中出现。这个条件可以放宽，仅当与进程 $P_i$ 有关的全部边都是要求边时，允许把一条要求边加到图中。

设进程 $P_i$ 申请资源 $r_j$，仅当把请求边＜$P_i$，$r_j$＞转换成分配边＜$r_j$，$P_i$＞，不会导致资源分配图中出现环路形式时，该申请才可实现，安全性检查是由环路检测算法实现的。

如果不存在环路，那么分配资源使系统仍处于安全状态。如发现环路，则分配资源将使系统处于不安全状态。因此，进程 $P_i$ 必须等待，以便满足申请要求。

为解释这种算法，我们考虑如图 7-5 所示的资源分配图。设 $P_2$ 申请 $r_2$，虽然 $r_2$ 当前是空闲的，我们不能把它分给 $P_2$，因若那样做，在图中就会产生环路，这表明系统处于不安全状态，此时如果 $P_1$ 再申请 $r_2$，就会出现死锁了。

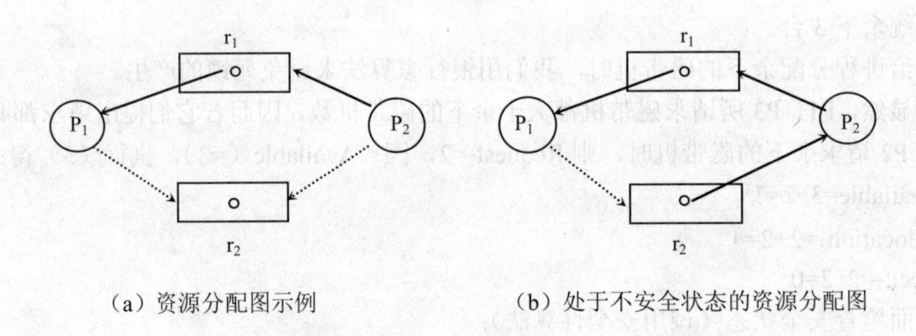


（a）资源分配图示例　　（b）处于不安全状态的资源分配图

图 7-5　资源分配图

## 7.4　死锁的检测和清除

对于一个系统，如果没有一种措施以确保系统不会出现死锁，则系统必须具备检测系统状态和恢复系统的手段，并周期性地调用这个检测系统状态的算法，检测是否出现了死锁并解除它。这就是本节要讨论的内容。

死锁检测的时机可以选择在系统置某一进程睡眠后，立即检测系统中的所有进程是否都已处在睡眠状态；系统中确有进程存在，而又无进程可调度时；按时钟中断定时对系统状态进行检测等时刻，以防系统瘫痪已久而无从发现。

### 7.4.1　死锁的检测

1. 多体资源类

该检测算法也要使用几个随时间而变值的数据结构，它们与银行家算法中使用的数据结构是非常类似的。

Available：这是一个长度为 m 的向量，用以记录每类资源的可用数。

Allocation：这是一个 n*m 阶的矩阵，用以记录每个进程当前所分得的每类资源的个数。

Request：这是一个 n*m 阶的矩阵，用以记录当前每一个进程的资源请求。如果 Request［i，j］=k，则进程 $P_i$ 正在进一步请求 k 个 r 类资源。

下面是建立在上述数据结构上的死锁检测算法。

（1）令 work 和 Finish 分别是长度为 m 和 n 的向量。初始化 work=Available。如果 $Allocation_i \neq 0$ 则 Finish［i］=false；否则 Finish［i］=true，对于 i=1，2，...，n。

（2）找到一个下标 i，使得 Finish［i］=false 并且 $Request_i \leqslant work$，如果不存在这样的 i，转向步骤（4）。

（3）$work=work+Allocation_i$，Finish［i］=true，转向步骤（2）。

（4）如果对于所有的 i=1，2，...，n；Finish［i］=true 不成立，则系统出现了死锁。而且，如果 Finish［i］=false，则进程 $P_i$ 被死锁。

上述算法的时间复杂性为 O（$m \times n^2$）；m，n 分别为资源类型和进程数。

**注意**：此算法与银行家算法中的安全性算法不同点在于第（2）步中 $Request_i \leqslant work$，而银行家算法中是 $Request_i \leqslant Needi$。

死锁的避免是通过算法检查系统从此以后绝不会进入死锁状态，故银行家算法是一种保守算法。死锁的检测只是检查当时系统是否发生了死锁，而不管将来的情况。

系统处于死锁状态与进程处于死锁状态不同，前者是指所有进程都处于死锁状态，则系统是死锁了（瘫痪了）。

2. 单体资源类

如果所有资源类只有一个单位，就可以用更快的算法。我们在这儿只介绍一种利用资源分配图的变形即等待图来检测死锁。所谓等待图，它是从资源分配图中去掉表示资源的节点，并把相应边折叠在一起得到的。

在等待图中从 $P_i$ 到 $P_j$ 的边表示进程 $P_i$ 正等待 $P_j$ 释放它所需要的资源。

例如，资源分配图如图 7-6 所示。

其对应的等待图如图 7-7 所示。

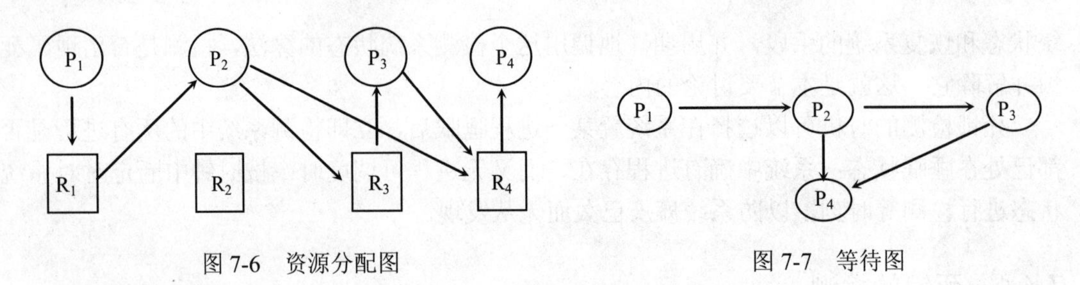


图 7-6　资源分配图　　　　图 7-7　等待图

此时系统没有死锁。

若其资源分配图修改后如图 7-8 所示。

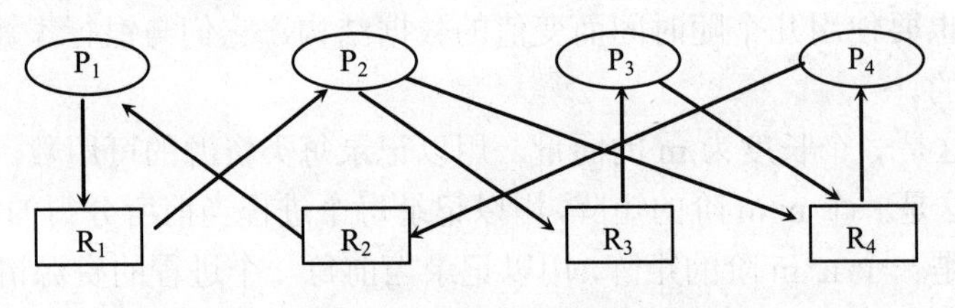


图 7-8　改后的资源分配图

其对应的等待图如图 7-9 所示。

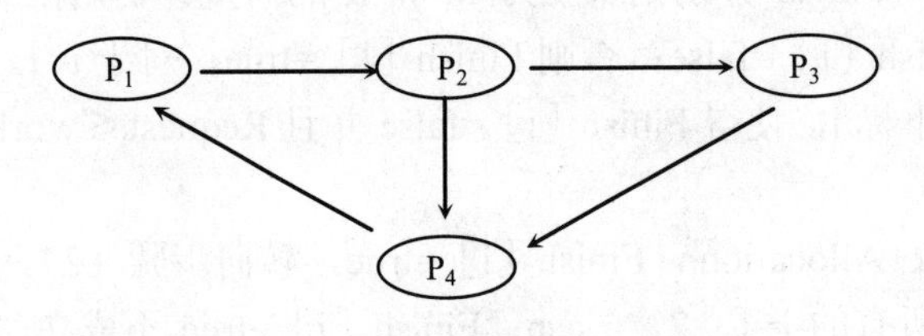


图 7-9　等待图

此时等待图中含有环路，就有死锁了。

在此方法中，当且仅当在等待图中含有环路时，在系统中存在死锁。

## 7.4.2　死锁的解除

当检测算法判定系统内已出现了死锁，则要设法解除它。一般来说，有以下 3 种解除死锁的方法。

（1）破坏互斥请求，将一个资源同时分给若干个进程。

（2）简单地撤销一个或多个进程。

（3）从某些被锁的进程中剥夺资源。

第一种方案较简单，它仅适用于少数资源，如可用 Spooling 技术将输入设备转变为可共享的设备，称之为虚拟设备。

第二、三种方法最主要的是选择哪些进程被撤销和哪些进程的资源被剥夺。

（1）选择牺牲者的问题

这其实是一个经济问题，总是选择所需代价最小的进程作为牺牲者。代价包括优先数、已运行的时间、还需运行的时间等许多因素。

例如，两人在桥中间相遇，则看谁的任务急。若 $P_1$ 后面有许多后随者，而 $P_2$ 没有；若 $P_1$ 已走过了 4/5 的桥，而 $P_2$ 只走过了 1/5 的桥等。总之，要具体问题具体解决。

（2）退回去的问题

确定了某个进程要退回去，就要决定它应退到何处，简单的办法是退到原处（整个地退回去）。有效的办法是退回到足以解除死锁的地步。如发生交通阻塞，要求一些车辆往后退，要求它们一直退到发车点，显然不合理。有效的办法是让它们退到马路比较宽的地方。

前面已讨论，单独使用某种处理死锁的办法是不可能全面地解决在操作系统中遇到的各种死锁问题的。有的学者就建议将这些方法组合起来，并对由不同类资源竞争所引起的死锁采用对它来说是最佳的方法来解决，以此来全面解决死锁问题。这就要将所有资源分层，每一层可以使用最适合于它的办法解决死锁问题。

UNIX 中对死锁采取的对策是尽量减少其发生的可能性，限制进程的个数或将某些进程终止，一般在进程较小时可行。当有些资源不能满足要求时，就简单地要求使用该资源的进程终止，以后再重新运行。

## 习　题

1．什么是可再用资源？什么是消耗性资源？试举例说明之。

2．发生死锁的充要条件是什么？其中最重要的条件是什么？

3．处理死锁的方法主要有哪几种？

4．叙述资源分配图的定义。如何利用资源分配图判断系统中是否出现死锁？

5．考虑一个由 4 个同类资源组成的系统，由 3 个进程共享这样的资源，每个进程至多需要 2 个资源。证明该系统是无死锁的。

6．举例说明，虽然系统进入了不安全状态，但所有进程还是有可能完成它们的运行而不会进入死锁状态。

7．考虑下面的系统“瞬态”：

| 进程 | Allocation | Max | Available |
|---|---|---|---|
| $P_1$ | 0012 | 0012 | 1520 |
| $P_2$ | 1000 | 1750 | |
| $P_3$ | 1354 | 2356 | |
| $P_4$ | 0632 | 0652 | |
| $P_5$ | 0014 | 0656 | |

使用银行家算法回答以下问题：

（1）给出 Need 的内容。

（2）系统是在安全状态吗？

（3）如果进程 $P_2$ 要求（0，4，2，0），此要求能立即得到满足吗？

8．死锁的预防、避免和检测 3 者有什么不同？

# 第 8 章

# Linux 系统的安装和初步使用

Linux 是基于 UNIX 内核的轻量级的新一代流行的操作系统，它不仅具备 UNIX 操作系统的基本功能，在性能上也可以与 UNIX 媲美，而且更关键的是用户可以免费试用，源码开源，能够让用户更好地了解系统底层架构。Linux 操作系统支持绝大多数硬件架构和 TCP/IP 等主流网络协议，有良好的跨平台性能，应用极其广泛。

本章将介绍 Linux 系统的基本内容，包括 Linux 系统的安装、初步使用及相关基础知识。

## 8.1 Linux 系统的安装

内核是 Linux 操作系统的核心程序文件，通过与其他程序文件组合，Linux 系统拥有各种不同版本。从架构、用途来分，可以分为桌面版 Linux、企业版 Linux 和嵌入式 Linux；从其来源来分，又存在多种不同名称的 Linux 系统，如 Fedora Linux、Ubuntu Linux、RedHat Linux 和 Debian Linux 等。

RedHat Linux 应用范围广，具有典型性和代表性，很多系统（如红旗 RedFlag、中标 Linux 和 Oracle 发布的 Enterprise Linux）都是以 RedHat Linux 为基准的。因而，可以说学会了 RedHat Linux，就能触类旁通，其他类似的 Linux 系统也能很快掌握。现在一般学习 Linux 系统也都是以 RedHat Linux 为主，这样交流方便，学习中出现问题更容易得到解决。同时 RedHat Linux 的安装和使用也是最简单的。

下面以 RedHat Linux 9.0 为例来说明 Linux 系统的安装过程。

### 8.1.1 安装前的准备工作

安装 Linux 系统前，根据需要选择合适的 Linux 系统，并且要确保目标机器满足不同 Linux 系统对软、硬件的最低要求。以 RedHat Linux 9.0 桌面版为例，它对系统硬件的要求如表 8-1 所示。

表 8-1 RedHat Linux 9.0 对系统软、硬件的要求

| 硬 件 类 别 | 要 求 |
| --- | --- |
| CPU | Intel Pentium 兼容 CPU，主时钟频率在 400MHz 以上 |
| 内存 | 256MB 以上 |
| 硬盘空间 | 5GB 以上空余空间 |
| 显卡 | VGA 兼容或更高分辨率显卡 |
| 光驱 | 任意 DVD 光驱 |

根据系统需求，从 RedHat 网站获取相应版本的 Linux 安装文件 ISO，并把它们刻录到光盘，然后就可以使用光盘来安装 Linux 系统了；或者使用 Deamon Tools 虚拟光驱软件，将 ISO 文件映射为虚拟光盘文件进行安装。

### 8.1.2　Linux 分区及文件系统

分区就是将磁盘分隔成独立的区域，每个区域都如同一个单独的磁盘驱动器，在 DOS/Windows 系统下，磁盘可分为 C、D 和 E 等逻辑盘；而 Linux 则将磁盘视为块设备文件来管理，以/dev 开头。例如，在 Linux 中用/dev/hda1 表示 Windows 下的 C 盘。其中，hd 表示 IDE 硬盘（SCSI 硬盘用 sd）；hda 表示第一个 IDE 硬盘（第二个则为 hdb）；/dev/hda1 为主分区，逻辑分区从 5 开始，如/dev/hda5、/dev/hda6、/dev/hda7 等。

由于 Linux 分区和 Windows 分区不同，它们不能共用，所以需要为 Linux 系统单独开辟一个空闲的分区，最好是最后一个分区。利用 Windows 下的 Partition Magic（分区魔术师）软件，可以在 D 盘上腾出空间创建新分区 E 盘（或利用已有的空闲 E 盘），文件类型暂设为 FAT32，在稍后创建 Linux 分区使用，RedHat Linux 9.0 需 4～5GB 的磁盘空间。

对于不同的操作系统，它们的文件系统也不相同。Windows 的文件系统一般分为 FAT16、FAT32 和 NTFS 等格式。而 Linux 的文件系统则分为 ext2、ext3、swap 和 vfat。ext2 支持最多为 255 个字符的文件名；ext3 是基于 ext2，主要优点是减少系统崩溃后恢复文件系统所花费的时间，是 RedHat Linux 9.0 默认的文件系统；交换区 swap 被用来支持虚拟内存；Windows 的 FAT 分区在 Linux 下显示为 vfat 文件类型。

Linux 中常见分区的作用及大小要求如表 8-2 所示。

表 8-2　Linux 中常见分区的作用及大小要求

| 分 区 表 示 | 作　　用 | 大　　小 |
| --- | --- | --- |
| / | Root 根分区 | 256MB 以上 |
| SWAP | 交换分区 | 实际内存的 2 倍 |
| /usr | 安装软件存放的位置 | 2.5GB 以上 |
| /home | 视用户多少而定 | |
| /var | 存放临时文件 | 256MB 以上 |
| /boot | 存放启动文件 | 32MB |

### 8.1.3　Linux 安装步骤

下面对 Linux 的安装过程进行详细说明，具体安装步骤如下。

（1）用 RedHat Linux 9.0 第一张安装光盘引导开机，系统在开机后会出现安装菜单。安装菜单中提供了两种安装模式供用户选择：图形模式安装和命令行文本模式安装，按 Enter 键选择图形模式进行安装。在进入图形画面的安装模式前，RedHat Linux 9.0 比以往的版本多了一个环节，那就是提示对安装光盘介质进行检测，也可单击 Skip 跳过检测，如图 8-1 所示。

（2）接着安装程序会自动检测硬件，包括视频卡（显示卡）、显示器和鼠标的配置，然后进入图形画面的安装向导。在“语言选择”界面中选择“简体中文”，在“键盘配置”界面中使用默认的“美国英语式”键盘。单击“下一步”按钮，在“鼠标配置”界面，系统自动检测出鼠标的配置，保持系统默认的设置，如图 8-2 所示。

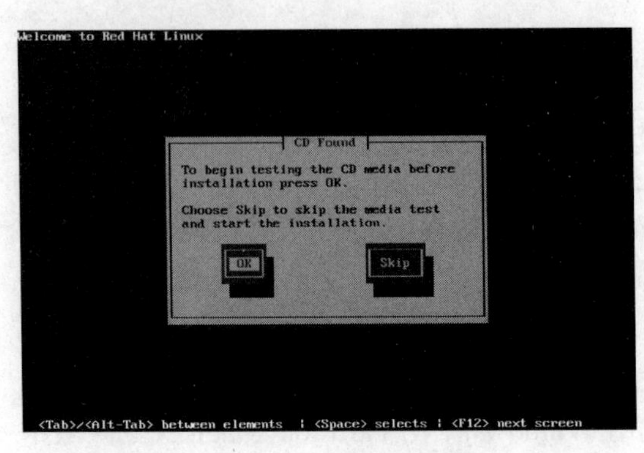


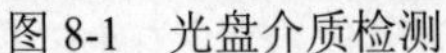
图 8-1　光盘介质检测

图 8-2　鼠标配置

（3）选择磁盘分区设置。安装向导提供了两种分区方式：自动分区和用 Disk Druid 手工分区。自动分区是一个危险功能，因为它会自动删除原先硬盘上的数据，并格式化为 Linux 的分区文件系统，所以除非计算机上没有其他操作系统，否则不选此项。建议采用 Disk Druid 程序进行手工分区，选择前面已准备好的分区来安装 Linux 系统，如图 8-3 所示。

在选中“用 Disk Druid 手工分区”单选按钮后，进入整个安装过程中唯一需要用户较多干预的步骤，也是很重要的环节。Linux 系统归根结底只有一个根目录，一个独立且唯一的文件结构。Linux 的文件系统采用树形结构，整个文件系统由一个根和根上的几个分支组成，Linux 需要创建几个 Linux Native 分区和 Linux Swap 分区，每个分区都必须通过挂载点，分别载入到根（/）或几个分支（如/boot、/home 等）上。

在使用 Disk Druid 对磁盘分区进行操作时，有 4 个重要的参数需要仔细设定，分别是挂载点、文件系统类型、分区大小以及驱动器。下面对 4 个参数作简单说明。

① 挂载点：指定了该分区对应 Linux 文件系统的哪个目录。即将不同的物理磁盘上的分区映射到不同的目录，这样可以实现将不同的服务程序放在不同的物理磁盘上，其中一个分区损坏时，不会影响其他的分区数据。

② 文件系统类型：可选择的类型有 ext2、ext3、swap 等。前两个是系统默认类型，swap 是建立虚拟内存空间。

③ 分区大小：以 MB 为单位。swap 分区大小一般设为物理内存的两倍，如果计算机的物理内存大于 1GB，swap 分区建议设置为 2GB。

④ 驱动器：即是指计算机中有多个物理磁盘，可以很方便地选择要进行分区操作的那个物理磁盘。类似于 Windows 系统中的 FDISK 分区中的操作。

一个最基本的 Linux 系统中，至少需要一个“/”根文件系统分区、一个 swap 交换文件分区和/boot 分区，为了用户使用方便，建议再创建一个/home 分区。

假设在安装准备阶段，在 Windows 下用 Partition Magic 为 Linux 准备的分区是 E 盘，在/dev/hda6 上创建“/”、/boot、swap 和/home 分区的步骤如下。

① 因/dev/hda6 的文件类型是 vfat，因此需要先删除该分区，使它变成空闲设备和空闲分区。

② 创建“/”分区。选中空闲设备，单击“新建”按钮，打开“添加分区”对话框，设置挂载点为“/”，“文件系统类型”为 ext3，“大小”为 5000MB，如图 8-4 所示。

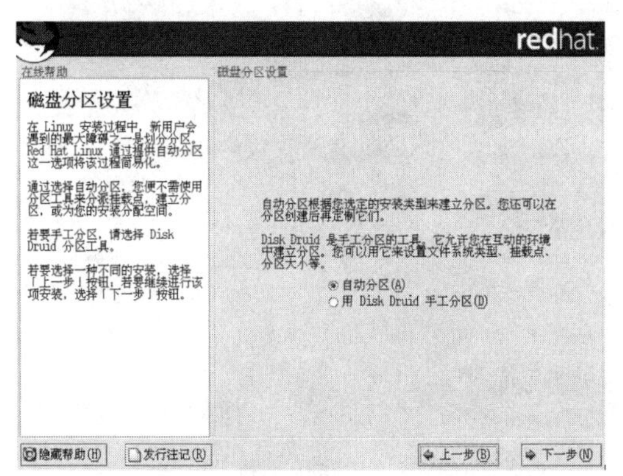
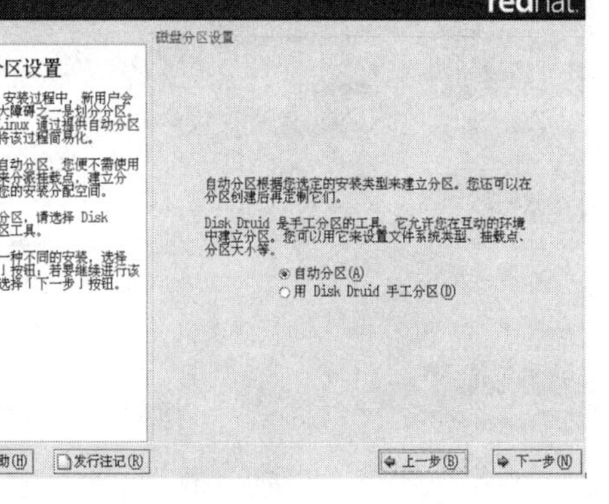

图 8-3　磁盘分区设置

图 8-4　磁盘分区设置

③ 创建/boot 分区。同上，设置“挂载点”为/boot，“文件系统类型”为 ext3，“大小”为 100MB。

④ 创建 swap 分区。一般 swap 分区的大小设定为机器内存的 2～3 倍为最佳，在“添加分区”对话框中，设置“文件系统类型”为 swap，“大小”为 4000MB（如果内存为 2GB），它不需要挂载点。

⑤ 创建/home 分区。设置“挂载点”为/home，“文件系统类型”为 ext3，然后选中“使用全部可用空间”单选按钮，将剩余的磁盘分配给/home 区。

以上分区创建完成后的状态如图 8-5 所示。

（4）在创建完 Linux 分区后，接下来出现“引导装载程序配置”界面，如图 8-6 所示。对于 Windows/Linux 多操作系统共存的系统，开机时指定哪一个操作系统为默认系统，这需要借助开机引导装载程序（Boot Loader）。Linux 内置了两种开机引导装载程序：LILO 与 GRUB，在图 8-6 的配置中，将开机启动的操作系统设为 Linux 系统，同时默认系统设置——以 GRUB 作为引导装载程序。

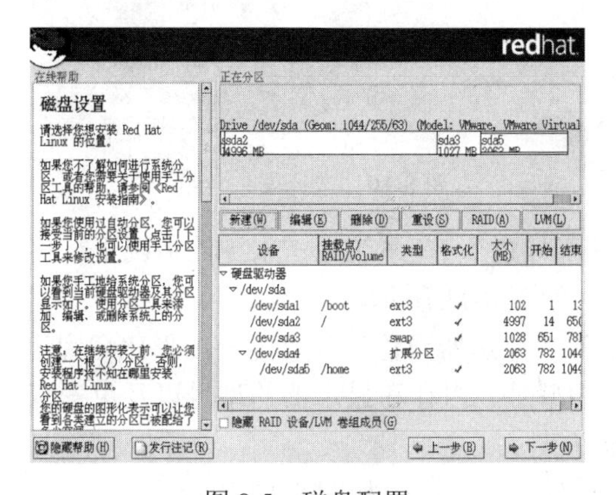


图 8-5　磁盘配置

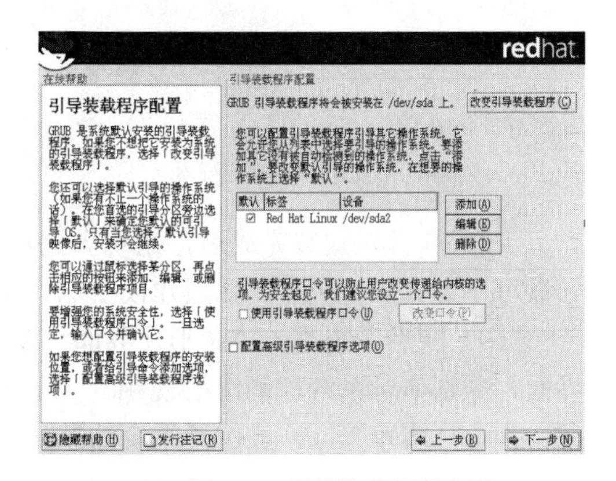


图 8-6　引导装载程序配置

（5）配置好引导装载程序后，在接下来的“网络配置”、“防火墙配置”等窗口中，都选择系统默认的设置，如图 8-7 和图 8-8 所示。

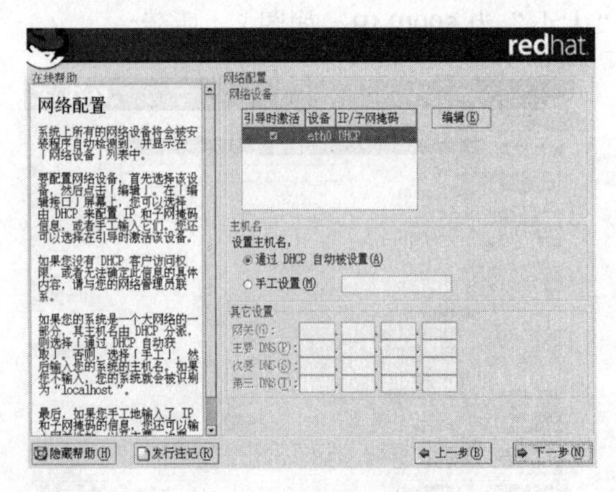


图 8-7　网络配置

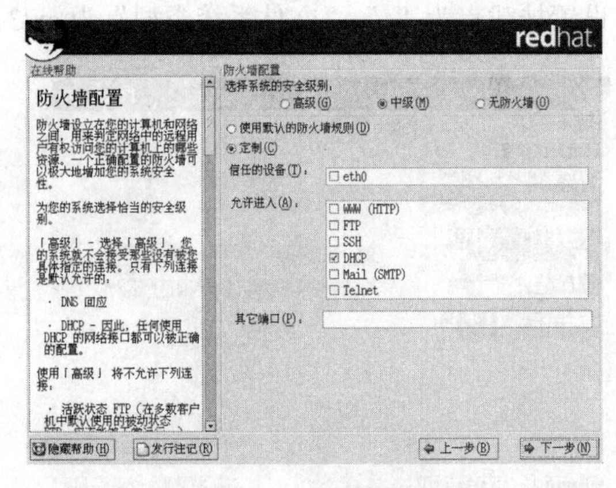


图 8-8　防火墙配置

（6）Linux 系统中，拥有最大权限的管理员账户是 root，使用该账户登录主机可以完全管理整个系统，安装过程中需要设置它的口令，如图 8-9 所示。在后面的“验证配置”界面中，选择系统默认的设置。

（7）进行个人桌面默认的设置，选中“定制要安装的软件包集合”复选框。然后是系统软件包的选择安装，在如图 8-10 所示的“选择软件包组”界面中，为测试每个软件包的功能，选中“全部”复选框，安装全部软件包需 4850MB 的硬盘空间，单击“下一步”按钮后，系统开始进行软件包的安装。在安装过程中，系统会提示插入第二及第三张安装光盘。

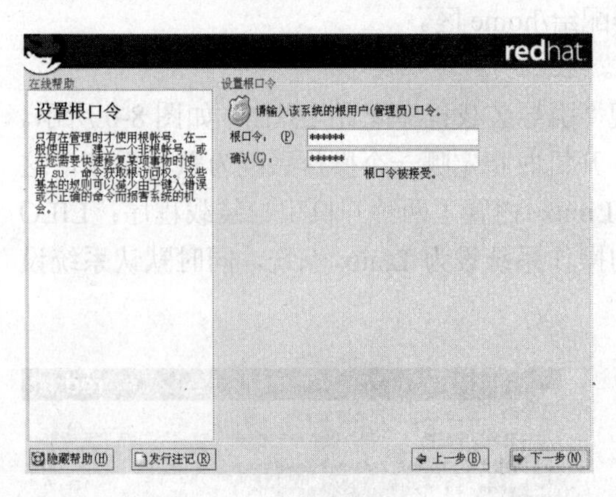


图 8-9　设置根口令

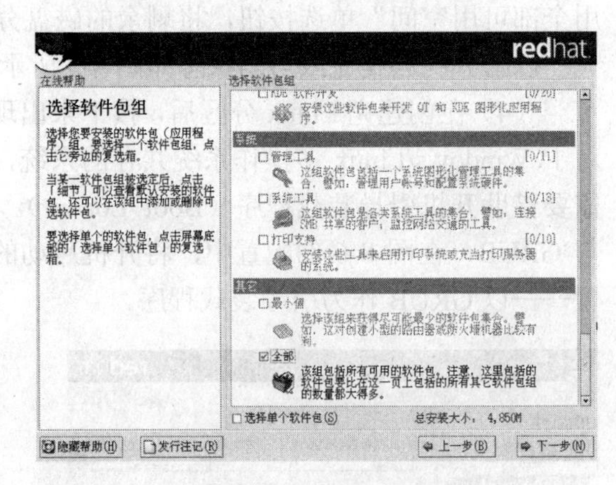


图 8-10　选择安装包组

（8）软件包安装完成后，系统会提示“创建引导盘”，在系统无法引导的情况下，引导盘可作为紧急救援盘，强烈建议要制作引导盘，如图 8-11 所示。

（9）随后系统进入“图形化界面（X）配置”、“显示器设置”和“定制图形化配置”界面，分别显示系统检测出的视频卡（显示卡）的型号、内存和显示器的型号以及色彩深度、屏幕分辨率等，一般保持系统的默认设置即可。

（10）完成上述操作后，系统会显示安装完成的提示界面，如图 8-12 所示。

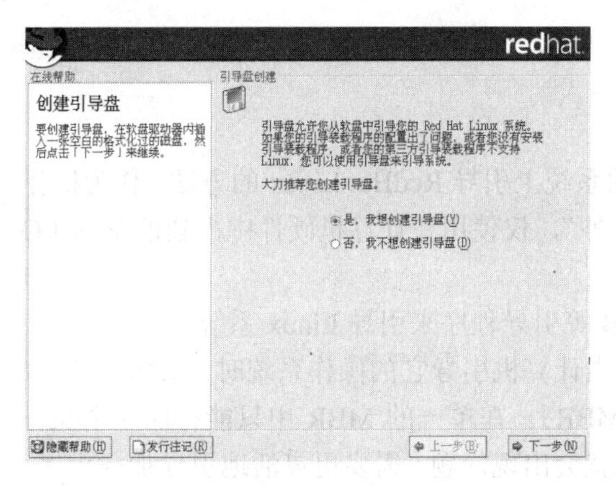


图 8-11　创建引导盘

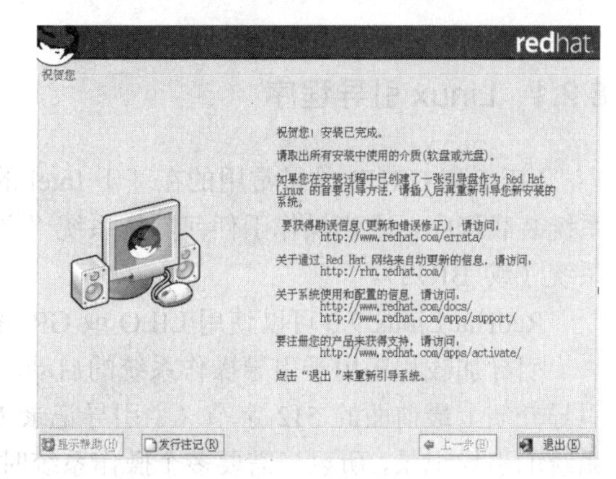


图 8-12　安装完成

安装结束后重启计算机，就会出现选择操作系统来启动的菜单。选择 Linux 系统启动界面如图 8-13 所示。

第一次进入 Linux 系统，通过 root 账户登录后，就能看到 Linux 图形化用户界面，如图 8-14 所示。

图 8-13　启动系统

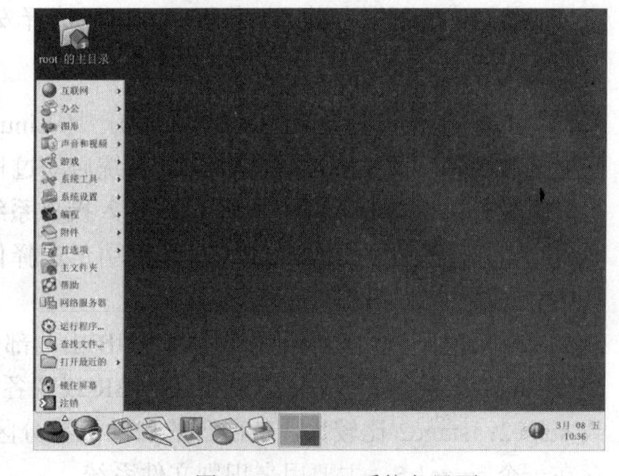


图 8-14　Linux 系统主界面

在安装过程中，要特别注意的是设立 swap 分区和记住 root 账户密码。

## 8.2　Linux 系统运行时相关的基本概念

Linux 系统的启动过程涉及引导程序、内核及其他程序。具体过程是：打开计算机的电源，BIOS 开机自检，按 BIOS 中设置的启动设备（通常是硬盘）启动，接着启动设备上安装的引导程序 LILO 或 GRUB 开始引导 Linux，Linux 首先进行内核的引导，接下来执行 init 程序，init 程序调用了 rc.sysinit 和 rc 等程序，当 rc.sysinit 和 rc 完成系统初始化和运行服务的任务后，返回 init，最后 init 启动 mingetty 程序，打开终端供用户登录系统，用户登录成功后进入 Shell，这样就完成了从开机到登录的整个过程。

### 8.2.1 Linux 引导程序

LILO 和 GRUB 是最常用的在基于 Intel 的系统上引导 RedHat Linux 的方法。作为操作系统装载程序，它们操作于任何操作系统“之外”，仅使用在计算机硬件中内建的基本 I/O 系统（或 BIOS）。

RedHat Linux 9.0 可以使用 LILO 或 GRUB 等引导程序来引导 Linux 系统。

引导加载程序用于引导操作系统的启动。当计算机引导它的操作系统时，BIOS 会读取引导介质上最前面的 512 字节（主引导记录 MBR）。在单一的 MBR 中只能存储一个操作系统的引导记录，所以当需要多个操作系统时就会出现问题，需要更灵活地引导加载程序。

1. LILO

LInux LOader（LILO）已经成为所有 Linux 发行版的标准组成部分。作为一个较老的/最老的 Linux 引导加载程序，它不断壮大的 Linux 社区支持使其能够随时间的推移而发展，并能够始终充当一个可用的现代引导加载程序，并有一些新的功能，如增强的用户界面，以及对能够突破原来 1024-柱面限制的新 BIOS 功能的利用。

要使用 LILO 作为引导加载程序，可以选择安装并配置 LILO。

2. GRUB

GRUB（Grand Unified Boot Loader），是 Linux 操作系统主流的启动引导管理器，主要作用是启动和装载 Linux 操作系统。系统启动过程中一旦完成了 BIOS 自检，GRUB 会被立刻装载。在 GRUB 里面包含了可以载入操作系统的代码以及将操作系统引导权传递给其他启动引导管理器的代码。GRUB 允许用户选择使用不同的 kernel 启动系统，或者在启动系统的过程中设置不同的启动参数。

通常情况下，启动引导管理器 GRUB 由两部分组成：stage1 和 stage2。

stage1 比较小，通常可以驻留在 MBR 或者各个磁盘分区的启动扇区中，主要作用是装载 stage2；stage2 比较大，从磁盘的启动引导分区读取。此外，在 stage1 和 stage2 之间还存在一个 stage1.5，主要用来识别文件系统。

在 Linux 系统中对 GRUB 的配置有两种方法。

（1）主要引导管理器：将启动引导管理器的 stage1 安装在 MBR 上，这时启动引导管理器必须被配置为可以传递控制权到其他操作系统。

（2）次要引导管理器：将启动引导管理器的 stage1 安装在一些分区的引导扇区上，而其他的启动引导管理器会被安装在 MBR 上，由它们来向 Linux 启动引导管理器传递控制权。

GRUB 在启动过程中可以提供命令行交互界面，可以从 ext 系列、reiserfs、fat 等多种文件系统引导系统，并且可以提供密码加密功能，其内容在/boot 分区下，系统启动过程中由配置文件/boot/grub/grub.conf 来定义启动方式，对该配置文件的更改会立即生效。

在配置文件/boot/grub/grub.conf 中定义的内容包括 grub 所在的分区、引导系统所使用的 kernel 文件位置、硬件初始化使用的 initrd 文件位置以及启动参数。

所有 GRUB 或 LILO 需要在引导期访问的数据（包括 Linux 内核）都位于/boot 目录中。

### 8.2.2　加载 Linux 内核

当引导程序成功完成引导任务后，Linux 从它们手中接管了 CPU 的控制权，然后 CPU 开始执行 Linux 的核心映像代码，即 Linux 内核映像，这才进入到 Linux 的启动过程。

内核映像并不是一个可执行的内核，而是一个压缩过的内核映像。通常它是一个 zImage（压缩映像，小于 512KB）或是一个 bzImage（较大的压缩映像，大于 512KB），它是提前使用 zlib 压缩过的。在该内核映像前面是一个例程，它实现少量硬件设置，并对内核映像中包含的内核进行解压缩，然后将其放入高端内存中。如果有初始 RAM 磁盘映像，系统就会将其移动到内存中，并标明以后使用，然后该例程会调用内核，并开始启动内核引导的过程。

内核是操作系统的心脏，系统其他部分必须依靠内核这部分软件提供的服务，如管理硬件设备、分配系统资源等。内核由中断服务程序、调度程序、内存管理程序、网络和进程间通信等系统程序共同组成。Linux 内核是提供保护机制的最前端系统，它独立于普通应用程序，一般处于系统态，拥有受保护的内存空间和访问硬件设备的所有权限。这种系统态和被保护起来的内存空间统称为内核空间。

内核负责管理计算机系统的硬件设备，为硬件设备提供驱动。对于操作系统上层的应用程序来说，内核是抽象的硬件，这些应用程序可通过对内核的系统调用来访问硬件。这种方式简化了应用程序开发的难度，同时在一定程度上起到了保护硬件的作用。Linux 内核支持几乎所有的计算机系统结构，并将多种系统结构抽象为同样的逻辑结构。Linux 的内核结构如图 8-15 所示。

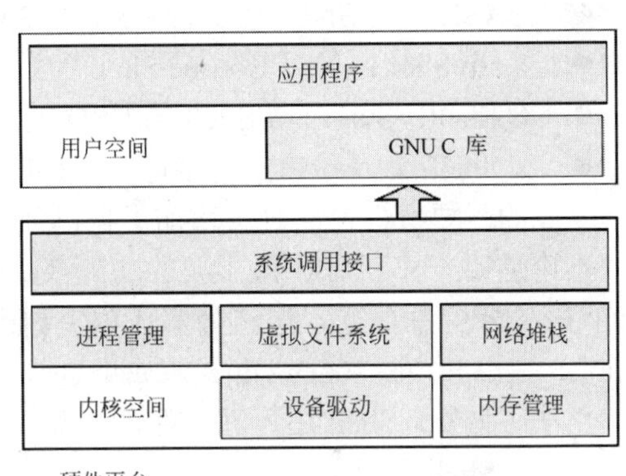


图 8-15　Linux 内核架构示意图

Linux 内核继承了 UNIX 内核的大多数特点，并保留相同的 API（应用程序接口）。Linux 内核的特点如下：

（1）Linux 支持动态加载内核模块。

（2）Linux 支持对称多处理（SMP）机制。

（3）Linux 内核可以抢占（preemptive）。

（4）Linux 内核并不区分线程和其他一般进程。

（5）Linux 提供具有设备类的面向对象的设备模型、热插拔事件，以及用户空间的设备文件系统。

（6）Linux 忽略了一些被认为是设计得很拙劣的 UNIX 特性和过时标准。

（7）Linux 体现了“自由”一词的精髓，现有的 Linux 特性集就是 Linux 公开开发模型自由发展的结果。

### 8.2.3 Linux Shell

Shell 是系统的用户界面，提供了用户与内核进行交互操作的一种接口，它接收用户输入的命令并把命令送入内核去执行。

实际上 Shell 是一个命令解释器，它解释由用户输入的命令并且把它们送到内核。不仅如此，Shell 有自己的编程语言用于对命令的编辑，它允许用户编写由 Shell 命令组成的程序。Shell 编程语言具有普通编程语言的很多特点，如也有循环结构和分支控制结构等，用 Shell 编程语言编写的 Shell 程序与其他应用程序具有同样的效果。

Linux 提供了像 Microsoft Windows 那样的可视化命令输入界面——X Window 的图形用户界面（GUI）。该界面提供了很多桌面环境系统，其操作就像 Windows 一样，有窗口、图标和菜单，所有的管理都是通过鼠标控制。现在比较流行的桌面环境系统是 KDE 和 GNOME。

每个 Linux 系统的用户可以拥有自己的用户界面或 Shell，以满足自己专门的 Shell 需要。

同 Linux 一样，Shell 也有多种不同的版本，目前主要有以下版本。

- Bourne Shell：由贝尔实验室开发的。
- BASH：是 GNU 的 Bourne Again Shell，是 GNU 操作系统上默认的 Shell。
- Korn Shell：是对 Bourne Shell 的发展，在大部分内容上与 Bourne Shell 兼容。
- C Shell：Sun 公司 Shell 的 BSD 版本。
- Z Shell: Z 是最后一个字母，Z Shell 也就是终极 Shell。它集成了 BASH、Kom Shell 的重要特性，同时又增加了自己独有的特性。

不论是哪一种 Shell，最主要的功能都是解译使用者在命令行提示符号下输入的指令。Shell 语法分析命令行，把它分解成以空白区分开的符号（token），在空白中包括跳位键（tab）、空白和换行（new line）。如果这些字包含了 metacharacter，Shell 将会评估它们的正确用法。另外，Shell 还管理文件输入/输出及后台处理（background processing）。在处理命令行后，Shell 会寻找命令并开始执行它们。

Shell 的另一个重要功能是提供个人化的使用者环境，这通常在 Shell 的初始化文件中完成（.profile、.login、.cshrc、.tcshrc 等）。这些文件包括了设定终端机键盘和定义窗口的特征，设定变量，定义搜寻路径、权限、提示符号和终端机类型，以及设定特殊应用程序所需要的变量，如窗口、文字处理程序及程序语言的链接库。Korn Shell 和 C Shell 则加强了个别化的能力：增加历程、别名和内建变量集以避免使用者误删文件、不慎签出，并在当工作完成时通知使用者。

Shell 也能允当解释性的程序语言（interpreted programing language）。Shell 程序通常叫做命令文件，由列在文件内的命令所构成。此程序在编辑器中编辑，由 UNIX 命令和基本的程序结构，如变量的定义、条件语句和循环语句所构成。Shell 命令文件不需要编译，Shell 能够解释命令文件中的每一行，就如同由键盘输入一样。Shell 负责解释命令，而使用者则必须了解这些命令能做什么。第 9 章将进一步介绍 Shell 编程方面的基础知识。

### 8.2.4 init 进程

init 进程是系统所有进程的起点，内核在完成核内引导以后，即在本进程空间内加载 init

程序，其进程号是 1。init 进程是所有进程的发起者和控制者。因为在任何基于 Linux 的系统中，它都是第一个运行的进程，所以 init 进程的编号（PID）永远是 1。

init 进程有以下两个作用。

（1）扮演终结父进程的角色。因为 init 进程永远不会被终止，所以系统总是可以确信它的存在，并在必要时以它为参照。如果某个进程在它衍生出来的全部子进程结束之前被终止，就会出现必须以 init 为参照的情况。此时那些失去了父进程的子进程就都会以 init 作为父进程。

（2）在进入某个特定的运行级别时运行相应的程序，以此对各种运行级别进行管理。该作用是由/etc/inittab 文件定义的。init 的工作是根据/etc/inittab 来执行相应的脚本，进行系统初始化，如设置键盘、字体、装载模块和网络等。

当内核被引导并进行初始化后，内核就可以启动自己的第一个用户空间应用程序了。这是第一个调用的使用标准 C 库编译的程序，在此之前，还没有执行任何标准的 C 应用程序。在桌面 Linux 系统上，第一个启动的程序通常是/sbin/init，但也有例外。很少有嵌入式系统会需要使用 init 所提供的丰富初始化功能（通过/etc/inittab 进行配置）。在很多情况下，可以调用一个简单的 Shell 脚本来启动必需的嵌入式应用程序。

init 进程开始后，系统启动的控制权移交给 init 进程。/sbin/init 进程是所有进程的父进程，当 init 运行后，它首先会读取配置文件/etc/inittab，进行以下工作：

（1）执行系统初始化脚本（/etc/rc.d/rc.sysinit)，对系统进行基本的配置，以读写方式挂载根文件系统及其他文件系统，至此系统基本运行起来。接下来需要进行运行级别的确定及相应服务的启动。它调用执行了/etc/rc.d/rc.sysinit，而 rc.sysinit 是一个 bash shell 的脚本，是每一个运行级别都要首先运行的重要脚本，主要完成一些系统初始化的工作，包括激活交换分区、检查磁盘、加载硬件模块以及其他一些需要优先执行的任务。当 rc.sysinit 程序执行完毕后，将返回 init 继续下一步。

（2）确定启动后进入的运行级别。在/etc/inittab 文件中，定义了默认的系统运行级别。如图 8-16 所示，系统默认的运行级别为 3。

```
# Default runlevel. The runlevels used by RHS are:
#   0 - halt (Do NOT set initdefault to this)
#   1 - Single user mode
#   2 - Multiuser, without NFS (The same as 3, if you do not have networking)
#   3 - Full multiuser mode
#   4 - unused
#   5 - X11
#   6 - reboot (Do NOT set initdefault to this)
#
id:3:initdefault:
```

图 8-16　系统运行级别

标准的 Linux 运行级别为 3 或 5。如果设置为 3，系统处于多用户状态，会以文本方式运行；如果设置为 5，系统会以图形界面方式运行。

Linux 系统运行时，将处于这 6 种运行级别中的某一种。可以使用 init 命令将系统切换到不同级别下。例如，当前运行在级别 3 下，如果想切换到图形界面下，执行“init 5”命令即可；同理，如果想关闭计算机，则执行“init 0”命令。

### 8.2.5　守护进程

不同运行级别对应不同的守护进程。在 rc.sysinit 执行后，通常接下来会执行/etc/rc.d/rc

程序。以运行级别 3 为例，init 将执行配置文件 inittab 中的以下行：

l3:3:wait:/etc/rc.d/rc 3

这一行表示以 3 为参数运行/etc/rc.d/rc，/etc/rc.d/rc 是一个 Shell 脚本，它接受 3 作为参数，去执行/etc/rc.d/rc3.d/目录下的所有的 rc 启动脚本，/etc/rc.d/rc3.d/目录中的这些启动脚本实际上都是一些链接文件，而不是真正的 rc 启动脚本，真正的 rc 启动脚本放在/etc/rc.d/init.d/目录下。而这些 rc 启动脚本有着类似的用法，它们一般能接受 start、stop、restart、status 等参数。

/etc/rc.d/rc3.d/中的 rc 启动脚本通常是 K 或 S 开头的链接文件，对于以 S 开头的启动脚本，将以 start 参数来运行。而如果发现存在相应的脚本也存在 K 打头的链接，而且已经处于运行态（以/var/lock/subsys/下的文件作为标志），则首先以 stop 为参数停止这些已经启动的守护进程，然后再重新运行。这样做是为了保证当 init 改变运行级别时，所有相关的守护进程都将重启。

至于在每个运行级别中将运行哪些守护进程，用户可以通过 chkconfig 或 setup 中的 System Services 来自行设定。常见的守护进程如表 8-3 所示。

表 8-3 常见的守护进程

| 进　程 | 说　明 |
|---|---|
| amd | 自动安装 NFS 守护进程 |
| apmd | 高级电源管理守护进程 |
| arpwatch | 监听局域网中的 ARP 数据包并记录，并将监听到的变化通过 E-mail 来报告 |
| autofs | 自动安装管理进程 automount，与 NFS 相关，依赖于 NIS |
| crond | Linux 下的计划任务的守护进程 |
| named | DNS 服务器 |
| netfs | 安装 NFS、Samba 和 NetWare 网络文件系统 |
| network | 激活已配置网络接口的脚本程序 |
| nfs | 打开 NFS 服务 |
| portmap | RPC portmap 管理器，它管理基于 RPC 服务的连接 |
| sendmail | 邮件服务器 |
| smb | Samba 文件共享/打印服务 |
| syslog | 一个让系统引导时启动 syslog 和 klogd 系统日志守候进程的脚本 |
| xfs | X Window 字型服务器，为本地和远程 X 服务器提供字型集 |
| Xinetd | 支持多种网络服务的核心守护进程，可以管理 wuftp、sshd、telnet 等服务 |

这些守护进程启动完成后，rc 程序也就执行完，将返回 init 继续下一步。

### 8.2.6 建立终端

Linux 是一个真正的多用户操作系统，它可以同时接受多个用户登录。Linux 还允许一个用户进行多次登录，这是因为 Linux 和 UNIX 一样，提供了虚拟控制台的访问方式，允许用户在同一时间从控制台进行多次登录。

虚拟控制台的选择可以通过按下 Alt 键和一个功能键来实现，通常使用 F1～F6 键。例如，用户登录后，按 Alt+F2 键，则又可以看到“login:”提示符，说明可进入第二个虚拟控制台。然后只需按 Alt+F1 键，就可以回到第一个虚拟控制台。一个新安装的 Linux 系统默认允许用户使用 Alt 键和 F1～F6 键来访问前六个虚拟控制台。虚拟控制台可以使用户同时在多个控制台上工作，真正体现 Linux 系统多用户的特性。用户可以在某一虚拟控制台上进行的工作尚未结束时，切换到另一虚拟控制台开始另一项工作。

rc 执行完毕后，返回 init。这时基本系统环境已经设置完成，各种守护进程也已经启动。init 接下来会打开 6 个虚拟终端，以便用户登录系统。在 inittab 文件中定义了以下 6 个终端。

- 1:2345:respawn:/sbin/mingetty tty1。
- 2:2345:respawn:/sbin/mingetty tty2。
- 3:2345:respawn:/sbin/mingetty tty3。
- 4:2345:respawn:/sbin/mingetty tty4。
- 5:2345:respawn:/sbin/mingetty tty5。
- 6:2345:respawn:/sbin/mingetty tty6。

从上面可以看出，在 2、3、4、5 的运行级别中都将以 respawn 方式运行 mingetty 程序，mingetty 程序能打开终端、设置模式。同时它会显示一个文本登录界面，即我们经常看到的登录界面，在该登录界面中会提示用户输入用户名，而用户输入的用户名将作为参数传给 login 程序来验证用户的身份。

# 8.3 Linux 系统的初步使用

当运行级别设置为 5 时，系统将显示一个图形化的登录界面，登录成功后可以直接进入 KDE、Gnome 等窗口管理器；如果运行级别设置为 3，系统将显示文本方式的登录界面。

图形化界面下的操作与 Windows 系统下使用鼠标操作类似，比较直观，很容易掌握。下面主要介绍文本方式下 Linux 系统的初步应用。

## 8.3.1 登录

如图 8-17 所示，当显示登录界面时，就可以输入用户名和密码来登录系统。

root 用户成功登录后，屏幕显示如下：

[root@loclhost root] #

然后就可以使用各种命令对系统完成各种操作了。注意，超级用户 root 的提示符是“#”，其他用户的提示符是“$”。

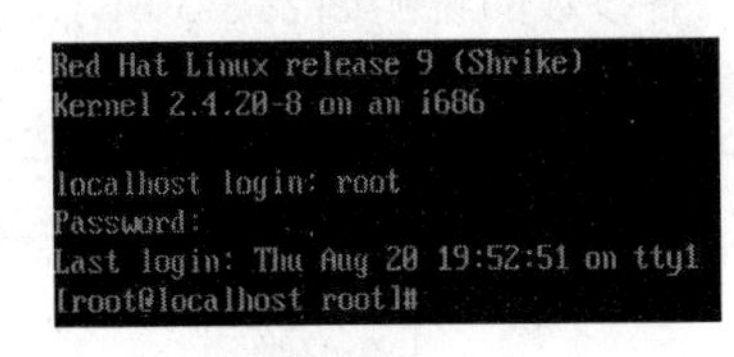


图 8-17　Linux 登录

## 8.3.2 虚拟控制台切换

前面提到，Linux 支持多终端访问，在文本方式界面登录后，使用 Alt+Fn（F1～F6）

快捷键来切换虚拟控制台，从而实现多任务操作。如果 Linux 启动后进入图形用户界面，那么需要使用 Ctrl+Alt+Fn（F1～F6）组合键来切换到不同文本方式下的虚拟控制台。如果想再次回到图形用户界面，可以按 Ctrl+Alt+F7 组合键。

### 8.3.3 注销

在命令提示符后，输入 logout 即可退出系统。注意，logout 命令只是使当前用户退出系统，其他用户不受其影响。此外，退出系统并没有关闭计算机，计算机仍然在正常运行。当执行完命令后，又回到登录界面。

### 8.3.4 重启计算机

在命令提示符后，输入 reboot 命令即可重启计算机。reboot 命令的语法如下：

reboot [- n] [- w] [- d] [- f] [- i]

各参数的说明如表 8-4 所示。

表 8-4 reboot 命令各参数的说明

| 参 数 | 说 明 |
| --- | --- |
| -n | 在关机或重启之前，不对系统缓存进行同步 |
| -w | 并不实际执行 reboot，只是将过程写入/var/log/wtmp 记录中 |
| -d | 不写 wtmp 记录（已包含在选项-n 中） |
| -f | 强制关机或重启 |
| -i | 关机或重启前，关闭所有网络接口 |

虽然 reboot 命令有多个参数可以使用，但一般只需要单独运行 reboot 命令即可。

### 8.3.5 关闭计算机

为确保 Linux 文件系统的安全，关机时不要直接关闭计算机的电源，而是通过执行 shutdown 命令来关闭所有程序后再关闭计算机。shutdown 命令的语法如下：

shutdown [- t sec ] [-arkhncfF] time [warning message]

各参数的说明如表 8-5 所示。

表 8-5 shutdown 命令各参数的说明

| 参 数 | 说 明 |
| --- | --- |
| -t | 指定从当前命令开始执行，直到开始关闭系统之间的时间。init 程序负责关机。默认单位是秒 |
| -a | 通知 shutdown 命令去搜索/etc/shutdown.allow 文件，由其中定义的列表来验证身份 |
| -r | 关闭 Linux 后立即重新引导，即重启计算机 |
| -k | 发送警告信息给所有登录用户 |
| -h | 关机并关闭电源 |

续表

| 参　　数 | 说　　明 |
|---|---|
| -n | 不用 init 程序，而是由 shutdown 程序来关机，不建议使用此选项 |
| -c | 取消目前正在执行过程中的关机程序 |
| -f | 在重启计算机时，不执行 fsck 文件系统检查程序 |
| -F | 在重启计算机时，强制执行 fsck 文件系统检查程序 |
| time | 指定关机前的时间。此参数有两种形式：hh:mm 与+m |
| warning message | 在关闭系统前，给所有已登录用户发送提示信息 |

shutdown 命令的不同用法举例如下。

（1）要求系统立即关机。

[root@localhost root]# shutdown -h now

（2）指定关机时间。time 参数可指定关机的时间，或设置多长时间后运行 shutdown 命令。

```
[root@localhost root]# shutdown +5                //5 分钟后关机
[root@localhost root]# shutdown 10:30             //在 10:30 时关机
```

（3）关机后自动重启。-r 参数设置关机后重新启动。

```
[root@localhost root]# shutdown -r now           //立刻关闭系统并重启
[root@localhost root]# shutdown -r 23:59         //指定在 23:59 时重启
```

（4）系统在 1 分钟后关闭，并给系统中所有已登录用户发送提示消息。

```
[root@localhost root]# shutdown  +1  "System will shutdown in 1 minutes. "
```

此外，也可以使用 halt 命令来关闭计算机。事实上，halt 命令等价于 shutdown -h。halt 命令执行时，将停止应用进程，执行 sync 系统调用，在文件系统的写操作完成后，就会停止内核。halt 命令的语法如下：

```
halt [-n] [-w] [-d] [-f] [-i] [-p]
```

各参数的说明如表 8-6 所示。

表 8-6　halt 命令各参数的说明

| 参　　数 | 说　　明 |
|---|---|
| -n | 防止 sync 系统调用，避免在用 fsck 修补根分区后，老版本的超级块（superblock）覆盖修补过的超级块 |
| -w | 并不执行关机，只是将过程写入/var/log/wtmp |
| -d | 不写 wtmp 记录（已包含在选项-n 中） |
| -f | 强制关机或重启 |
| -i | 关机或重启前，关闭所有网络接口 |
| -p | 关机时调用 poweroff。默认选项 |

对于 Linux 系统的熟练操作者，建议多采用文本方式的操作，相比图形方式下的操作，它拥有较快的处理速度，使用更方便、自然。

# 第 9 章 使用 Shell 和 Linux 的常用命令

Linux 命令是对 Linux 系统进行管理的命令。对于 Linux 系统来说，无论是中央处理器、内存、磁盘驱动器、键盘、鼠标，还是用户等都是文件，Linux 系统管理的命令是它正常运行的核心，Linux 命令在系统中有两种类型：内置 Shell 命令和 Linux 命令。

要了解的是基于 Linux 操作系统的基本控制台命令。需要注意的是，和 DOS 命令不同，Linux 的命令（也包括文件名等）是大小写敏感的。

## 9.1 使用 Linux 基本命令

由于操作和使用环境的陌生，要想完全熟悉 Linux 的应用，首先要解决的问题就是对 Linux 常用命令的熟练掌握。下面将介绍 Linux 的常用基本命令。

Linux 命令的基本用法遵循一定的语法规则。命令行中首先输入的是命令的名称，其次是命令的选项或参数。其格式一般形如：# 命令　选项　参数。

### 9.1.1 常用简单命令

1. 修改用户的登录密码

passwd 命令可以让用户修改登录密码，如图 9-1 所示。

2. 显示系统时间

显示与设置时间相关的命令有 date、clock 和 ntpdate。

date 命令可以显示当前日期时间，也可以重新设置时间，如图 9-2 所示。需要注意的是，重新设置系统时间，需要用 root 账号登录后操作实现。

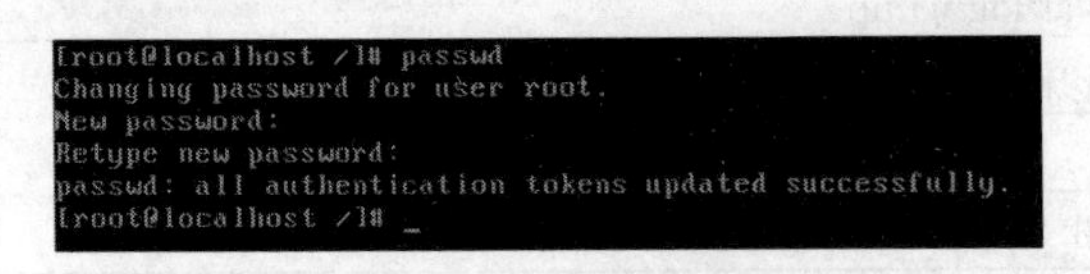


图 9-1　passwd 命令

```
[root@localhost root]# date
Mon Feb 18 16:45:05 CST 2013
[root@localhost root]# date 03251028
Mon Mar 25 10:28:00 CST 2013
[root@localhost root]# date
Mon Mar 25 10:28:06 CST 2013
[root@localhost root]# _
```

图 9-2　date 命令

clock 命令也可以显示出系统当前的日期与时间，不过 clock 命令默认不允许一般用户执行，需要用 root 用户执行。同样，root 用户还可以执行 ntpdate 命令，将系统时间设成与网络上的校时服务器一致。例如，在联网情况下，可以使用以下命令，将系统时间与某个服务器的时间同步，并修改本机的 CMOS 时间。

```
[root@localhost root]# ntpdate 服务器
[root@localhost root]# clock -w
```

3. more 命令

用户可以使用 more 命令，让屏幕显示满一页时暂停，此时可按空格键继续显示下一个画面，或按 Q 键停止显示。

当使用 ls 命令查看文件列表时，若文件太多也可以配合 more 命令使用。命令格式如下：

```
[root@localhost root]# ls -a |more
```

单独使用 more 命令时，还可以用来显示文件的内容。命令格式如下：

```
[root@localhost root]# more data.txt
```

4. 连接文件的 cat 命令

cat 命令可以显示文件的内容（经常和 more 命令搭配使用），或是将多个文件合并成一个文件。cat 命令的不同应用举例如下。

（1）逐页显示 preface.txt 的内容：[root@localhost root]# cat preface.txt |more。

（2）将 preface.txt 附加到 outline.txt 文件后：[root@localhost root]# cat preface.txt >> outline.txt。

（3）将 new.txt 和 info.txt 合并成 readme.txt 文件：[root@localhost root]# cat new.txt info.txt > readme.txt。

5. 文件打包、压缩、解压

tar 命令位于/bin 目录中，它能将用户所指定的文件或目录打包成一个文件，不过它并不做压缩，但可通过选择不同参数，调用压缩程序对打包文件进行压缩。一般 UNIX 上常用的压缩方式是先用 tar 命令将许多文件打包成一个文件，再以 gzip 等压缩命令压缩文件。tar 命令参数繁多，一些常用参数的作用如表 9-1 所示。

表 9-1　tar 命令常用参数的作用

| 参　数 | 说　明 |
|---|---|
| -c | 创建一个新的 tar 文件 |
| -v | 显示运行过程信息 |
| -f | 指定文件名称 |
| -z | 调用 gzip 压缩命令执行压缩 |
| -j | 调用 bzip2 压缩命令执行压缩 |
| -t | 查看压缩文件内容 |
| -x | 解开 tar 文件 |

tar 命令的应用举例如表 9-2 所示。

表 9-2　tar 命令常用参数的作用

| 命 令 举 例 | 说　明 |
| --- | --- |
| [root@localhost data]# tar cvf data.tar * | 将目录下所有文件打包成 data.tar |
| [root@localhost data]# tar cvf data.tar.gz * | 将目录下所有文件打包成 data.tar 再用 gzip 命令压缩 |
| [root@localhost data]# tar tvf data.tar * | 查看 data.tar 文件中包括了哪些文件 |
| [root@localhost data]# tar xvf data.tar * | 将 data.tar 解开 |
| [root@localhost data]# tar –zxvf foo.tar.gz | 使用-z 参数来解开最常见的.tar.gz 文件，将文件解开至当前目录下 |
| [root@localhost data]# tar –jxvf tar.bz2 | 使用-j 参数解开 tar.bz2 压缩文件，将文件解开至当前目录下 |
| [root@localhost data]# tar –cZvf picture.tar.Z *.tif | 使用-Z 参数指定以 compress 命令压缩，将当前目录下所有.tif 打包并命令压缩成.tar.Z 文件 |

6. 访问光盘

在 Linux 的文字模式下要使用光盘或软盘，用户需要运行加载的命令，才可读写数据。所谓加载就是将存储介质（如光盘和软盘）指定成系统中的某个目录（如/mnt/cdrom 或 mnt/floppy）。通过直接存取此目录，即可读写存储介质中的数据。以下介绍文本模式下的加载及卸载命令。

（1）加载命令 mount

使用光盘时先把光盘放入光驱，然后执行加载 mount 命令将光盘加载至系统中。例如：

```
[root@localhost root]# mount  /dev/cdrom  /mnt/cdrom
```

同理，使用软盘之前也需要和光盘一样，必须先加载后才能使用。例如：

```
[root@localhost root]# mount  /dev/fd0  /mnt/floppy
```

（2）卸载命令 umount

若不需要使用光盘或软盘，则需要先执行卸载命令，然后才能将光盘或软盘退出。例如：

```
[root@localhost root]# umount  /mnt/cdrom
```

在不使用软盘时执行 umount 命令卸载软盘，再将软盘拿出。例如：

```
[root@localhost root]# umount  /mnt/ floppy
```

## 9.1.2　目录管理命令

1. 文件列表

ls 命令是非常有用的命令，用来显示当前目录中的文件和子目录列表。配合参数的使用，能以不同的方式显示目录内容。应用举例如下。

（1）显示当前目录的内容，如图 9-3 所示，ls 命令显示了 boot 目录下的所有内容，包括文件和文件夹。

（2）当运行 ls 命令时，并不会显示名称以“.”开头的文件。因此可加上“-a”参数指定要列出这些文件，如图 9-4 所示。

```
[root@localhost boot]# ls
boot.b               kernel.h      module-info-2.4.20-8   vmlinuz
chain.b                            os2_d.b                vmlinuz-2.4.20-8
config-2.4.20-8      message       System.map
                     message.ja    System.map-2.4.20-8
initrd-2.4.20-8.img  module-info   vmlinux-2.4.20-8
```

图 9-3　ls 命令

```
[root@localhost boot]# ls -a
                                       message.ja             System.map-2.4.20-8
                 initrd-2.4.20-8.img   module-info            vmlinux-2.4.20-8
boot.b           kernel.h              module-info-2.4.20-8   vmlinuz
chain.b                                os2_d.b                vmlinuz-2.4.20-8
config-2.4.20-8  message               System.map
```

图 9-4　ls -a 命令

（3）以“-s”参数显示每个文件、文件夹所占用的空间，并以“-S”参数指定按各自占用空间的大小排序，如图 9-5 所示。

（4）在 ls 命令后直接加上欲列表显示的目录路径，就会列出该目录下的内容，如图 9-6 所示。

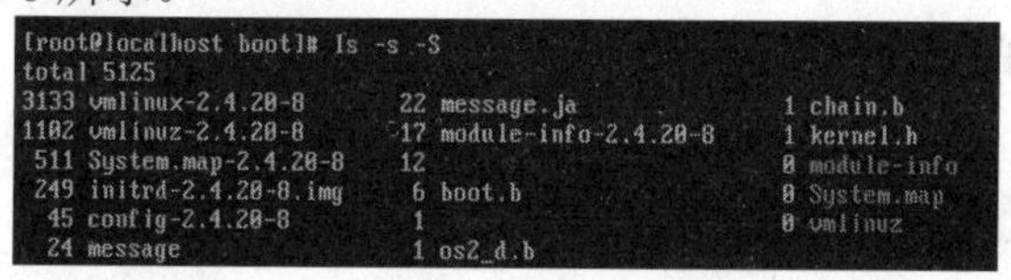

[root@localhost boot]# ls -s -S
total 5125
3133 vmlinux-2.4.20-8    22 message.ja    1 chain.b
1102 vmlinuz-2.4.20-8    17 module-info-2.4.20-8    1 kernel.h
511 System.map-2.4.20-8    12    0 module-info
249 initrd-2.4.20-8.img    6 boot.b    0 System.map
45 config-2.4.20-8    1    0 vmlinuz
24 message    1 os2_d.b


图 9-5　ls 命令

```
[root@localhost boot]# ls -l /usr/games
total 8
drwxr-xr-x   3 root   root    4096 Apr 19 08:35
dr-xrwxr-x   3 root   games   4096 Apr 19 08:35
```

图 9-6　ls 命令查看非当前目录的内容

### 2. 目录切换

cd 命令可让用户切换当前所在的目录。常用用法举例如表 9-3 所示。

表 9-3　目录切换命令 cd 的常用用法

| 举　　例 | 说　　明 |
|---|---|
| [root@localhost boot]# cd grub | 切换到当前目录 boot 下的 grub 子目录 |
| [root@localhost grub]# cd .. | 切换到 grub 目录的上一层目录 |
| [root@localhost boot]# cd / | 切换到系统根目录 |
| [root@localhost /]# cd | 切换到当前用户的主目录 |
| [root@localhost root]# cd /usr/bin | 切换到/usr/bin 目录 |

### 3. 创建目录

mkdir 命令可用来创建子目录。以下命令可以在 usr 目录下创建 tool 子目录。

```
[root@localhost usr]# mkdir tool
```

### 4. 删除目录

有两个命令可用于删除目录。

（1）rmdir 命令可用来删除空的子目录。以下命令删除 usr 目录下的 tool 子目录。

```
[root@localhost usr]# rmdir tool
```

（2）rm 命令不仅可以删除目录，还可以删除文件。通常需要带上相应参数来删除目录。当使用-r 参数删除目录时，若该目录下有许多子目录及文件，则系统会不间断地询问，以确认是否要删除目录或文件。若确定要删除所有目录及文件，则可以使用-rf 参数，这样，系统将直接删除该目录中所有的文件及子目录，不再询问。例如，以下命令将强制删除 tmp 目录及该目录下所有文件及子目录。

```
[root@localhost usr]# rm -rf  tmp
```

为了能在屏幕上显示删除过程，还可以使用-v 参数。

5. 移动或更换目录

mv 命令可以将文件及目录移动到另一个目录下面，或更换文件及目录的名称。例如，以下命令可以将 backup 目录移到上一级目录下，即从/usr 目录下移到根目录下。

```
[root@localhost usr]$ mv  backup  ..
```

6. 显示当前所在目录

pwd 命令可用来显示用户当前所在的目录，如图 9-7 所示。

7. 搜索字符串

grep 命令可以搜索特定字符串并显示出来，一般用来过滤先前的结果，避免显示太多不必要的信息。如图 9-8 所示的 grep 命令，用来搜索当前 etc 目录中，扩展名为.conf 且内容中包含“text”字符串的文件。

```
[root@localhost tmp]# pwd
/usr/tmp
```

图 9-7　pwd 命令

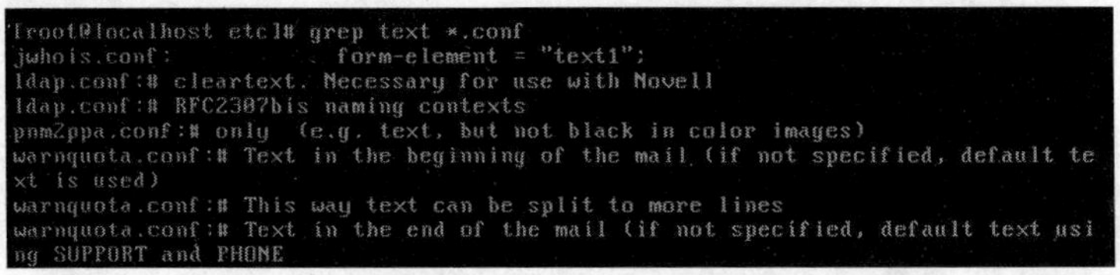

```
[root@localhost etc]# grep text *.conf
jwhois.conf:            form-element = "text1";
ldap.conf:# cleartext. Necessary for use with Novell
ldap.conf:# RFC2307bis naming contexts
pnm2ppa.conf:# only  (e.g. text, but not black in color images)
warnquota.conf:# Text in the beginning of the mail (if not specified, default te
xt is used)
warnquota.conf:# This way text can be split to more lines
warnquota.conf:# Text in the end of the mail (if not specified, default text usi
ng SUPPORT and PHONE
```

图 9-8　grep 命令

**注意：** 若是一般权限的用户运行 grep，可能输出结果会包含很多如“拒绝不符权限的操作”之类的错误信息，可以在 grep 后使用-s 参数来消除错误提示，命令如下所示：

```
[usr1@localhost etc]$ grep -s  text  *.conf
```

### 9.1.3　文件管理命令

1. 复制文件

cp 命令可以将文件从一处复制到另一处。复制时，需要指定原始文件名与目的文件名或目录。常用方法应用举例如下。

（1）将文件 data1.txt 复制为文件 data2.txt，命令格式如下：

```
[root@localhost usr]# cp  data1.txt  data2.txt
```

（2）将文件 data3.txt 复制到/tmp/data 目录中，命令格式如下：

```
[root@localhost usr]# cp  data3.txt  /tmp/data
```

（3）在 cp 命令后加入-v 参数可显示命令执行的过程，命令格式如下：

```
[root@localhost usr]# cp  -v  zip1.txt  zip2.txt
```

屏幕将显示：‘zip1.txt’　–>　‘zip2.txt’。

（4）在 cp 命令后加入-R 参数可实现递归复制，即同时复制目录下的所有文件及子目录，如下命令将当前目录下所有文件（含子目录文件）复制到 backup 目录下。

```
[root@localhost usr]# cp -v -R  *  backup
```

### 2. 移动或更换文件

mv 命令可以将文件移动到另一个目录下，或更换文件的名称。常用方法应用举例如下。

（1）将文件 a.txt 移到上层目录，命令格式如下：

```
[root@localhost usr]# mv  a.txt  ..
```

（2）将 z1.txt 改名为 z3.txt，命令格式如下：

```
[root@localhost usr]# mv  z1.txt  z3.txt
```

（3）将 backup 目录上移一层，命令格式如下：

```
[root@localhost usr]# mv  backup  ..
```

### 3. 删除文件

rm 命令除了可以删除目录，还可以用来删除文件。常用方法应用举例如下。

（1）删除指定文件，命令格式如下：

```
[root@localhost usr]# rm myfile
```

（2）删除当前目录中的所有文件，命令格式如下：

```
[root@localhost usr]# rm  *
```

rm 命令的常用参数说明及应用举例如表 9-4 所示。

表 9-4　rm 常用参数说明

| 参　数 | 说　明 | 举　例 |
| --- | --- | --- |
| -f | 强制/直接删除，不给出警告提示信息 | [root@localhost usr]# rm –f *.txt |
| -r | 递归删除，将删除目录下的所有文件及子目录下的所有文件 | [root@localhost usr]# rm –r data<br>[root@localhost usr]# rm –r * |
| -v | 屏幕显示删除过程 | [root@localhost usr]# rm –rfv * |

使用 rm 命令要小心。因为一旦文件被删除，就不能恢复。为防止这种情况的发生，可以使用 i 选项来逐个确认要删除的文件。如果用户输入 y，文件将被删除；否则，文件不会被删除。

### 4. 查找文件

locate 命令可用来搜索包含指定字符串的文件或目录。

例如，[root@localhost usr]# locate zh_CN 将列出所有包含“zh_CN”字符串的文件名和目录名。注意，由于 locate 命令是从系统中保存文件及目录名称的数据库中搜索文件，虽然系统会定时更新数据库，但对于刚新增或删除的文件、目录，仍然可能会因为数据库尚未更新而无法查到，此时可用 root 身份运行 updatedb 命令更新，维持数据库的内容正确。

## 9.2 使用命令补齐和别名功能

使用命令行自动补齐（automatic command line completion）和别名功能，可以实现目录的快速切换、命令和文件名的快速输入。

### 9.2.1 命令行自动补齐

首先来看一个例子，如何从当前目录（假设为/home）切换到另外一个目录（假设为/usr/sources/demo）？

一般地，可以在当前目录下，输入命令 cd /usr/sources/demo 就可以达到目的。

在 Linux 系统中，还可以输入 cd /u<TAB>so<TAB>d<TAB>直接切换到目录/usr/sources/demo 下（此处<TAB>表示 Tab 键）。即通过 Tab 键来实现命令补齐功能。输入 Tab 键，可以很方便地根据前几个字母，来查找匹配的文件或子目录。比如，命令 ls /usr/bin/zip 将列出/usr/bin 目录下所有以字符串“zip”开头的文件或子目录。另外，碰到长文件名时也显得特别方便。假设要安装一个名为“boomshakalakwhizbang-4.6.4.5-i586.rpm”的 RPM 包，输入 rpm -i boom<TAB>，如果目录下没有其他文件能够匹配，那 Shell 就会自动补齐此文件名。

这种补齐对命令也有效。例如，输入[root@localhost usr]# gre，然后通过按 Tab 键，就可以自动把命令补齐为 grep。注意，如果系统存在多个匹配值时，系统将显示出来供用户进一步输入，直到选择唯一匹配的值。

### 9.2.2 命令别名

在管理和维护 Linux 系统的过程中，将会使用到大量命令，有一些很长的命令或用法经常被用到，重复而频繁地输入某个长命令或用法是不可取的。这时可以使用命令别名功能将这个过程简单化。

（1）系统预定义别名

通常情况下，系统中已经定义了一些命令别名，要查看系统中已经定义的命令别名，可以使用 alias 命令，如图 9-9 所示。

```
[root@localhost demo]# alias
alias cp='cp -i'
alias l.='ls -d .* --color=tty'
alias ll='ls -l --color=tty'
alias ls='ls --color=tty'
alias mv='mv -i'
alias rm='rm -i'
alias vi='vim'
alias which='alias | /usr/bin/which --tty-only --read-alias --show-dot --show-ti
lde'
```

图 9-9 系统预定义别名

从上面的结果中可以看出，当使用命令 cp（复制文件命令）时，系统会用 cp -i 代替命令中的 cp。此外，还定义了 ls 命令及其使用的颜色、移动文件命令 mv、删除命令 rm 等。

（2）用户自定义别名

管理员也可以按自己的使用习惯定义命令别名。例如，让查看当前文件内容的命令兼容 DOS 中的查看文本命令 type，如图 9-10 所示。

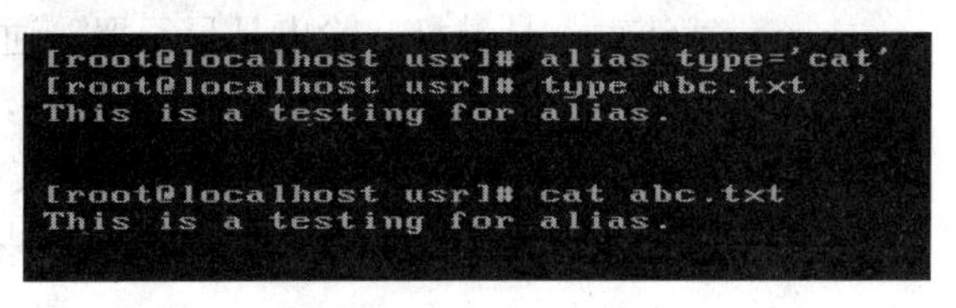


图 9-10　用户自定义别名

上面的命令中，先为 cat 命令定义了一个名为 type 的别名。当用户使用命令 type 时，系统会自动使用 cat 命令来替代它。

（3）取消定义的别名

要取消已经定义好的命令别名，可以使用如下命令：

```
[root@localhost usr]# unalias type
```

（4）保存别名

当系统重新启动或用户重新登录时，使用 alias 命令定义的别名将会丢失。为了持久保存这些别名，可以在系统别名目录中添加别名配置文件，但这种方式定义的别名对所有的用户都生效，通常不建议使用这种方法。

如果要定义全局别名，通常建议将命令添加到全局配置文件/etc/profile 中。例如，要定义全局别名，可使用如下命令：

```
[root@localhost usr]# echo "alias pg='cat'" >> /etc/profile
```

此命令将 alias pg='cat'添加到文件/etc/profile 中。之后重启系统，pg 命令与 cat 命令等价。

注意：在对/etc/profile 系统配置文件进行操作时，一定要谨慎，否则有可能会损坏系统。因此上面的命令中使用的是“>>”而不是“>”，“>>”表示将内容追加到文件结尾。

如果某个用户想要定义自己的命令别名，可以将命令添加到用户目录中的文件.bash_profile 中。例如，要定义用户自己的别名，可使用如下命令：

```
[root@localhost usr]# echo "alias vi='vim'"  >>  ~/.bash_profile
```

Red Hat Linux 带有不少快捷方式，其中一部分是 bash 原来就有的，而还有一些则是系统预先设置的。

由于 home 目录是每位用户的活动中心，许多 UNIX 系统对此有特殊的快捷方式。“~”就是各用户 home 目录的简写形式。假设某登录用户 usr1 处于/usr/tmp 目录下，想把一个名为“txt1.dat”的文件复制到该用户的 home 目录下的 docs 子目录下。除了在命令行中输入 cp txt1.dat　/home/usr1/docs 这种方法外，还可以简化为 cp txt1.dat　~/docs。

## 9.3　使用重定向和管道

Linux 重定向是指修改原来默认的一些方式，对原来系统命令的默认执行方式进行改变。比如说，一般默认的输出是显示器。如果想输出到某一文件中，就可以通过 Linux 重定向来进行这项工作。

Linux 默认输入是键盘，输出是显示器。通过重定向来改变这些设置。比如用 wc 命令时本来是要手动输入一篇文字来计算字符数的，用了重定向后就可以直接把一个已经写好的文件用“<”指向这条命令，直接统计这个文件的字符数了。输出也是一样，可以把屏幕输出重定向到一个文件里，再到文件里去看结果。

## 9.3.1 重定向

在 Linux 命令行模式中，如果命令所需的输入不是来自键盘，而是来自指定的文件，这就是输入重定向。同理，命令的输出也可以不显示在屏幕上，而是写入到指定文件中，这就是输出重定向。

（1）输入重定向

```
[root@localhost usr]# wc  aa.txt
```

以上命令将文件 aa.txt 作为 wc 命令的输入，统计出 aa.txt 的行数、单词数和字符数。

（2）输出重定向

```
[root@localhost usr]# ls  >  home.txt
```

此命令将 ls 命令的输出保存到一个名为 home.txt 的文件中。如果“>”符号后边的文件已存在，那么这个文件将被重写。如果将“>”改为“>>”，输出将被追加到文件 home.txt 的末尾。

（3）同时使用输入和输出重定向

```
[root@localhost usr]# iconv -f GB2312 -t UTF-8 gb1.txt >gb2.txt
```

此命令里同时用到了输入、输出重定向。文件 gb1.txt 作为 iconv 命令的输入，iconv 命令将 gb1.txt 文件的编码从 GB2312 转化成 UTF-8，然后输出重定向到 gb2.txt。

## 9.3.2 管道

利用 Linux 所提供的管道符“|”将两个命令隔开，管道符左边命令的输出就会作为管道符右边命令的输入。连续使用管道意味着第一个命令的输出会作为第二个命令的输入，第二个命令的输出又会作为第三个命令的输入，依此类推。

下面来看看管道是如何在构造一条 Linux 命令中得到应用的。

（1）利用一个管道

```
[root@localhost usr]# rpm -qa | grep liba
```

此命令使用管道符“|”建立了一个管道。管道将 rpm -qa 命令的输出（包括系统中所有安装的 RPM 包）作为 grep 命令的输入，从而列出带有“liba”字符的 RPM 包来。

（2）利用多个管道

```
[root@localhost usr]# cat /etc/passwd | grep /bin/bash | wc -l
```

此命令使用了两个管道，利用第一个管道将 cat 命令（显示 passwd 文件的内容）的输出送给 grep 命令，grep 命令找出含有“/bin/bash”的所有行；第二个管道将 grep 的输出送给 wc 命令，wc 命令统计出输入中的行数。这个命令的功能在于找出系统中有多少个用户使用 bash。

（3）综合应用

在理解和熟悉了前面的几个技巧后，将它们综合运用起来就是较高的技巧了。同时，一些常用的且本身用法就比较复杂的 Linux 命令一定要熟练掌握。在构造 Linux 命令中常常用到的一些基础的、重要的命令有 grep、tr、sed、awk、find、cat 和 echo 等。例如：

```
[root@localhost usr]# man ls | col -b > ls.man.txt
```

此命令同时运用了输出重定向和管道两种技巧，作用是将 ls 的帮助信息保存到一个可以直接阅读的文本文件 ls.man.txt 中。

通过一些技巧的组合，Linux 命令可以完成复杂的功能。除此之外，还可以将这些命令组织到一个脚本中来，加上函数、变量、判断和循环等功能，再加入一些编程思想，就是功能更强大的 Shell 脚本了。

# 9.4　熟悉 vi 三种模式下的操作命令

vi 编辑器是所有 UNIX 及 Linux 系统下标准的编辑器，它的强大不逊色于任何最新的文本编辑器，这里只是简单地介绍一下它的用法和一小部分指令。学会 vi 编辑器的使用后，将在 Linux 的世界里畅行无阻。

## 9.4.1　vi 的三种工作模式

vi 编辑器可以工作在三种状态下，分别是命令模式（command mode）、插入模式（insert mode）和底行模式（last line mode），各模式的功能说明如表 9-5 所示。

表 9-5　vi 三种模式的功能区别

| 模　式 | 功　能 |
|---|---|
| 命令模式 | 控制屏幕光标的移动、字符、字或行的删除，移动复制某区段及进入另外两种模式下 |
| 插入模式 | 只有在此模式下，才可完成文字输入，按 ESC 键可回到命令行模式 |
| 底行模式 | 将文件保存或退出 vi，也可以设置编辑环境，如寻找字符串、列出行号等 |

## 9.4.2　vi 在三种模式下的基本操作

1. vi 的基本操作

（1）进入 vi

在系统提示符下，输入 vi 及文件名称后，就进入 vi 全屏幕编辑界面。

```
[root@localhost usr]# vi  myfile
```

注意：进入vi后，默认是处于命令模式下的，需要切换到插入模式才能够输入文字。

（2）切换至插入模式下编辑文件

在命令模式下，按字母 i 就可以进入插入模式，之后才可以输入文字。处于插入模式下，只能一直输入文字，如果发现输错了字，想用光标键往回移动，将该字删除，需要先按ESC键转到命令行模式，然后再删除文字。

（3）退出vi及保存文件

在命令模式下，按一下“:”键进入底行模式，然后在“:”后输入命令用来保存文件或退出vi。各命令说明如表9-6所示。

表9-6　vi保存文件、退出命令

| 命　令 | 功　能 |
|---|---|
| : w　filename | 将当前编辑的内容，以指定的文件名filename保存起来 |
| : wq | 存盘当前编辑的内容，然后退出vi |
| : q! | 不存盘，强制退出vi |

2. 命令模式下的功能键如表9-7所示

表9-7　命令模式下的功能键

| 功能类别 | 键 | 功能说明 |
|---|---|---|
| 模式切换 | i | 切换到插入模式，从光标当前位置开始输入 |
| | a | 切换到插入模式，从光标当前位置的下一个位置开始输入 |
| | o | 切换到插入模式，插入新行并从新行的行首开始输入 |
| 移动光标 | h | 光标左移一格，或者使用左箭头 |
| | j | 光标下移一格，或者使用下箭头 |
| | k | 光标上移一格，或者使用上箭头 |
| | l | 光标右移一格，或者使用右箭头 |
| | 0 | 数字0，光标移到本行的开头 |
| | G | 光标移动到文章的最后 |
| | $ | 右移光标，到本行的末尾 |
| | ^ | 移动光标到本行的第一个非空字符 |
| | w | 光标行内右移，到下一个字的开头 |
| | e | 光标行内右移，到一个字的末尾 |
| | b | 光标行内左移，到前一个字的开头 |
| | #l | 字母l，光标移到该行的第#个位置，如5l、56l |
| | nH | 将光标移到屏幕的第n行（即从顶行往下数） |
| | M | 将光标移到屏幕的中间（Middle） |
| | nL | 将光标移到屏幕的倒数第n行（即从底行往上数） |
| 屏幕滚动 | Ctrl+b | 文件中向上移动一页（相当于PageUp键） |
| | Ctrl+f | 文件中向下移动一页（相当于PageDown键） |
| | Ctrl+u | 文件中向上移动半页 |
| | Ctrl+d | 文件中向下移动半页 |

续表

| 功能类别 | 键 | 功能说明 |
| --- | --- | --- |
| 删除文字 | x | 每按一次，删除光标所在位置的“后面”一个字符 |
| | #x | 例如，6x 表示删除光标所在位置的“后面”6 个字符 |
| | X | 大写的 X，每按一次，删除光标所在位置的“前面”一个字符 |
| | #X | 例如，20X 表示删除光标所在位置的“前面”20 个字符 |
| | dd | 删除光标所在行 |
| | #dd | 从光标所在行开始删除#行 |
| 复制 | yw | 将光标所在之处到字尾的字符复制到缓冲区 |
| | #yw | 从光标所在之处开始，复制#个字到缓冲区 |
| | yy | 复制光标所在行到缓冲区 |
| | #yy | 例如，6yy 表示复制从光标所在行开始，“往下数”6 行文字 |
| | p | 将缓冲区内的字符贴到光标所在位置。注意，所有与“y”有关的复制命令都必须与“p”配合才能完成复制与粘贴功能 |
| 替换 | r | 替换光标所在处的字符 |
| | R | 替换光标所到之处的字符，直到按下 ESC 键为止 |
| 撤销操作 | u | 如果误执行一个命令，可以马上按下 u，回到上一个操作。按多次“u”，可以执行多次撤销 |
| 更改 | cw | 更改光标所在处的字到字尾处 |
| | c#w | 例如，c3w 表示更改 3 个字 |
| 跳至指定的行 | Ctrl+g | 列出光标所在行的行号 |
| | #G | 例如，15G 表示移动光标至文章的第 15 行行首 |

3. 底行模式下的命令

在使用底行模式前，需要先按 ESC 键确保 vi 编辑器处于命令模式下，然后再按“:”即可进入底行模式，然后在“:”后输入以下命令。此模式下的命令如表 9-8 所示。

表 9-8　底行模式下的命令

| 功能类别 | 键 | 功能说明 |
| --- | --- | --- |
| 删除文字 | x | 每按一次，删除光标所在位置的“后面”一个字符 |
| | #x | 例如，6x 表示删除光标所在位置的“后面”6 个字符 |
| | X | 大写的 X，每按一次，删除光标所在位置的“前面”一个字符 |
| | #X | 例如，20X 表示删除光标所在位置的“前面”20 个字符 |
| | dd | 删除光标所在行 |
| | #dd | 从光标所在行开始删除#行 |
| 列出行号 | set nu | 输入 set nu 后，会在文件中的每一行前面列出行号 |
| 跳到文件中的某行 | # | #号表示一个数字，即在“:”后输入一个数字，再按 Enter 键，就会跳到该行。例如，输入数字 15，再按 Enter 键，就会跳到文章的第 15 行 |
| 查找字符 | /关键字 | 先按“/”键或“?”键，再输入想查找的字符，若第一次找的关键字不是所要的，可以一直按 n，会往后寻找，直到找到所要的关键字为止 |
| | ?关键字 | |
| 保存文件 | w | 即在“:”后输入字母 w 就可以将文件保存起来 |
| 退出 vi | q 或 q! | 按 q 就退出 vi。如果无法退出 vi，可以在 q 后跟一个!强制退出 |
| | wq | 搭配 w 一起使用，这样在退出时还可以保存文件 |

# 9.5 使用 vi 建立简单的 Shell 脚本并运行

Shell 是系统的用户界面，提供了用户与内核进行交互操作的一种接口，它接收用户输入的命令并把它送入内核去执行，如图 9-11 所示。

Shell 有自己的编程语言，它允许用户编写由 Shell 命令组成的程序。Shell 编程语言具有普通编程语言的很多特点，比如它也有循环结构和分支控制结构等，用这种编程语言编写的 Shell 程序与其他应用程序一样。使用 Shell 编写的程序称为 Shell 脚本。

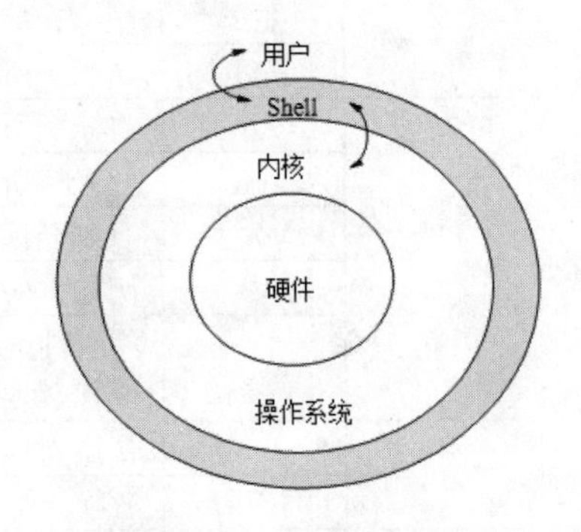


图 9-11　Shell 的作用

Linux 的 Shell 种类众多，常见的有 Bourne Shell（/usr/bin/sh 或 /bin/sh）、Bourne Again Shell（/bin/bash）、C Shell（/usr/bin/csh）、K Shell（/usr/bin/ksh）、Shell for Root（/sbin/sh）等。不同的 Shell 语言的语法有所不同，所以不能交换使用。每种 Shell 都有其特色之处，基本上，掌握其中任何一种就足够了。本书主要以 Bash，也就是 Bourne Again Shell 为主。由于易用和免费，Bash 在日常工作中被广泛使用；同时，Bash 也是大多数 Linux 系统默认的 Shell。在一般情况下，并不区分 Bourne Shell 和 Bourne Again Shell，所以，在后面的代码中，#!/bin/sh 和!/bin/bash 可以互换。

## 9.5.1 创建 Shell 脚本

使用 vi 编辑一个内容如下的源程序，保存文件名为 mydate，将其存放在目录/bin 下。

```
[root@localhost bin]#vi mydate
#!/bin/sh
echo "Mr.$USER,Today is:"
echo &date "+%B%d%A"
echo "Wish you a lucky day!"
```

说明：#!/bin/sh 定义了脚本将采用 Bash 解释。如果在 echo 语句中执行 Shell 命令 date，则需要在 date 命令前加符号“&”，其中%B%d%A 为输入格式控制符。

## 9.5.2 运行 Shell 脚本

该文件保存后不能立即执行，还需要使用 chmod 命令给文件设置可执行程序的权限。其格式如下：

```
[root@localhost bin]#chmod +x mydate
```

执行 Shell 程序有以下三种方法。

（1）直接执行 mydate 文件。具体操作如下：

```
[root@localhost bin]#./mydate 或者 [root@localhost bin]# mydate
Mr.root,Today is:
February 09 Saturday
Wish you a lucky day!
```

（2）把 mydate 程序文件作为一个参数传递给 Shell 命令。具体操作如下：

```
[root@localhost bin]#bash mydate
Mr.root,Today is:
February 09 Saturday
Wish you a lucky day!
```

（3）为了在任何目录都可以编译和执行 Shell 所编写的程序，需要把/bin 这个目录添加到整个系统的环境变量中。具体操作如下：

```
[root@localhost bin]#export PATH=/bin:$PATH
[root@localhost usr]#mydate
Mr.root,Today is:
February 09 Saturday
Wish you a lucky day!
```

### 9.5.3　Shell 编程基础

通常情况下，从命令行输入命令，每输入一次就能够得到系统的一次响应。但有时需要批量执行一系列动作时，如果还逐个地输入命令去执行，这样的做法显然就没有效率。要达到这样的目的，通常就需要利用 Shell 程序或者 Shell 脚本来实现。

下面将学习 Shell 编程的基础。

（1）开头

Shell 脚本文件的第一行必须是#!/bin/sh 开头。符号#!用来告诉系统它后面的参数是用来执行此脚本文件的程序。在这个例子中使用/bin/sh 来执行程序。

（2）注释

在 Shell 程序中使用注释是一种良好的编程习惯。在进行 Shell 编程时，以#开头的语句表示注释，直到这一行的结束。注意，第一行代码尽管以#开头，但它不属于注释语句。

（3）变量

在 Shell 编程中，所有的变量都由字符串组成，并且不需对变量进行声明。要赋值给一个变量，或获取一个变量的值，可以这样写：

```
#!/bin/sh
# 对变量赋值
a="hello world"
# 现在打印变量 a 的内容：
echo "A is:"
```

```
# 在变量前加$符号来获取该变量的值
echo $a
```

有时候变量名很容易与其他文字混淆，比如：

```
num=2
echo "this is the $numnd"
```

这并不会打印出“this is the 2nd”，而只会打印“this is the ”，因为 Shell 会去搜索变量 numnd 的值，但是这个变量是没有值的。遇到这种情况，可以使用花括号来告诉 Shell 要获取的是 num 变量的值，代码如下：

```
num=2
echo "this is the ${num}nd"
```

这将打印：this is the 2nd。

（4）关键字 test

它是 Shell 程序中的一个比较表达式。通过和 Shell 提供的 if 等条件语句（后面会介绍）相结合，可以方便地实现判断。其用法如下：

```
test 表达式
```

这里，表达式所代表的操作符有字符串操作符、数字操作符、逻辑操作符以及文件操作符。其中文件操作符是一种 Shell 独特的操作符，因为 Shell 里的变量都是字符串，为了达到对文件进行操作的目的，才提供了文件操作符。

① 字符串比较

其作用是测试两字符串是否相等、长度是否为零，字符串是否为 NULL（注，bash 区分零长度字符串和空字符串）。常用的字符串比较运算操作符如表 9-9 所示。

表 9-9　常用的字符串比较运算操作符

| 操 作 符 | 功 能 说 明 |
|---|---|
| = | 比较两个字符串是否相同，相同则为是 |
| != | 比较两个字符串是否相同，不同则为是 |
| -n | 比较字符串长度是否大于零，如果大于零则为是 |
| -z | 比较字符串的长度是否等于零，如果等于则为是 |

② 数字比较

与其他编程语言不同，test 语句不使用“>”类似的符号来比较大小。常用的数字比较运算操作符如表 9-10 所示。

表 9-10　常用的数字比较运算操作符

| 操 作 符 | 功 能 说 明 |
|---|---|
| -eq | 相等 |
| -ge | 大于等于 |
| -le | 小于等于 |

续表

| 操　作　符 | 功能说明 |
|---|---|
| -ne | 不等于 |
| -gt | 大于 |
| -lt | 小于 |

③ 逻辑操作

逻辑值只有两个：是或否。常用的逻辑运算操作符如表 9-11 所示。

表 9-11　常用的逻辑运算操作符

| 操　作　符 | 功能说明 |
|---|---|
| ! | 取反操作：取当前逻辑值相反的逻辑值 |
| -a | 与（and）操作：两个逻辑值为“是”返回值才为“是”，反之为“否” |
| -o | 或（or）操作：两个逻辑值有一个为“是”，返回值就为“是” |

④ 文件操作

文件测试表达式通常是为了测试文件的信息，一般由脚本来决定文件是否应该备份、复制或删除。test 关于文件的操作符有很多，此处只列举一些常用的操作符，如表 9-12 所示。

表 9-12　常用的文件比较操作符

| 操　作　符 | 功能说明 |
|---|---|
| -d | 对象存在且为目录，则返回值为“是” |
| -f | 对象存在且为文件，则返回值为“是” |
| -L | 对象存在且为符号连接，则返回值为“是” |
| -r | 对象存在且可读，则返回值为“是” |
| -s | 对象存在且长度非零，则返回值为“是” |
| -w | 对象存在且可写，则返回值为“是” |
| -x | 对象存在且可执行，则返回值为“是” |
| file1 ?Cnt(-ot) file2 | file1 比 file2 新（旧） |

（5）Shell 编程基本元素

在 Shell 脚本中，可以使用一些常用的 UNIX 命令；也可以使用管道、重定向等技术；还可以像其他编程语言一样，使用一些流程控制语句，如条件分支语句、循环语句等。

一些常用命令的语法及功能如表 9-13 所示。

表 9-13　Shell 编程中常用命令

| 命　　令 | 功能说明 |
|---|---|
| echo "some text" | 将文字内容打印在屏幕上 |
| ls | 文件列表 |
| cp sourcefile destfile | 文件复制 |
| mv oldname newname | 重命名文件或移动文件 |
| rm file | 删除文件 |
| grep 'pattern' file | 在文件内搜索字符串，如 grep 'searchstring' file.txt |

续表

| 命　令 | 功能说明 |
|---|---|
| cut -b colnum file | 指定欲显示的文件内容范围，并将它们输出到标准输出设备，如输出每行第 5 个到第 9 个字符 cut -b5-9 file.txt |
| cat file.txt | 输出文件内容到标准输出设备（屏幕）上 |
| file somefile | 得到文件类型 |
| read var | 提示用户输入，并将输入赋值给变量 |
| sort file.txt | 对 file.txt 文件中的行进行排序 |
| uniq | 删除文本文件中出现的行列，如 sort file.txt \| uniq |
| expr | 进行数学运算，如 add 2 and 3expr 2 "+" 3 |
| find | 搜索文件，如根据文件名搜索 find . -name filename -print |
| tee | 将数据输出到标准输出设备（屏幕）和文件，如 somecommand \| tee outfile |
| basename file | 返回不包含路径的文件名，如 basename /bin/tux 将返回 tux |
| dirname file | 返回文件所在路径，如 dirname /bin/tux 将返回 /bin |
| head file | 打印文本文件开头几行 |
| tail file | 打印文本文件末尾几行 |
| sed | sed 是一个基本的查找替换程序。可以从标准输入（比如命令管道）读入文本，并将结果输出到标准输出（屏幕）。该命令采用正则表达式进行搜索。不要和 Shell 中的通配符相混淆。如将 linuxfocus 替换为 LinuxFocus：<br>cat text.file \| sed 's/linuxfocus/LinuxFocus/' > newtext.file |
| awk | 用来从文本文件中提取字段。默认的字段分割符是空格，可以使用-F 指定其他分割符 |

## 9.5.4　流程控制语句

Shell 脚本程序中，除了可以调用一系列命令外，与其他编程语言类似，还可以进行流程控制编程，如条件分支判断、循环语句等。

1. 条件语句

Shell 程序中的条件语句主要有 if 语句、case 语句。

（1）if 语句

其语法参见如下格式：

```
if …; then
    …
elif …; then
    …
else
    …
fi
```

注意条件部分要用分号“;”来分隔。

大多数情况下，可以使用测试命令来对条件进行测试，如可以比较字符串、判断文件是否存在及是否可读等。

通常用[]来表示条件测试。注意这里的空格很重要，要确保方括号内前后的空格。

- [ -f "somefile" ]：判断是不是一个文件。
- [ -x "/bin/ls" ]：判断/bin/ls 是否存在并有可执行权限。
- [ -n "$var" ]：判断$var 变量是否有值。
- [ "$a" = "$b" ]：判断$a 和$b 是否相等。

执行 man test 查看所有测试表达式可以比较和判断的类型。直接执行以下脚本：

```
#!/bin/sh
if [ "$SHELL" = "/bin/bash" ]; then
   echo "your login shell is the bash (bourne again shell)"
else
   echo "your login shell is not bash but $SHELL"
fi
```

变量$SHELL 包含了登录 Shell 的名称。

（2）case 语句

其语法如下：

```
case 字符串 in
   值 1|值 2)
   操作;;
   值 3|值 4)
   操作;;
   值 5|值 6)
   操作;;
   *}
   操作;;
   esac
```

case 的作用就是当字符串与某个值相同时，就执行该值后面的操作。如果同一个操作对于多个值，则使用“|”将各个值分开。在 case 的每一个操作的最后面都有两个“;;”，分号是必需的。case 应用举例如下：

```
case $USER in
beichen)
   Echo "You are beichen!";;
liangnian)
   echo "You are liangnian";                    //注意这里只有一个分号
   echo "Welcome!";;                            //这里才是两个分号
root)
   echo "You are root!; echo Welcome!";;        //两命令写在一行，
                                                //分号作为分隔符
```

```
    *)
        echo "Who are you?$USER?";;
    esac
```

2. select 语句

select 表达式是一种 bash 的扩展应用，更多地应用于交互式场合。用户可以从一组不同的值中进行选择。其语法如下：

```
select var in … ; do
break
done
```

然后，可以用$var 来获取选择的值。

select 语句应用举例如下：

```
#!/bin/sh
echo "What is your favourite OS?"
select var in "Linux" "Gnu Hurd" "Free BSD" "Other"; do
break
done
echo "You have selected $var"
```

该脚本运行的结果如下：

```
What is your favourite OS?
1) Linux
2) Gnu Hurd
3) Free BSD
4) Other
#? 1
You have selected Linux
```

注意：var 是个变量，可以换成其他的值。break 用来跳出循环，如果没有 break 则一直循环下去。done 与 select 配对使用。

3. 循环语句

Shell 脚本中常见的循环语句有 for 循环、while 循环、until 循环。

（1）for 循环

其语法如下：

```
for 变量 in 列表
    do
    …
    done
```

变量是指在循环体内，用来代表列表中的当前对象。

列表是在 for 循环体内要操作的对象，可以是字符串也可以是文件，如果是文件则为文件名。例如，以下代码将删除垃圾箱中所有的.gz 文件。

```
#delete all file with extension of "gz" in the dustbin
for i in $HOME/dustbin/*.gz
do
rm ?Cf $i
echo "$i has been deleted!"
done
```

（2）while 循环

其语法如下：

```
while 表达式
    do
    …
    done
```

只要 while 表达式成立，do 和 done 之间的操作就一直会进行。

（3）until 循环

其语法如下：

```
until 表达式
    do
    …
    done
```

重复 do 和 done 之间的操作直到表达式成立为止。例如，以下代码计算 1+2+3+…+100 之和。

```
#test until
#add from 1 to 100
total=0
num=0
until test num ?Ceq 100
do
total=`expr $total + $num`    //注意，这里的引号是反引号，下同
num=`expr $num+1`
done
echo "The result is $total"
```

执行结果如下：

```
[beichen@localhost bin]$until
The result is 5050!
```

# 第 10 章 Linux 系统管理

## 10.1 磁盘和文件系统管理

### 10.1.1 用户磁盘空间管理

任何操作系统都有自己的磁盘管理工具，否则操作系统就不能安装和工作。Linux 下的分区命令是 fdisk，分区在完全字符界面进行，fdisk 有详细的提示信息，非常简单易用，而且功能强大。

1. 硬盘分区信息查看

fdisk -l 命令的作用是列出当前系统中的所有硬盘设备及其分区的信息。

执行 fdisk -l 命令，如图 10-1 所示，确认系统新识别的硬盘设备（/dev/sd X）。

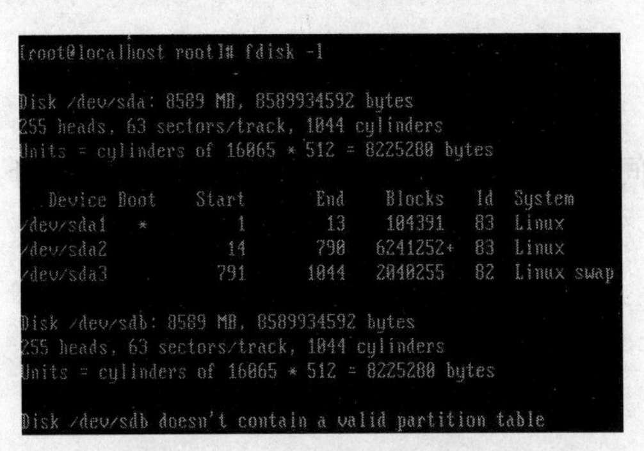


图 10-1 fdisk 命令的使用（1）

图 10-1 中，dev/sda 为原有的硬盘设备，而/dev/sdb 为新增的硬盘，还未进行初始化，不包含有效的分区。

相关说明如下。

- Device：分区的设备文件名称。
- Boot：是不是引导分区，若是，则有“*”标识。
- Start：该分区在硬盘中的起始位置（柱面数）。
- End：该分区在硬盘中的结束位（柱面数）。
- Blocks：分区的大小，以 Blocks（块）为单位，默认的块大小为 1024 字节。
- Id：分区类型的 ID 标识号。

- System：分区类型。

2. *使用硬盘的设备文件作为参数*

执行 fdisk /dev/sdb 命令，进入到交互式的分区管理界面中，如图 10-2 所示。

输入 m 指令后，可以查看各种操作指令的帮助信息，如图 10-3 所示。

```
[root@localhost ~]# fdisk /dev/sdb
```

图 10-2　fdisk 命令的使用（2）

```
Command (m for help): m
Command action
   a   toggle a bootable flag
   b   edit bsd disklabel
   c   toggle the dos compatibility flag
   d   delete a partition
   l   list known partition types
   m   print this menu
   n   add a new partition
   o   create a new empty DOS partition table
   p   print the partition table
   q   quit without saving changes
   s   create a new empty Sun disklabel
   t   change a partition's system id
   u   change display/entry units
   v   verify the partition table
   w   write table to disk and exit
   x   extra functionality (experts only)
```

图 10-3　fdisk 命令的使用（3）

输入 p 指令可以列出详细的分区情况，如图 10-4 所示。硬盘中尚未建立分区，输出的列表信息为空。

输入 n 指令可以进行创建分区的操作，如图 10-5 所示。

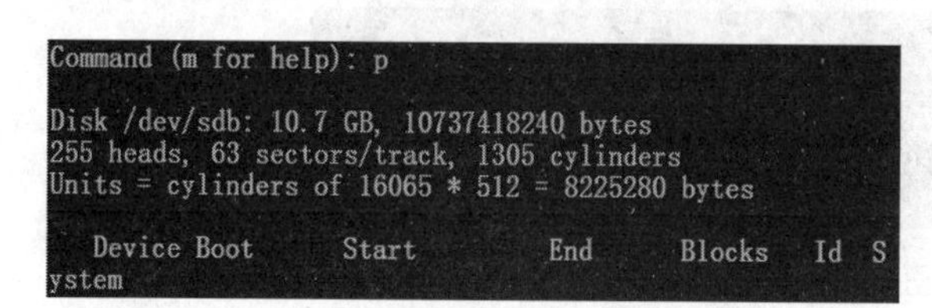

```
Command (m for help): p

Disk /dev/sdb: 10.7 GB, 10737418240 bytes
255 heads, 63 sectors/track, 1305 cylinders
Units = cylinders of 16065 * 512 = 8225280 bytes

   Device Boot      Start         End      Blocks   Id  S
ystem
```

图 10-4　fdisk 命令的使用（4）

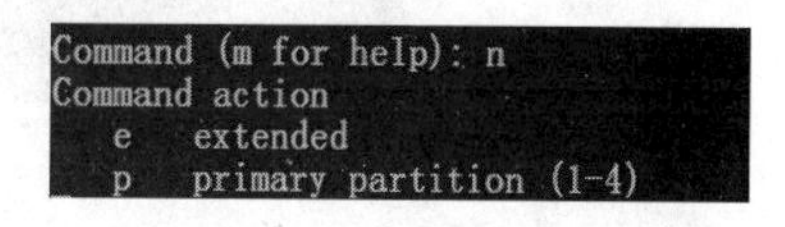

```
Command (m for help): n
Command action
   e   extended
   p   primary partition (1-4)
```

图 10-5　fdisk 命令的使用（5）

首先建立一个主分区，选择 e 创建扩展分区，选择 p 创建主分区，如图 10-6 所示。

```
Command (m for help): n //开始创建主分区
Command action
   e   extended
   p   primary partition (1-4)
p                                  //选择创建的为主分区
Partition number (1-4): 1  //设置第一个主分区的编号为1
First cylinder (1-1305, default 1):     //直接回车接受默认值
First cylinder (1-1305, default 1):
Using default value 1
Last cylinder or +size or +sizeM or +sizeK (1-1305, default 1305): +5G
//设置主分区的大小
```

图 10-6　fdisk 命令的使用（6）

按照类似的操作步骤继续创建第二个主分区（/dev/sdb2），如图 10-7 所示。

```
Command (m for help): n
Command action
   e   extended
   p   primary partition (1-4)
p
Partition number (1-4): 2
First cylinder (610-1305, default 610):
Using default value 610
Last cylinder or +size or +sizeM or +sizeK (610-1305, default 1305): +1024M
```

图 10-7　fdisk 命令的使用（7）

完成后输入 p 指令查看分区情况，如图 10-8 所示。

```
Command (m for help): p

Disk /dev/sdb: 10.7 GB, 10737418240 bytes
255 heads, 63 sectors/track, 1305 cylinders
Units = cylinders of 16065 * 512 = 8225280 bytes

   Device Boot      Start         End      Blocks   Id  System
/dev/sdb1               1         609     4891761   83  Linux
/dev/sdb2             610         734     1004062+  83  Linux
```

图 10-8　fdisk 命令的使用（8）

创建一个扩展分区和两个逻辑分区，若主分区和逻辑分区均已创建完毕（4 个主分区号已用完），则再次输入 n 指令后将不再提示选择分区类别。首先建立扩展分区（/dev/sdb4），使用剩下的所有空间（全部空间分配完毕后，将无法再建立新的主分区），如图 10-9 所示。

```
Command (m for help): n  //新建分区
Command action
   e   extended
   p   primary partition (1-4)
e   //选择新建扩展分区
Partition number (1-4): 4   //选择4作为扩展分区的编号
First cylinder (735-1305, default 735):
Using default value 735
Last cylinder or +size or +sizeM or +sizeK (735-1305, default 1305):
Using default value 1305
```

图 10-9　fdisk 命令的使用（9）

接下来在扩展分区中建立第一个逻辑分区（/dev/sdb5），如图 10-10 所示。

```
Command (m for help): n
Command action
   l   logical (5 or over)
   p   primary partition (1-4)
l
First cylinder (735-1305, default 735):
Using default value 735
Last cylinder or +size or +sizeM or +sizeK (735-1305, default 1305): +2G
```

图 10-10　fdisk 命令的使用（10）

按照以上操作步骤继续创建第二个逻辑分区（/dev/sdb6），完成后再次输入 p 指令查看分区情况，如图 10-11 所示。

```
Command (m for help): n
Command action
   l   logical (5 or over)
   p   primary partition (1-4)
l  //新建逻辑分区
First cylinder (979-1305, default 979):
Using default value 979
Last cylinder or +size or +sizeM or +sizeK (979-1305, default 1305):
Using default value 1305

Command (m for help): p //查看分区情况

Disk /dev/sdb: 10.7 GB, 10737418240 bytes
255 heads, 63 sectors/track, 1305 cylinders
Units = cylinders of 16065 * 512 = 8225280 bytes

   Device Boot      Start         End      Blocks   Id  System
/dev/sdb1               1         609     4891761   83  Linux
/dev/sdb2             610         734     1004062+  83  Linux
/dev/sdb4             735        1305     4586557+   5  Extended
/dev/sdb5             735         978     1959898+  83  Linux
/dev/sdb6             979        1305     2626596   83  Linux
```

图 10-11　fdisk 命令的使用（11）

输入 d 指令删除建立的逻辑分区/dev/sdb6，完成后再次输入 p 指令查看分区情况，如图 10-12 所示。

```
Command (m for help): d   //删除分区
Partition number (1-6): 6  //输入将要删除分区序号
Command (m for help): p //再次查看分区，发现sdb6已被删除

Disk /dev/sdb: 10.7 GB, 10737418240 bytes
255 heads, 63 sectors/track, 1305 cylinders
Units = cylinders of 16065 * 512 = 8225280 bytes

   Device Boot      Start         End      Blocks   Id  System
/dev/sdb1               1         609     4891761   83  Linux
/dev/sdb2             610         734     1004062+  83  Linux
/dev/sdb4             735        1305     4586557+   5  Extended
/dev/sdb5             735         978     1959898+  83  Linux
```

图 10-12 fdisk 命令的使用（12）

输入 t 指令变更分区类型，新建的分区默认使用的文件系统为 ext3，一般不需要更改。如果新建的分区需要用作 swap 交换分区或者其他类型的文件系统，需要对分区类型进行变更。将逻辑分区/dev/sdb5 的类型更改为 swap，完成后再次输入 p 指令查看分区情况，如图 10-13 所示。

```
Command (m for help): t  //更改分区的类型
Partition number (1-5): 5  //输入分区序号
Hex code (type L to list codes): 82  //输入文件系统对应的ID标识 82代表Swap
Changed system type of partition 5 to 82 (Linux swap / Solaris)

Command (m for help): p  //执行p进行查看

Disk /dev/sdb: 10.7 GB, 10737418240 bytes
255 heads, 63 sectors/track, 1305 cylinders
Units = cylinders of 16065 * 512 = 8225280 bytes

   Device Boot      Start         End      Blocks   Id  System
/dev/sdb1               1         609     4891761   83  Linux
/dev/sdb2             610         734     1004062+  83  Linux
/dev/sdb4             735        1305     4586557+   5  Extended
/dev/sdb5             735         978     1959898+  82  Linux swap / Solaris
```

图 10-13 fdisk 命令的使用（13）

输入 w 或 q 指令退出 fdisk 分区工具，其中 w 指令保存分区操作后退出，q 指令不保存对硬盘所做的分区操作退出，如图 10-14 所示。

```
Command (m for help): w //保存分区操作
The partition table has been altered!
Command (m for help): q  //不保存退出
```

图 10-14 fdisk 命令的使用（14）

### 10.1.2 文件系统管理

文件系统是指计算机上存在的文件数据及其对这些数据管理方式的集合，Linux 系统中每个分区都是一个文件系统，都有自己的目录结构，Linux 将分属不同分区的、单独的文件系统按一定的方式形成一个总的目录结构，以此形成 Linux 文件系统。

1. 文件结构

Linux 使用树状目录结构，在安装时，安装程序已经为用户创建了文件系统和完整而固定的目录组成形式，并指定了每个目录的作用和其中的文件类型。在 Linux 中，无论操作系统管理几个磁盘分区，目录树只有一个。Linux 是一个多用户系统，制定一个固定的目录规划有助于对系统文件和不同的用户文件进行统一管理。Linux 一些主要目录的作用如表 10-1 所示。

表 10-1 Linux 主要目录的作用

| 目　录 | 英文全名 | 用　途 |
| --- | --- | --- |
| / | / | 整个目录结构的起始点 |
| /bin | binaries | 用来存放最常用的二进制命令 |
| /boot | boot | 包含引导 Linux 的重要文件，如 grub 和内核文件等 |
| /dev | devices | 所有设备都在该目录下，包括硬盘和显示器等 |
| /etc | etc | 系统的所有配置文件都放在它下面 |
| /home | home | 存放各用户的主目录（$HOME）及其文件和配置 |
| /lib | libraries | 系统的库文件，类似于 Windows 的 Program Files |
| /lost+found | lost+found | 用于存放系统异常时丢失的文件，以利于恢复 |
| /media | media | 用于加载各种媒体，如光盘、软盘等 |
| /mnt | mount | 用于加载各种文件系统 |
| /opt | optionally | 用于存放安装的可选（optionally）程序 |
| /proc | processes | 包含进程等信息，是内存的映射，不是真实目录 |
| /root | root | 该目录是 root 用户的家目录（$HOME） |
| /sbin | system-only binaries | 用于存放系统专用的二进制命令 |
| /sys | system | 用于存放系统信息 |
| /tmp | temporary files | 用于存放临时文件 |
| /usr | user | 用于存放普通用户的应用程序、库文件和文档等 |
| /var | variable files | 用于存放在时间、大小、内容上会经常变化的文件 |

2. 文件系统

Linux 支持的文件系统非常多。Linux 系统核心支持十多种文件系统类型，如表 10-2 所示。

表 10-2 Linux 文件系统类型的特点

| 文件系统类型 | 特　点 |
| --- | --- |
| ext2 | 早期 Linux 中常用的文件系统 |
| ext3 | ext2 的升级版，带日志功能 |
| RAMFS | 内存文件系统，速度很快 |
| NFS | 网络文件系统，由 Sun 公司开发，主要用于远程文件共享 |
| MS-DOS | MS-DOS 文件系统 |
| VFAT | Windows 95/98 操作系统采用的文件系统 |
| FAT | Windows XP 操作系统采用的文件系统 |
| NTFS | Windows NT/XP 操作系统采用的文件系统 |
| HPFS | OS/2 操作系统采用的文件系统 |
| PROC | 虚拟的进程文件系统 |
| ISO 9660 | 大部分光盘所采用的文件系统 |
| ufsSun | OS 所采用的文件系统 |
| NCPFS | Novell 服务器所采用的文件系统 |

续表

| 文件系统类型 | 特　点 |
|---|---|
| SMBFS | Samba 的共享文件系统 |
| XFS | 由 SGI 开发的先进的日志文件系统，支持超大容量文件 |
| JFS | IBM 的 AIX 使用的日志文件系统 |
| ReiserFS | 基于平衡树结构的文件系统 |
| udf | 可擦写的数据光盘文件系统 |

3. 挂载文件系统

将一个文件系统的顶层目录挂到另一个文件系统的子目录上，使其成为一个整体，称为挂载。把该子目录称为挂载点。

注意：① 挂载点必须是一个目录。②一个分区挂载在一个已存在的目录上，该目录可以不为空，但挂载后该目录下以前的内容将不可用。

挂载时使用 mount 命令，其命令格式如下：

```
mount  [-参数]  [设备名称]  [挂载点]
```

注意：mount 命令没有建立挂载点的功能，因此应该确保执行 mount 命令时，挂载点已经存在。

具体步骤如下：

（1）用 mkfs 命令在已创建/dev/sdb1、/dev/sdb5、/dev/sdb6 的分区上创建 ext3 和 vfat 文件系统。

```
[root@host ~]# mkfs -t vfat /dev/sdb1
[root@host ~]# mkfs -t ext3 /dev/sdb5
[root@host ~]# mkfs -t ext3 /dev/sdb6
```

（2）用 fsck 命令检查上面创建的文件系统。

```
[root@host ~]# fsck -a /dev/sdb1
[root@host ~]# fsck -a /dev/sdb5
[root@host ~]# fsck -a /dev/sdb6
```

（3）利用 mkdir 命令，在/mnt 目录下建立挂载点 mountpoint1、mountpoint2、mountpoint3。

```
[root@host ~]# cd /mnt
[root@host mnt]# mkdir mountpoint1
[root@host mnt]# mkdir mountpoint2
[root@host mnt]# mkdir mountpoint3
```

（4）把上述新创建的分区分别挂载到对应的挂载点上。

```
[root@host ~]# mount -t vfat /dev/sdb1 /mnt/ mountpoint1
[root@host ~]# mount -t ext3 /dev/sdb5 /mnt/ mountpoint2
[root@host ~]# mount -t ext3 /dev/sdb6 /mnt/ mountpoint3
```

（5）利用 mount 命令列出挂载到系统上的分区，查看挂载是否成功，输入命令并查看结果，如图 10-15 所示。

```
[root@host ~]# mount
```

```
/dev/sda5 on / type ext3 (rw,usrquota,grpquota)
none on /proc type proc (rw)
none on /sys type sysfs (rw)
none on /dev/pts type devpts (rw,gid=5,mode=620)
usbfs on /proc/bus/usb type usbfs (rw)
/dev/sda1 on /boot type ext3 (rw)
none on /dev/shm type tmpfs (rw)
/dev/sda2 on /var type ext3 (rw)
none on /proc/sys/fs/binfmt_misc type binfmt_misc (rw)
sunrpc on /var/lib/nfs/rpc_pipefs type rpc_pipefs (rw)
none on /proc/fs/vmblock/mountPoint type vmblock (rw)
/dev/sdb1 on /mnt/mountpoint1 type vfat (rw)
/dev/sdb5 on /mnt/mountpoint2 type ext3 (rw)
/dev/sdb6 on /mnt/ mountpoint3 type ext3 (rw)
```

图 10-15　查看挂载是否成功

4. 挂载光盘和 U 盘

取一张光盘放入光驱中，将光盘挂载到/mnt/cdrom 目录下，查看光盘中的文件。

```
[root@host mnt]# mkdir /mnt/cdrom
[root@host ~]# mount -t iso9660 /dev/cdrom  /mnt/cdrom
[root@host mnt]# ls /mnt/cdrom
```

注意：如果使用虚拟机，则要确认当前光驱是否连接（通电启动）。

利用与上述相似的命令完成 U 盘的挂载。先使用 fdisk -l 命令查出该 U 盘设备的名称，例如为/dev/sde1：

```
[root@host mnt]# fdisk -l
[root@host mnt]# mkdir /mnt/udisk
[root@host ~]# mount -t vfat -o iocharset=gb2312 /dev/sde1  /mnt/udisk
[root@host mnt]# ls /mnt/udisk
```

5. 实现/dev/sdb1 和/dev/sdb5 的自动挂载

文件系统的挂载操作在系统重新启动后自动消失，因此通过编辑系统文件/etc/fstab，使系统在启动时自动挂载相应的文件系统，如图 10-16 所示。

```
[root@host ~]# vim /etc/fstab
```

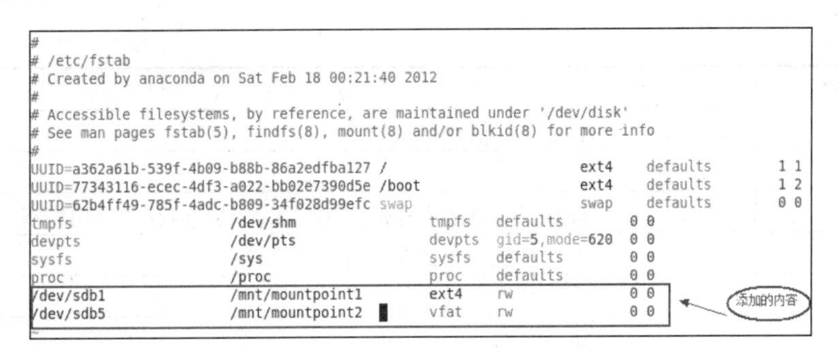

```
#
# /etc/fstab
# Created by anaconda on Sat Feb 18 00:21:40 2012
#
# Accessible filesystems, by reference, are maintained under '/dev/disk'
# See man pages fstab(5), findfs(8), mount(8) and/or blkid(8) for more info
#
UUID=a362a61b-539f-4b09-b88b-86a2edfba127 /                       ext4    defaults        1 1
UUID=77343116-ecec-4df3-a022-bb02e7390d5e /boot                   ext4    defaults        1 2
UUID=62b4ff49-785f-4adc-b809-34f028d99efc swap                    swap    defaults        0 0
tmpfs                   /dev/shm                tmpfs   defaults        0 0
devpts                  /dev/pts                devpts  gid=5,mode=620  0 0
sysfs                   /sys                    sysfs   defaults        0 0
proc                    /proc                   proc    defaults        0 0
/dev/sdb1               /mnt/mountpoint1        ext4    rw              0 0
/dev/sdb5               /mnt/mountpoint2        vfat    rw              0 0
```



图 10-16　文件系统的自动挂载

修改/etc/fstab 文件后，重新启动系统，显示已经挂载到系统上的分区，检查设置是否成功。或者使用 mount -a 命令重新读取/etc/fstab 文件，然后使用 mount 命令，检查是否能够自动挂载。

6. 卸载文件系统

卸载文件系统使用 umount 命令，其命令格式如下：

```
umount [-参数] [设备名称] [挂载点]
```

利用 umount 命令卸载上面的 3 个分区。

```
[root@host ~]# umount /dev/sdb1 /mnt/ mountpoint1
[root@host ~]# umount /dev/sdb5 /mnt/ mountpoint2
[root@host ~]# umount /dev/sdb6 /mnt/ mountpoint3
```

注意：卸载文件系统时一定要关闭或退出将要卸载的文件系统的目录，否则，卸载时系统会提示该系统忙。表 10-3 给出了文件系统操作的主要命令。

表 10-3　Linux 文件系统操作的主要命令

| 命　令 | 说　明 |
| --- | --- |
| mkdir | 建立新的目录 |
| rmdir | 删除已建立的空目录 |
| touch | 创建一个空白文件或改变已有文件的时间戳 |
| rm | 删除指定文件 |
| ls | 查看文件属性 |
| cd | 变换工作目录 |
| dd | 读取、转换并输出数据命令 |
| mkfs | 建立文件系统 |
| fsck | 检查文件系统 |
| du | 显示目前的目录所占的磁盘空间 |
| df | 显示目前磁盘剩余的磁盘空间 |
| cp | 复制文件（或目录） |
| mv | 移动目录或给文件改名 |
| cat | 查看文件内容 |

续表

| 命　　令 | 说　　明 |
| --- | --- |
| pwd | 显示当前活动目录的绝对路径 |
| clear | 清屏 |
| free | 查看当前系统内存的使用情况，显示内存的使用情况 |
| tar | 用于打包和解包某个目录和文件 |
| mkswap | 生成交换分区文件 |
| swapon | 激活交换分区 |

# 10.2　账户管理和操作权限

## 10.2.1　账户管理

Linux 系统是一个多用户多任务的分时操作系统，任何一个要使用系统资源的用户，都必须首先向系统管理员申请一个账号，然后以这个账号的身份进入系统。用户的账号一方面可以帮助系统管理员对使用系统的用户进行跟踪，并控制他们对系统资源的访问；另一方面也可以帮助用户组织文件，并为用户提供安全性保护。每个用户账号都拥有一个唯一的用户名和各自的口令。

1. Linux 用户

Linux 中的用户一般分为 3 类。

（1）root 用户：即根用户，系统管理员，系统中唯一拥有最高权限的用户，可以操作任何文件并执行任何命令。此用户在安装 Linux 操作系统时创建，其 ID 值为 0，一般情况下，只在必须使用根用户登录系统时才使用，默认情况下，此用户只能在本地登录，但用户可以修改/etc/pam.d/login 文件以允许 root 用户远程登录系统。

（2）普通用户：能够管理自身的文件并拥有 root 用户赋予的权限的用户，此类用户在系统安装完成后由系统管理员创建，可直接或远程登录系统。

（3）虚拟用户：此类用户不具有登录系统的能力，但却是系统运行中不可缺少的，如 bin、damen、ftp、adm 等。虚拟用户一般在系统安装时产生，管理员也可以添加此类用户。

2. 账号文件

在 Linux 系统中，与账号有关的文件有/etc/passwd、/etc/shadow 和/etc/group。可以使用 vi 或其他编辑器来更改，也可以使用专门的命令来更改。账号的管理实际上就是对这几个文件的内容进行添加、修改和删除记录行的操作。

（1）/etc/passwd

使用 more 查看/etc/passwd 文件，如图 10-17 所示。

从 passwd 文件中可以看到，第一行是 root 用户，紧接着是系统用户，普通用户通常在文件的尾部。passwd 文件中的每一行由 7 个字段的数据组成，字段之间用“:”分开，其含义如图 10-18 所示。

```
[root@qiuri ~]# more /etc/passwd
root:x:0:0:root:/root:/bin/bash
bin:x:1:1:bin:/bin:/sbin/nologin
daemon:x:2:2:daemon:/sbin:/sbin/nologin
adm:x:3:4:adm:/var/adm:/sbin/nologin
lp:x:4:7:lp:/var/spool/lpd:/sbin/nologin
sync:x:5:0:sync:/sbin:/bin/sync
shutdown:x:6:0:shutdown:/sbin:/sbin/shutdown
halt:x:7:0:halt:/sbin:/sbin/halt
mail:x:8:12:mail:/var/spool/mail:/sbin/nologin
news:x:9:13:news:/etc/news:
uucp:x:10:14:uucp:/var/spool/uucp:/sbin/nologin
operator:x:11:0:operator:/root:/sbin/nologin
games:x:12:100:games:/usr/games:/sbin/nologin
gopher:x:13:30:gopher:/var/gopher:/sbin/nologin
ftp:x:14:50:FTP User:/var/ftp:/sbin/nologin
nobody:x:99:99:Nobody:/:/sbin/nologin
dbus:x:81:81:System message bus:/:/sbin/nologin
vcsa:x:69:69:virtual console memory owner:/dev:/sbin/nologin
nscd:x:28:28:NSCD Daemon:/:/sbin/nologin
rpm:x:37:37::/var/lib/rpm:/sbin/nologin
haldaemon:x:68:68:HAL daemon:/:/sbin/nologin
netdump:x:34:34:Network Crash Dump user:/var/crash:/bin/bash
sshd:x:74:74:Privilege-separated SSH:/var/empty/sshd:/sbin/nologin
--More--(71%)
```

图 10-17　显示/etc/passwd 文件

图 10-18　passwd 字段组成

其说明如下。

- 账号名称：账号名称对应用户 ID，在同一个系统，账号名称是唯一的，长度根据不同的 Linux 系统而定，一般是 8 位。
- 密码：系统中用/etc/shadow 文件存放加密后的口令，此处用 x 来表示，如果用户没有设置口令，则该项为空。如果 passwd 字段中的第一个字符是“*”，表示该账号被查封，系统不允许持有该账号的用户登录。
- 用户 ID：是系统内部用来识别不同的用户的，不同的用户识别码不同，其中用户 ID 为 0 代表系统管理员，如果想建立系统管理员，可先建立一个普通账户，然后将该账户的用户 ID 改为 0；1～500 是系统预留的 ID；500 以上供普通用户使用。
- 组 ID：与用户 ID 类似，用来规范群组，与/etc/group 文件有关。
- 描述信息：用于解释此账号的意义。常见的是用户全名信息。
- 用户根目录：用户登录系统的起始目录，用户登录系统后首先进入该目录。root 用户默认的是/root，普通用户是/home/用户名。
- 用户 Shell：用户登录系统时使用的 Shell。

（2）/etc/shadow

任何用户对 passwd 文件都有读的权限，可见加密过的密码也可获取。为安全起见，Linux 系统对密码提供了更多一层的保护，即把加密后的密码移动到/etc/shadow 文件中，只有超级用户能够读取 shadow 文件的内容，并且 Linux 在/etc/shadow 文件中设置了很多限制参数。经过 shadow 的保护，/etc/passwd 文件中每一记录行的密码字段会变成 x，并且在/etc 目录下多出文件 shadow，如图 10-19 所示。

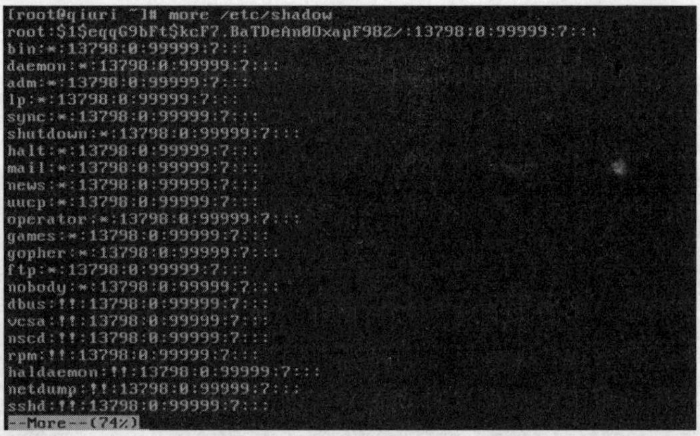

```
[root@qiuri ~]# more /etc/shadow
root:$1$eqqG9bFt$kcF7.BaTDeAn0OxapF98Z/:13798:0:99999:7:::
bin:*:13798:0:99999:7:::
daemon:*:13798:0:99999:7:::
adm:*:13798:0:99999:7:::
lp:*:13798:0:99999:7:::
sync:*:13798:0:99999:7:::
shutdown:*:13798:0:99999:7:::
halt:*:13798:0:99999:7:::
mail:*:13798:0:99999:7:::
news:*:13798:0:99999:7:::
uucp:*:13798:0:99999:7:::
operator:*:13798:0:99999:7:::
games:*:13798:0:99999:7:::
gopher:*:13798:0:99999:7:::
ftp:*:13798:0:99999:7:::
nobody:*:13798:0:99999:7:::
dbus:!!:13798:0:99999:7:::
vcsa:!!:13798:0:99999:7:::
nscd:!!:13798:0:99999:7:::
rpm:!!:13798:0:99999:7:::
haldaemon:!!:13798:0:99999:7:::
netdump:!!:13798:0:99999:7:::
sshd:!!:13798:0:99999:7:::
--More--(74%)
```

图 10-19　显示/etc/shadow 文件

和 passwd 文件类似，shadow 文件中的每行由 9 个字段组成，其中前 6 个字段内容，如图 10-20 所示。

```
root:$1$eqqG9bFt$kcF7.BaTDeAn0OxapF98Z/:13798:0:99999:7:::
```

账号名称　密码　上次更改密码的日期　密码不可改动天数　密码需要重新变更的天数　密码到期前的警告

图 10-20　shadow 主要字段组成

其说明如下。

- 账户名称：与 passwd 对应，与 passwd 的意思相同。
- 密码：真正的密码，且已经加密，只能看到一些特殊符号。需要注意的是，这些密码很难破解。还有密码栏的第一个字符为“*”，表示该用户不用来登录；第一个字符为“!”，表示该用户被禁用，一般新创建的账号还未设置密码，该账号就是禁用状态，使用“!!”表示；第一个字符为“空”，代表该用户没有口令，登录时不需要口令。
- 上次更改密码的日期：表示从 1970 年 1 月 1 日起到上次修改密码所经过的天数。
- 密码不可改动天数：代表要经过多久才可以更改密码。如果是 0，代表密码可以随时更改。
- 密码需要重新变更的天数：必须在这个时间内重新修改密码，否则该账号将暂时失效。图 10-20 中的 99999，表示密码不需要重新输入，为确保系统安全，最好设定一段时间修改密码。
- 密码到期前的警告：当账号的密码失效期限快到时，系统依据该字段的设定发出警告，默认为 7 天。
- 账号失效期：用户过了警告期没有重新输入密码，使得密码失效，而该用户在这个字段限定的时间内又没有向管理员反映，让账号重新启用，那么该账号将暂时失效。
- 账号取消日期：表示用户被禁止登录的时间，通常用于收费服务系统中，可规定一个日期让该账号不能再使用。
- 保留：最后一个字段是保留的。

（3）/etc/group

使用 more 查看/etc/group 文件，如图 10-21 所示。

group 文件中的每行由 4 个字段组成，如图 10-22 所示。

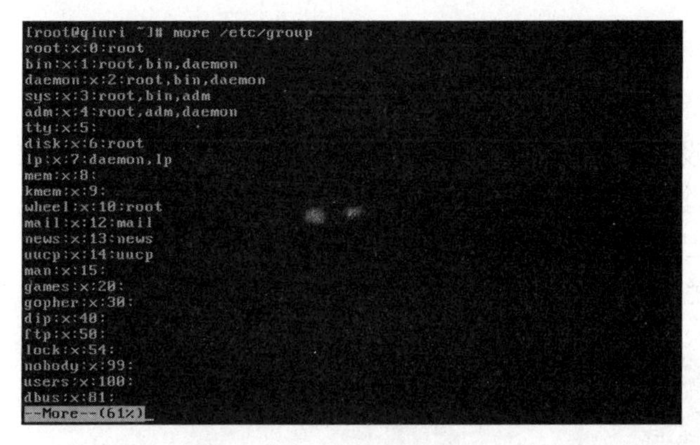


图 10-21　显示/etc/group 文件

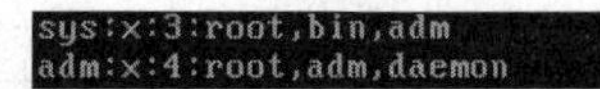


图 10-22　group 字段组成

其说明如下。

- 群组名称：建立的群组名称。
- 群组密码：通常不需设定，很少使用群组登录。此密码被记录在/etc/shadow 中。
- 群组 ID：就是 GID。
- 群组成员：该群组的所有用户账号，之间用“，”分隔。

3. 命令行方式管理用户

（1）useradd——添加用户账号

只有超级用户 root 才有权使用此命令。使用 useradd 命令创建新的用户账号后，应利用 passwd 命令为新用户设置密码。系统下添加用户的命令主要有 useradd 和 adduser。

添加 student1 用户，其命令格式如下：

```
[root@host ~]# useradd  student1
```

查看用户添加结果，如图 10-23 所示，用户 student1 添加成功。使用命令 useradd 添加用户的同时还添加了许多其他默认设置，如用户目录和 Shell 版本等。

```
root@Ubuntu:~# cat /etc/passwd
root:x:0:0:root:/root:/bin/bash
⋮
student:x:1000:1000:student,,,:/home/ student :/bin/bash
student1:x:1000:1000:student1,,,:/home/ student1 :/bin/sh
```

图 10-23　查看用户账号

使用 useradd 的语法如下：

```
useradd [-u uid][ -g group][-d home][-s shell]
```

其参数说明如下。

- -u：指定用户 ID。

- -g：指定用户组群。
- -d：指定用户主目录。
- -s：系统登录时启用的 Shell。
- -c：简单描述用户内容。
- -p：指定密码。

（2）passwd——修改用户属性

默认情况下，在添加完用户后并没有设置用户的密码，因此建立的用户账号即使存在也不能登录系统，需要使用 passwd 命令对用户账号设置密码才可以登录系统。passwd 命令分为管理员给用户修改密码和用户自己登录系统后修改密码。

管理员 root 修改用户 student1 的密码属性，如图 10-24 所示。

```
root@Ubuntu:~# passwd student1
Enter new UNIX password:
Retype new UNIX password:
passwd: 已成功更新密码
```

图 10-24 修改用户密码

管理员给用户设置密码，在输入密码的过程中为了避免输入错误，将连续输入两次。如果两次输入的密码相同，表示输入的密码正确，同时将密码以加密的方式保存到 shadow 文件中。设置完以后可以使用用户 qiuri 登录，修改一下密码，如图 10-25 所示。

```
[qiuri@qiuri ~]$ passwd
Changing password for user qiuri.
Changing password for qiuri
(current) UNIX password:
New UNIX password:
Retype new UNIX password:
passwd: all authentication tokens updated successfully.
[qiuri@qiuri ~]$ _
```

图 10-25 用户登录修改密码

锁定用户账号 student1，使其无法登录，其命令格式如下：

```
[root@host ~]# passwd -l student1
```

查看 Linux 系统管理用户账号的系统文件/etc/shadow，可查到其密码域的第一个字符前加了符号“！”，如图 10-26 所示。

```
root@Ubuntu:~# cat /etc/shadow
⋮
student1:!$1$RsHiGgoC$8Smk4/kUG.SOtJzudwCXa1:13713:0:99999:7:::
student2::13713:0:99999:7:::
```

图 10-26 查看锁定用户

解除用户账号 student1 的锁定，其命令格式如下：

```
[root@host ~]# passwd -u student1
```

如果一个用户的账号不再使用，可以从系统中删除。删除用户账号就是要将/etc/passwd 等系统文件中的该用户记录删除，必要时还删除用户的主目录。

若只删除 student2 登录账号，但保留相关目录，可只删除/etc/passwd 和/etc/shadow 文件中与用户 student2 有关的内容，目录保留，方便以后再次添加此用户。其命令格式如下：

```
[root@host ~]# userdel student2
```

完全删除 student1 登录账号，要求删除账号的同时也删除用户主目录及其内部文件。其命令格式如下：

```
[root@host ~]# userdel -r student1
```

（3）usermod——修改用户账号

修改用户账号就是根据实际情况更改用户的有关属性，如用户号、主目录、用户组、登录 Shell 等。

修改 student2 的 ID 为新的值 600，所属组为 admin，修改用户的 ID 时，主目录下该用户所拥有的文件或子目录将自动更改其 ID，但对于主目录之外的文件和目录只能用 chown 命令手工进行设置。其命令格式如下：

```
[root@host ~]# usermod  -u 600 -g admin student2
```

修改用户主目录为/student1，其命令格式如下：

```
[root@host ~]# mkdir /student1
[root@host ~]# usermod  -d /student1 student1
```

（4）groupadd——添加组名

输入命令添加 user 组，其命令格式如下：

```
[root@host ~]# groupadd  user
```

还可通过手工编辑/etc/group 文件来完成组的添加。

（5）gpasswd——为组添加用户

只有 root 和组管理员能够添加和删除组的成员，此命令还可修改组密码，如图 10-27 所示。其命令格式如下：

```
[root@host ~]# gpasswd user1
```

```
正在修改 user1 组的密码
新密码:
请重新输入新密码:
```

图 10-27　修改群组密码

添加用户 student 到组 user1，从组 user1 删除用户 student，如图 10-28 所示。

```
root@Ubuntu:~# gpasswd  -a  student user1
正在将用户“student”加入到“user1”组中
root@Ubuntu:~# gpasswd  -d  student user1
正在将用户“student”从“user1”删除
```

图 10-28　添加、删除群组用户

（6）groupmod——修改组的属性

修改组 user 的 GID，修改组 user 的名为 user1，其命令格式如下：

```
[root@host ~]# groupadd -g 1005 user
[root@host ~]# groupadd -n user1 user
```

（7）groupdel——删除组

删除组 user1，其命令格式如下：

```
[root@host ~]# groupdel user1
```

## 10.2.2 操作权限管理

Linux 是一个服务器操作系统，文件应保证有效的保密性。在 Linux 中，将使用系统资源的人员分为 4 类：超级用户、文件或目录的属主（user）、属主的同组用户（group）和其他用户（others）。超级用户拥有对 Linux 系统的一切操作权限，对于其他 3 类用户都要指定对文件和目录的访问权限。访问权限规定了不同用户的 3 种访问文件或目录的方式：读（r）、写（w）、可执行或查找（x），如表 10-4 所示。

表 10-4 文件操作权限表

| 代表字符 | 对应数值 | 权　限 | 对文件的含义 | 对目录的含义 |
|---|---|---|---|---|
| r | 4 | 读 | 可以读文件的内容 | 可以列出目录中的文件列表 |
| w | 2 | 写 | 可以修改该文件 | 可以在目录中创建、删除文件 |
| x | 1 | 可执行 | 可以执行该文件 | 可以使用 cd 命令进入该目录 |
| - | 0 | 无 | | |

1. 查看文件和目录的权限——ls

可以使用带 l 参数的 ls 命令查看文件或目录的权限，如图 10-29 所示。

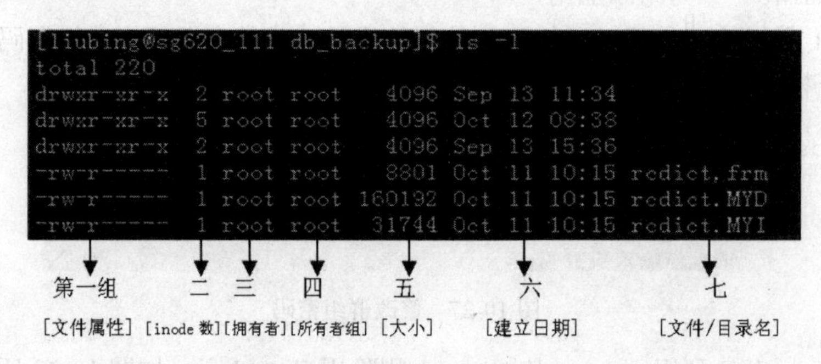


图 10-29 查看文件和目录权限

第一组共有 10 列，分为 4 类。

（1）文件类型：由第 1 列表示，其含义如下。

- -：普通文件。
- b：块设备文件，是特殊的文件类型。
- d：目录文件，事实上在 ext2fs 中，目录是一个特殊的文件。
- c：字符设备文件，是特殊的文件类型。

- l：符号链接文件，实际上指向另一个文件。
- s、p：管道文件，此类文件关系到系统的数据结构和管道，通常很少见到。

接下来的属性中，3 个为一组，如图 10-30 所示。

图 10-30　属性分组

（2）属主权限位（2～4 列）。

（3）属组权限位（5～6 列）。

（4）其他用户权限位（8～10 列）。

2. 修改文件和目录的访问权限——chmod

系统管理员和文件属主可以根据需要来设置文件的权限，有两种设置方法：文字设定法和数值设定法。

（1）文字设定法

chmod 的格式为：chmod　[ugoa] [+-=] [rwxugo]。

- 第 1 个选项表示要赋予权限的用户。u（user）为属主；g（group）为所属组用户；o（others）为其他用户；a（all）为所有用户。
- 第 2 个选项表示要进行的操作。+为增加权限；-为删除权限；=为分配权限，同时将原有权限删除。
- 第 3 个选项是要分配的权限。r/x/w 为允许读取/写入/执行；u/g/o 为和属主/所属组用户/其他用户的权限相同。

将文件 profile 的权限改为所有用户对其都有执行权限，如图 10-31 所示，执行命令 chmod a+x profile 后，所有用户相应的权限位都添加了 x，用户可执行此文件。

```
root@Ubuntu:~# ls -l  profile
-rw-r--r-- 1 root root 369 2007-07-14 01:50 profile
root@Ubuntu:~# chmod a+x profile
root@Ubuntu:~# ls -l  profile
-rwxr-xr-x 1 root root 369 2007-07-14 01:50 profile
```

图 10-31　修改文件权限（1）

将文件 profile 的权限重新设置为文件主可读和执行，组用户可执行，其他用户无权访问，如图 10-32 所示。

```
root@Ubuntu:~# ls -l  profile
-rwxr-xr-x 1 root root 369 2007-07-14 01:50 profile
root@Ubuntu:~# chmod  u=rx,g=x,o=  profile
root@Ubuntu:~# ls -l  profile
-r-xr----- 1 root root 369 2007-07-14 01:50 profile
```

图 10-32　修改文件权限（2）

将文件 profile 的权限重新设置为只有文件主可以读和执行，如图 10-33 所示。

```
root@Ubuntu:~# chmod  g-x  profile
root@Ubuntu:~# ls -l  profile
-r-x------ 1 root root 369 2007-07-14 01:50 profile
```

图 10-33　修改文件权限（3）

（2）数值设定法

可以设定文件的权限，即分别为 r、w、x 赋值。其中，r=4，w=2，x=1。同类用户权限组合可以是数字的相加。文件主的权限为 rwx，用数字表示为 4+2+1＝7；同组用户为 r-x，用数字表示为 4+1＝5。

chmod 的格式为：chmod　n1n2n3。

其中，n1、n2、n3 分别代表属主的权限、组用户的权限和其他用户的权限，这 3 个选项都是八进制数字。

将文件 profile 的权限重新设置为文件主与组用户可以读、写，其他用户为只读，如图 10-34 所示。

```
root@Ubuntu:~# chmod  664  profile
root@Ubuntu:~# ls -l  profile
```

图 10-34　修改文件权限（4）

将目录 class 及其下面的所有子目录和文件的权限，改为所有用户对其都有读、写权限。对于目录，要同时设置子目录的权限时应加参数-R，其命令格式如下：

```
[root@host ~]# chmod  -R a+rw- class
```

3. 修改文件和目录的所有权——chown

只有文件主和超级用户才可使用该命令。同时改变文件主和文件所属的组时，用户名和用户组名由冒号分开，在文件中可包含通配符。

修改 profile 文件的文件主与用户组为 student，如图 10-35 所示。

```
root@Ubuntu:~# ls -l profile
-rw-rw-r-- 1 root root 369 2007-07-14 01:50 profile
root@Ubuntu:~# chown student:student profile
root@Ubuntu:~# ls -l profile
```

图 10-35　修改文件权限（5）

4. 修改文件和目录的所属组——chgrp

只有文件主和超级用户才可使用该命令。同时改变文件主和文件所属的组时，用户名和用户组名由冒号分开，在文件中可包含通配符。

修改 profile 文件的文件主与用户组为 student，如图 10-36 所示。

```
root@Ubuntu:~# ls -l profile
-rw-rw-r-- 1 student student 369 2007-07-14 01:50 profile
root@Ubuntu:~# chgrp root profile
root@Ubuntu:~# ls -l profile
```

图 10-36　修改文件权限（6）

# 10.3　进 程 管 理

## 10.3.1　进程基本概念

Linux 系统是一个多用户多任务的操作系统，为实现当前系统运行多个任务，Linux 提供了多进程管理方式。进程是一个动态地使用系统资源、处于活动状态的应用程序。系统所有进程在内核的调度下由 CPU 执行，进程管理是 Linux 文件系统、存储管理、设备管理和驱动程序的基础。

1. 进程和程序

程序是静态的磁盘文件，本身作为一种软件资源长期保存；而进程是程序的执行过程，是动态概念，有一定的生命期，是动态产生和消亡的。

进程是一个能独立运行的单位，能与其他进程并发执行，进程作为 Linux 资源申请和调度的基本单元存在，而程序段不能作为一个独立运行的单位。

进程和程序无一一对应关系。一个程序可以由多个进程共用；另一方面，一个进程在活动中可顺序地执行若干个程序。

2. 进程的分类

Linux 系统主要有 3 种类型的进程。

（1）交互进程：由 Shell 启动的进程，可以在前台运行，也可以在后台执行。

（2）批处理进程：不与特定的终端联系，提交到等待队列中顺序执行。

（3）守护进程：守护进程总是活跃的，一般在后台运行，Linux 的绝大多数网络服务都是采用守护进程来等待用户请求的。

## 10.3.2　进程管理操作

1. 查看当前进程信息——ps 命令

ps 命令可以检查系统中正在运行的进程状态，可以把系统中全部的活动进程列出来，其中包括在后台运行的，也包括在前台运行的。

显示当前控制终端的进程，如图 10-37 所示。

```
root@Ubuntu:~# ps
PID TTY TIME CMD
2791 ttyp0 00:00:00 tcsh
3092 ttyp0 00:00:00 ps
```

图 10-37　显示进程信息

常用选项的说明如下。

- -a：显示所有用户的进程。
- -u：显示用户名和启动时间。

- -x：显示没有控制终端的进程。
- -e：显示所有进程，包括没有控制终端的进程。
- -l：显示详细信息。

查看当前系统所有的进程，如图 10-38 所示。

```
root@Ubuntu:~# ps -au
USER PID %CPU %MEM VSZ RSS TTY STAT START TIME COMMAND
root  1    0.0   0.7  1096 472 ?  S    Sep10  0:03  init [3]
root  2    0.0   0.0   0     0 ?  SW   Sep10  0:00  [kflushd]
 :
```

图 10-38　显示所有进程

其中输出格式说明如下。

- USER/UID：用户。
- PID：进程号。
- %CPU：占用 CPU 时间和总时间的百分比。
- %MEM：占用内存与系统内存总量的百分比。
- VSZ：占用虚拟内存大小。
- RSS：占用内存大小。
- TTY：进程启动的终端。
- STAT：进程当前状态，S—休眠状态；D—不可中断的休眠状态；R—运行状态；Z—僵死状态；T—停止。
- START：进程开始时间。
- TIME：进程自从启动以来占用总的 CPU 时间。
- COMMAND/CMD：进程的命令名。

2. 给进程发送信号——kill 命令

通常情况下，可以通过发送停止信号的方法来结束一个运行的进程，如果由于某种原因进程没有响应，可通过 kill 发送终止命令给该进程。

显示 kill 能发送的信息明细，其命令格式如下：

```
[root@host ~]# kill -l
```

常用的 kill 命令如表 10-5 所示。

表 10-5　常用的 kill 命令

| 命 令 形 式 | 操 作 含 义 |
|---|---|
| kill -9 进程号 | 强制关闭 |
| kill -1 进程号 | 重启进程 |
| xkill | 关闭图形进程 |
| killall | 结束所有进程 |
| pgrep 服务名 | 查找服务进程号 |
| pkill 进程名 | 关闭进程 |

3. 动态显示系统进程——top 命令

top 命令用来动态地显示运行中进程的详细信息，可以在指定的时间内动态地更新进程信息，默认每 3 秒钟自动刷新一次。top 命令的运行状态是一个实时的显示过程，按 Q 键可退出命令，按 S 键可输入进程信息的更新时间。

4. 查看当前进程用户信息——w/who 命令

w 命令用于显示登录到系统的用户信息，如图 10-39 所示。

```
[root@localhost ~]# w
 13:27:24 up  4:11,  3 users,  load average: 0.00, 0.02, 0.00
USER     TTY      FROM              LOGIN@   IDLE   JCPU   PCPU WHAT
root     tty1     -                 Tue14    2:26   0.79s  0.79s -bash
zhuangql tty2     -                 Tue15   22:05m  0.06s  0.06s -bash
root     pts/0    192.168.15.101    11:59    0.00s  0.53s  0.02s w
[root@localhost ~]#
```

图 10-39 显示登录到系统的用户信息

其中输出格式说明如下。

- up 4:11：系统运行时间。
- 3 users：当前总计的在线用户数。
- load average: 0.00, 0.02, 0.00：在过去 1、5、15 分之内的平均负载程度。
- FROM：显示用户从何处登录系统，本地终端登录为 tty，远程终端登录为 pts。
- IDLE：用户闲置时间。
- JCPU：消耗的 CPU 时间。
- PCPU：CPU 执行当前程序耗费的时间。
- WHAT：用户正在执行的操作。

5. 进程的挂起和恢复

挂起一个正在运行的前台进程，可以使用 Ctrl+Z 快捷键，然后可使用 bg 命令将该进程恢复至后台执行，也可使用 fg 命令将该进程恢复至前台执行。使用 jobs 命令可查看挂起及后台执行的所有进程，如图 10-40 所示。

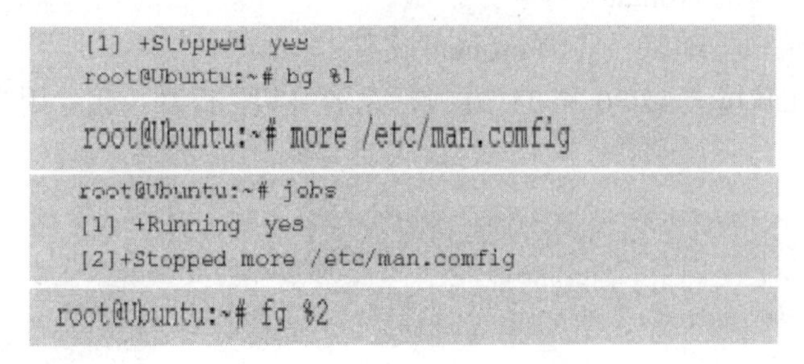


图 10-40 进程挂起和恢复

## 10.3.3 工作任务管理工具

每个用户都会有一些周期性或例行工作，Linux 根据这一情况，分别使用 at 和 cron 命令实现了这两个功能。

at /batch 命令用于安排作业在某一时刻执行一次，batch 与 at 用法完全一致，但只在系统负载 0.8 下才可执行；cron 命令用于安排周期性运行的作业。

（1）at 命令

at 命令的格式为：at　[文件名]　时间。

- -d or atrm：删除队列中的作业任务。
- -l or atq：查询队列中的作业任务。
- 指定时间的方式：hh:mm MMDDYY。

例如，3 天后的下午 5 点执行/bin/ls，如图 10-41 所示。

删除指定的作业任务，如图 10-42 所示。

```
root@Ubuntu:~# at  5pm + 3 days
waring:commands will be executed using /bin/sh
at > bin/ls
```

图 10-41　at 命令的使用（1）

```
root@Ubuntu:~# at -d 1  //1 为对应的作业序号
```

图 10-42　at 命令的使用（2）

at 服务具有用户控制，即并不是所有的系统用户都可以使用 at 服务，在 Linux 操作系统中，系统使用/etc/at.allow 和/etc/at.deny 两个文件来控制访问 at 服务的用户。其规定如下：

① 系统首先查询/etc/at.allow 配置文件，只有列在文件中的用户可以使用。

② 如果没有/etc/at.allow 配置文件，系统将查询/etc/at.deny 配置文件，只有列在此文件中的用户不可以使用。

③ 如果 at.allow 和 at.deny 都不存在，那么只有 root 才可以使用。

④ 若/etc/at.deny 为空，所有用户可以使用。

（2）cron 命令

cron 命令用于生成 crond 进程所需要的 crontab 文件。如果要重复运行程序，需要在指定时间进行数据备份，则使用 crontab 命令更方便。

cron 命令的格式为：cron　[-u username ]　[-l|-r|-e]

- -l：显示当前的 crontab。
- -r：删除当前的 crontab。
- -e：使用编辑器编辑当前的 crontab 文件。

编辑用户 crontab 每天 12:30 和 23:30 执行系统升级，查看和删除用户 crontab 作业，如图 10-43 所示。

```
root@Ubuntu:~# crontab -e
30  12, 23  *  *  * apt-get update
root@Ubuntu:~ # crontab -l
root@Ubuntu:~# crontab -r
```

图 10-43　crontab 命令的使用

保存 crontab 任务计划的文件是/var/spool/cron/username，可以用 vi 查看 cron 服务用户控制，并不是所有的系统用户都可以使用 cron 服务，在 Linux 操作系统中，系统使用/etc/cron.allow 和/etc/cron.deny 两个文件来控制访问 cron 服务的用户。其规定如下：

① 系统首先查询/etc/cron.allow 配置文件，只有列在文件中的用户可以使用。

② 如果没有/etc/cron.allow 配置文件，系统将查询/etc/cron.deny 配置文件，只有列在此文件中的用户不可以使用。

③ 如果 cron.allow 和 cron.deny 都不存在，那么只有 root 才可以使用。

④ 若/etc/cron.deny 为空，所有用户可以使用。

### 10.3.4　守护进程

Linux 系统提供服务的程序是由运行在后台的守护程序（daemon）来执行的。一个实际运行中的系统一般会有多个这样的程序在运行，这些后台守护程序在系统开机后就运行了，并且在时刻监听前台客户的服务请求，一旦客户发出了服务请求，守护进程便为其提供服务。由于此类程序运行在后台，除非程序主动退出或者人为终止，否则将一直运行下去，直至系统关闭。此类提供服务功能的程序称为守护进程。

（1）pstree 命令——查看系统当前运行的守护进程

pstree 命令以树形结构显示系统中运行的进程。利用此命令可以清楚地看到各个进程之间的父子关系，如图 10-44 所示。

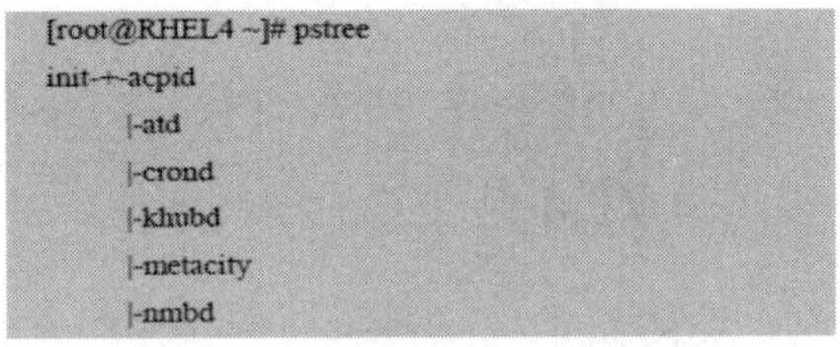

```
[root@RHEL4 ~]# pstree
init-+-acpid
     |-atd
     |-crond
     |-khubd
     |-metacity
     |-nmbd
```

图 10-44　pstree 命令的使用

（2）守护进程的分类

按照服务类型分为如下几个。

- 系统守护进程：syslogd、login、crond、at 等。
- 网络守护进程：sendmail、httpd、xinetd 等。

按照启动方式分为如下几个。

- 独立启动的守护进程：httpd、named、xinetd 等。
- 被动守护进程（由 xinetd 启动）：telnet、finger、ktalk 等。

## 10.4　RPM 包管理

由于 Linux 应用程序能够以源代码或者目标程序的方式提供，所以有多种提供软件包的方法，最常用的几种方法是 rpm、tgz 和 yum。

RPM（Red Hat Package Manager），即 Red Hat 软件包管理，RPM 包是根据不同的操作系统内核和处理器架构编译的，因此不同的操作系统内核版本和处理器架构都需要有自己独立的 RPM 包。RPM 包管理系统为用户提供软件包的安装、删除、升级和查询等功能。

RPM 包管理的用途包括：

（1）可安装、删除、升级和管理软件；也支持在线安装和升级软件。

（2）通过 RPM 包管理可知软件包所含文件，也可知系统中的某个文件属于哪个软件包。

（3）可查询系统中的软件包是否安装及其版本。

（4）开发者可将自己的开发程序打包为 RPM 包发布。

（5）软件包签名 GPG 和 MD5 的导入、验证和签名发布。

（6）可进行依赖性的检查，查看是否有软件包由于不兼容而扰乱了系统。

RPM 软件的安装、删除、升级只有 root 权限才能使用；而对于查询功能，任何用户都可以操作；普通用户拥有安装目录的权限，也可以安装 RPM。

（1）RPM 包的安装

使用以下操作以安装新的 RPM 包，需要解决依赖关系，如果在软件包管理器中找不到依赖关系的包，只能通过编译其所依赖的包来解决，或者强制安装。其命令格式如下：

```
[root@host ~]# rpm -vih file.rpm
[root@host ~]# rpm -ivh file.rpm --nodeps --force
```

（2）RPM 包的升级

使用以下操作以升级 RPM 包，其命令格式如下：

```
[root@host ~]# rpm -Uvh file.rpm
```

其中强制升级的命令格式如下：

```
[root@host ~]# rpm -Uvh file.rpm --nodeps --force
```

以下为 RPM 包安装的举例应用，如图 10-45 所示。

```
[root@localhost RPMS]# rpm -ivh lynx-2.8.5-23.i386.rpm
Preparing...                ###########################################
## [100%]
   1:lynx                   ###########################################
## [100%]

[root@localhost RPMS]# rpm -ivh --replacepkgs  lynx-2.8.5-23.i386.rpm
Preparing...                ###########################################
## [100%]
   1:lynx                   ###########################################
## [100%]
[root@localhost RPMS]# rpm -ivh --test  gaim-1.3.0-1.fc4.i386.rpm
Preparing...                ###########################################
## [100%]
[root@localhost RPMS]# rpm -qa gaim
gaim-1.5.0-1.fc4

[root@localhost RPMS]# rpm -Uvh --oldpackage gaim-1.3.0-1.fc4.i386.rpm
Preparing...                ###########################################
## [100%]
   1:gaim                   ###########################################
## [100%]

[root@localhost RPMS]# rpm -qa gaim
gaim-1.3.0-1.fc4
[root@localhost RPMS]# rpm -ivh  --relocate
/=/opt/gaim  gaim-1.3.0-1.fc4.i386.rpm
Preparing...                ###########################################
## [100%]
```

图 10-45　RPM 包的安装应用

其说明如下。

- --replacepkgs：以已安装的软件再安装一次。
- --test：用来检查依赖关系，并不是真正的安装。
- --oldpackage：由新版本降级为旧版本。
- --relocate：为软件包指定安装目录。

（3）RPM 包的删除

如果希望删除当前系统中的某个软件包，可使用如下命令：

```
[root@host ~]# rpm -e file.rpm
```

也可用--nodeps 忽略依赖的检查来删除。其命令格式如下：

```
[root@host ~]# rpm -e file.rpm  --nodeps
```

# 10.5　TCP/IP 网络配置

Linux 系统要与网络中其他主机进行通信，首先要进行网络配置。网络配置通常包括主机名、IP 地址、子网掩码、默认网关、DNS 服务器等。

## 10.5.1　TCP/IP 网络配置文件

在 Linux 中，TCP/IP 网络的配置信息分别存储在不同的配置文件中。相关的配置文件有/etc/sysconfig/network、网卡配置文件、/etc/hosts、/etc/resolv.conf、/etc/host.conf 等，如表 10-6 所示。

（1）/etc/sysconfig/nework

/etc/sysconfig/nework 文件主要用于设置基本的网络配置，包括主机名称、网关等。文件中的内容如图 10-46 所示。

```
[root@RHEL4 ~]# cat /etc/sysconfig/network
NETWORKING=yes
HOSTNAME=RHEL4
GATEWAY=192.168.1.254
```

图 10-46　显示/etc/sysconfig/nework 文件内容

其中，

① NETWORKING：设置 Linux 网络是否运行，取值为 yes 或者 no。

② HOSTNAME：设置主机名称。

③ GATEWAY：设置网关的 IP 地址。

除此之外，在该配置文件中常见的还有如下几项。

① GATEWAYDEV：设置连接网关的网络设备。

② DOMAINNAME：设置本机域名。

③ NISDOMAIN：在有 NIS 系统的网络中，设置 NIS 域名。

对/etc/sysconfig/network 配置文件进行修改之后，应该重启网络服务或者注销系统以使配置文件生效。

表 10-6　Linux 的 TCP/IP 网络配置文件

| 配置文件名称 | 功　能 |
|---|---|
| /etc/gated.conf | gated 的配置，只能被 gated 守护进程所使用 |
| /etc/gated.version | gated 守护进程的版本号 |
| /etc/gateway | 由 routed 守护进程可选择地使用 |
| /etc/networks | 列举机器所连接的网络中可以访问的网络名和网络地址。通过路由命令使用，允许使用网络名称 |
| /etc/protocols | 列举当前可用的协议，请参阅网络管理员指南和联机帮助页 |
| etc/resolv.conf | 在程序请求解析一个 IP 地址时，告诉内核应该查询哪个名称服务器 |
| /etc/rpc | 包含 RPC 指令/规则，可以在 NFS 调用、远程文件系统安装等中使用 |
| /etc/exports | 要导出的网络文件系统（NFS）和对它的权限 |
| /etc/services | 将网络服务名转换为端口号/协议，由 inetd、telnet、tcpdump 和其他一些程序读取，有一些 C 访问例程 |
| /etc/xinetd.conf | xinetd 的配置文件，请参阅 xinetd 联机帮助页。包含每个网络服务的条目，inetd 必须为这些网络服务控制守护进程或其他服务 |
| /etc/hostname | 该文件包含了系统的主机名称，包括完全的域名 |
| /etc/host.conf | 该文件指定如何解析主机名。Linux 通过解析器来获得主机名对应的 IP 地址 |
| /etc/sysconfig/network | 指出 NETWORKING=yes 或 no，由 rc.sysinit 读取 |
| /etc/sysconfig/network-scripts/if* | Red Hat 网络配置脚本 |
| /etc/hosts | 机器启动时，在查询 DNS 前，机器需要查询一些主机名与 IP 地址的匹配信息，这些匹配信息存放在/etc/hosts 文件中。在没有域名服务器情况下，系统上的所有网络程序都通过查询该文件来解析对应于某个主机名的 IP 地址 |

（2）网卡配置文件

网卡设备名、IP 地址、子网掩码、网关等配置信息都保存在网卡配置文件中。一块网卡对应一个配置文件，配置文件位于目录/etc/sysconfig/network-scripts，文件名以 ifcfg-开始，后跟网卡类型（通常使用的以太网卡用“eth”代表）加网卡的序号（从 0 开始）。系统中以太网卡的配置文件名为 ifcfg-ethN，其中 N 为从 0 开始的数字，如第 1 块以太网卡的配置文件名为 ifcfg-eth0，第 2 块以太网卡的配置文件名为 ifcfg-eth1，其他的依此类推。

Linux 系统支持在一块物理网卡上绑定多个 IP 地址，需要建立多个网卡配置文件，其文件名为 ifcfg-ethN:M，其中 N 和 M 均为从 0 开始的数字，代表相应的序号。例如，第 1 块以太网卡上的第 1 个虚拟网卡（设备名为 eth0:0）的配置文件名为 ifcfg-eth0:0，第 1 块以太网卡上的第 2 个虚拟网卡（设备名为 eth0:1）的配置文件名为 ifcfg-eth0:1。Linux 最多支持 255 个 IP 别名，对应的配置文件可通过复制 ifcfg-eth0 配置文件，并修改其配置内容来获得。

所有的网卡 IP 配置文件如图 10-47 所示。配置文件中每行进行一项内容设置，左边为项目名称，右边为项目设置值，中间以“=”分隔。

网卡 IP 配置文件中各项的含义如下。

① DEVICE：表示当前网卡设备的设备名称。

② BOOTPROTO：获取 IP 设置的方式，取值为 static、bootp 或 dhcp。

③ BROADCAST：广播地址。

④ HWADDR：该网络设备的 MAC 地址。

⑤ IPADDR：该网络设备的 IP 地址。

⑥ NETMASK：该网络设备的子网掩码。

⑦ NETWORK：该网络设备所处网络的网络地址。

⑧ GATEWAY：网卡的网关地址。

⑨ ONBOOT：设置系统启动时是否启动该设备，取值为 yes 或 no。

⑩ TYPE：该网络设备的类型。

为上述 eth0 网卡再绑定一个 IP 地址 192.168.1.3，其绑定方法如图 10-48 所示。

```
[root@RHEL4 ~]# cat /etc/sysconfig/network-scripts/ifcfg-eth0
DEVICE=eth0
BOOTPROTO=static
BROADCAST=192.168.1.255
HWADDR=00:0C:29:FA:AD:85
IPADDR=192.168.1.2
NETMASK=255.255.255.0
NETWORK=192.168.1.0
GATEWAY=192.168.1.254
ONBOOT=yes
TYPE=Ethernet
```

图 10-47　网卡 IP 配置文件

```
[root@RHEL4 ~]# cd /etc/sysconfig/network-scripts/; cp ifcfg-eth0 ifcfg-eth0:1; vi ifcfg-eth0:1
DEVICE=eth0:1                    //此处应修改设备名称为 eth0:1
BOOTPROTO=static
BROADCAST=192.168.1.255
HWADDR=00:0C:29:FA:AD:85
IPADDR=192.168.1.3               //此处设置为指定的 IP 地址
NETMASK=255.255.255.0
GATEWAY=192.168.1.254
ONBOOT=yes
TYPE=Ethernet
```

图 10-48　网卡 IP 绑定设置

（3）/etc/hosts

/etc/hosts 文件是早期实现静态域名解析的一种方法，该文件中存储 IP 地址和主机名的静态映射关系。用于本地名称解析，是 DNS 的前身。利用该文件进行名称解析时，系统会直接读取该文件中的 IP 地址和主机名的对应记录。文件中以“#”开始的行是注释行，其余各行每行一条记录，IP 地址在左，主机名在右，主机名部分可以设置主机名和主机全域名。该文件的默认内容如图 10-49 所示。

如果要实现主机名称 RHEL4 和 IP 地址 192.168.1.2 的映射关系，则只需在此文件中添加以下内容即可：

192.168.1.2　　RHEL4

（4）/etc/ resolv.conf

/etc/resolv.conf 文件是 DNS 客户端指定系统所用的 DNS 服务器的 IP 地址的文件。在该文件中除了可以指定 DNS 服务器外，还可以设置当前主机所在的域以及 DNS 搜寻路径等。该文件的默认内容如图 10-50 所示。

```
[root@RHEL4 etc]# cat /etc/hosts
# Do not remove the following line, or various programs
# that require network functionality will fail.
127.0.0.1            jnrp-mlx localhost.localdomain localhost
```

图 10-49　显示/etc/hosts 文件内容

```
[root@RHEL4 etc]# cat /etc/resolv.conf
nameserver 192.168.0.5
nameserver 192.168.0.9
nameserver 192.168.0.1
search jw.com
domain jw.com
```

图 10-50　显示/etc/resolv.conf 文件内容

其中，

① nameserver：设置 DNS 服务器的 IP 地址。可以设置多个名称服务器，客户端在进行域名解析时会按顺序使用。

② search：设置 DNS 搜寻路径，即在进行不完全域名解析时，默认的附加域名后缀。

③ domain：设置计算机的本地域名。

（5）/etc/ host.conf

/etc/host.conf 文件用来指定如何进行域名解析。此文件的内容通常包含以下几行。

① order：设置主机名解析的可用方法及顺序。可用方法包括 hosts（利用/etc/hosts 文件进行解析）、bind（利用 DNS 服务器解析）、NIS（利用网络信息服务器解析）。

② multi：设置是否从/etc/hosts 文件中返回主机的多个 IP 地址，取值为 on 或者 off。

③ nospoof：取值为 on 或者 off。当设置为 on 时，系统会启用对主机名的欺骗保护以提高 rlogin、rsh 等程序的安全性。

若需将/etc/host.conf 的设置主机名称解析，其顺序为：先利用/etc/hosts 进行静态名称解析，再利用 DNS 服务器进行动态域名解析，如图 10-51 所示。

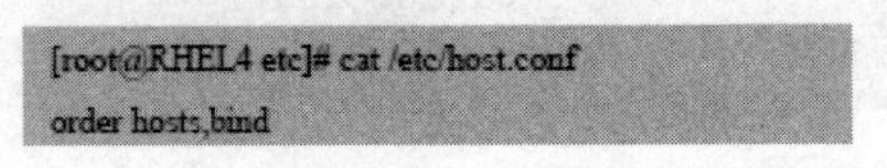

[root@RHEL4 etc]# cat /etc/host.conf
order hosts,bind


图 10-51　/etc/host.conf 文件设置

（6）/etc/ services

/etc/services 文件用于保存各种网络服务名称与该网络服务所使用的协议及默认端口号的映射关系。该文件内容较多，此文件的部分内容如图 10-52 所示。

ssh 22/udp # SSH Remote Login Protocol
telnet 23/tcp
telnet 23/udp


图 10-52　显示/etc/services 文件内容

## 10.5.2　TCP/IP 网络配置命令

Linux 系统进行网络设置，除了可以修改各种配置文件外，也可用相关的网络配置命令进行设置，常见的网络配置命令如下。

（1）hostname

处于网络中的每一台主机都应有一个主机名称，用于唯一地标识一台主机。hostname 命令用于显示或者临时设置当前主机名称。显示当前系统的主机名称可以直接使用 hostname 命令回车即可，其命令格式如下：

```
[root@host ~]# hostname
```

若要设置主机名称为 network，其命令格式如下：

```
[root@host ~]# hostname network
```

**注意**：利用 hostname 命令修改的主机名称只是临时有效，该命令不将修改结果存入/etc/sysconfig/network 配置文件中。若要永久地修改主机名称，只能通过修改配置文件来实现。

（2）ifconfig

利用 ifconfig 命令可以查看系统网络接口状况，也可以对网络接口的设置进行修改。直接使用 ifconfig 命令，可列出当前系统中所有已经启动的网络接口，如图 10-53 所示。

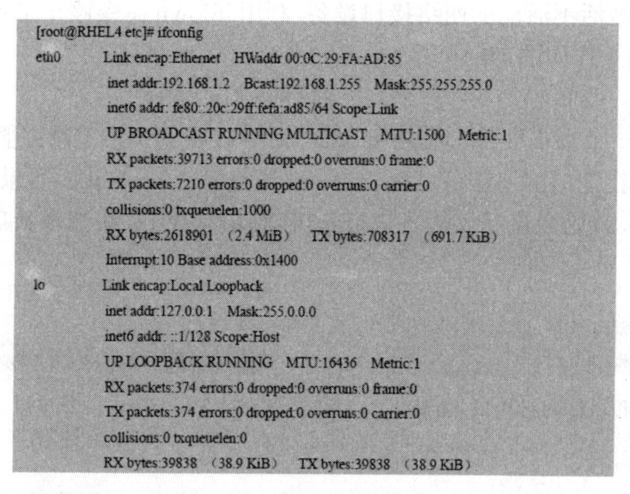

```
[root@RHEL4 etc]# ifconfig
eth0      Link encap:Ethernet  HWaddr 00:0C:29:FA:AD:85
          inet addr:192.168.1.2  Bcast:192.168.1.255  Mask:255.255.255.0
          inet6 addr: fe80::20c:29ff:fefa:ad85/64 Scope:Link
          UP BROADCAST RUNNING MULTICAST  MTU:1500  Metric:1
          RX packets:39713 errors:0 dropped:0 overruns:0 frame:0
          TX packets:7210 errors:0 dropped:0 overruns:0 carrier:0
          collisions:0 txqueuelen:1000
          RX bytes:2618901 （2.4 MiB）  TX bytes:708317 （691.7 KiB）
          Interrupt:10 Base address:0x1400
lo        Link encap:Local Loopback
          inet addr:127.0.0.1  Mask:255.0.0.0
          inet6 addr: ::1/128 Scope:Host
          UP LOOPBACK RUNNING  MTU:16436  Metric:1
          RX packets:374 errors:0 dropped:0 overruns:0 frame:0
          TX packets:374 errors:0 dropped:0 overruns:0 carrier:0
          collisions:0 txqueuelen:0
          RX bytes:39838 （38.9 KiB）  TX bytes:39838 （38.9 KiB）
```

图 10-53　查看系统网络接口

系统启动了两个网络接口 eth0 和 lo。其中各网络接口包含的信息如下。

① Link encap：描述接口类型。

② HWaddr：设置网卡 MAC 地址。

③ inet addr：此接口对应的 IP 地址。

④ Bcast：广播地址。

⑤ Mask：子网掩码。

⑥ MTU：最大传输单元，表示此接口所能传输的最大帧数。

⑦ Meric：此接口的跃点数。

⑧ RX packets：接收的数据包数、错误数、遗失数和溢流数。

⑨ TX packets：传出的数据包数、错误数、遗失数和溢流数。

ifconfig 命令加上-a 参数可以显示所有的网络接口，包括启动的和未启动的。也可以利用如下命令：

```
ifconfig  指定的网络接口        //查看某一个网络接口的状况
```

ifconfig 命令还可用来启动和停止网络接口。如果要启动某个网络接口用 up；关闭某个网络接口用 down。关闭和启动 eth0 接口，如图 10-54 所示。

```
[root@RHEL4 ~]# ifconfig eth0 down
[root@RHEL4 ~]# ifconfig eth0 up
```

图 10-54　停止和启动网络接口

若为网络接口 eth0 设置 IP 地址为 192.168.1.3 和 192.168.1.4，广播地址为 192.168.1.255，子网掩码为 255.255.255.0，如图 10-55 所示。

```
[root@RHEL4 etc]# ifconfig eth0 192.168.1.3 broadcast 192.168.1.255 netmask 255.255.255.0
[root@RHEL4 etc]# ifconfig eth0:1 192.168.1.4 broadcast 192.168.1.255 netmask 255.255.255.0
```

图 10-55 设置网络接口 eth0

（3）ifup 和 ifdown

利用 ifup 命令激活不活动的网络接口设备，利用 ifdown 命令停止指定的网络接口设备。停止和激活 eth0 的操作如图 10-56 所示。

（4）service

/etc/service 是一个脚本文件，利用 service 命令可以检查指定网络服务的状态，启动、停止或者重新启动指定的网络服务。/etc/service 通过检查/etc/init.d 目录中的一系列脚本文件来识别服务名称，否则会显示该服务未被认可。利用 service 命令重新启动 network 服务，如图 10-57 所示。

```
[root@RHEL4 etc]# ifdown eth0
[root@RHEL4 etc]# ifup eth0
```

图 10-56 停止和激活网络接口 eth0

```
[root@RHEL4 etc]# service network restart
```

图 10-57 重启 network 服务

（5）route

Linux 系统可以利用 route 命令查看本机路由表，添加、删除路由条目，设置默认网关等。

① 查看本机路由表信息，如图 10-58 所示。

```
[root@RHEL4 ~]# route
Kernel IP routing table
Destination     Gateway         Genmask         Flags Metric Ref    Use Iface
192.168.1.0     *               255.255.255.0   U     0      0        0 eth0
169.254.0.0     *               255.255.0.0     U     0      0        0 eth0
default         192.168.1.254   0.0.0.0         UG    0      0        0 eth0
```

图 10-58 查看路由信息

各项信息的含义如下。

- Destination：目标网络 IP 地址，可以是一个网络地址，也可以是一个主机地址。
- Gateway：网关地址，即该路由条目中下一跳的路由器 IP 地址。
- Genmask：路由项的子网掩码，与 Destination 信息进行“与”运算得出目标地址。
- Flags：路由标志。其中 U 表示路由项是活动的；H 表示目标是单个主机；G 表示使用网关；R 表示对动态路由进行复位；D 表示路由项是动态安装的；M 表示动态修改路由；! 表示拒绝路由。
- Metric：路由开销值，用以衡量路径的代价。
- Ref：依赖于本路由的其他路由条目。
- Use：该路由项被使用的次数。

- Iface：该路由项发送数据包使用的网络接口。

② 在路由表中添加或删除路由条目，如图 10-59 所示。

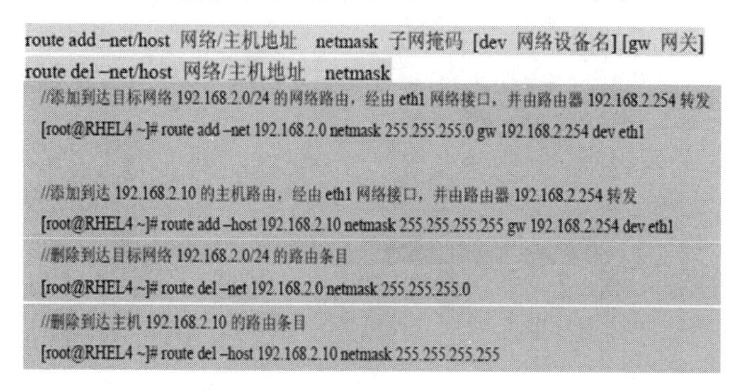

```
route add –net/host 网络/主机地址  netmask 子网掩码 [dev 网络设备名] [gw 网关]
route del –net/host 网络/主机地址  netmask
//添加到达目标网络 192.168.2.0/24 的网络路由，经由 eth1 网络接口，并由路由器 192.168.2.254 转发
[root@RHEL4 ~]# route add –net 192.168.2.0 netmask 255.255.255.0 gw 192.168.2.254 dev eth1

//添加到达 192.168.2.10 的主机路由，经由 eth1 网络接口，并由路由器 192.168.2.254 转发
[root@RHEL4 ~]# route add –host 192.168.2.10 netmask 255.255.255.255 gw 192.168.2.254 dev eth1
//删除到达目标网络 192.168.2.0/24 的路由条目
[root@RHEL4 ~]# route del –net 192.168.2.0 netmask 255.255.255.0
//删除到达主机 192.168.2.10 的路由条目
[root@RHEL4 ~]# route del –host 192.168.2.10 netmask 255.255.255.255
```

图 10-59　添加和删除路由条目

③ 在路由表中添加或删除默认网关，若要设置网络接口 eth0 的默认网关 IP 地址为 192.168.1.1，删除默认网关 192.168.1.1，如图 10-60 所示。

```
[root@RHEL4 ~]# route add default gw 192.168.1.1 dev eth0
[root@RHEL4 ~]# route del default gw 192.168.1.1
```

图 10-60　添加和删除默认网关

（6）netconfig

使用 netconfig 命令，可以设置网络接口 IP 地址的获得方式（静态配置或动态获得）、IP 地址、子网掩码、网关、DNS 服务器 IP 地址等。直接输入 netconfig 命令按 Enter 键，即可打开配置界面，如图 10-61 所示。

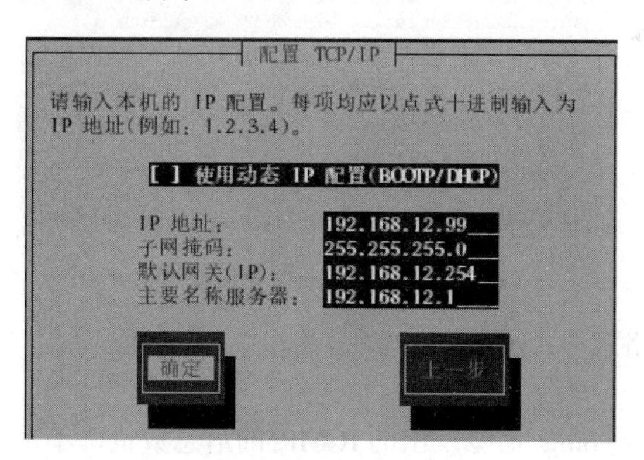


图 10-61　netconfig 配置界面

**注意：** 使用 netconfig 命令配置的各项参数会直接写入相应的网络配置文件，为了使设置生效，应重新启动 network 网络服务。

（7）图形界面配置

在 Red Hat Linux 中进行图形化的网络配置，是在桌面环境下的主菜单中选择“系统设置”→“网络”命令，打开如图 10-62 所示的“网络配置”对话框，进行相应的设置即可。

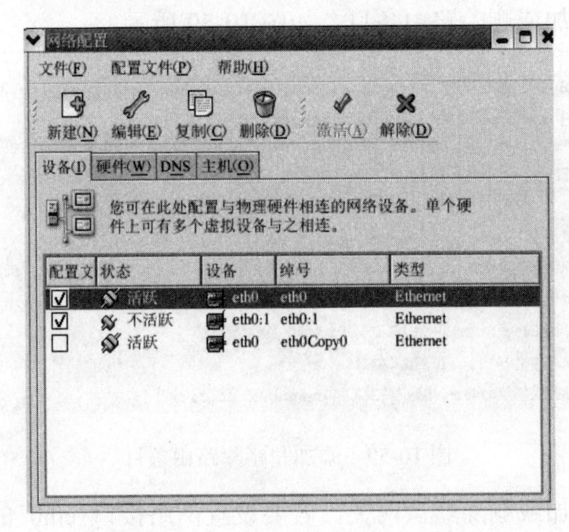


图 10-62 “网络配置”对话框

### 10.5.3 常用网络测试工具

利用网络测试工具可以测试网络状态，判断和分析网络故障。

（1）ping

ping 命令主要用于测试本主机和目标主机的连通性。命令使用如图 10-63 所示。

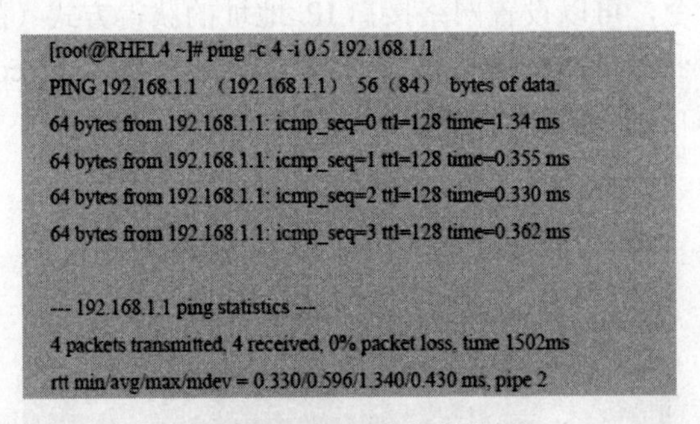


图 10-63 ping 命令的使用

ping 命令的语法格式为：ping [参数] 主机名/IP 地址。

参数说明如下。

- -c count：指定 ping 命令发出的 ICMP 的消息数量，不加此项，则会发出无限次信息。
- -i interval：两次 ICMP 消息包的时间间隔，不加此项，默认时间间隔为 1 秒。
- -s：设置发出的每个消息的数据包的大小，默认为 64 字节。
- -t：设置 ttl。

（2）netstat

当网络连通后，可以利用 netstat 命令查看网络当前的连接状态。netstat 命令能够显示出网络的连接状态、路由表、网络接口的统计资料等信息。netstat 命令的网络连接状态只对 TCP 协议有效。常见的连接状态有 ESTABLISHED（已建立连接）、SYN SENT（尝试发起连接）、SYN RECV（接受发起的连接）、TIME WAIT（等待结束）和 LISTEN（监听）。命令使用如图 10-64 所示。

```
//显示网络接口状态信息
[root@RHEL4 ~]# netstat –i
//显示所有监控中的服务器的 socket 和正在使用 socket 的程序信息
[root@RHEL4 ~]# netstat –lpe
//显示核心路由表信息
[root@RHEL4 ~]# netstat –nr
//显示 TCP 协议的连接状态
[root@RHEL4 ~]# netstat –t
```

图 10-64　netstat 命令的使用

netstat 命令的参数说明如下。

- -a：显示所有的套接字。
- -c：连续显示，每秒钟更新一次信息。
- -i：显示所有网络接口的列表。
- -n：以数字形式显示网络地址。
- -o：显示和网络 Timer 相关的信息。
- -r：显示核心路由表。
- -t：只显示 TCP 套接字。
- -u：只显示 UDP 套接字。
- -v：显示版本信息。

（3）traceroute

traceroute 命令用于实现路由跟踪。利用该命令可以跟踪从当前主机到达目标主机所经过的路径，如果目标主机无法到达，也很容易分析出问题。其使用如图 10-65 所示。

```
[root@RHEL4 ~]#traceroute www.sina.com.cn
traceroute to jupiter.sina.com.cn （218.57.9.53）, 30 hops max, 38 byte packets
1 60.208.208.1 4.297 ms 1.366 ms 1.286 ms
2 124.128.40.149 1.602 ms 1.415 ms 1.996 ms
3 60.215.131.105 1.496 ms 1.470 ms 1.627 ms
4 60.215.131.154 1.657 ms 1.861 ms 3.198 ms
5 218.57.8.234 1.736 ms 218.57.8.222 4.349 ms 1.751 ms
6 60.215.128.9*** 1.523 ms 1.550 ms 1.516 ms
```

图 10-65　traceroute 命令的使用

# 第 11 章

# 文件服务器与打印服务器

## 11.1 RPM 的使用

### 11.1.1 初始化 RPM 数据库

通过 rpm 命令查询 RPM 包是否安装，此操作是通过 rpm 数据库来完成的，可以采用如下两个命令来初始化 rpm 数据库，如图 11-1 所示，初始化两个参数很有用，rpm 系统出了问题，不能安装和查询，与 rpm 的初始化有关。

```
[root@localhost beinan]# rpm --initdb
[root@localhost beinan]# rpm --rebuilddb
```

图 11-1　初始化 RPM 数据库

### 11.1.2 RPM 软件包的查询功能

rpm 的查询功能较强大，是极为重要的功能之一，其命令格式如下：

```
rpm  {-q|--query}  [select-options] [query-options]
```

（1）对系统中已安装软件的查询

① 查询系统已安装软件

查询系统已安装的软件，如图 11-2 所示，此命令表示是不是系统安装了 gaim；如果已安装会有信息输出；如果没有安装，会输出 gaim 没有安装的信息。

查看系统中所有已经安装的包，可加 -a 参数，如图 11-3 所示。

```
[root@localhost beinan]# rpm -q   gaim
gaim-1.3.0-1.fc4
```

图 11-2　rpm 查询（1）

```
[root@localhost RPMS]# rpm -qa
```

图 11-3　rpm 查询（2）

需要分页查看结果，再加一个管道|和 more 命令，如图 11-4 所示。

在所有已经安装的软件包中查找某个软件，可用 grep 命令，如图 11-5 所示。其输出结果与 rpm -q gaim 输出的结果一样。

```
[root@localhost RPMS]# rpm -qa |more
```

图 11-4　rpm 查询（3）

```
[root@localhost RPMS]# rpm -qa |grep gaim
```

图 11-5　rpm 查询（4）

② 查询已安装的文件所属的软件包

使用命令：rpm　-qf　文件名（文件所在的绝对路径），如图 11-6 所示。

③ 查询已安装软件包

使用命令：rpm　-ql　软件名称　或 rpm　rpmquery　-ql　软件名称，如图 11-7 所示。

```
[root@localhost RPMS]# rpm -qf /usr/lib/libacl.la
libacl-devel-2.2.23-8
```

图 11-6　rpm 查询（5）

```
[root@localhost RPMS]# rpm -ql lynx
[root@localhost RPMS]# rpmquery -ql  lynx
```

图 11-7　rpm 查询（6）

④ 查询已安装软件包的信息

使用命令：rpm　-qi　软件名称，如图 11-8 所示。

⑤ 查看已安装软件的配置文件

使用命令：rpm　-qc　软件名称，如图 11-9 所示。

```
[root@localhost RPMS]# rpm -qi lynx
```

图 11-8　rpm 查询（7）

```
[root@localhost RPMS]# rpm -qc lynx
```

图 11-9　rpm 查询（8）

⑥ 查看已安装软件的文档安装位置

使用命令：rpm　-qd　软件名称，如图 11-10 所示。

⑦ 查看已安装软件所依赖的软件包及文件

使用命令：rpm　-qR　软件名称，如图 11-11 所示。

```
[root@localhost RPMS]# rpm -qd lynx
```

图 11-10　rpm 查询（9）

```
[root@localhost beinan]# rpm -qR  rpm-python
```

图 11-11　rpm 查询（10）

（2）查询未安装软件包的信息

查看的前提是系统已存在.rpm 的文件，即对已有软件 file.rpm 的查看。

① 查看软件包的用途、版本

使用命令：rpm　-qpi　file.rpm，如图 11-12 所示。

```
[root@localhost RPMS]# rpm -qpi lynx-2.8.5-23.i386.rpm
```

图 11-12　rpm 查询（11）

② 查看软件包所包含的文件

使用命令：rpm　-qpl　file.rpm，如图 11-13 所示。

```
[root@localhost RPMS]# rpm -qpl  lynx-2.8.5-23.i386.rpm
```

图 11-13　rpm 查询（12）

③ 查看软件包文档所在的位置

使用命令：rpm　-qpd　file.rpm，如图 11-14 所示。

```
[root@localhost RPMS]# rpm -qpd lynx-2.8.5-23.i386.rpm
```

图 11-14　rpm 查询（13）

④ 查看软件包的配置文件

使用命令：rpm　-qpc　file.rpm，如图 11-15 所示。

```
[root@localhost RPMS]# rpm -qpc  lynx-2.8.5-23.i386.rpm
```

图 11-15　rpm 查询（14）

⑤ 查看软件包的依赖关系

使用命令：rpm　-qpR　file.rpm，如图 11-16 所示。

```
[root@localhost archives]# rpm -qpR yumex_0.42-3.0.fc4_noarch.rpm
/bin/bash
```

图 11-16　rpm 查询（15）

### 11.1.3　RPM 软件包的配置文件

RPM 包管理的配置文件是 rpmrc ，可以在系统中找到，如图 11-17 所示。

```
[root@localhost RPMS]# locate rpmrc
/usr/lib/rpm/rpmrc
/usr/lib/rpm/redhat/rpmrc
```

图 11-17　rpm 包管理的配置文件

## 11.2　FTP 匿名下载

FTP 服务不受计算机类型以及操作系统的限制，无论是 PC 机、服务器、大型机，也不管操作系统是 Linux、Windows，只要建立 FTP 连接的双方都支持 FTP 协议，就可以方便地传输文件。目前在 Linux 系统下常见的 FTP 服务器软件有 vsftpd、proftpd 和 wu-ftpd。

### 11.2.1　FTP 命令

FTP 命令是 FTP 客户端程序，在 Linux 或 Windows 系统的字符界面下可以利用 FTP 命令登录 FTP 服务器，进行文件的上传、下载等操作。FTP 命令格式如下：

```
ftp  主机名或 IP 地址
```

若连接成功，系统提示用户输入用户名和口令。在登录 FTP 服务器时，如果允许匿名用户登录，常见的匿名用户为 anonymous 和 ftp，密码为空或者是某个电子邮件的地址。Linux 系统中以匿名用户 ftp 登录 IP 地址为 192.168.1.2 的 FTP 服务器的登录界面，如

图 11-18 所示。

```
[root@RHEL4 ~]#
[root@RHEL4 ~]# ftp 192.168.1.2
Connected to 192.168.1.2.
220 (vsFTPd 2.0.1)
530 Please login with USER and PASS.
530 Please login with USER and PASS.
KERBEROS_V4 rejected as an authentication type
Name (192.168.1.2:root): ftp
331 Please specify the password.
Password:
230 Login successful.
Remote system type is UNIX.
Using binary mode to transfer files.
ftp> ls
227 Entering Passive Mode (192,168,1,2,77,0)
150 Here comes the directory listing.
drwxr-xr-x    2 0        0            4096 Oct 04  2004 pub
226 Directory send OK.
ftp> _
```

图 11-18　ftp 的登录界面

## 11.2.2　安装、启动与停止 vsftpd 服务

（1）安装 vsftpd 服务

首先检查系统是否已经安装 vsftpd 服务，如图 11-19 所示。如果系统没有安装 vsftpd 服务，也可以在系统安装过后单独安装。

（2）启动 vsftpd 服务

安装完 vsftpd 服务后，下一步就是启动。vsftpd 服务可以以独立或被动方式启动。在 Linux 中，默认是独立方式启动，如图 11-20 所示。在每次开机时，自动启动 vsftpd 服务可以使用 ntsysv 或 chkconfig 命令设置。

```
[root@RHEL4 ~]# rpm -q vsftpd
vsftpd-2.0.1-5
```

图 11-19　查看是否安装 vsftd 服务

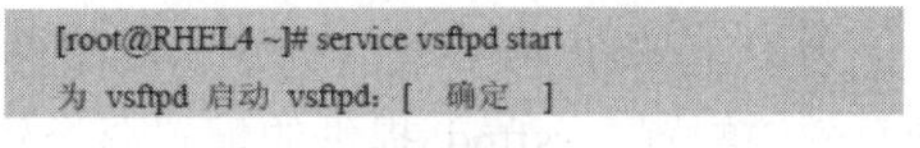
[root@RHEL4 ~]# service vsftpd start
为 vsftpd 启动 vsftpd：[　确定　]

图 11-20　启动 vsftd 服务

若重新启动 vsftpd 服务，如图 11-21 所示。

（3）停止 vsftpd 服务

停止 vsftpd 服务，如图 11-22 所示。

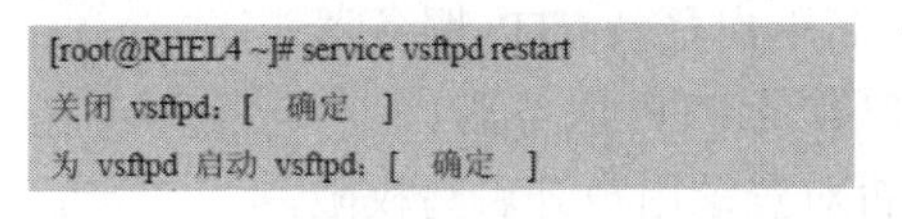
[root@RHEL4 ~]# service vsftpd restart
关闭 vsftpd：[　确定　]
为 vsftpd 启动 vsftpd：[　确定　]

图 11-21　重启 vsftd 服务

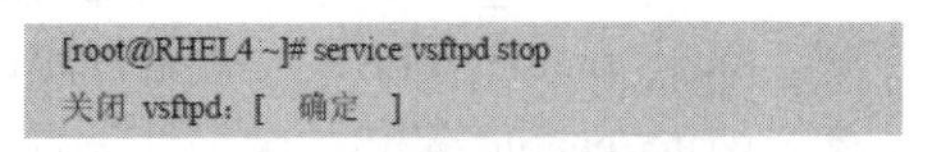
[root@RHEL4 ~]# service vsftpd stop
关闭 vsftpd：[　确定　]

图 11-22　停止 vsftd 服务

（4）测试 vsftpd 服务

vsftpd 服务器安装并启动后，用其默认配置就可正常工作。vsftpd 默认的匿名用户账号为 ftp，密码也为 ftp。默认允许匿名用户登录，登录后所在的 FTP 站点的根目录为/var/ftp。使用 ftp 命令登录 vsftpd 服务器，以检测该服务器能否正常工作，如图 11-23 所示。

FTP 登录成功后，将出现 FTP 的命令行提示符 ftp>。在命令行中，输入 FTP 命令，即可实现相关的操作。

```
[root@RHEL4 ftp]# ftp 192.168.1.2
Connected to 192.168.1.2.
220 （vsFTPd 2.0.1）
530 Please login with USER and PASS.
530 Please login with USER and PASS.
KERBEROS_V4 rejected as an authentication type
Name （192.168.1.2:root）: ftp
331 Please specify the password.
Password:
230 Login successful.
Remote system type is UNIX.
Using binary mode to transfer files.
ftp>
```

图 11-23　测试 vsftd 服务

### 11.2.3　配置 vsftpd 服务器

（1）vsftpd 服务器的配置文件

vsftpd 服务器的相关配置文件包括以下几个。

- /etc/vsftpd/vsftpd.conf：vsftpd 服务器的主配置文件。
- /etc/vsftpd.ftpusers：该文件中列出的用户清单不能访问 FTP 服务器。
- /etc/vstpd.user_list：当/etc/vsftpd/vsftpd.conf 文件中的 userlist_enable 和 userlist_deny 的值都为 YES 时，该文件中列出的用户不能访问 FTP 服务器。当/etc/vsftpd/vsftpd.conf 文件中的 userlist_enable 的取值为 YES 而 userlist_deny 的取值为 NO 时，只有/etc/vstpd.user_list 文件中列出的用户才能访问 FTP 服务器。

（2）/etc/vsftpd/vsftpd.conf 的配置参数

为了让 FTP 服务器能更好地按需求提供服务，需对/etc/vsftpd/vsftpd.conf 文件进行合理有效的配置。vsftpd 提供的配置命令较多，默认配置文件只列出了最基本的配置命令。

/etc/vsftpd/vsftpd.conf 配置文件采用“#”作为注释符，以“#”开头的行是注释行，其余各行被视为配置命令行，每个配置命令的“=”两边不要留有空格。主要包含以下几类配置参数。

① 登录及对匿名用户的设置

- anonymous_enable=YES：设置是否允许匿名用户登录 FTP 服务器。
- local_enable=YES：设置是否允许本地用户登录 FTP 服务器。
- write_enable=YES：全局性设置，设置是否对登录用户开启写权限。
- local_umask=022：设置本地用户的文件生成掩码为 022，则对应权限为 755（777−022＝755）。
- anon_umask=022：设置匿名用户新增文件的 umask 掩码。
- anon_upload_enable=YES：设置是否允许匿名用户上传文件，只有在 write_enable 的值为 yes 时，该配置项才有效。
- anon_mkdir_write_enable=YES：设置是否允许匿名用户创建目录，只有在 write_enable 的值为 YES 时，该配置项才有效。

- anon_other_write_enable=NO：若设置为 YES，则匿名用户会被允许拥有多于上传和建立目录的权限，还有删除和更名的权限。默认值为 NO。
- ftp_username=ftp：设置匿名用户的账户名称，默认值为 ftp。
- no_anon_password=YES：设置匿名用户登录时是否询问口令。设置为 YES，则不询问。

② 设置欢迎信息

用户登录 FTP 服务器成功后，服务器可以向登录用户输出预设置的欢迎信息。

- ftpd_banner=Welcome to blah FTP service：设置登录 FTP 服务器时显示的信息。
- banner_file=/etc/vsftpd/banner：设置用户登录时，将要显示 banner 文件中的内容，该设置将覆盖 ftpd_banner 的设置。
- dirmessage_enable=YES：设置进入目录时是否显示目录消息。若设置为 YES，则用户进入目录时，将显示该目录中由 message_file 配置项指定文件（.message）中的内容。
- message_file=.message：设置目录消息文件的文件名。如果 dirmessage_enable 的取值为 YES，则用户在进入目录时，会显示该文件的内容。

③ 设置用户在 FTP 客户端登录后所在的目录

- local_root=/var/ftp：设置本地用户登录后所在的目录，默认情况下，没有此项配置。在 vsftpd.conf 文件的默认配置中，本地用户登录 FTP 服务器后，所在的目录为用户的 home 目录。
- anon_root=/var/ftp：设置匿名用户登录 FTP 服务器时所在的目录。若未指定，则默认为/var/ftp 目录。

④ 设置用户访问控制

对用户的访问控制由/etc/vsftpd.user_list 和/etc/vsftpd.ftpusers 文件控制。

/etc/vsftpd.ftpusers 文件专门用于设置不能访问 FTP 服务器的用户列表。

/etc/vsftpd.user_list 由以下的参数决定。

- userlist_enable=YES：取值为 YES 时，/etc/vsftpd.user_list 文件生效；取值为 NO 时，/etc/vsftpd.user_list 文件不生效。
- userlist_deny=YES：设置/etc/vsftpd.user_list 文件中的用户是否允许访问 FTP 服务器。若设置为 YES，则/etc/vsftpd.user_list 文件中的用户不能访问 FTP 服务器；若设置为 NO，则只有/etc/vsftpd.user_list 文件中的用户才能访问 FTP 服务器。

⑤ 设置主机访问控制

tcp_wrappers=YES：设置是否支持 tcp_wrappers。若取值为 YES，则由/etc/hosts.allow 和/etc/hosts.deny 文件中的内容控制主机或用户的访问。若取值为 NO，则不支持。

### 11.2.4　FTP 匿名登录实例

（1）将虚拟机和外面的计算机能够互相通信，如图 11-24 所示。

（2）验证 vsftpd 组件，如图 11-25 所示。

```
文件(F) 编辑(E) 查看(V) 搜索(S) 终端(T) 帮助(H)
[root@localhost ~]# cd /
[root@localhost /]# ping 202.206.84.198
PING 202.206.84.198 (202.206.84.198) 56(84) bytes of data.
64 bytes from 202.206.84.198: icmp_seq=1 ttl=128 time=0.277 ms
64 bytes from 202.206.84.198: icmp_seq=2 ttl=128 time=0.128 ms
64 bytes from 202.206.84.198: icmp_seq=3 ttl=128 time=0.110 ms
^C
--- 202.206.84.198 ping statistics ---
3 packets transmitted, 3 received, 0% packet loss, time 2391ms
rtt min/avg/max/mdev = 0.110/0.171/0.277/0.076 ms
[root@localhost /]#
```

图 11-24 ping 命令使用

```
文件(F) 编辑(E) 查看(V) 搜索(S) 终端(T) 帮助(H)
[root@localhost ~]# cd /
[root@localhost /]# ping 202.206.84.198
PING 202.206.84.198 (202.206.84.198) 56(84) bytes of data.
64 bytes from 202.206.84.198: icmp_seq=1 ttl=128 time=0.277 ms
64 bytes from 202.206.84.198: icmp_seq=2 ttl=128 time=0.128 ms
64 bytes from 202.206.84.198: icmp_seq=3 ttl=128 time=0.110 ms
^C
--- 202.206.84.198 ping statistics ---
3 packets transmitted, 3 received, 0% packet loss, time 2391ms
rtt min/avg/max/mdev = 0.110/0.171/0.277/0.076 ms
[root@localhost /]# rpm -qa|grep vsftp
vsftpd-2.2.2-6.el6.i686
```

图 11-25 验证 vsftp

（3）安装 ftp 客户端，如图 11-26 和 11-27 所示。

```
文件(F) 编辑(E) 查看(V) 搜索(S) 终端(T) 帮助(H)
[root@localhost /]# rpm -qa|grep vsftp
vsftpd-2.2.2-6.el6.i686
[root@localhost /]# ls
bin   cgroup  etc   lib          media  mnt  opt   root  selinux  sys  usr
boot  dev     home  lost+found   misc   net  proc  sbin  srv      tmp  var
[root@localhost /]# cd media
[root@localhost media]# ls
RHEL_6.0 i386 Disc 1
[root@localhost media]# cd RHEL_6.0\ i386\ Disc\ 1/
[root@localhost RHEL_6.0 i386 Disc 1]# ls
EULA                        RELEASE-NOTES-es-ES.html  RELEASE-NOTES-ru-RU.html
GPL                         RELEASE-NOTES-fr-FR.html  RELEASE-NOTES-si-LK.html
HighAvailability            RELEASE-NOTES-gu-IN.html  RELEASE-NOTES-ta-IN.html
images                      RELEASE-NOTES-hi-IN.html  RELEASE-NOTES-te-IN.html
isolinux                    RELEASE-NOTES-it-IT.html  RELEASE-NOTES-zh-CN.html
LoadBalancer                RELEASE-NOTES-ja-JP.html  RELEASE-NOTES-zh-TW.html
media.repo                  RELEASE-NOTES-kn-IN.html  repodata
Packages                    RELEASE-NOTES-ko-KR.html  ResilientStorage
README                      RELEASE-NOTES-ml-IN.html  RPM-GPG-KEY-redhat-beta
RELEASE-NOTES-as-IN.html    RELEASE-NOTES-mr-IN.html  RPM-GPG-KEY-redhat-release
RELEASE-NOTES-bn-IN.html    RELEASE-NOTES-or-IN.html  Server
RELEASE-NOTES-de-DE.html    RELEASE-NOTES-pa-IN.html  TRANS.TBL
RELEASE-NOTES-en-US.html    RELEASE-NOTES-pt-BR.html
[root@localhost RHEL_6.0 i386 Disc 1]#
```

图 11-26 安装 ftp 客户端（1）

```
文件(F) 编辑(E) 查看(V) 搜索(S) 终端(T) 帮助(H)
[root@localhost media]# cd RHEL_6.0\ i386\ Disc\ 1/
[root@localhost RHEL_6.0 i386 Disc 1]# ls
EULA                        RELEASE-NOTES-es-ES.html  RELEASE-NOTES-ru-RU.html
GPL                         RELEASE-NOTES-fr-FR.html  RELEASE-NOTES-si-LK.html
HighAvailability            RELEASE-NOTES-gu-IN.html  RELEASE-NOTES-ta-IN.html
images                      RELEASE-NOTES-hi-IN.html  RELEASE-NOTES-te-IN.html
isolinux                    RELEASE-NOTES-it-IT.html  RELEASE-NOTES-zh-CN.html
LoadBalancer                RELEASE-NOTES-ja-JP.html  RELEASE-NOTES-zh-TW.html
media.repo                  RELEASE-NOTES-kn-IN.html  repodata
Packages                    RELEASE-NOTES-ko-KR.html  ResilientStorage
README                      RELEASE-NOTES-ml-IN.html  RPM-GPG-KEY-redhat-beta
RELEASE-NOTES-as-IN.html    RELEASE-NOTES-mr-IN.html  RPM-GPG-KEY-redhat-release
RELEASE-NOTES-bn-IN.html    RELEASE-NOTES-or-IN.html  Server
RELEASE-NOTES-de-DE.html    RELEASE-NOTES-pa-IN.html  TRANS.TBL
RELEASE-NOTES-en-US.html    RELEASE-NOTES-pt-BR.html
[root@localhost RHEL_6.0 i386 Disc 1]# cd Packages/
[root@localhost Packages]# find -name ftp*
./ftp-0.17-51.1.el6.i686.rpm
[root@localhost Packages]# rpm -ivh ./ftp-0.17-51.1.el6.i686.rpm
warning: ./ftp-0.17-51.1.el6.i686.rpm: Header V3 RSA/SHA256 Signature, key ID fd
431d51: NOKEY
Preparing...                ########################################### [100%]
        package ftp-0.17-51.1.el6.i686 is already installed
[root@localhost Packages]#
```

图 11-27 安装 ftp 客户端（2）

（4）启动 vsftpd 服务，如图 11-28 所示。

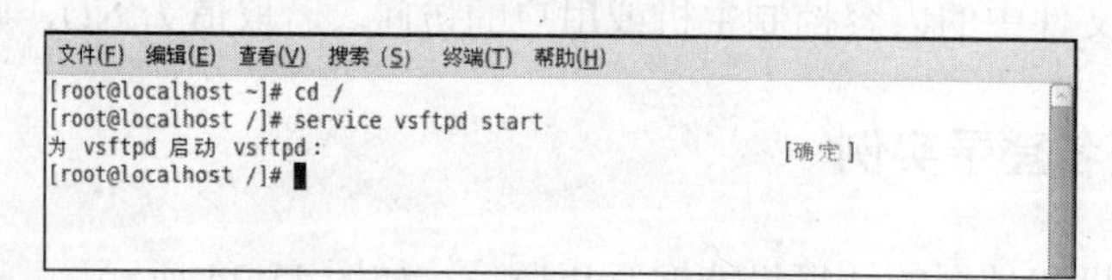


图 11-28 启动 vsftp 服务

（5）测试 vsftpd，如图 11-29 所示。

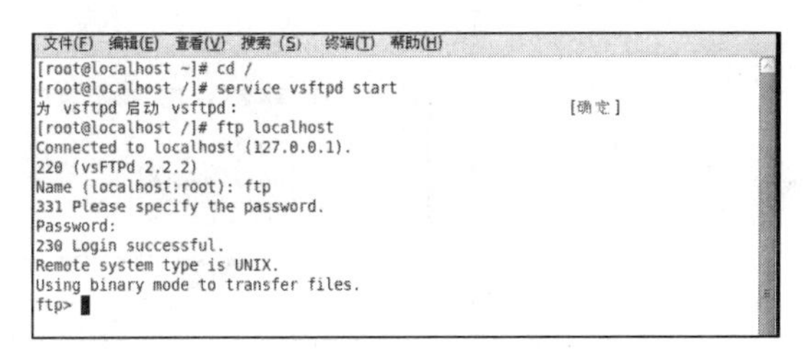


图 11-29　测试 vsftp

（6）备份 vsftpd 的主配置文件，如图 11-30 所示。

```
cp /etc/vsftpd/vsftpd.conf  /etc/vsftpd/vsftpd.conf.bak
```

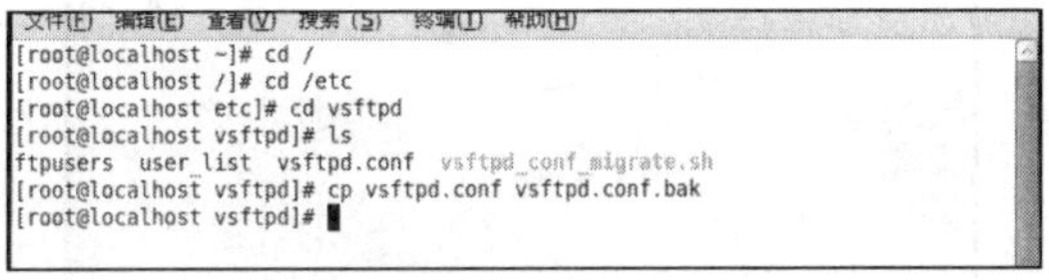

```
文件(F) 编辑(E) 查看(V) 搜索(S) 终端(T) 帮助(H)
[root@localhost ~]# cd /
[root@localhost /]# cd /etc
[root@localhost etc]# cd vsftpd
[root@localhost vsftpd]# ls
ftpusers  user_list  vsftpd.conf  vsftpd_conf_migrate.sh
[root@localhost vsftpd]# cp vsftpd.conf vsftpd.conf.bak
[root@localhost vsftpd]#
```

图 11-30　备份 vsftp 配置文件

（7）编辑 vsftpd 的主配置文件/etc/vsftpd/vsftpd.conf，修改相关的配置参数，如图 11-31 所示。

```
anonymous_enable=YES              //是否允许匿名用户登录
anon_upload_enable=YES            //把#号去掉，启用这一条配置，允许上传
anon_mkdir_write_enable=YES       //#号去掉，启用配置，允许写入（新建文件夹）
```

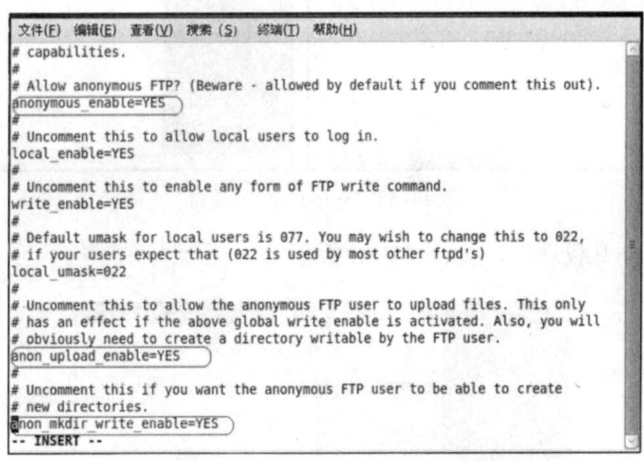


图 11-31　编辑 vsftp 配置文件

（8）查看 ftp 文件夹，如图 11-32 所示。

（9）设置 upload 的权限为可读、可写、可执行，如图 11-33 所示。

（10）设置防火墙，重新启动一下服务，如图 11-34 所示。

（11）Windows 中验证 ftp 设置，如图 11-35 所示。

```
文件(F) 编辑(E) 查看(V) 搜索(S) 终端(T) 帮助(H)
[root@localhost ~]# cd /var/ftp
[root@localhost ftp]# ls
pub  router
[root@localhost ftp]# cd router
[root@localhost router]# ls
upload
[root@localhost router]# cd -
/var/ftp
[root@localhost ftp]# cd pub
[root@localhost pub]# ls
102.txt  103.txt
[root@localhost pub]# ll
总用量 0
-rw-r--r--. 1 root root 0 10月  23 17:06 102.txt
-rw-r--r--. 1 root root 0 10月  23 17:06 103.txt
[root@localhost pub]# cd -
/var/ftp
[root@localhost ftp]# cd router
[root@localhost router]# ll
总用量 4
drwxr-xr-x. 2 root root 4096 10月  23 17:04 upload
[root@localhost router]#
```

图 11-32　查看 ftp 文件夹

```
文件(F) 编辑(E) 查看(V) 搜索(S) 终端(T) 帮助(H)
[root@localhost ~]# cd /var/ftp
[root@localhost ftp]# ls
pub  router
[root@localhost ftp]# cd router
[root@localhost router]# chmod 777 upload
[root@localhost router]# ll
总用量 4
drwxrwxrwx. 2 root root 4096 10月  23 17:04
[root@localhost router]#
```

图 11-33　设置 upload 的权限

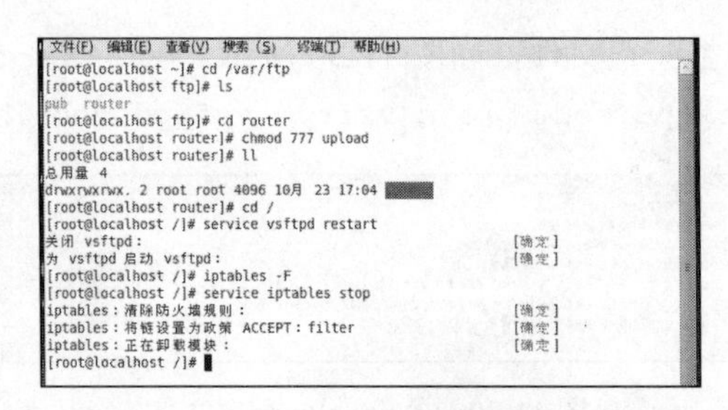


图 11-34　防火墙的设置

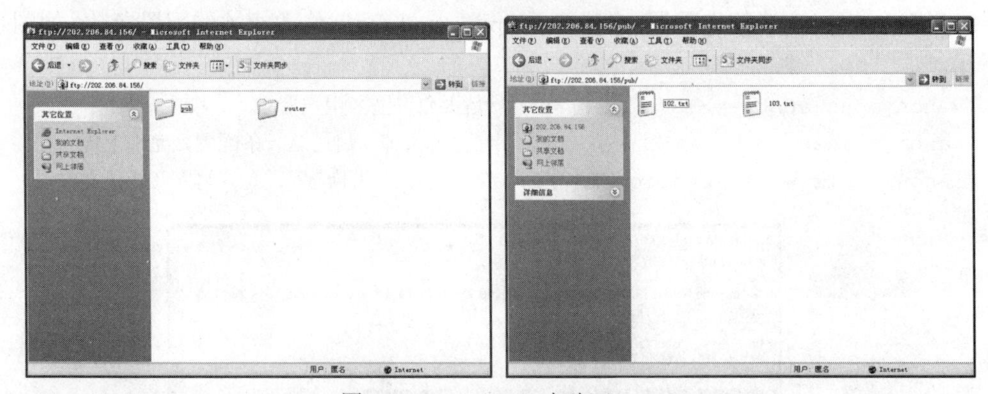

图 11-35　Windows 中验证

（12）实现上传下载功能，如图 11-36 所示。

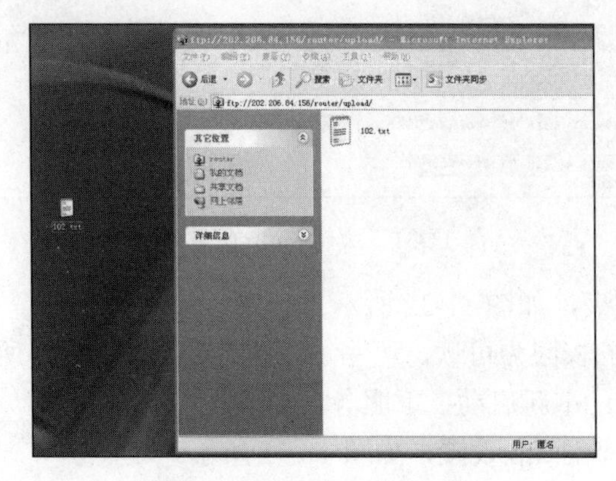

图 11-36　ftp 实现上传下载

# 11.3　Samba 服务器

Samba 是一套让 Linux 系统能够应用 Microsoft 网络通信协议的软件，使执行 Linux 系统的计算机能与执行 Windows 系统的计算机进行文件与打印共享。Samba 使用一组基于 TCP/IP 的 SMB 协议，通过网络共享文件和打印机。Samba 服务在 Linux 和 Windows 系统共存的网络环境中尤为有用。

SMB 通信协议采用的是 Client/Server 架构，所以 Samba 软件可以分为客户端和服务器端两部分。通过执行 Samba 客户端程序，Linux 主机便可以使用网络上 Windows 主机所共享的资源；而在 Linux 主机上安装 Samba 服务器，则可以使 Windows 主机访问 Samba 服务器共享的资源。

## 11.3.1　Samba

Samba 的运行包含两个后台守护进程：nmbd 和 smbd，是 Samba 的核心。在 Samba 服务器启动到停止运行期间持续运行。nmbd 守护进程使其他计算机可以浏览 Linux 服务器，smbd 守护进程在 SMB 服务请求到达时对其进行处理，并且为被使用或共享的资源进行协调。在请求访问打印机时，smbd 把要打印的信息存储到打印队列中；在请求访问一个文件时，smbd 把数据发送到内核，最后将其存到磁盘上。smbd 和 nmbd 使用的配置信息全部保存在/etc/samba/smb.conf 文件中。

Samba 的主要功能如下：

（1）共享 Linux 的文件系统。

（2）共享安装在 Samba 服务器上的打印机，如图 11-37 所示。

图 11-37　通过 Windows 客户端看到的 Samba 服务器

（3）使用 Windows 系统共享的文件和打印机。

（4）支持 Windows 域控制器和 Windows 成员服务器对使用 Samba 资源的用户进行认证。

（5）支持 WINS 名字服务器解析及浏览。

（6）支持 SSL 安全套接层协议。

### 11.3.2 安装、启动与停止 Samba 服务

（1）安装 Samba 服务

默认情况下，Red Hat Enterprise Linux 安装程序会将 Samba 服务装上，可以使用命令检查系统是否已经安装了 Samba 服务，如图 11-38 所示。

如果系统没有安装 Samba 服务，也可以在系统安装后单独安装。Samba 服务的软件包括如下三个软件包。

- samba-3.0.10-1.4E.i386.rpm：Samba 服务端软件。
- samba-client-3.0.10-1.4E.i386.rpm：Samba 客户端软件。
- samba-common-3.0.10-1.4E.i386.rpm：包括 Samba 服务器和客户端均需要的文件。

插入安装盘，挂载，如图 11-39 所示。

```
[root@RHEL4 ~]# rpm -q samba
samba-3.0.10-1.4E
```

图 11-38 查询是否安装 Samba 服务

```
//挂载光盘
[root@RHEL4 ~]# mount /media/cdrom
//进入安装文件所在目录
[root@RHEL4 ~]# cd /media/cdrom/RedHat/RPMS
//安装相应的软件包
[root@RHEL4 RPMS]#rpm –ivh samba-*
```

图 11-39 利用光盘安装 Samba 服务

（2）启动 Samba 服务

启动和重新启动 Samba 服务，如图 11-40 所示。

（3）停止 Samba 服务

停止 Samba 服务，如图 11-41 所示。

```
//启动 Samba 服务
[root@RHEL4 ~]# service smb start
启动 SMB 服务：
启动 NMB 服务：
//重新启动 Samba 服务
[root@RHEL4 ~]# service smb restart
关闭 SMB 服务：[  确定  ]
关闭 NMB 服务：[  确定  ]
启动 SMB 服务：[  确定  ]
启动 NMB 服务：[  确定  ]
```

图 11-40 启动 Samba 服务

```
[root@RHEL4 ~]# service smb stop
关闭 SMB 服务：[  确定  ]
关闭 NMB 服务：[  确定  ]
```

图 11-41 停止 Samba 服务

### 11.3.3 配置 Samba 服务

Samba 服务的配置文件都存储在/etc/samba 目录下，主要包括 smb.conf、smbpasswd、

smbusers 等。配置 Samba 服务的主要工作就是对配置文件 smb.conf 进行相应的设置。smb.conf 文件默认存放在/etc/samba 目录中。Samba 服务在启动时会读取 smb.conf 文件中的内容，以决定如何启动、提供服务以及相应的权限设置、共享目录、打印机和机器所属的工作组等各项细致的选项。

（1）全局配置（Global Settings）

全局配置都是与 Samba 服务的整体运行环境有关的选项，设置项目是针对所有共享资源的。其主要参数的设置如下（以下各参数的取值都为默认值）。

- workgroup = WORKGROUP：设置 Samba 服务器所属的工作组或域名称。默认值为 MYGROUP，用户可以根据自己的网络环境进行相应的设置。
- server string = Samba Server：指定 Samba 服务器的说明信息，方便客户端用户识别。
- hosts allow = 192.168.1. 192.168.2. 127.：设置可以访问 Samba 服务的主机、子网或域。
- printcap name = /etc/printcap：设置 Samba 启动时，加载的打印服务配置文件。
- load printers = yes：设置 Samba 服务启动时，是否允许加载打印配置文件中的所有打印机。
- printing = cups：定义打印系统，目前支持的打印系统包括 cups、bsd、sysv、plp、lprng、aix、hpux、qux。可采用默认设置。
- guest account = pcguest：设置默认的匿名账号，在此设置的匿名账号系统必须存在。如果不配置则默认的匿名账号为 nobody。该选项默认为注释掉的，如果去掉注释则必须向系统添加 pcguest 账号。
- log file = /var/log/samba/%m.log：指定日志文件的存放位置。
- max log size = 50：指定日志文件的最大存储容量，单位为 KB。如果取值为 0，则表示不限制日志文件的存储容量。
- security = user：设置 Samba 服务器的安全级别，取值按照安全性由低到高为 share、user、server 和 domain。其具体含义如下。
  - share：共享级别，用户不需账户及密码即可访问 Samba 服务器的共享资源。
  - user：用户只有通过了 Samba 服务的身份验证后才能访问服务资源（是 Samba 服务器的默认安全级别）。
  - server：和 user 安全级别类似，但是检查账户和密码的工作指定由另一台服务器完成，因此需要设置“password server”选项。如果失败，则退到 user 安全级别。
  - domain：Samba 服务器加入到 Windows 域后，Samba 服务的用户验证信息交由域控制器负责，则使用该安全级别。同时也需要设置身份验证服务器。
- password server = <NT-Server-Name>：在 security 的取值为 server 和 domain 时，由该选项设置提供身份验证的服务器。取值可以为服务器的 FQDN，也可以为 IP。
- encrypt passwords = yes：设置身份验证中传输的密码是否加密。如果取值为 no，则密码以明文传输。（注意，该选项最好设置为 yes，否则造成大部分 Windows 客户机无法访问服务器）。
- smb passwd file = /etc/samba/smbpasswd：设置提供用户身份验证的密码文件。

- username map = /etc/samba/smbusers：指定 Windows 和 Linux 系统之间的用户映射文件，默认为/etc/samba/smbusers。如 smbusers 文件中有一行“root=administrator”，表示用户以 administrator 访问 Samba 服务时会被当作 root 对待。
- socket options = TCP_NODELAY SO_RCVBUF=8192 SO_SNDBUF=8192：提高服务器的执行效率。
- interfaces = 192.168.12.2/24 192.168.13.2/24：指定 Samba 服务器使用的网络接口。适用于 Samba 服务器配置了多个网络接口。具体取值可以是接口名称或 IP 地址。
- local master = no：设置是否允许 nmbd 守护进程成为局域网中的主浏览器（浏览器服务用来列出局域网中的可用服务器，并将可用服务器列表发送给网络中的各个计算机）。将该参数设置为 yes 并不能保证 Samba 服务器成为网络中的主浏览器，只是允许 Samba 服务器参加主浏览器的选择。
- os level = 33：设置 Samba 服务器参加主浏览器选举的优先级。取值为整数，设置为 0 则不参加主浏览器选举（注意，不要在同一个网络广播域中设置多台主浏览器，如果网络中存在 Windows 计算机，尽量使用 Windows 计算机作为主浏览器）。
- domain master = yes：将 Samba 服务器定义为域的主浏览器，此选项将允许 Samba 在子网列表中比较。如果已经有一台 Windows 域控制器，不要使用此选项。
- domain logons = yes：想使 Samba 服务器成为 Windows 95 等工作站的登录服务器，使用此选项。
- wins support = yes：该选项设置是否使 Samba 服务器成为网络中的 WINS 服务器，以支持网络中的 NetBIOS 名称解析。
- wins proxy = yes：设置 Samba 服务器是否成为 WINS 代理。在拥有多个子网的网络中，可以在某个子网中设置一台 WINS 服务器，并在其他子网中各配置一台 WINS 代理，以支持网络中的 NetBIOS 名称解析。
- dns proxy = no：设置 Samba 服务器是否通过 DNS 的 nslookup 解析主机的 NetBIOS。

（2）共享定义（Share Definitions）

smb.conf 文件的共享定义分为很多小节，每一个小节定义一个共享项目，一般包括共享文件路径和附加的共享访问权限。

① [homes]节的内容

Samba 服务为系统中的每个用户提供一个共享目录，此目录通常只有用户本身可以访问。系统普通用户的主目录默认存放在/home 目录下，用户主目录一般以用户名为目录名。当 Samba 客户端用户请求一个共享时，Samba 服务器在共享资源中寻找，如找到匹配的共享资源，就使用该共享资源。如找不到，就将请求的共享名看成是用户的用户名，并在本地的/etc/passwd 文件中寻找这个用户，如果用户名存在而且提供的密码正确，则以 home 节克隆一个以该用户名为共享名的共享提供给用户。在 home 节中设置的参数对所有的用户都起作用，无法为个别用户单独设置，如图 11-42 所示。

```
[homes]
    comment = Home Directories        //对该共享资源的描述性信息
    browseable = no                   //指定该共享资源是否可以浏览
    writable = yes                    //指定 Samba 客户端在访问该共享资源时，是否可以写入
```

图 11-42 [homes]节的内容

② [printers]节的内容，如图 11-43 所示。

```
[printers]
    comment = All Printers          //对打印机共享的描述性信息
    path = /var/spool/samba         //指定打印队列的存储位置
    browseable = no                 //设置是否可以浏览
    guest ok = no                   //设置是否可以允许 guest 用户访问
    writable = no                   //设置是否可以写入
    printable = yes                 //设置用户是否可以打印
```

图 11-43 [printers]节的内容

在 smb.conf 文件的共享定义部分除了上面的内容之外，还有其他用户自定义的节。除了[homes]节之外，在 Windows 客户端看到的 Samba 共享名称即为节的名称。在共享定义部分常见的用于定义共享资源的参数如表 11-1 所示。

表 11-1 smb.conf 文件中常用的共享资源参数

| 参 数 | 说 明 | 举 例 |
| --- | --- | --- |
| comment | 设置对共享资源的描述信息 | comment=mlx’s share |
| path | 设置共享资源的路径 | path=/share |
| writeable | 设置共享路径是否可以写入 | writeable=yes |
| browseable | 设置共享路径是否可以浏览 | browseable=no |
| available | 设置共享资源是否可用 | available＝no |
| read only | 设置共享路径是否为只读 | read only=yes |
| public | 设置是否允许 guest 账户访问 | public=yes |
| guest account | 设置匿名访问账号 | guest account=nobody |
| guest ok | 设置是否允许 guest 账号访问 | guest ok=no |
| guest only | 设置是否只允许 guest 账号访问 | guest only=no |
| read list | 设置只读访问用户列表 | read list=user1, @jw |
| write list | 设置读写访问用户列表 | write list=user1, @jw |
| valid users | 设置允许访问共享资源的用户列表 | valid users=user1, @jw |
| invalid users | 设置不允许访问共享资源的用户列表 | invalid users=user1, @jw |

### 11.3.4 配置 Samba 服务的密码文件

Samba 服务使用 Linux 的本地账号进行身份验证，但需单独为 Samba 服务设置相应的密码文件。Samba 服务的用户账户密码验证文件是/etc/samba/smbpasswd。

基于安全性的考虑，该文件中存储的密码是加密的，无法用 vi 编辑器进行编辑。默认

情况下该文件并不存在，需要管理员创建。使用两种方法创建/etc/samba/smbpasswd 文件并向该文件中添加账户。

（1）使用 smbpasswd 命令添加单个的 Samba 账户

管理员第一次使用 smbpasswd 命令为 Samba 服务添加账户时，会自动建立 smbpasswd 文件。

smbpasswd 命令的格式为：smbpasswd [参数选项] 账户名称。

其参数选项的含义如下。

- -a：向 smbpasswd 文件中添加账户，该账户必须存在于/etc/passwd 文件中。只有 root 用户可用。
- -x：从 smbpasswd 文件中删除账户。只有 root 用户可用。
- -d：禁用某个 Samba 账户，但并不将其删除。只有 root 用户可用。
- -e：恢复某个被禁用的 Samba 账户。只有 root 用户可用。
- -n：将账户的口令设置为空。只有 root 用户可用。
- -r remote-machine-name：允许用户指定远程主机，如果没有该选项，那么 smbpasswd 默认修改本地 Samba 服务器上的口令。
- -U username：只能和-r 选项连用。修改远程主机上的口令时，用户可以用该选项指定欲修改的账户。还允许在不同系统中使用不同账户的用户修改自己的口令。

将用户 user1 添加到 smbpasswd 文件中，并显示 smbpasswd 文件的内容，如图 11-44 所示。

```
[root@RHEL4 ~]# smbpasswd -a user1
New SMB password:
Retype new SMB password:
```

图 11-44　添加用户 user1 到 smbpasswd 文件中

（2）使用 mksmbpasswd.sh 脚本成批添加 Samba 账户

使用 mksmbpasswd.sh 脚本可以将 Linux 中/etc/passwd 文件的所有用户一次性添加到 smbpasswd 文件中。添加完成后，使用 smbpasswd 命令为添加的账户设置 Samba 口令，如图 11-45 所示。

```
[root@RHEL4 ~]# cat /etc/passwd | mksmbpasswd.sh > /etc/samba/smbpasswd
[root@RHEL4 ~]#smbpasswd user1
```

图 11-45　成批添加 Samba 账户

### 11.3.5 Samba 的用户映射文件

用户映射是在 Windows 和 Linux 主机之间进行。两个系统拥有不同的用户账号，用户映射的目的就是将不同的用户映射成为一个用户。做了映射后的 Windows 账号，在使用 Samba 服务器上的共享资源时，就可以直接使用 Windows 账号进行访问。

全局参数“username map”就是用来控制用户映射的，允许管理员指定一个映射文件，该文件包含了在客户机和服务器之间进行用户映射的信息。默认情况下/etc/samba/smbusers

文件为指定的映射文件。

要使用用户映射，先将 smb.conf 配置文件中“username map=/etc/samba/smbusers”前的注释符去掉。然后编辑/etc/samba/smbusers 文件，将要映射的用户添加到该文件中。书写格式为：Linux 账户 = 要映射的 Windows 账户，如图 11-46 所示。

```
[root@RHEL4 ~]# cat /etc/samba/smbusers
root = administrator admin
nobody = guest pcguest smbguest
user1 = mlx jyg                          //此行为新添加的内容
```

图 11-46　修改 smbusers 文件中的映射

## 11.3.6　Samba 服务的日志文件

Samba 服务的日志默认存放在/var/log/samba 中，Samba 服务为所有连接到 Samba 服务器的计算机建立单独的日志文件，同时也将 NMB 服务和 SMB 服务的运行日志分别写入 nmbd.log 和 smbd.log 日志文件中。管理员可以根据这些日志文件查看用户的访问情况和服务的运行状态，如图 11-47 所示。

```
[root@RHEL4 ~]# cd /var/log/samba
[root@RHEL4 samba]# ls
192.168.1.1.log   20.20.20.2.log 192.168.1.2.log   192.168.1.99.log
jnrp-mlx.log      kingma.log       nmbd.log       smbd.log       smbmount.log
```

图 11-47　查看日志文件

## 11.3.7　Samba 应用实例

（1）将虚拟机用 setup 命令设置 IP 地址，IP 地址设为 192.168.1.1，子网掩码设为 255.255.255.0，然后保存退出，如图 11-48 所示。

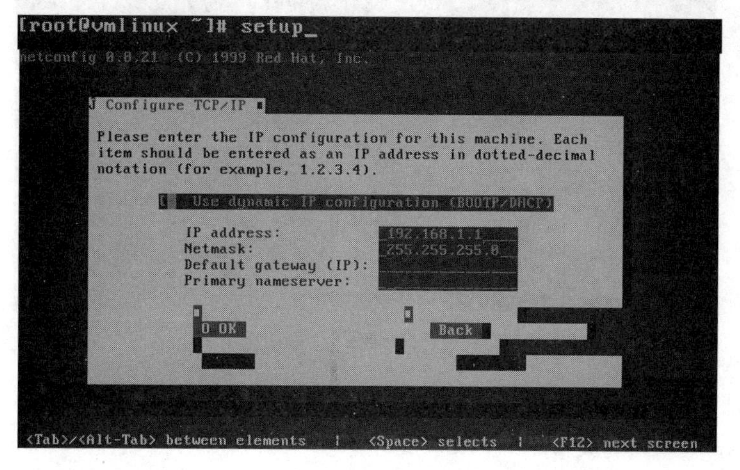


图 11-48　设置 IP

（2）service network restart 重启网络服务，如图 11-49 所示。

```
[root@vmlinux ~]# service network restart
Shutting down interface eth0:                              [  OK  ]
Shutting down loopback interface:                          [  OK  ]
Setting network parameters:                                [  OK  ]
Bringing up loopback interface:  ip_tables: (C) 2000-2002 Netfilter core team
                                                           [  OK  ]
Bringing up interface eth0:  ip_tables: (C) 2000-2002 Netfilter core team
                                                           [  OK  ]
[root@vmlinux ~]# _
```

图 11-49　重启网络

（3）进入/rpms 文件夹，安装 Samba 服务，安装后，重启 Samba 服务，表示安装成功，如图 11-50 所示。

```
[root@vmlinux ~]# cd /rpms
[root@vmlinux rpms]# rpm -qa | grep samba
samba-common-3.0.10-1.4E.2
samba-3.0.10-1.4E.2
system-config-samba-1.2.21-1
samba-client-3.0.10-1.4E.2
[root@vmlinux rpms]# rpm -ivh samba-
samba-3.0.10-1.4E.2.i386.rpm          samba-common-3.0.10-1.4E.2.i386.rpm
samba-client-3.0.10-1.4E.2.i386.rpm   samba-swat-3.0.10-1.4E.2.i386.rpm
[root@vmlinux rpms]# rpm -ivh samba-swat-3.0.10-1.4E.2.i386.rpm
warning: samba-swat-3.0.10-1.4E.2.i386.rpm: V3 DSA signature: NOKEY, key ID db42
a60e
Preparing...                ########################################### [100%]
   1:samba-swat             ########################################### [100%]
[root@vmlinux rpms]# _
[root@vmlinux rpms]# service smb restart
Shutting down SMB services:                                [FAILED]
Shutting down NMB services:                                [FAILED]
Starting SMB services:                                     [  OK  ]
Starting NMB services:                                     [  OK  ]
[root@vmlinux rpms]# _
```

图 11-50　安装 Samba 服务

（4）建立三个用户组，每个用户组里有两个用户，建立 caiwu、lingdao、exchange、public 4 个文件夹，并修改其权限，caiwu、lingdao 和 public 改为 777 权限，exchange 改为 1777 权限，如图 11-51 所示。

```
[root@vmlinux ~]# groupadd caiwu
[root@vmlinux ~]# groupadd network
[root@vmlinux ~]# groupadd lingdao
[root@vmlinux ~]# useradd -g caiwu caiwu01
[root@vmlinux ~]# useradd -g caiwu caiwu02
[root@vmlinux ~]# useradd -g network network01
[root@vmlinux ~]# useradd -g network network02
[root@vmlinux ~]# useradd -g lingdao lingdao01
[root@vmlinux ~]# useradd -g lingdao lingdao02
[root@vmlinux ~]# _
[root@vmlinux ~]# mkdir /caiwu
[root@vmlinux ~]# mkdir /lingdao
[root@vmlinux ~]# mkdir /exchange
[root@vmlinux ~]# mkdir /public
[root@vmlinux ~]# chmod 777 /caiwu
[root@vmlinux ~]# chmod 777 /lingdao
[root@vmlinux ~]# chmod 1777 /exchange
[root@vmlinux ~]# atkbd.c: Unknown key pressed (translated set 2, code 0x72 on i
sa0060/serio0).
atkbd.c: Use 'setkeycodes 72 <keycode>' to make it known.

[root@vmlinux ~]# chmod 777 /public
[root@vmlinux ~]# _
```

图 11-51　设置用户及其权限

（5）给建立的所有用户设密码，并建立 Samba 用户，如图 11-52 所示。

（6）进入到/etc/samba 目录下，复制 smb.conf 文件，分别命名为 caiwu.smb.conf（caiwu 组的独立配置文件）、lingdao.smb.conf（lingdao 组的独立配置文件）、network02.smb.conf （network02 用户的独立配置文件），如图 11-53 所示。

```
[root@vmlinux samba]# passwd caiwu01
Changing password for user caiwu01.
New UNIX password:
BAD PASSWORD: it's WAY too short
Retype new UNIX password:
passwd: all authentication tokens updated successfully.
[root@vmlinux samba]# smbpasswd -a caiwu01
New SMB password:
Retype new SMB password:
Added user caiwu01.
[root@vmlinux samba]# passwd caiwu02
Changing password for user caiwu02.
New UNIX password:
BAD PASSWORD: it's WAY too short
Retype new UNIX password:
passwd: all authentication tokens updated successfully.
[root@vmlinux samba]# smbpasswd -a caiwu02
New SMB password:
Retype new SMB password:
Added user caiwu02.
[root@vmlinux samba]# passwd lingdao01
Changing password for user lingdao01.
New UNIX password:
BAD PASSWORD: it's WAY too short
Retype new UNIX password: _
```

图 11-52　设置用户密码并建立 Samba 用户

```
[root@vmlinux rpms]# cd /etc/samba
[root@vmlinux samba]# ll
total 36
-rw-r--r--  1 root root    20 Jul 20  2005 lmhosts
-rw-------  1 root root   696 Jul  8  2008 secrets.tdb
-rw-r--r--  1 root root 10836 Jun  3  2008 smb.conf
-rw-r--r--  1 root root    97 Jul 20  2005 smbusers
[root@vmlinux samba]# cp smb.conf caiwu.smb.conf
[root@vmlinux samba]# cp smb.conf lingdao.smb.conf
[root@vmlinux samba]# cp smb.conf network02.smb.conf
[root@vmlinux samba]# _
```

图 11-53　复制 smb.conf 文件

（7）编辑/etc/samba/smb.conf 文件，在 smb.conf 文件的全局模式下，加入 19 和 20 两行，在 smb.conf 的最后加入 295 到 304 行，然后保存退出，如图 11-54 所示。

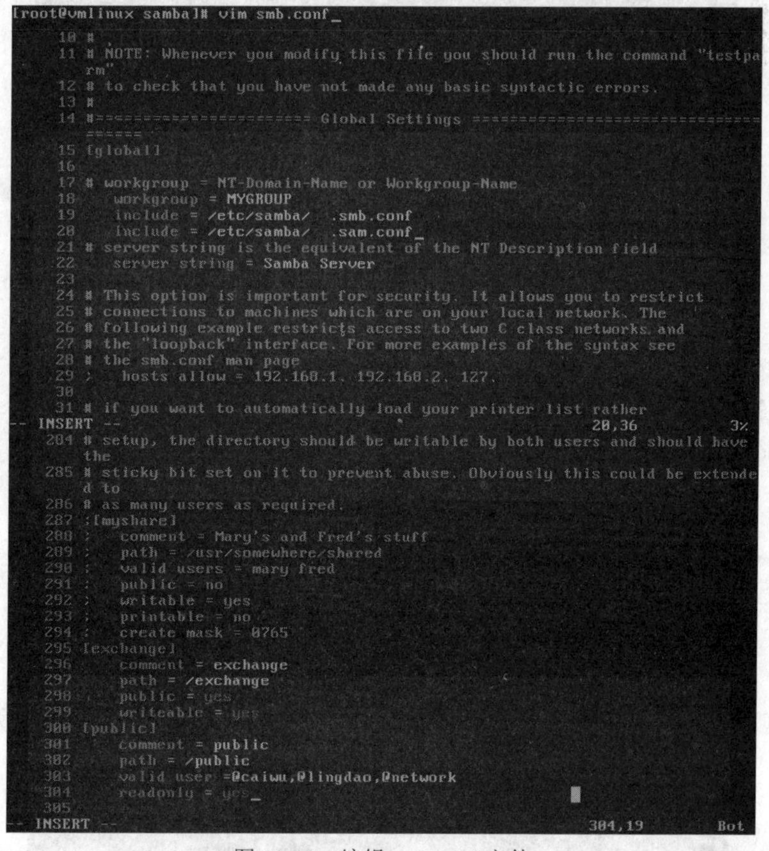

```
[root@vmlinux samba]# vim smb.conf_
     10 #
     11 # NOTE: Whenever you modify this file you should run the command "testpa
rm"
     12 # to check that you have not made any basic syntactic errors.
     13 #
     14 #======================= Global Settings ===============================
======
     15 [global]
     16
     17 # workgroup = NT-Domain-Name or Workgroup-Name
     18    workgroup = MYGROUP
     19    include = /etc/samba/   .smb.conf
     20    include = /etc/samba/   .sam.conf_
     21 # server string is the equivalent of the NT Description field
     22    server string = Samba Server
     23
     24 # This option is important for security. It allows you to restrict
     25 # connections to machines which are on your local network. The
     26 # following example restricts access to two C class networks and
     27 # the "loopback" interface. For more examples of the syntax see
     28 # the smb.conf man page
     29 ;   hosts allow = 192.168.1. 192.168.2. 127.
     30
     31 # if you want to automatically load your printer list rather
-- INSERT --                                              20,36          3%
    284 # setup, the directory should be writable by both users and should have
 the
    285 # sticky bit set on it to prevent abuse. Obviously this could be extende
d to
    286 # as many users as required.
    287 ;[myshare]
    288 ;    comment = Mary's and Fred's stuff
    289 ;    path = /usr/somewhere/shared
    290 ;    valid users = mary fred
    291 ;    public = no
    292 ;    writable = yes
    293 ;    printable = no
    294 ;    create mask = 0765
    295 [exchange]
    296      comment = exchange
    297      path = /exchange
    298      public = yes
    299      writeable = yes
    300 [public]
    301      comment = public
    302      path = /public
    303      valid user =@caiwu,@lingdao,@network
    304      readonly = yes_
    305
-- INSERT --                                              304,19         Bot
```

图 11-54　编辑 smb.conf 文件

（8）分别编辑 samba/caiwu.smb.conf、samba/network02.smb.conf、samba/lingdao.smb.

conf，如图 11-55 所示，保存退出。

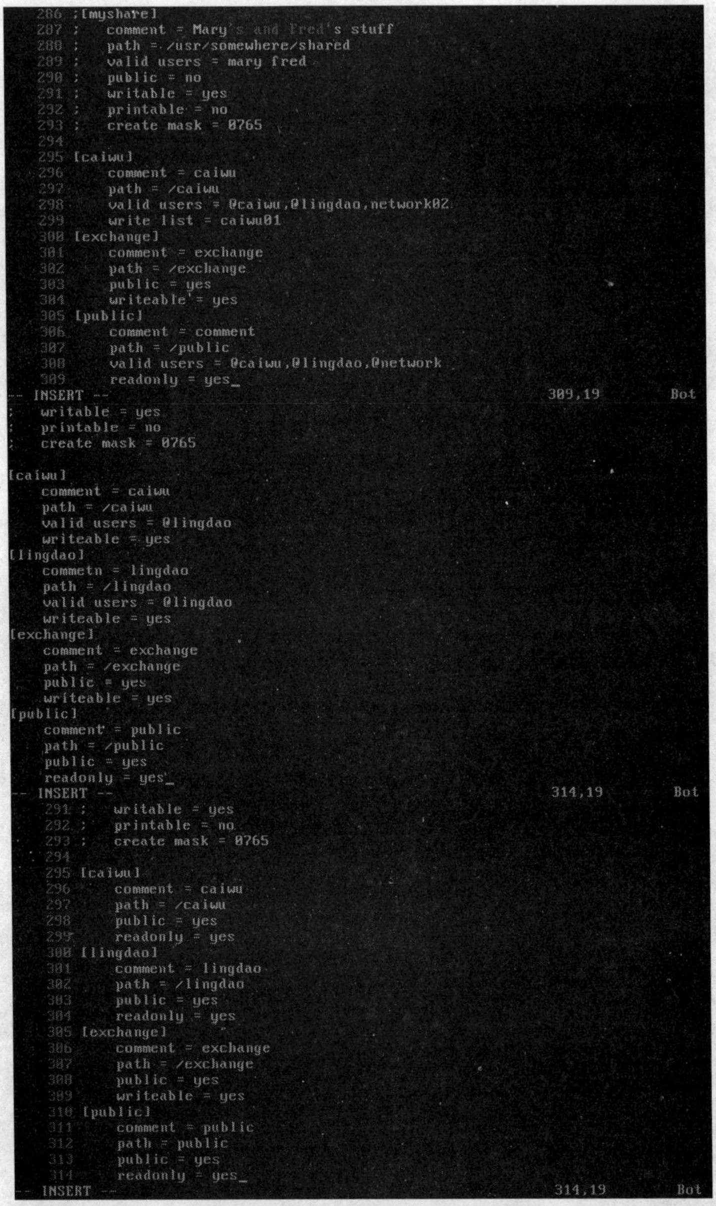

```
286 ;[myshare]
287 ;    comment = Mary's and Fred's stuff
288 ;    path = /usr/somewhere/shared
289 ;    valid users = mary fred
290 ;    public = no
291 ;    writable = yes
292 ;    printable = no
293 ;    create mask = 0765
294
295 [caiwu]
296      comment = caiwu
297      path = /caiwu
298      valid users = @caiwu,@lingdao,network02
299      write list = caiwu01
300 [exchange]
301      comment = exchange
302      path = /exchange
303      public = yes
304      writeable = yes
305 [public]
306      comment = comment
307      path = /public
308      valid users = @caiwu,@lingdao,@network
309      readonly = yes_
-- INSERT --                                              309,19        Bot
;   writable = yes
;   printable = no
;   create mask = 0765

[caiwu]
    comment = caiwu
    path = /caiwu
    valid users = @lingdao
    writeable = yes
[lingdao]
    commetn = lingdao
    path = /lingdao
    valid users = @lingdao
    writeable = yes
[exchange]
    comment = exchange
    path = /exchange
    public = yes
    writeable = yes
[public]
    comment = public
    path = /public
    public = yes
    readonly = yes_
-- INSERT --                                              314,19        Bot
291 ;    writable = yes
292 ;    printable = no
293 ;    create mask = 0765
294
295 [caiwu]
296      comment = caiwu
297      path = /caiwu
298      public = yes
299      readonly = yes
300 [lingdao]
301      comment = lingdao
302      path = /lingdao
303      public = yes
304      readonly = yes
305 [exchange]
306      comment = exchange
307      path = /exchange
308      public = yes
309      writeable = yes
310 [public]
311      comment = public
312      path = public
313      public = yes
314      readonly = yes_
-- INSERT --                                              314,19        Bot
```

图 11-55 编辑 Samba 配置文件

（9）重新启动 Samba 服务，打开 Windows 客户端，IP 地址如图 11-56 所示。

```
[root@vmlinux samba]# service smb restart
Shutting down SMB services:                                [  OK  ]
Shutting down NMB services:                                [  OK  ]
Starting SMB services:                                     [  OK  ]
Starting NMB services:                                     [  OK  ]
[root@vmlinux samba]# _
```

图 11-56 查看配置 IP

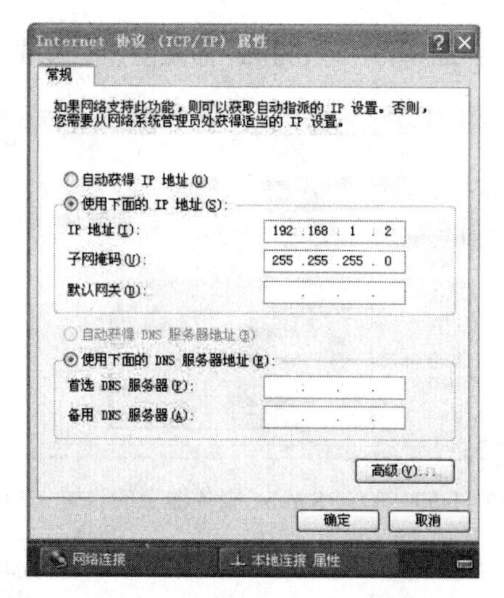


图 11-56　查看配置 IP（续）

（10）用 caiwu01 账号登录 Samba 服务器，能看到 caiwu01、exchange、public、caiwu 4 个文件夹，如图 11-57 所示。

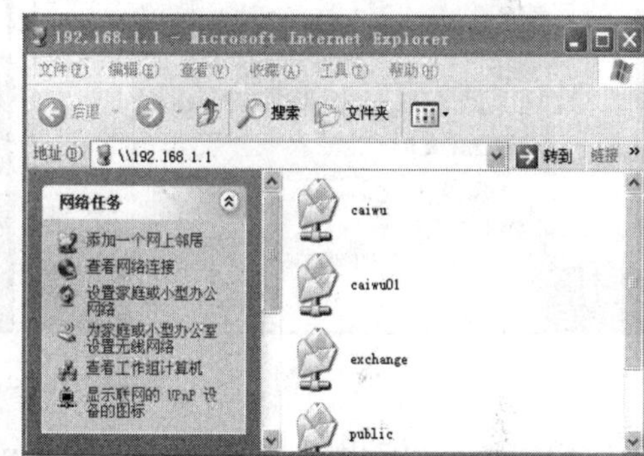


图 11-57　登录 Samba 服务器

（11）如图 11-58 所示，caiwu01 对 caiwu 文件夹有写的权限，对于 exchange 文件夹可以新建，但不能替换，说明 caiwu01 对 exchange 有读写的权力，但不能删除文件。

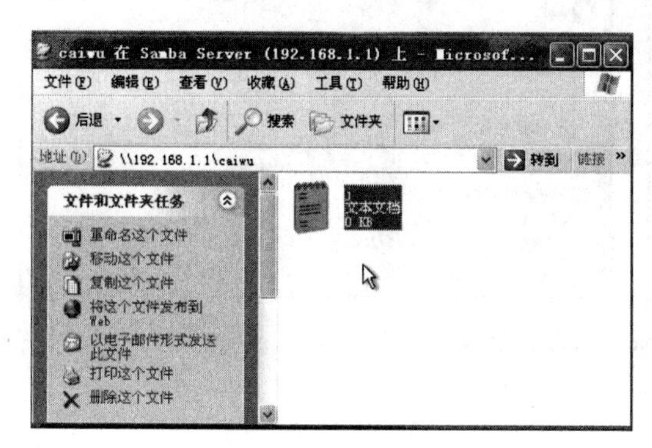


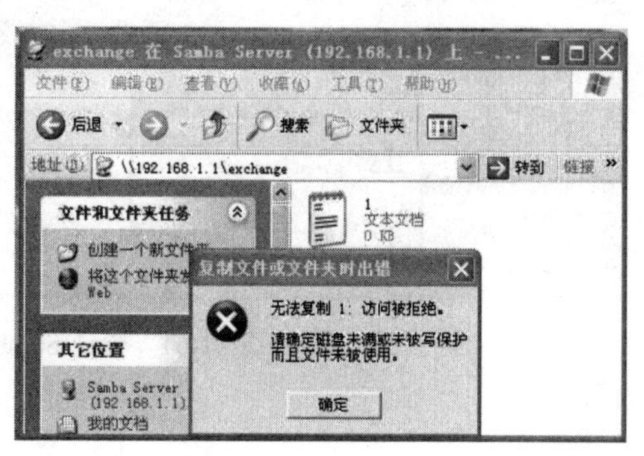


图 11-58　验证 Samba 服务器上的设置（1）

（12）如图 11-59 所示，caiwu01 对 public 有读但没有写的权力。

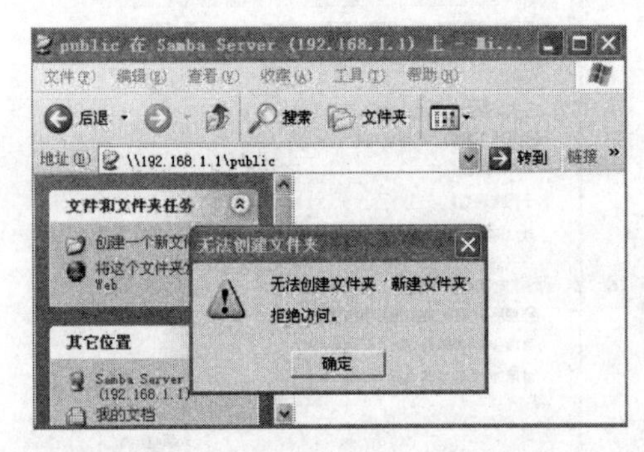


图 11-59 验证 Samba 服务器上的设置（2）

（13）注销 Windows 客户端，用 network02 用户登录。能看到 caiwu、exchange、lingdao、public、network02，如图 11-60 所示。

图 11-60 验证 Samba 服务器上的设置（3）

（14）network02 用户登录，能进入 caiwu 文件夹，但不能写，能进入 exchange 文件夹，能写但不能删除，如图 11-61 所示。

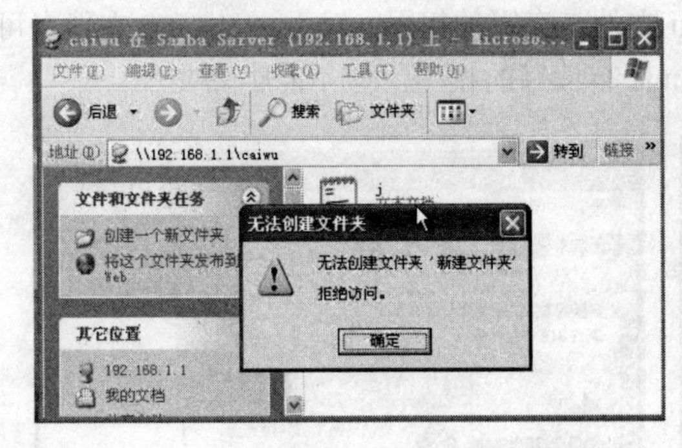


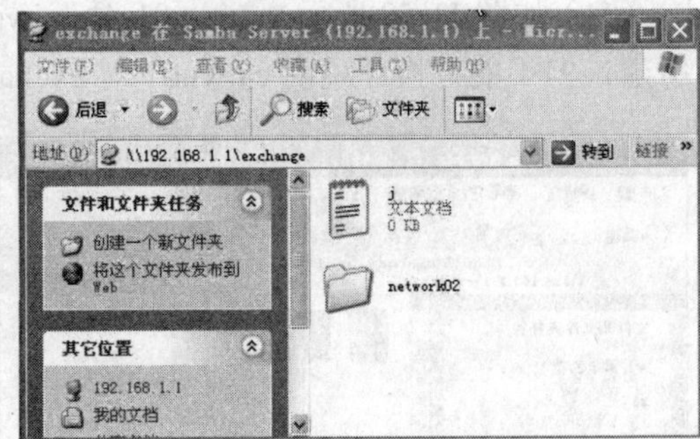


图 11-61 验证 Samba 服务器上的设置（4）

### 11.3.8　Linux 访问 Windows 的共享资源

（1）利用 smbclient 命令访问共享资源

smbclient 命令的格式为：smbclient {servicename} [password] [options]。

其中，servicename 是要连接的共享资源，格式为//server/service。

常用参数的含义如下。

- -L：列出远程 server 服务器上的所有共享资源。
- -N：禁止 smbclient 提示输入用户口令，当连接不需要口令的资源时可以使用该选项。
- -I：用 I 参数指定要访问的计算机的 IP 地址，而忽略 NetBIOS 名称。
- -U username：指定访问远程服务器时使用的用户名。

假如 Windows 计算机的 NetBIOS 名称为 jnrp-mlx，Linux 计算机的 NetBIOS 名称为 rhel4。在 rhel4 上访问 jnrp-mlx 计算机上的共享文件夹 dir1 和 dir2，如图 11-62 所示。

```
smbclient -L jnrp-mlx
Password:
Domain=[JNRP-MLX] OS=[Windows 5.0] Server=[Windows 2000 LAN Manager]

        Sharename       Type      Comment
        ---------       ----      -------
        E$              Disk      默认共享
        IPC$            IPC       远程 IPC
        D$              Disk      默认共享
        dir2            Disk
        dir1            Disk
        ADMIN$          Disk      远程管理
        C$              Disk      默认共享
```

图 11-62　使用 smbclient 访问 Windows 共享（1）

以 administrator 用户身份下载 jnrp-mlx 上 dir1 目录中的共享资源，如图 11-63 所示。

```
[root@RHEL4 ~]# smbclient //jnrp-mlx/dir1 -U administrator
Password:
Domain=[JNRP-MLX] OS=[Windows 5.0] Server=[Windows 2000 LAN Manager]
smb: \> mget
```

图 11-63　使用 smbclient 访问 Windows 共享（2）

利用 smbclient 命令连接成功后，会出现“smb: \>”提示符，使用方法和 ftp 命令的使用方法相似，如表 11-2 所示。

表 11-2　使用 smbclient 访问 Windows 共享常见的命令

| 命　令 | 说　明 |
|---|---|
| ls | 列出目录列表 |
| mkdir | 创建新目录 |
| rm | 删除文件 |

续表

| 命　令 | 说　明 |
| --- | --- |
| lcd | 查看或修改本地工作目录 |
| get | 从服务上下载单个文件 |
| put | 向服务器上传单个文件 |
| mget | 支持通配符，从服务器端下载多个文件 |
| mput | 向服务器上传多个文件 |
| ? | 查看可以使用的命令 |
| q | 退出 smbclient 命令 |

（2）利用 smbmount 命令访问共享资源

在 Linux 中也可用 smbmount 命令挂载共享资源，使用 smbumount 命令卸载共享资源。其命令格式如下：

```
smbmount  共享资源地址挂载点  -o 参数
smbumount  挂载点
```

假设 Windows 计算机的 NetBIOS 名称为 jnrp-mlx，Linux 计算机的 NetBIOS 名称为 rhel4。在 rhel4 上将 Windows 计算机中的 dir2 目录挂载到本地的/mnt/windir2 目录下，如图 11-64 所示。

```
[root@RHEL4 ~]# mkdir /mnt/windir2            //创建挂载点
[root@RHEL4 ~]# smbmount //jnrp-mlx/dir2 /mnt/windir2   //挂载
[root@RHEL4 ~]# smbumount   /mnt/windir2   //访问完毕，卸载
```

图 11-64　使用 smbmount 访问 Windows 共享

# 11.4　Linux 打印服务器

Linux 系统默认使用的打印系统是 CUPS。CUPS 为用户管理打印机提供了极大的方便，其支持 IPP，具有和 LPD、SMB 和 JetDirect 一样的接口。CUPS 可以提供网络打印机浏览，也可以使用 PostScript 打印机描述文件。

为了配置共享打印机，必须首先配置本地打印机。要配置打印机，可以通过两种方法：

（1）在 Linux 的桌面环境下，选择“应用程序”→“系统设置”→“打印”命令，打开 CUPS 配置工具窗口。

（2）输入 system-config-printer 命令启动 CUPS 配置工具。如果在文本模式下，该命令将启动 system-config-tui 应用程序，提供文本配置界面；如果在图形界面下，该命令将启动 system-config-gui 应用程序，提供图形配置界面，如图 11-65 所示。

以图形化配置为例，在图 11-65 所示的窗口中单击“新建”按钮，进入如图 11-66 所示的配置界面和设置窗口。

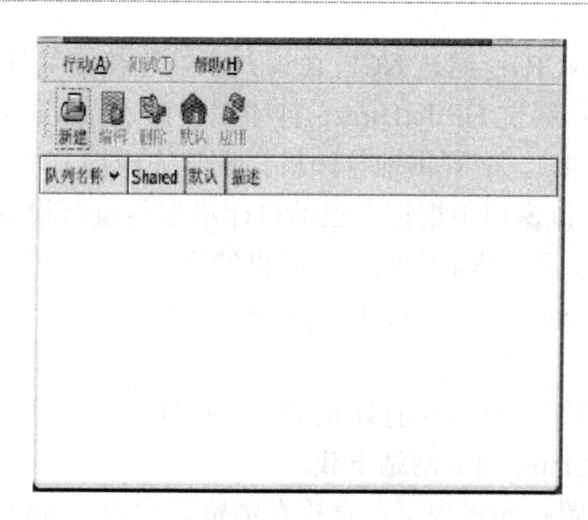


图 11-65　启动 CUPS 配置工具

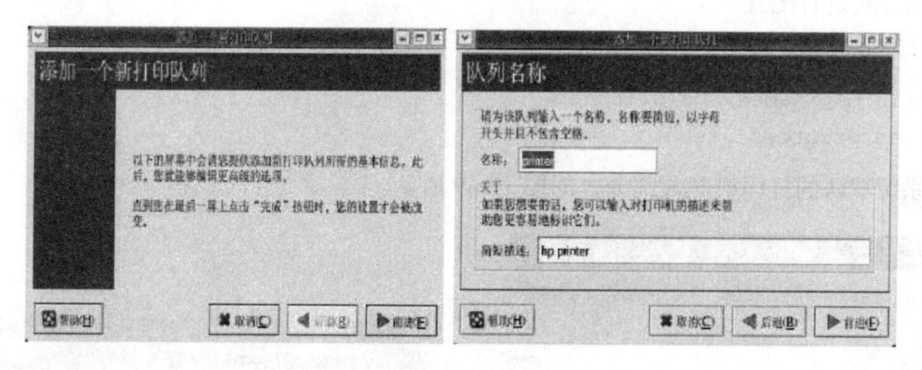


图 11-66　CUPS 配置和设置窗口

按照图 11-66 中的提示进行设置。设置完成后单击“前进”按钮，进入如图 11-67 所示的窗口。

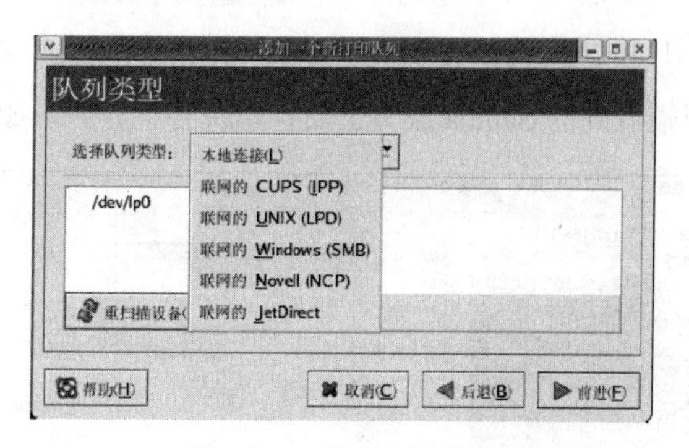


图 11-67　设置队列类型

在图 11-67 所示的“队列类型”设置窗口中，可选择以下几种打印队列类型。

① 本地连接（L）：通过并行端口或 USB 接口连接的本地打印机。

② 联网的 CUPS（IPP）：通过 IPP 协议共享的连接在其他计算机上的共享打印机。

③ 联网的 UNIX（LPD）：通过 LPD 共享的连接在其他计算机上的共享打印机。

④ 联网的 Windows（SMB）：通过 SMB 共享的连接在其他计算机上的共享打印机。

⑤ 联网的 Novell（NCP）：通过 NCP 协议共享的连接在其他计算机上的共享打印机。

⑥ 联网的 JetDirect：通过 HP JetDirect 打印服务器连接到网络上的共享打印机。

在此选择本地连接（L），配置本地打印机。设置完成后，单击“前进”按钮，进入如图 11-68 所示的窗口。在该窗口中根据自己的打印机型号进行设置。

设置完打印机的型号后，基本完成了打印机的添加工作。添加后的打印机的配置会保存在/etc/printcap 文件和/etc/cups 目录中。打印机的配置文件是/etc/cups/printers.conf，性能配置文件是/etc/printcap。

Linux 系统本身提供了一些常用打印机的驱动程序，如果想下载更多的基于 Linux 的打印机驱动程序可以到 Linux 相关网站下载。

在 Linux 系统中设置打印机也可以直接在浏览器中输入 http://localhost:631，采用 Web 界面的方式进行配置。

在 smb.conf 文件中配置如下内容，即可自动添加打印机。

```
printcap name=/etc/printcap
load printers=yes
```

系统默认的打印机配置部分，如图 11-69 所示。

图 11-68 设置打印机型号

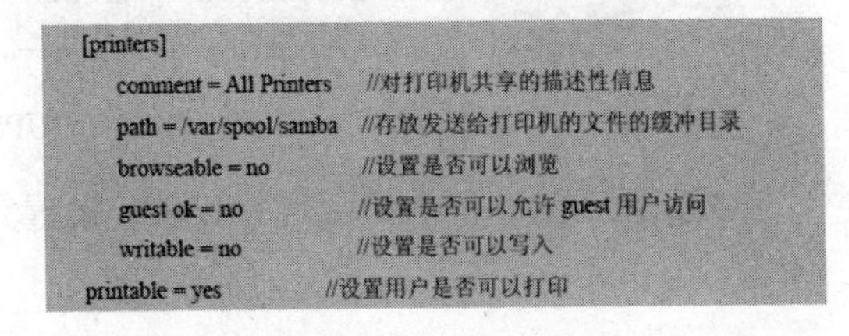

```
[printers]
    comment = All Printers          //对打印机共享的描述性信息
    path = /var/spool/samba         //存放发送给打印机的文件的缓冲目录
    browseable = no                 //设置是否可以浏览
    guest ok = no                   //设置是否可以允许 guest 用户访问
    writable = no                   //设置是否可以写入
printable = yes                     //设置用户是否可以打印
```

图 11-69 共享打印机配置

在 Windows 客户端看到的 Samba 服务上的打印机共享界面，如图 11-70 所示。

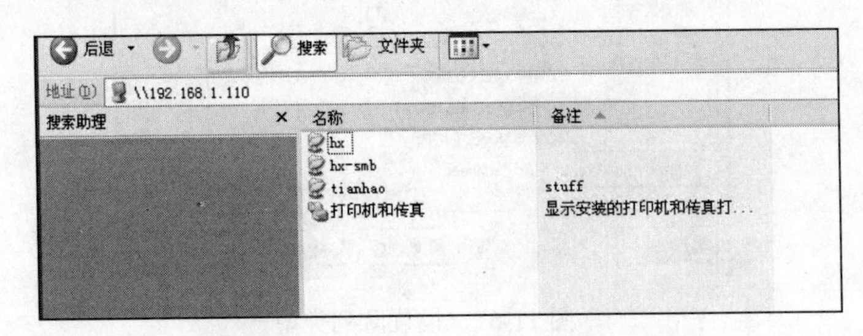


图 11-70 Windows 中看到的共享打印机

# 第 12 章

# Internet 接入与代理服务器的配置

## 12.1　调制解调器接入的配置

调制解调器的接入配置步骤如下：

（1）以超级用户登录，运行 X Window（使用 KDE）。若当前的桌面环境是 gnome，则可以使用 switchdesk-kde 命令切换为 KDE；若要重新使用 gnome 环境，可以使用 switchdesk-gnome 命令。

（2）使用 KPPP 配置账号。单击“KDE 主菜单”，选择“互联网”→“更多互联网应用程序”→“KPPP”命令，出现如图 12-1 所示的界面。

（3）在图 12-1 中，单击“设置”按钮，进入如图 12-2 所示的界面。

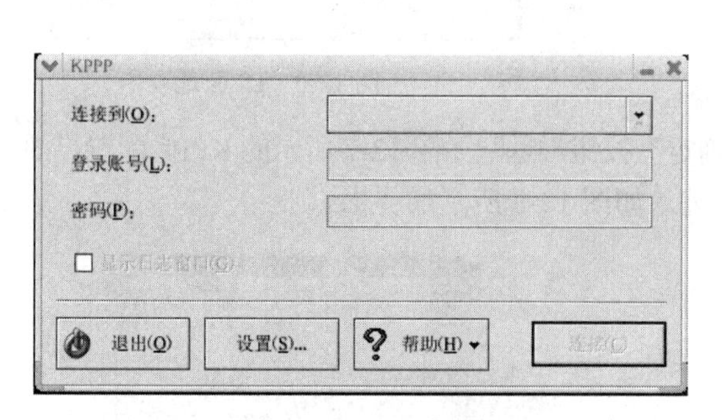


图 12-1　设置 KPPP 主界面

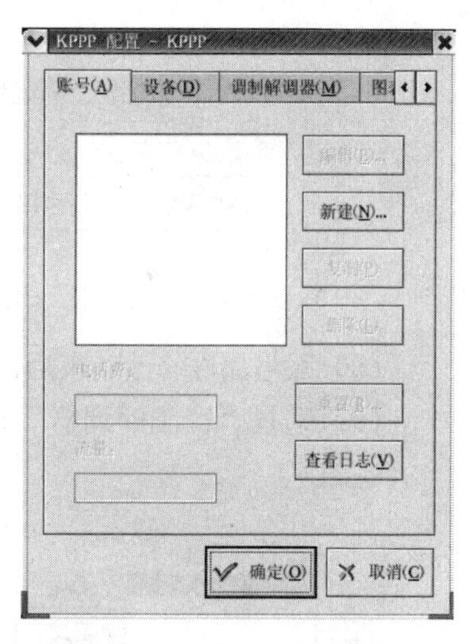


图 12-2　KPPP 的账号设置

（4）在图 12-2 中，单击“新建”按钮，进入如图 12-3 所示的配置方式选择界面。

（5）单击“对话框设置”按钮，进入如图 12-4 所示的新建账号界面。

（6）在该界面中填写“连接名称”，如 123，然后单击“添加”按钮进入如图 12-5 所示的添加电话号码界面。

（7）填写电话号码后单击“确定”按钮返回如图 12-4 所示的新建账号界面，在该界面下选择 DNS 选项卡，进入如图 12-6 所示的界面。选中“在连接过程中禁用现有的 DNS 服务器”复选框。

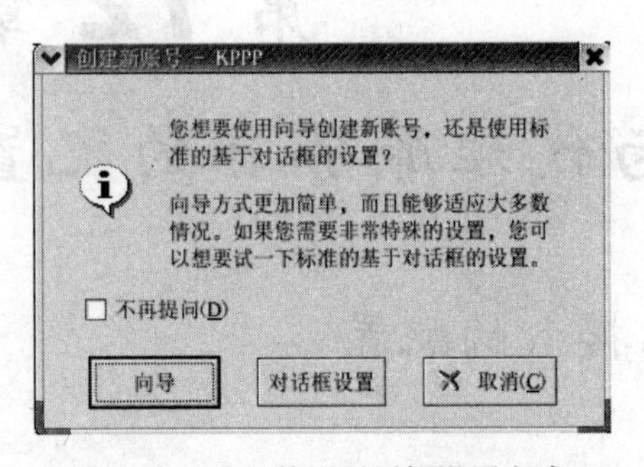


图 12-3　选择使用对话框设置方式

图 12-4　新建账号

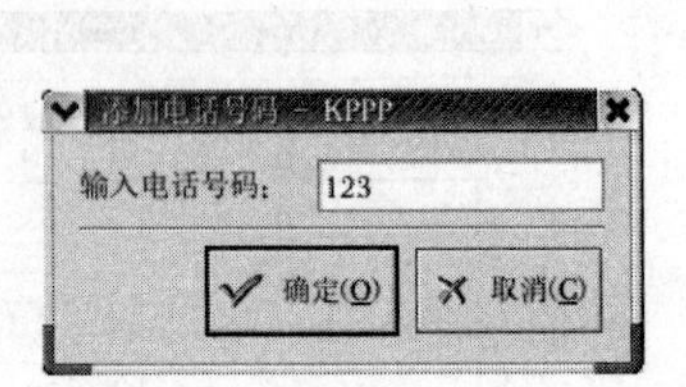


图 12-5　添加电话号码

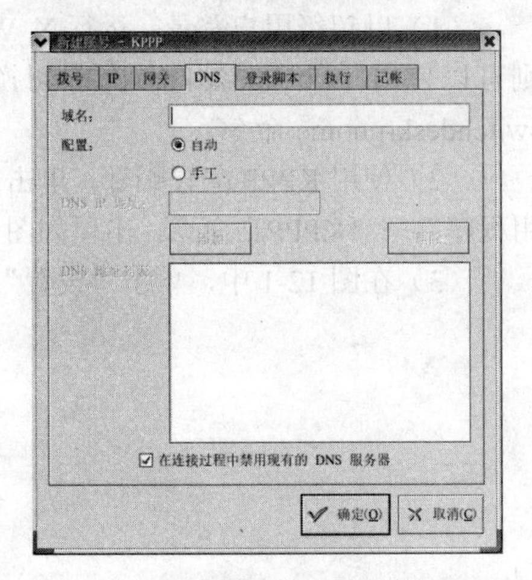


图 12-6　DNS 选项卡

（8）账号属性修改结束后，单击“确定”按钮，返回如图 12-7 所示的 KPPP 配置界面。

（9）选择“调制解调器”选项卡，进入如图 12-8 所示的界面。

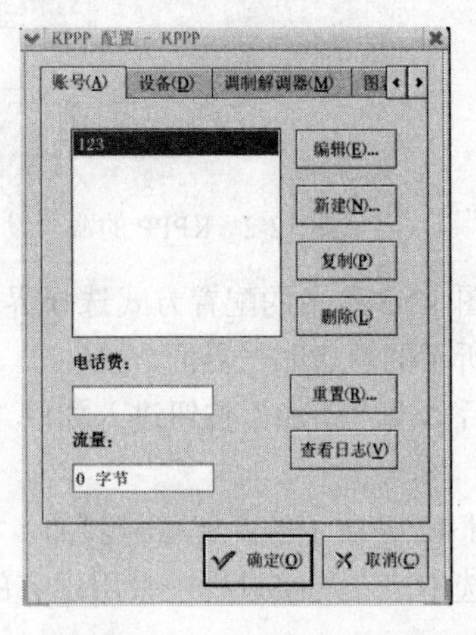


图 12-7　拨号连接配置结束的 KPPP 配置界面

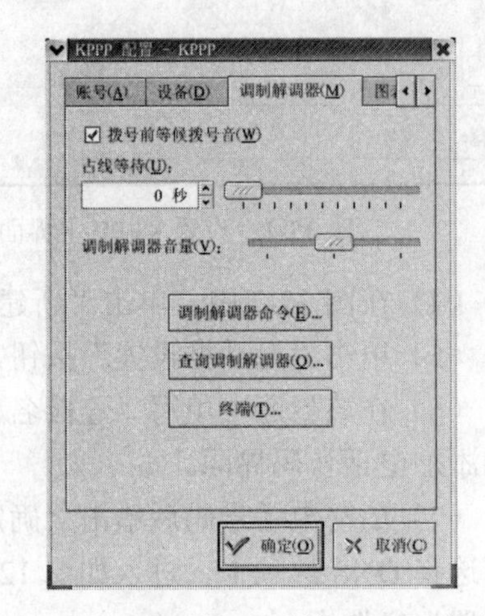


图 12-8　KPPP 的“调制解调器”选项卡

（10）单击“查询调制解调器”按钮，出现调制解调器查询结果。返回 KPPP 界面单击“连接”按钮后显示连接状态，连接结束后用户就可以使用浏览器等软件访问 Internet。

# 12.2　ISDN 接入的配置

ISDN 接入的配置步骤如下：

（1）运行 X Window（使用 Gnome）。

（2）单击“Gnome 主菜单”，选择“系统工具”→“互联网配置向导”命令，如图 12-9 所示。选择后进入如图 12-10 所示的界面。

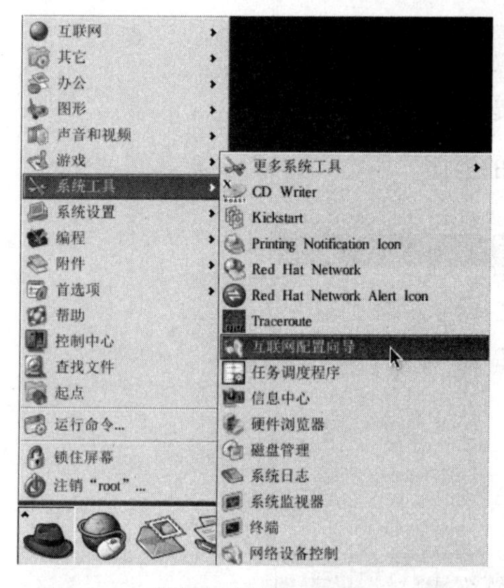


图 12-9　选择“互联网配置向导”命令

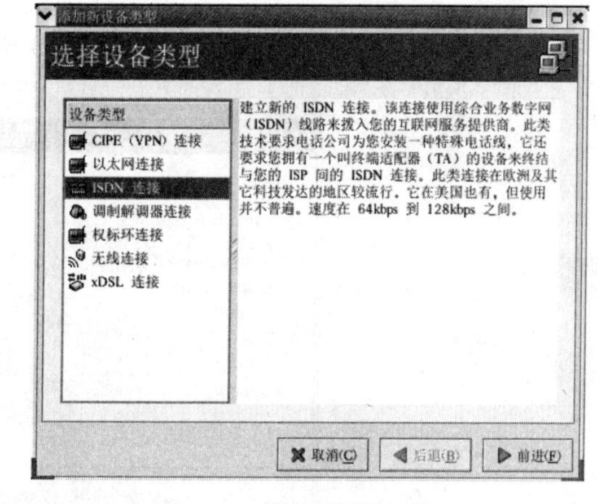


图 12-10　添加新设备类型

（3）在图 12-10 中，选择 ISDN 连接，单击“前进”按钮，出现如图 12-11 所示的界面。

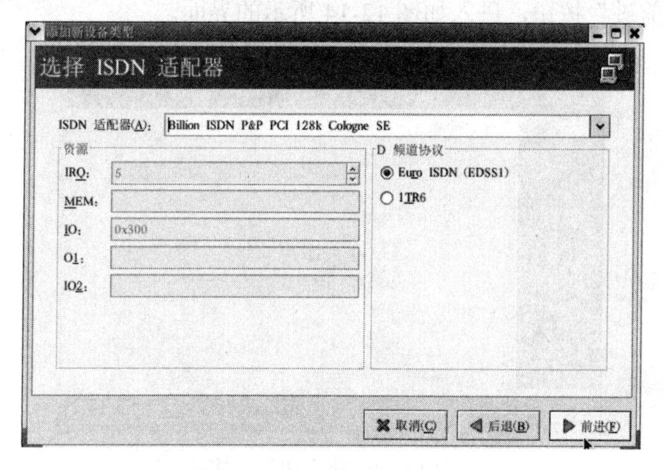


图 12-11　选择 ISDN 适配器

（4）在“ISDN 适配器”的下拉列表中选择 ISDN 适配器的类型，然后单击“前进”按钮，出现如图 12-12 所示的界面。

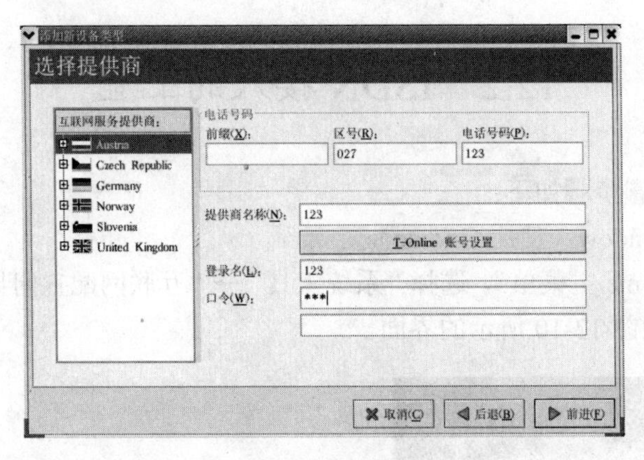


图 12-12　选择提供商

（5）单击“前进”按钮进入如图 12-13 所示的界面。

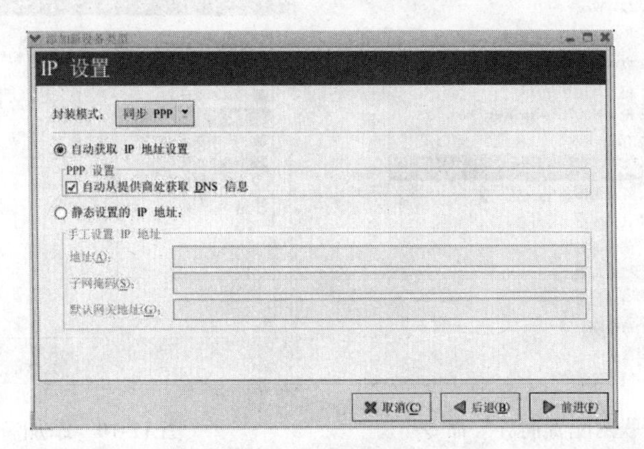


图 12-13　IP 设置

（6）单击“前进”按钮，进入如图 12-14 所示的界面。

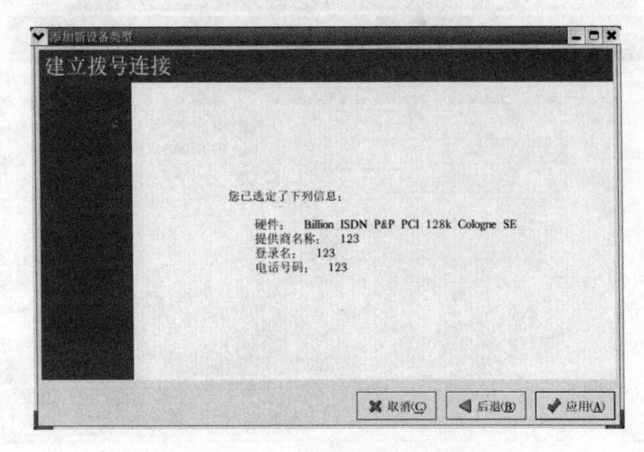


图 12-14　建立拨号连接

（7）最后单击“应用”按钮，完成设备的添加，进入如图 12-15 所示的界面。

（8）选择类型为“ISDN”的网络设备，然后单击“激活”按钮，出现如图 12-16 所示的界面。

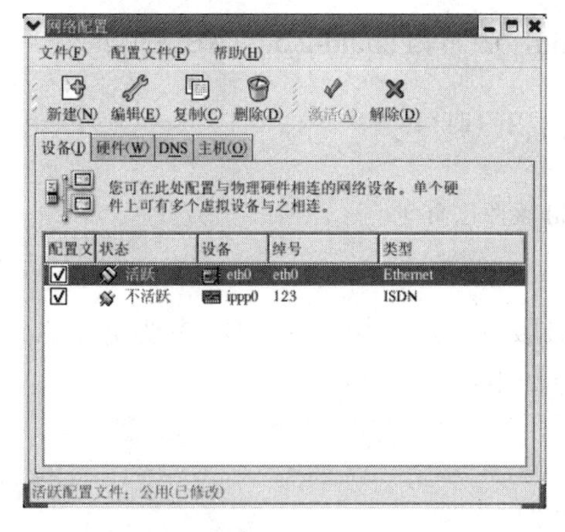


图 12-15 激活 ISDN 的设备接口

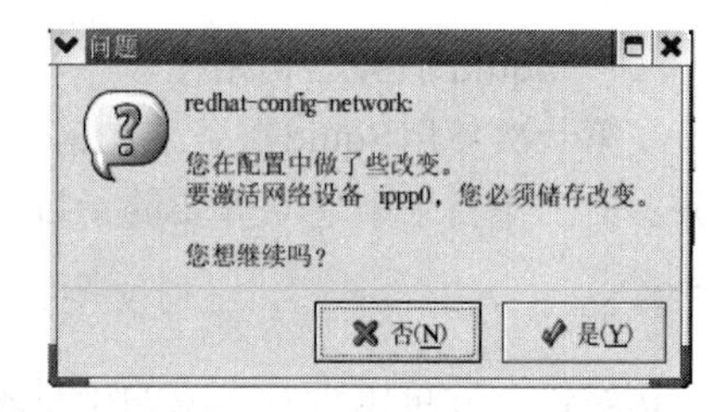


图 12-16 激活设备的确认

（9）单击“是”按钮，结束配置。

# 12.3 ADSL 接入的配置

ADSL 接入配置步骤：

（1）安装 pppoe 软件。

从网站上下载最新版本的 pppoe 软件包，并安装此软件包，安装完成后，使用以下命令查看 pppoe 软件包的安装情况：

```
#rpm -qa|grep pppoe
```

（2）配置 pppoe。

输入命令：#adsl-setup，进行 pppoe 配置。

（3）使用命令#adsl-start，启动 pppoe，连接 Internet。

（4）使用命令#adsl-stop，停止 pppoe，断开 Internet。

# 12.4 Squid 代理服务器的配置

Squid 是 Linux 下缓存 Internet 数据的一个代理服务器软件，其接收用户的下载申请，并自动处理所下载的数据。Squid 有广泛的用途，可以作为网页服务器的前置 cache 服务器缓存相关请求来提高 Web 服务器的速度，也可以为一组人共享网络资源而缓存万维网、域名系统和其他网络搜索，另外还可以通过过滤流量提高网络安全以及实现局域网通过代理上网。

输入以下命令查看是否已安装 Squid 软件包：

```
#rpm -qa|grep squid
```

显示结果如图 12-17 所示，说明已安装了 Squid，版本为 squid-2.5.STABLE1-2。

```
[root@localhost root]# rpm -qa|grep squid
squid-2.5.STABLE1-2
```

图 12-17　查看安装 Squid 软件包命令

（1）Squid 服务器初始化

在第一次使用 Squid 服务器之前需要先对 Squid 服务器进行初始化工作，主要是在 Squid 服务器的工作目录中建立需要的子目录，使用命令如下：

```
#squid -z
```

初始化之后可以查看生成的子目录，使用命令如下：

```
#ls /var/spool/squid
```

（2）启动与停止 Squid 服务

启动 Squid 服务命令如下：

```
#service squid start
```

停止 Squid 服务命令如下：

```
#service squid stop
```

（3）配置目录

Squid 具有独立的目录保存文件，在 etc/squid 目录下存放着 Squid 的主配置文件 squid.conf，查看主配置文件命令如下：

```
#cat /etc/squid/squid.conf
```

（4）squid.conf 文件中的配置选项

配置服务端口：http_port。Squid 服务器的默认服务端口为 3128。

缓存内存数量：cache_mem 8 MB。该选项用于指定 Squid 可以使用的内存的理想值。

工作目录：cache_dir Directory-Name Mbytes Level1 Level2。该选项指定 Squid 用来存储对象的交换空间的大小及其目录结构。可以用多个 cache_dir 命令来定义多个交换空间，并且这些交换空间可以分布在不同的磁盘分区。Directory 指明了该交换空间的顶级目录。如果想用整个磁盘作为交换空间，那么可以把该目录作为装载点将整个磁盘挂装上去。默认值为/var/spool/squid。Mbytes 定义了可用的空间总量。如 cache_dir ufs /var/spool/squid 100 16 256 表明目录中最大的容量为 100MB，目录中的一级子目录的数量为 16 个，二级子目录为 256 个。

访问控制设置：http_access。用于设置允许或拒绝访问控制对象。如果某个访问没有相符合的项目，则默认为应用最后一条项目的“非”。比如最后一条为允许，则默认就是禁止。通常应该把最后的条目设为 deny all 或 allow all 来避免安全性隐患。

访问控制列表：ACL。用于设置访问控制列表的内容。该元素定义的语法为：acl 列表名称 控制方式 控制目标。例如，acl normal src 192.168.0.1-192.168.0.100/32。当使用文件时，该文件的格式为每行包含一个条目。其中，控制方式可以是任一个在 ACL 中定义的名称，如 src、dst、srcdomain、dstdomain、url_regex、urlpath_regex、time、port、proto、method 等；任何两个 ACL 元素不能用相同的名字；每个 ACL 由列表值组成，当进行匹配检测时，多个值由逻辑或运算连接，换句话说，任一 ACL 元素的值被匹配，则这个 ACL 元素即被匹配；并不是所有的 ACL 元素都能使用访问列表中的全部类型；不同的 ACL 元素写在不同行中，Squid 将这些元素组合在一个列表中。

（5）配置实例

**【例 12.1】**　假设允许所有的用户在规定的时间内（周一至周四的 8:00 到 20:00）访问代理服务器，只允许特定的用户（系统管理员，其网段为：192.168.20.0/24）在周五 8:00 到 20:00 访问代理服务器，其他的用户在周五 8:00 到 20:00 一律拒绝访问代理服务器。配置如下：

```
acl allclient src 0.0.0.0/0.0.0.0
acl administrator 192.168.20.0/24
acl common_time time MTWH 8:00-20:00
acl manage_time time F 8:00-20:00
http_access allow allclient common_time
http_access allow administrator manage_time
http_access deny manage_time
```

# 第13章 Linux DNS 服务器配置

DNS（Domain Name System，域名系统）是将 IP 地址转换成对应的主机名或将主机名转换成对应的 IP 地址的一种机制。通过域名解析出 IP 地址的过程叫做正向解析，通过 IP 地址解析出域名的过程叫做反向解析。DNS 的查询过程为：需要解析服务的 DNS 客户机发送请求给本地的域名服务器，本地的域名服务器收到请求后，首先查看本地的 DNS 缓存服务器，若无结果，则查找所属域的 DNS 服务器，若此时本地 DNS 服务器仍无法解析，则会向根域名服务器进行查询或选择转发解析请求。DNS 服务器的配置主要包括高速缓存 DNS 服务器的配置、主 DNS 服务器的配置、辅助 DNS 服务器的配置以及 DNS 客户机的配置等。

## 13.1 BIND 的安装检查

在 Linux 操作系统中，DNS 的实现使用的是 BIND（Berkeley Internet Name Domain）。在实际配置 DNS 服务器前，首先检查是否已安装了 BIND 软件包，使用以下命令：

```
[root@localhost root]#rpm -q bind
bind-9.2.1-16
```

上述信息说明系统中已经安装了 BIND 服务器软件包，版本为 9.2.1-16。BIND 软件包的工具主要有以下几种。

- bind：提供域名服务的主要程序及相关文件。
- bind-devel：DNS 开发工具。
- bind-utils：DNS 服务器的测试工具包括 nslookup、dig 等。
- bind-chroot：为 bind 提供一个伪装的根目录以增强安全性。
- caching-nameserver：配置高速缓存 DNS 服务器时必要的基本配置文件。

## 13.2 高速缓存 DNS 服务器的配置

高速缓存 DNS 服务器是要配置的第一个 DNS 服务器，它提供的信息是间接的，因此对任何域都不提供权威解析。高速缓存 DNS 服务器将查询得到的结果放在高速缓存中以备后续使用。只要安装了 caching-nameserver 软件包，就可以启动 DNS 服务。启动 named 的方法有：

（1）#service named start。

（2）#/etc/rc.d/init.d/named start。

选择其中的一种方法启动 named 后，DNS 服务器就开始工作。

检查 named.conf 文件，主要内容如下：

```
options{directory "/var/named";
};
zone "." IN{
         type hint;
         file "named.ca";
};
zone "localhost" IN{
         type master;
         file "localhost.zone";
         allow-update{none;};
};
zone "0.0.127.in-addr.arpa" IN{
         type master;
         file "named.local";
         allow-update{none;};
};
```

## 13.3　主 DNS 服务器的配置

主 DNS 服务器的配置可以解决局域网中的计算机通过主机名相互访问的问题，还可以支持 Internet 上的域名解析。主 DNS 服务器的配置过程如下：

（1）选择主菜单中的“系统设置”→“服务器设置”→“域名服务”命令，出现如图 13-1 所示的界面。

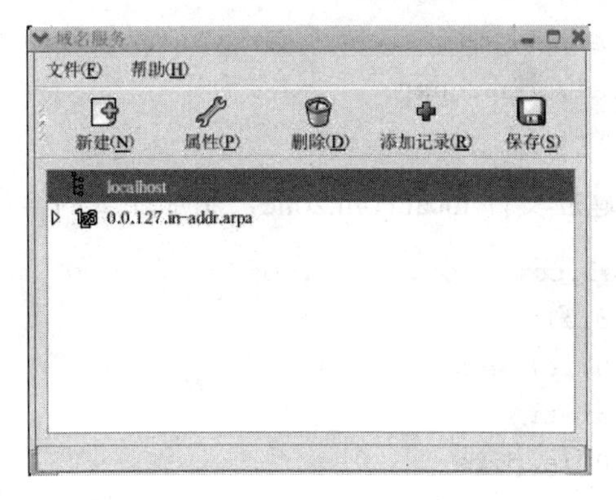


图 13-1　域名服务

（2）单击“新建”按钮，出现如图 13-2 所示的界面。

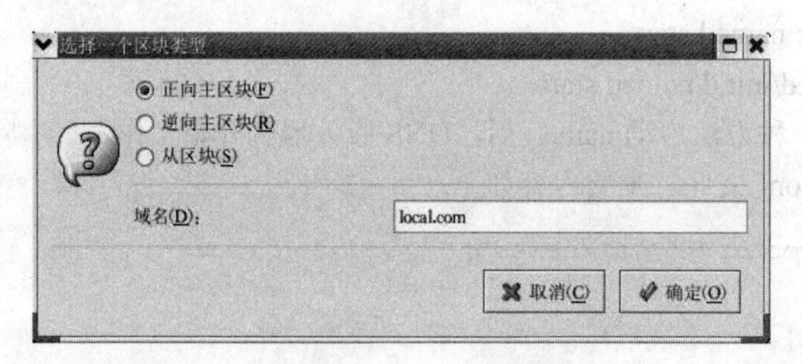


图 13-2　选择一个区块类型

（3）单击“确定”按钮，进入如图 13-3 所示的界面，输入相应数据完成配置。

图 13-3　名称到 IP 的翻译

还可以采用手工修改 named.conf 文件的方法进行主 DNS 服务器的配置，在 named.conf 文件中增加如下内容：

```
zone "local.com"{
        type master;
        file "local.com.zone";
};
```

在/var/named 目录中建立文件 local.com.zone，添加如下内容：

```
@  IN  SOA  ns.local.com.root.local.com(
             3;serial
             28800;refresh
             8000;retry
             700800;expire
             86400;ttl
```

```
                )

      IN  NS    localhost.
www   IN  A  192.168.1.24
```

添加完成后，输入命令#service named restart 重新启动 named 服务。

## 13.4　辅助 DNS 服务器的配置

辅助 DNS 服务器可以提高 DNS 服务器的可用性。辅助 DNS 服务器通过网络从它的主 DNS 服务器上复制数据。辅助 DNS 服务器的配置过程如下：

（1）在“选择一个区块类型”界面中选中“从区块”单选按钮，如图 13-4 所示。

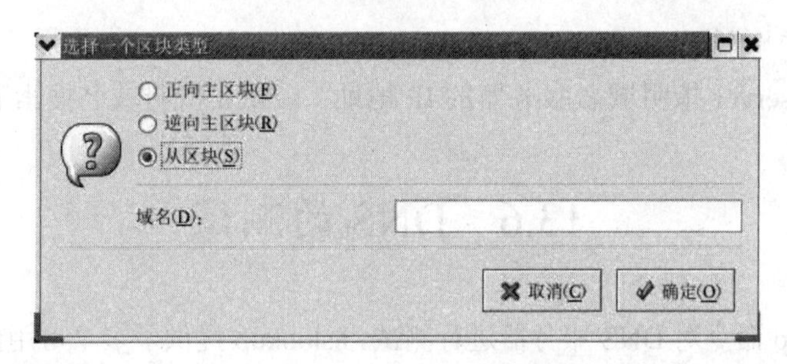


图 13-4　选择一个区块类型

（2）输入相应的域名，单击“确定”按钮，进入“从区块设置”界面，如图 13-5 所示。

图 13-5　从区块设置

（3）单击“确定”按钮，完成配置。

以上是采用图形配置工具的方法，还可以采用手工修改 named.conf 文件的方法进行辅助 DNS 服务器的配置。假设主 DNS 服务器工作的计算机的 IP 地址为 192.168.1.24，要在另一台计算机上建立辅助 DNS 服务器，在需要建立辅助 DNS 服务器的计算机上修改 named.conf 文件，增加如下内容：

```
zone "local.com"{
```

```
        type slave;
        file "local.com.zone";
        masters{192.168.1.24};
};
```

# 13.5 DNS 客户机的配置

DNS 服务器搭建好之后，还需要配置 DNS 客户机，这样客户机在需要进行名称解析时可以找到正确的域名服务器。可以通过修改/etc/resolv.conf 文件来配置 DNS 客户机。假如本地首选 DNS 服务器的 IP 地址为 192.168.0.24，则进行如下配置：

```
nameserver 192.168.0.24
search local.com
```

其中，nameserver 指明域名服务器的 IP 地址；search 指明域名搜索顺序。

# 13.6 DNS 的测试

使用 nslookup 命令对 DNS 服务器进行测试。nslookup 提供了多个可用命令，常用的如下：

（1）help：显示帮助信息。

（2）exit：退出 nslookup 命令。

（3）lserver：指定要使用的域名服务器，使用初始的域名服务器查找指定的目标。

（4）server：与 lserver 相似，但使用当前的默认域名服务器查找指定的目标。

（5）set：设置工作参数。

输入 nslookup 命令，进入 nslookup 的交互模式。输入要查询的域名 www.local.com 进行正向查询测试，然后输入 set type=soa 将查询类型设置为 soa，并查询 local.com 域的 soa 记录，最后使用 exit 命令退出 nslookup 命令。部分显示信息如下：

```
nslookup
>www.local.com
Server:192.168.1.23
Address:192.168.1.23# 53
Name:www.local.com
Address:192.168.1.23
>set type=soa
>local.com
Server: 192.168.1.23
Address:192.168.1.23# 53
```

# 参 考 文 献


[1] [美]Maurice J. Bach．UNIX 操作系统设计．陈葆珏等译．北京：机械工业出版社，2000

[2] 孟庆昌．操作系统教程——UNIX 系统 V 实例分析．西安：西安电子科技大学出版社，1997

[3] 楼星等．操作系统．西安：西安电子科技大学出版社，1998

[4] 黄干平等．计算机操作系统．北京：科学出版社，1989

[5] 谭耀铭．操作系统基础与使用．南京：南京大学出版社，1994

[6] 刘乃琦等．操作系统原理及应用．北京：经济科学出版社，1996

[7] 邹鹏等．操作系统原理．北京：国防科技大学出版社，1995

[8] 庞丽萍．操作系统原理．武汉：华中理工大学出版社，2000

[9] 汤子瀛等．计算机操作系统．西安：西安电子科技大学出版社，1996

[10] 杨建新等．Red Hat Linux 9 入门与提高．北京：清华大学出版社，2006